国家科学技术学术著作出版基金资助出版

生物信息学
计算技术和软件导论

马占山 等 编著

科学出版社
北京

内 容 简 介

如果说 21 世纪是生物学世纪，生物信息学应该是支撑生物学世纪的核心科技之一。而大数据科学和人工智能技术正在将生物信息学推向生命科学和信息科学的前沿。本书分为生物信息学基础篇和生物信息组学技术篇两大部分。生物信息学基础篇从新兴领域切入，介绍生物信息学的计算科学及进化生物学基础（如网络科学与大数据技术、深度学习、计算智能、高维数据分析、马尔可夫链蒙特卡洛法、隐马尔可夫模型、贝叶斯统计、医学生态学、DNA 计算、进化树与溯祖树分析、种群遗传学等）。生物信息组学技术篇除经典内容（基因组、转录组、蛋白质组）外，还包括最新的三代基因测序算法和软件（作者团队研发的 DBG2OLC 和 SPARC）、微生物群系 (Microbiome) 和宏基因组学 (Metagenomics)、非编码 RNA、新药发现、代谢组学 (Metabolomics) 等热点内容。

本书可作为高等院校生物信息学教材或参考书，也可供相关领域（生物学、生态学、医学、药学、计算科学、农林、食品科学等）的科技工作者阅读参考。

图书在版编目(CIP)数据

生物信息学计算技术和软件导论 / 马占山等编著. —北京：科学出版社，2017.11（2019.2 重印）
 ISBN 978-7-03-042639-0

Ⅰ.①生… Ⅱ.①马… Ⅲ.①生物信息论-计算技术 ②生物信息论-应用软件 Ⅳ.①Q811.4

中国版本图书馆 CIP 数据核字（2014）第 279222 号

责任编辑：张 展　华宗琪 / 责任校对：葛茂香　侯彩霞
封面设计：墨创文化 / 责任印制：罗 科

科 学 出 版 社 出版
北京东黄城根北街16号
邮政编码：100717
http://www.sciencep.com

成都锦瑞印刷有限责任公司 印刷
科学出版社发行　各地新华书店经销

＊

2017 年 11 月第 一 版　开本：787×1092　1/16
2019 年 2 月第二次印刷　印张：20 3/4
字数：490 千字
定价：137.00 元
（如有印装质量问题，我社负责调换）

编著者(团队)及其学术机构[①]
Contributors and Affiliations

马占山 叶承羲 李连伟 夏尧 董萍 关琼
中国科学院昆明动物研究所
遗传资源与进化国家重点实验室
计算生物与医学生态学科组
Zhanshan (Sam) Ma, Chengxi Ye, Lianwei Li, Yao Xia, Ping Dong & Qiong Guan
Computational Biology and Medical Ecology Lab
State Key Lab of Genetic Resources and Evolution
Kunming Institute of Zoology
Chinese Academy of Sciences

朱天琪
中国科学院数学与系统科学研究院
应用数学研究所
Tianqi Zhu
Institute of Applied Mathematics
Academy of Mathematics and Systems Sciences
Chinese Academy of Sciences

李海鹏 高峰 明晨
中国科学院上海生命科学研究院
中国科学院－马普学会计算生物学伙伴研究所
Haipeng Li, Feng Gao & Chen Ming
CAS-MPG Partner Institute for Computational Biology
Shanghai Institutes for Biological Sciences
Chinese Academy of Sciences

吴东东 邵永 徐海波 叶凌群
中国科学院昆明动物研究所

[①] 按章节出现顺序排列，国内机构排前；作者名单中第一位(一般)为通讯作者。

遗传资源与进化国家重点实验室
进化与发育转录组学科组
Dongdong Wu, Yong Shao, Haibo Xu & Lingqun Ye
Evolutionary and Developmental Transcriptome Lab
State Key Lab of Genetic Resources and Evolution
Kunming Institute of Zoology
Chinese Academy of Sciences

刘长宁　李　菁　陈　雯　和桃梅
中国科学院西双版纳热带植物园
中国科学院热带植物资源可持续利用重点实验室
生物信息研究组
Changning Liu, Jing Li, Wen Chen & Taomei He
Bioinformatics Lab
Key Lab of Tropical Plant Resources and Sustainable Use
Xishuangbanna Tropical Botanical Garden
Chinese Academy of Sciences

李　慧
中国科学院沈阳应用生态研究所
中国科学院森林生态与管理重点实验室
Hui Li
CAS Key Laboratory of Forest Ecology and Management
Institute of Applied Ecology
Chinese Academy of Sciences

赵勇山　宋勇波
沈阳药科大学
生命科学与生物制药学院
Yongshan Zhao & Yongbo Song
School of Life Sciences and Biological Pharmacy
Shenyang Pharmaceutical University

王　健
沈阳药科大学
制药工程学院
Jian Wang
School of Pharmaceutical Engineering
Shenyang Pharmaceutical University

Chengxi Ye
Department of Computer Science
University of Maryland
College Park, MD 20742
USA

David S Wishart
Professor & Director
National Institute for Nanotechnology (NINT)
Canadian National Research Council (NRC)
Departments of Computing Science & Biological Sciences
University of Alberta, Edmonton
Canada

Ziheng Yang, FRS
R. A. Fisher Professor of Statistical Genetics
Department of Genetics, Evolution and Environment
University College London
London WC1E 6BT
England, UK

序

  生物信息学是生命科学与信息(计算)科学的交叉学科,现已成为现代生命科学和生物技术领域的基础学科之一,大数据时代的来临更是将其推向了现代科技的前沿。在国内外生物信息学迅猛发展的今天,《生物信息学计算技术和软件导论》一书的出版,对国内生物信息学的科研和教学具有重要的现实意义。该书主要从计算技术和软件的视角综述了生物信息学中计算、遗传和统计等基础领域的一些最新重要进展(基础篇);同时较全面系统地介绍了各种组学技术所涉及的生物信息数据分析和建模技术(技术篇)。通过该书,读者可了解生物信息学和计算生物学领域的前沿科技。编著者来自中国科学院五个相关研究所(昆明动物研究所、数学与系统科学研究院、上海计算生物学研究所、西双版纳植物园和沈阳应用生态研究所)、沈阳药科大学,以及多家国外著名大学和科研机构(伦敦大学学院、阿尔伯塔大学、加拿大国家科学研究委员会、加拿大国家纳米技术研究所和马里兰大学),在生物信息学和计算生物学领域具有较高的造诣。主编马占山研究员在美国爱达荷大学获得计算机科学和昆虫学双博士,并具有在美国硅谷近十年的计算机高级工程师经历,是中国科学院遗传资源与进化国家重点实验室于2010年从美国爱达荷大学通过"百人计划"引进的 PI(Principal Investigator)。引进后在中科院昆明动物研究所建立了"计算生物与医学生态学实验室",并在三代基因测序软件、人类微生物群系宏基因医学生态学等领域取得了一系列重要突破。

  跨学科障碍或许是当今生物信息学领域面临的最大的挑战之一。传统上,生命科学多以实验和归纳推理为主,而计算和数理科学则以理论和演绎推理为主。该书基础篇虽侧重于介绍计算和数理科学领域的前沿发展,但想必也能够为生物学家理解和掌握。而技术篇不仅为生物学家详细介绍了组学中重要的生物信息学分析技术和相关的资源(软件及数据库),同时也为计算和数理学者提供了深入了解生物学研究的恰当切入点。该书特别值得一提的是对国内外在生物信息学专业课程设置的比较分析和建议。毕竟,专业人才培养应该是减缓并最终消除跨学科障碍的大计!

  20世纪末叶展开的信息革命为开启21世纪生命科学世纪奠定了良好的技术基础。生命的进化史和未来的延续本质上是信息的遗传、变异和进化。生物信息学的重要性就在于它能够为人类认识、保护和永续利用地球上的生物资源,以及为自身的保健和疾病诊治提供有效的信息处理理论、技术和工具。本人愿《生物信息学计算技术和软件导论》一书的出版发行能够为推进中国生物信息学和计算生物学的发展有所贡献!

张亚平
2017年6月于北京

前　言

　　作为拙作《生物信息学计算技术和软件导论》的主编，笔者必须面对"什么是生物信息学"这一看似简单的问题。而要对此给出一个令人满意的答案也是一项挑战！除自身学疏才浅之外，笔者所感受到的压力主要源于三点：其一，生物信息学的跨学科、综合性等特点使得笔者不能简单地从字面意义去定义生物信息学。其二，生物信息学领域尚未建立起完整的理论体系。据笔者拙见，从内容上看，现阶段的生物信息学主要是一些用于分析组学（特别是基因组）数据的算法和软件技术的集合，这些算法和技术源于计算机科学、数学及统计学，它们与用于分析其他科学数据（如天文学、物理学、化学等）的计算技术并无本质差别，均属于计算科学（computational science），但生物信息分析所获得的信息、知识，乃至它们的理论升华则应该回归到生物科学领域的问题上来，如肿瘤基因组学、分子育种、新药研制、医学生态学等。而这些偏向应用性的内容是否属于生物信息学似乎尚无定论。其三，生物信息学与其姊妹学科（特别是计算生物学和系统生物学）之间存在"竞争"；同时，它们之间，乃至与各种组学技术之间的学科界限常常模糊不清。

　　幸运的是，生物信息学的先驱们已经发表了诸多可供我们参考的文章和论述，尽管他们之间似乎尚未对生物信息学的内涵达成共识。此处笔者选择简单地介绍荷兰理论生物学家 Paulien Hogeweg 和 Ben Hesperd 所提出的概念。之所以选择介绍他们关于生物信息学的论述，考量在于：据 2002 年版的《牛津英语词典》对"Bioinformatics"（生物信息学）的解释，"生物信息学"一词最早出现在 1978 年 Paulien Hogeweg 和 Ben Hesperd 发表的论文中。其实他们早在 1970 年就建议从荷兰语"Bioinformatica"一词衍生出英语"Bioinformatics"一词，即生物信息学。不过，生物信息学的概念最初是用于泛指"生物系统的信息处理过程"（the study of informatic processes in biotic systems）。Hogeweg 和 Hesperd 的观点是：生命最重要的特征之一就是以不同形式表现出来的信息处理（information processing）功能，例如遗传信息的进化、转录、翻译等。显然，用"信息处理"来比喻生命系统对于我们理解生命系统的运作亦十分有益。生物化学、生物物理、生物数学、生物信息等生命科学分支学科之间应该具备各自相对独立的研究范畴。正是基于这些考量，Hogeweg 和 Hesperd 于 1970 年便提出了"生物信息学"这一概念。显然，他们的思想在 1970 年代是非常超前了！

　　然而，在许多生物信息学的文献中，Hogeweg 和 Hesperd 关于"生物信息学"的概念并没有受到多少关注。他们的概念表面上似乎与目前生物信息学的主流，即研究统计学和计算机科学在分子生物学中的综合应用（如研发用于测序数据、蛋白质结构解析、系统进化发育等数据管理和分析建模的计算方法和软件）并非吻合，甚至有些读者可能会认为 Hogeweg 和 Hesperd 的生物信息学概念，以及他们的理论生物学研究背景并不能反映现今分子测序时代的生物信息学，而仅仅是用词上的巧合。但事实上，Hogeweg 教授不仅于

1977年在荷兰乌得勒支大学创建了世界上首家理论生物学与生物信息学(Theoretical Biology and Bioinformatics)实验室，并且在1984年开发出了一套用于DNA多重序列比对的算法，这表明，我们今天的生物信息学确实是与Hogeweg和Hesperd近半世纪前创立的生物信息学概念一脉相承。另外，Hogeweg和Hesperd于2011年在"The Roots of Bioinformatics in Theoretical Biology"一文中，将1970年代以"信息处理"为核心的生物信息学研究比喻为"生物信息学的树根"(roots of bioinformatics)，而将由高通量测序技术催生的、由大数据驱动的、关于功能和进化的研究比作"(主)树干"(trunk of bioinformatics)。因此，笔者在此斗胆建议将由生物信息学所支撑的一些应用性研究领域(如由基因组学为基础的癌症基因组学和分子诊断、由人体菌群宏基因组学为基础的医学生态学、新药设计、分子育种、生物合成等技术)归为生物信息学"树"模型的"枝叶"(branches & leaves)。所以，在本书的构思和写作过程中，我们试图以生物信息学"树"模型作为框架，兼顾根、干和枝叶。

本书分为基础篇(第1~4章)和技术篇(第5~12章)两部分。前者旨在培植生物信息学"树"的"根"，后者旨在培育生物信息学"树"的"主干"。第1章选择性地介绍目前生物信息学中的一些热点议题，包括：生物信息大数据、网络分析、人工智能(深度学习)与计算智能、复杂性科学、医学生态学和DNA计算等。限于篇幅，该章省略了传统生物信息学著作中通常包括的技术性议题，如编程基础、数据库技术、高性能计算与云计算。虽然这些在本书中所省略的内容是生物信息学的重要基础，但读者应该能够参考许多已出版的生物信息学和计算生物学专著，也可寻求计算机科学或IT领域的专业帮助。与此同时，第1章中的"医学生态学"是一探索性议题，旨在起到抛砖引玉的作用；而"DNA计算"可被视为生物信息学对计算科学的回馈。

第2、3章旨在建立生物信息学与进化论之间的桥梁。正如进化生物学家Theodosius Dobzhansky近半个多世纪前的名言金句"Nothing in biology makes sense except in the light of evolution"所预测的那样，生物信息学自然也不会是例外。或许可以认为，计算机科学和数学(特别是概率统计)是生物信息最重要的两大数理科学基础。第4章旨在建立生物信息学的另一根基。该章同样省略了传统生物信息或生物统计学专著中普遍涵盖的一些内容(如生物信息学中最为广泛使用的统计编程建模工具R、多元分析等重要内容)，将重点放在其他专著介绍较少的方法，包括马尔可夫蒙特卡洛法、隐马尔可夫模型、贝叶斯统计、统计学习和高斯图模型(Gaussian graphical model)。特别是高斯图模型(又名协方差选择模型)适用于变量数大于样本量的情形。由于基因数量(数以万计)一般都超过样本数量，因此，高斯图模型在生物信息学中的重要性是显而易见的。

第5章介绍最新的第三代基因测序(单分子测序技术)组装算法和软件，着重于作者在该领域开发的两款软件：DBG2OLC和SPARC。

第6、11章涉及大量软件、工具和资源。相关软件和资源的详细介绍已编辑为在线附件材料，有兴趣的读者可以通过e-mail(ma@vandals.uidaho.edu)免费获取。其中一些重要软件和资源的介绍，会不定期更新。

第7章介绍RNA-Seq技术的原理、应用以及数据的生物信息学分析技术(包括基于参考基因组的转录组分析、无参考基因组的转录组的从头拼装，以及差异表达基因分析等)。

第8章全面且深入介绍非编码RNA研究常用数据库及软件领域的主要资源。

第9章的主要内容包括：计算蛋白质组学及其应用，以及计算蛋白质组学算法与数据库两大方面。

第10章"新药物发现生物信息学分析"严格讲属于生物信息学应用领域、或者可以认为是生物信息学的"枝叶"议题。

第11章"宏基因组学概述及生物信息学分析"讨论目前生物医学和环境微生物学中最活跃的热点领域——微生物群系（Microbiome）。

第12章"Bioinformatics metabolomics: an introduction"系技术篇的最后一章，也是本书所涉及的"树干"最后一段。关于代谢组一章，笔者借此前言向读者介绍该章作者，加拿大国家纳米研究中心、阿尔伯塔大学David Wishart教授关于代谢组应用的一个观点：代谢组在个性化精准医学中具有特殊的重要地位，在实践中若要将所有代谢产物的基因调控和表达研究清楚，可能会太费周折，甚至难以实现；而直接从代谢产物入手则可能诊断许多疾病。换句话讲，"基因组（宏基因组）—转录组（宏转录组）—蛋白组—代谢组学"的一条龙研究或许有"捷径"可走。这一观察在涉及宏基因组（宏转录组）时可能更具有现实意义。这一观察其实也与现代医学实践相吻合，人类代谢组学研究或许可以看作是"医学检验（化验）"在新时代的扩展。David Wishart教授领导了人类代谢组项目（Human Metabolome Project: 2006-2009）的完成，并创建了人类代谢组数据库（http://www.hmdb.ca/），其观点应该具有一定的权威性。

严格来讲，"新药物发现"和"医学生态学"的内容归入应用篇应该更为妥当。但我们只收集到"基础"和"技术"两类题材，故将前两者并入基础篇和技术篇。原因是医学生态学最重要的研究方法和技术：复杂网络和理论生态学分析技术应属于第1章，医学生态学正好可以作为该技术的应用实例来介绍。如果未来有机会更新此书，我们会力争开辟应用篇，在其中加入肿瘤基因组学、分子育种、生物合成及个性化精准医疗等内容，从而为生物信息学这棵大树增添"枝叶"。需要指出的是，虽然我们完全赞同Hogeweg和Hesperd在2011年提出的关于生物信息学应植"根"于理论生物学、计算科学、复杂性科学等领域的沃土中这一理念，并对此作出了相应的努力，但我们并不宜称我们的劳动已经"勾画"出了一棵"根深"、"叶茂"的大树。其原因之一是：生物信息学理论体系仍然处在早期发展阶段，而要扎根则必需有肥沃的土壤基础；而更深层次的原因或许是，目前生物信息学研究主要围绕大数据分析，而忽略了对基础理论的研究。大数据固然重要，但大数据并非生物信息学全部。或许我们尚未完全认识到生物信息学的"根"（即理论基础）的重要性，而将生物信息学作为一门纯技术学科。事实上，目前许多生物信息学教科书和专著（包括本书）都缺乏对"根"的深度讨论，我们期盼本书的讨论能够起到抛砖引玉的作用！而关于"枝叶"，即生物信息学的应用研究，尽管发展迅猛，但仍主要停留在对生物信息学数据分析结果的解释上，缺乏系统化、一般化的知识积累，因而较难将其凝练为专著或教科书。加之凝练的过程需要对应用领域本身（如人体微生物群系（human microbiome）宏基因组医学生态学、新药物设计）有综合的了解，而且不同应用领域生物信息学所要解决问题的性质也可能各异，这也使我们没有能够在本书中设立专门的应用篇。

追溯历史，20世纪后半叶开启的分子生物学革命和计算机信息革命直接催生了生物信息学。人类基因组计划的完成在依赖于生物信息学分析的同时也极大地促进了生物信息学的发展。时至今日，生物信息学的应用范围早已扩展至生物学、生态学、脑科学、信息科学、医学（包括法医鉴定）、药学、食品科学、农学、林学等多个领域。生物信息学属于交叉学科，理想情况下，优秀的研究者应同时具备扎实的数学统计、计算机科学和生物学等多方面的背景知识。然而，一方面，目前绝大多数生物信息学工作者系由生物学家"转业"，他们可能对数学和计算科学的背景了解较少；另一方面，即使生物信息学家同时具备了多学科背景，组学技术的快速发展和其应用领域的迅猛扩展所产生的、与日俱增的海量数据也会不断地给生物信息学家提出大量亟待解决的难题。当今生物信息学中的一些难题确已成为现代生物学、生物医学、生物工程等领域发展的瓶颈。本书围绕生物信息学的学科"树"模型，较为全面综合地介绍"树根"（计算科学基础）、"树干"(-omics 大数据分析技术和软件)和部分"枝叶"（生物信息学应用）的"生长发育"现状，不仅可作为高等院校生物信息学课程的教材或参考书，而且对相关领域的科技工作者也应该具有重要参考价值。例如，对计算生物信息学感兴趣的计算机科学家、生物学家、医学家、农学家、林学家等均可不同程度地从本书中找到有用的生物学数据分析技术和方法，从而实现具体的生物学数据分析。

  21 世纪是生命科学快速发展的时代，生命科学早已渗透到人们生活的方方面面。据笔者拙见，如果说 21 世纪是生物学的世纪，生物信息学应该是支撑生物学世纪的关键技术。而生物信息学面临的最大挑战可能并不仅仅来自于大数据，简单来讲，大数据可能只是表象，而算法（基础）和机制（应用问题，例如医学生态学机理）的研究可能更具有挑战性！换言之，生物信息学这棵大树必须"根深"、"叶茂"才能有效地为不断生长的"树干"提供养分。从更宽广的视角来看，生物信息学应该不断从理论生物学汲取营养，甚至与理论生物学融合。如此发展，未来生物学可能会像物理学一样，而成就理论生物学与实验生物学的二分世界。来时，理论生物学也会像理论物理学一样，成为自然科学的明珠！

  最后，笔者在此对本书各位合作者所付出的辛勤努力表达由衷谢意！并感谢国家科学技术著作出版基金提供资助，以及关琼同学为成功申请该基金、李文迪同学为校稿所做的努力！真诚感谢华宗琪编辑的耐心帮助！衷心感谢张亚平院士的指导和鼓励、并为本书作序！

马占山
2017 年仲夏于昆明

目 录

生物信息学基础篇

第1章 生物信息学一些前沿领域简介 ······ 3
1.1 生物信息大数据 ······ 3
1.2 复杂网络分析概论 ······ 11
1.3 复杂网络分析实例：以微生物群系医学生态网络为例 ······ 15
1.4 深度学习、计算智能与人工智能 ······ 21
1.5 医学生态学 ······ 25
1.6 DNA 计算机－生物学对计算机科学的回馈 ······ 30

第2章 系统发育树与溯祖分析 ······ 38
2.1 树的概念 ······ 38
2.2 主要的建树方法 ······ 39
2.3 模型选择 ······ 50
2.4 贝叶斯方法 ······ 54
2.5 溯祖理论 ······ 60
2.6 物种树估计 ······ 64

第3章 群体遗传学数据分析软件简介 ······ 70
3.1 多功能软件比较 ······ 70
3.2 理论模型与分析方法的实现方式 ······ 72
3.3 软件运行方式与编程语言 ······ 79
3.4 总结与展望 ······ 79

第4章 生物信息学中重要统计计算方法和模型 ······ 85
4.1 计算机模拟技术 ······ 85
4.2 马尔可夫蒙特卡罗法 ······ 93
4.3 隐马尔可夫模型 ······ 98
4.4 贝叶斯统计 ······ 105
4.5 统计学习 ······ 114
4.6 高斯图模型 ······ 120

生物信息组学技术篇

第 5 章　第三代基因测序组装算法和软件技术 ……………………………………… 129
　5.1　第三代基因测序及组装技术简介 …………………………………………………… 129
　5.2　第三代基因组装算法及软件简介：以 DBG2OLC 和 SPARC 为例 ……………… 132
　5.3　三代基因组装算法和软件比较 ……………………………………………………… 139
　5.4　DBG2OLC 和 SPARC 软件使用简介 ……………………………………………… 140

第 6 章　基因组第二代测序数据的生物信息学分析 …………………………………… 145
　6.1　基因测序技术简介 …………………………………………………………………… 145
　6.2　基因组装技术 ………………………………………………………………………… 149
　6.3　外显子基因突变检测 ………………………………………………………………… 154
　6.4　单细胞测序数据的基因组装 ………………………………………………………… 156

第 7 章　转录组数据的生物信息学分析 ………………………………………………… 160
　7.1　转录组技术的发展 …………………………………………………………………… 160
　7.2　RNA-seq 数据的质量控制 …………………………………………………………… 163
　7.3　基于参考基因组的转录组分析 ……………………………………………………… 164
　7.4　无参考基因组的转录组的从头拼装及拼装质量评估 ……………………………… 170

第 8 章　非编码 RNA 研究常用数据库及软件 ………………………………………… 175
　8.1　非编码 RNA 概述 …………………………………………………………………… 175
　8.2　非编码 RNA 常用数据库 …………………………………………………………… 179
　8.3　非编码 RNA 研究常用软件 ………………………………………………………… 184

第 9 章　蛋白质组学研究常用软件简介 ………………………………………………… 210
　9.1　蛋白质组学简介 ……………………………………………………………………… 210
　9.2　计算蛋白质组学的应用 ……………………………………………………………… 215
　9.3　计算蛋白质组学算法与数据库 ……………………………………………………… 230

第 10 章　新药物发现中的生物信息学软件简介 ……………………………………… 236
　10.1　大型药物设计平台 ………………………………………………………………… 237
　10.2　分子视图软件 ……………………………………………………………………… 238
　10.3　化学结构编辑程序 ………………………………………………………………… 242
　10.4　分子对接与虚拟筛选软件 ………………………………………………………… 245
　10.5　配体构象搜索软件 ………………………………………………………………… 250
　10.6　药效团模拟软件 …………………………………………………………………… 251
　10.7　分子动力学模拟软件 ……………………………………………………………… 254
　10.8　在线药物设计资源列表 …………………………………………………………… 255
　10.9　小结 ………………………………………………………………………………… 257

第 11 章　宏基因组学概述及生物信息学分析 ………………………………………… 260
　11.1　宏基因组学技术简介 ……………………………………………………………… 260
　11.2　宏基因组学研究流程 ……………………………………………………………… 261

11.3 宏基因测序数据的生物信息学分析 ………………………………………… 263
Chapter 12　Bioinformatics for Metabolomics: An Introduction …………… 277
　Abstract …………………………………………………………………………… 277
　12.1　Introduction to Metabolomics ………………………………………… 277
　12.2　Technologies for Metabolomics ………………………………………… 280
　12.3　Data Formats for Metabolomics ………………………………………… 285
　12.4　Databases for Metabolomics …………………………………………… 287
　12.5　General Principles for Metabolomic Data Analysis ………………… 292
　12.6　From Spectra to Metabolite Lists: Bioinformatics for Metabolite Identification
　　　　……………………………………………………………………………… 293
　12.7　From Metabolite Lists to Significant Metabolites: Multivariate Statistics
　　　　……………………………………………………………………………… 300
　12.8　From Significant Metabolites to Pathways: Bioinformatics for Metabolite Interpretation …………………………………………………………… 306
　12.9　Conclusion ………………………………………………………………… 310

Bioinformatics
Computing and Software
Zhanshan (Sam) Ma *Editor*
Chinese Academy of Sciences

Table of Contents

Preface
    Yaping Zhang
Foreword
    Zhanshan (Sam) Ma
Part I. The Foundations of Bioinformatics
Chapter 1. Recent advances in computational bioinformatics
    Zhanshan (Sam) Ma
Chapter 2. Phylogenetic and coalescent analyses
    Tianqi Zhu & Ziheng Yang
Chapter 3. Population genetics: an introduction on software tools
    Feng Gao, Chen Ming & Haipeng Li
Chapter 4. Statistical computing for bioinformatics
    Zhanshan (Sam) Ma, Ping Dong & Qiong Guan
Part II. The Omics Technologies
Chapter 5. Genome assembly algorithms and software for the 3rdGS technologies
    Zhanshan (Sam) Ma & Chengxi Ye
Chapter 6. Genomic data analysis for the NGS technologies
    Lianwei Li & Zhanshan (Sam) Ma
Chapter 7. Transcriptomic data analysis
    Yong Shao, Haibo Xu, Lingqun Ye & Dongdong Wu
Chapter 8. Software and database resources for non-coding RNA research
    Jing Li, Wen Chen, Taomei He & Changning Liu
Chapter 9. Software and database resources for proteomic analysis
    Yongshan Zhao & Hui Li
Chapter 10. Software and database resources for drug discovery
    Jian Wang & Yongbo Song
Chapter 11. Bioinformatics software pipelines for metagenomics
    Yao Xia & Zhanshan (Sam) Ma
Chapter 12. Bioinformatics for metabolomics—an introduction
    David S Wishart

生物信息学基础篇

第1章 生物信息学一些前沿领域简介

马占山[①]

1.1 生物信息大数据

1.1.1 生物信息学及其相关学科关系

本书前言讨论了生物信息学与理论生物学间的关系。这里进一步勾画出生物信息学与其相关学科和技术之间的关系(图1.1)。生物信息学(bioinformatics)与生物数学(biomathematics)、生物物理(biophysics)和生物化学(biochemistry)相类似,均属于生物学与数理科学的交叉学科。而复杂性科学(complexity science)也称复杂系统理论科学(complex systems science),是现代科学极具特色的新学科之一。复杂性科学研究复杂系统(complex system),简单讲,复杂系统是指系统整体行为难以由系统成分行为解释,通常系统在整体水平会出现所谓的突显属性(emergent properties)。例如,常见的复杂系统有生态系统、大脑、市场、城市等。复杂性科学的标志性研究方法包括20世纪40年代的控制论(cybernetics),50年代的普通系统理论(general system theory),60~70年代的灾变论(catastrophe theory)

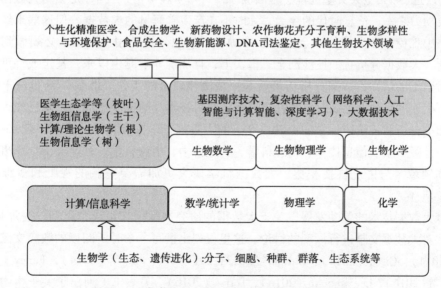

图1.1 生物信息学与其相关学科和技术之间的关系

[①] 中国科学院昆明动物研究所、遗传资源与进化国家重点实验室(计算生物学与医学生态学实验室)。

和混沌理论(chaos theory)，80~90年代的进化计算(evolutionary computing)、计算智能(computational intelligence)、人工神经网络(artificial neural network)，21世纪初的复杂网络(complex network science)，21世纪10年代的深度学习(deep learning)等。抽象层面上，大数据具有复杂系统的一切典型特征。因此，复杂性科学方法，如网络分析、深度学习等自然地应成为研究生物信息大数据的重要手段。

1.1.2 生物信息大数据

进入21世纪，作为信息革命的延伸，大数据引起了人们越来越多的关注，以前所未有的速度融入并影响着我们的生活。作为世界顶级智库之一的Gartner Group把大数据技术作为2012年和2013年度的十大战略性技术之一，2014年将大数据和其可行动性分析(actionable analytics)作为智能政府(smart governance)的核心战略技术。达沃斯世界经济论坛(World Economic Forum)年会，因全球政治和经济首脑齐聚一堂，共同讨论全球性挑战而受到广泛关注。2012年的达沃斯论坛上，大数据技术入选影响未来发展的十大关键科技之一。在讨论日益严峻的全球性经济衰退、贫困、国际安全、气候变化和能源危机等重大问题时，达沃斯世界经济论坛期间对大数据技术的关注也印证了大数据在解决这些人类所面临的最严重的挑战中的重要性，即高效地管理和挖掘大数据的技术可能会为解决部分潜在的全球灾难性问题提供新思路(Lee et al., 2016)。在大数据不断渗透乃至融合的各行各业中，生物信息学和计算生物学首当其冲。事实上，基因大数据(生物信息学最重要的大数据)正是大数据科学的前沿之一。

大数据也改变了21世纪科学研究的范式(paradigm)。在大数据成为第四范式之前，实验、理论和计算被认为是现代科学研究的三大范式。显然，科研仪器(scientific instruments)的改进(如大型天文望远镜、基因测序仪，乃至虚拟街景技术)是驱动大数据时代来临的主要动力之一。信息时代的今天，无时不在产生着海量的大数据。但这些未经处理的原始数据中难免存在大量的冗余。为了准确、高效地分析利用大数据，必须做到去冗存真；因此，大数据分析犹如披沙沥金。事实上，自从统计学诞生以来，甚至或许可以追溯到人类对数字的认知，数据分析历来就是一项淘沙取金的工作。但是，20世纪末信息技术革命所引发的大数据浪潮对人类社会、经济和科技本身的发展造成的影响已经远远超出了传统数据分析和传统统计学的范畴。今天的大数据科学家和技术分析师可能来自数学、统计学、计算科学、信息技术、物理科学、管理科学、生命科学、社会经济、军事科学等诸多不同领域。与传统科技相比，大数据科学研究更加需要宽阔的视野和多维的思维方式。

随着大数据技术的蓬勃发展，关于大数据的研究文献增长也异常迅猛。受篇幅所限，本书无法对大数据文献进行深度的讨论。这里仅列出撰写本章时所阅读的数篇文献：Chen和Lin(2014)，Cisco(2014)，Gartner(2013, 2014)，Greene等(2014)，Laney(2001)，Kashyap等(2016)，Lee和Sohn(2016)，Torres(2016)。另表1.1列出了关于生物信息大数据研究的一些参考资源。

表1.1 生物信息大数据研究一些重要资源（Kashyap et al.，2016）

资源类别	机构/产品	网址/特点
生物信息大数据中心（bioinformatics center, super big）	EBI（European Bioinformatics Institute）2014年：40PB 数据，17 000核，74TB 内存，预计数据每年加倍	https://www.ebi.ac.uk/
	NCBI, US-NIH	https://www.ncbi.nlm.nih.gov/
生物云计算机构（cloud computing for bioinformatics）	DNANexus 商业公司，USA	https://www.dnanexus.com/
	Galaxy, Penn State Univ., USA, 学术平台	https://galaxyproject.org/
	GAEA, BGI（华大基因），基于 Hadoop 技术开源云平台	http://www.genomics.cn/FlexLab/
	Bina Technologies, Spin-out from Stanford Univ. & Univ. Berkeley	http://www.bina.com/
生物信息大数据软件研究平台（software platform for big data）	BISTI（biomedical information science and technology initiative），US-NIH	https://www.bisti.nih.gov
	BD2K（big data to knowledge）	https://datascience.nih.gov/bd2k
生物信息大数据种类（types of big data in bioinformatics）	DNA, RNA, 蛋白质测序数据（序列分析）：NCBI, RDP, miRBase, DNA Data Bank of Japan	
	基因表达数据（gene expression）（microarray data analysis）：ArrayExpress from EBI, Gene Expression Omnibus from NCBI, Stanford Microarray Database	
	gene regulatory networks（GRN）/gene co-expression networks（GCN）	
	蛋白质互作网络（protein-protein interactions）：DIP, STRING, BioGRID	
	GO（gene ontology）数据：AmiGO, DAG-Edit, OBO-Edit, SerbGO	
	Pathway analysis：KEGG, Reactome, Pathway Commons	
	Human disease & 医疗健康数据	
大数据分析工具（有大量软件工具，这里仅列出极少数例子，此清单既非全面，也非权威）	Microarray 数据分析：Beeline, caCORRECT, omniBiomarker	
	Gene-gene 网络分析：FastGCN, UGET, Celsius, WGCNA	
	PPI 网络分析：NeMo, MCODE, ClusterONE, PathBLAST	
	序列分析：BioPig, SeqPig, Crossbow, Bowtie, SoapSNP, Stormbow, CloVR, Rainbow, Vmatch, SeqMonk	
	Pathway 分析：Go-Elite, PathVisio, directPA, Pathway Processor, Pathway-PDT, Pathview	
	进化分析：PAML, MEGA, EvoPipes.net	
大数据分析结构体系	MapReduce 体系（Apache Hadoop, Twister, Apache Spark, RDD）	优点：大数据，高度并行，容错 缺点：要求数据集相对独立，数据"迭代"处理能力差。I/O 效率较低 http://hadoop.apache.org
	容错图体系（fault tolerant graph architecture）（GraphLab, Pregel, Giraph, GraphX, Hama, Angrapa）	优点：克服 MapReduce 体系的缺点 缺点：对磁盘 I/O 要求高 http://hama.apache.org
	数据流图体系（streaming graph architecture）特别适用于处理数据流，如图像处理	缺点：容错能力差 http://spark.apache.org/streaming

对于非专业大数据分析人员而言，大数据最显著的特征之一是：大数据的数据量过于庞大，以至于用常规方法难以完成分析（Greene et al., 2014）。例如，一个没有受过任何生物信息训练的生物学专业的学生，可能不知道如何查看已获得的基因测序数据，或者无法用相关软件打开基因测序公司发送来的原始数据文件。之后，一系列诸如数据存储、传

送和分析方面的困难会接踵而至。

从学术研究层面回顾，大数据（big data）一词由 Meta Group（现为 Gartner）的分析师 Doug Laney 于2001年定义并推广，最初目的是描述在三个维度上快速拓展的数据；三个维度包括数据的量、输入/输出速率和数据类型的多样性，通常用三个 V 来表述，即 volume（数量）、velocity（速度）和 variety（种类）。有学者建议，三维之外，还应添加第四维"价值"（value）和第五维"可靠性"（veracity）。如果用一个简单的数学公式来说明，大数据科学的使命或许可以表达为如下五维模型：

$$value = Max\{Knowledge[f(volume, velocity, variety)], veracity\}$$

例如，如果大数据的规模巨大，如流水般实时传送（数据流），并且包括众多非结构化的数据（如文本、图像和视频等），大数据技术的使命则是将这些不同类型的数据综合分析并挖掘出重要价值。与传统数据相比，大数据通常还具有另外两项特征：①大数据是一个不断积累的过程（incremental）；②数据通常是分布式的（distributed geographically）——分布式存储在不同地理区域，或者在不同区域产生。生物信息大数据还具有另一特征：高度异质性。

称得上"大数据"的数据一方面要求其数据量足够巨大。尽管没有特定的规模阈值来认定大数据，但通常来说，较小的大数据也有几太（TB），而较大的大数据则可达数拍（PB）。目前用以描述大数据大小的单位以 Byte 加上前缀"peta-""exa-""zetta-""yotta-""bronto-"和"geop-"（逐级增加）来表示。完整地表述数据大小的单位是：bit（b，比特）、Byte（B，字节）、kilobyte（KB，千字节）、Megabyte（MB，兆）、Gigabyte（GB，吉）、Terabyte（TB，太）、Petabyte（PB，拍）、Exabyte（EB，艾）、Zettabyte（ZB，泽）、Yottabyte（YB，尧）、Brontobyte（BB，千亿亿字节）、Geopbyte（GpB）。最基本的数据单位是 b，代表二进制 0 或 1。1B = 8(2^3)b，1KB = 1024(2^{10})B。从 KB 开始，每个单位是前一级单位的 1024(2^{10})倍。例如，最大的单位 1GpB = 2^{100}B，而低一级单位 1BB = 2^{90}B。为了更形象地表达数据的单位，如果把 1B 比作一个人，世界总人口数仅有约 7GB。2012 年，人类积累的数据量大约为 1.27ZB，因此 1GpB 可能是一个大得难以想象和描绘的数据量（Lee et al., 2016）。

大数据的另一个方面是数据的生成和传输速度。如何完成大数据的实时处理分析，也是生物医学大数据必须面临的挑战之一。对大数据的量、传输速度和多样性而言，典型的大数据有从数太（TB）到数拍（PB）不等，而数据的生成、收集和存储在数小时甚至数秒的时间内就可能完成，这些数据多表现为非结构化的形式，使用常规的方法对这些数据进行管理和分析变得十分困难。而从根本上来说，大数据分析的价值是从这些海量的、快速累积的、形式多样的数据集中找出富有意义的信息。因此，大数据不仅是指数据概念本身，还应包含与它相关的人力资源，以及软、硬件支持。大数据分析强调视野和思维的拓展，这不仅是数据的量、速率、多样性的拓展，更是一种看待和推断复杂事物的观点的拓展。大数据研究中的一些非技术性问题也非常值得关注，如数据安全、个人隐私及其保护等问题。虽然 IT 技术已经开发出了标准的数据安全技术（如数据加密技术），但在现实中，这些技术在应用于大数据时，仍然可能会遇到严重的技术挑战（Lee et al., 2016）。

大数据科学的终极挑战仍然是计算科学问题，图1.2 显示对数据、信息、知识进行提炼所需要的计算技术（包括硬件、软件、软硬件混合技术）。这些技术也是 IT 领域近年来最

图 1.2 生物信息大数据及其相关联的主要计算技术（仿 Torres，2016）

热门的技术。事实上，如今最大的 IT 公司，如谷歌、Facebook、百度、腾讯等无一不是大数据领域的佼佼者。而一些关键的大数据技术，如 Hadoop/MapReduce，Alpha 围棋等也多出自这些 IT 巨头。

表 1.1 总结了关于生物信息大数据研究的一些参考资源(Kashyap et al.，2016)。机器学习(machine learning)在生物大数据分析中占有特别重要的地位。Greene 等(2014)给出的理由是：采用传统统计分析方法要对所有现有的生物进行大数据分析是一件不可能完成的事(Greene et al.，2014)。这其中，深度学习(被认为是人工智能在 21 世纪最重要的突破)特别值得一提。表 1.2 简略介绍了机器学习在大数据分析中的应用。

表 1.2 机器学习在大数据分析中的应用(**Kashyap et al.，2016**)

类别	特征	大数据学习技术
监督机器学习	训练数据集中的元素已经有明确的分类标签。可进一步分为：预测结果为离散类别的分类模型，以及预测结果为连续变量的回归模型。主要方法包括：基于密度函数的线性/非线性分类器、决策树、Naïve 贝叶斯、支持向量机(SVM)、神经网络、最近 K-邻居(KNN)等	Multi-hyperplane Machine (MM)，Divide and Conquer SVM，Neural Network Classifier，New Primal SVM，Weighted SVM，GBDT (Gradient Boosted Decision Tree)，rxDTree
非监督机器学习	不需要对训练数据集中的元素作分类标签。聚类分析是典型的非监督学习。聚类分析又可分 Clustering、Biclustering、Triclustering。每个 Bicluster 由特征集的一个子集决定，而不是像普通聚类分析由整个特征集决定。Tricluster 可以考虑动态聚类	常见聚类分析可归为：Partitional，hierarchical，density-based，graph-theoretic，soft-computing based，matrix operation based clustering。适用于大数据的聚类方法：DBSCAN，DENCLUE，CLARA，CLARANS，CURE，PDBCSCAN，P-Cluster，PBIRCH，BIRCH，IGDCA
深度学习	半监督(混合)机器学习，多层次表达数据，输入数据划分为多份样本以便反映数据的抽象模型，中间(hidden layers)利用多层次处理数据特征，最终预测结果由输出层作出	深度学习其实可以看作传统人工神经网络(artificial neural network，ANN)的扩展。但 ANN 易于落入局部最优陷阱，ANN 属于监督学习，无法使用没有分类标记的数据

1.1.3　大数据时代生物信息学所面临的挑战及其解决途径：生物信息学专业人才的培养

如今，生物信息学必须面对生物大数据在 5V、高度分布式、异质性等方面带来的挑战。大数据挑战最终是计算挑战，而解决计算挑战的关键是算法，三代基因测序组装算法的进展就是一个实例(Ye et al., 2016; Ye and Ma, 2016)。目前计算挑战所面临的问题主要表现在如下 5 个方面(Kashyap et al., 2016)：①目前尚缺乏一个既能够高效可靠地批处理"静态"大数据，同时也能够高效可靠地处理"实时"大数据的软件设计体系(architecture)，表 1.1 中所列"大数据分析结构体系"没有一个是完美的；②分布式计算(distributed computing)是处理大数据所必需的，但多数统计、数据挖掘和人工智能算法原本并不是为分布式计算所设计；③解决数据异质性问题仍然是一巨大挑战；④非结构(unstructured)、半结构(semi-structured)、多结构(poly-structured)数据不仅会造成数据冗余，而且可能会引发严重的数据不一致问题；⑤需要在不同抽象层次分析大数据。从根本上解决这些问题的重要途径之一是通过培养新一代生物信息学人才。合理的课程设计则是培养人才的重要一环。

在高等教育层面，目前国内仅有屈指可数的几个大学设置生物信息学专业，而绝大多数学校仅开设生物信息学课程。在本科阶段，国内外都鲜设生物信息学专业，该方面的人才培养并无较大差异。在研究生阶段，国内外在生物信息学人才培养方面的差异却较为显著，尤其在课程训练方面的差别可能会对学生的长远发展产生深刻的影响。例如，国内研究生对生物信息课程方面的学习可能较少，而在生物信息学领域课程的多少并非致命差别，致命的差别在于跨学科的课程训练。一方面，国内博士生基本不需要完成硕士生课程之外的课程学习；另一方面，国内多数学校不容许导师开设 Directed Study(即引导性学习课)。在美国，导师通常可以自由地为研究生开设 Directed Study，对于学生人数基本没有下限。而这种比较灵活的授课方式，在国内基本不存在。另一造成国内外生物信息基础教育差别的原因在于：国外多数高校除了本专业少数几门必修核心课程外，其他学分都可以通过跨专业选课获得，而国内对研究生选课限制基本限于本专业，即便容许跨学科选课，但因设置了太多的本专业必修课(学生每学期要完成 7~8 门本专业课程，甚至更多)研究生难以有精力再跨专业选课。这种限制对于像生物信息学这样的跨学科领域是致命的。

美国政府 2014 年起投资 2 亿美元发起"Big Data Initiative"(即大数据计划)，美国国立卫生研究院(National Instituales of Health, NIH)同期也发起了专门针对生物医学大数据的 BD2K(big data to knowledge)。IBM 于 2014 年许诺投资 1 亿美元与中国 100 所大学合作促进大数据分析人才培养。私人基金(如李嘉诚与牛津大学和斯坦福大学合作)也投入大量资金资助大数据人才培养。然而，与这些资助同等重要的是大学应该有符合学科特点及生源的课程设计。Greene 等(2016)分析了美国自 20 世纪 90 年代末期以来大学生物信息学课程设计，由于文中所分析情形与国内情形差别较大，这里仅介绍他们所建议应该新增加的三门课程的设计。我们将 Greene 等(2016)所提出的三门课程的设计总结于表 1.3。

表 1.3　Greene 等(2016)为大数据时代生物信息学专业课程设计所建议的三门课程及与本书章节的潜在关系

\multicolumn{3}{c}{建议课程(1)名称：生物信息流(the flow of biological information)}
提纲	题材简介	与本书章节潜在关系
生物信息的世代相传(translation between generations)：遗传、分子遗传、有丝分裂、减数分裂、表观遗传	DNA(DNA 结构及 DNA 作为信息存储介质)，有丝分裂(基因组复制，复制错误)，减数分裂(种群水平的遗传变异)，表观遗传(遗传可以发生在核酸序列水平之外)	第 2 章、第 3 章
生物信息在细胞内的传递(transmission within the cell)：表观遗传、转录调控、转移调控	表观遗传(定义细胞系的表观遗传标记)，转录调控(基因是如何表达给 mRNA)，非编码 RNA(RNAi、miRNA、siRNA，以及它们在基因调控中的作用)；蛋白质组学(转移、转移后的调控)	第 7 章、第 8 章
生物信息在细胞间的传递(transmission between cell)：即时信息(instant messaging)、免疫信息(recognition of nonself)、群体感应(quorum sensing)	神经信息传导小分子物质；免疫因子；群体感应；总结	本书缺乏相关内容。其内容通常在神经生物学、免疫学、微生物生理课程中讲授
\multicolumn{3}{c}{建议课程(2)名称：大数据高级统计学(statistical challenges of big data)}
提纲	题材简介	与本书章节潜在关系
实验设计：参数优化估计；临床盲评(blinded evaluation)，独立性(independence)	超参数优化(hyperparameter optimization)，是指一类采用非传统统计方法优化参数估计的计算算法，早期例子如：Grid search，Bayesian 优化，随机搜索，梯度优化。但近年来发展起来的计算智能算法如进化算法、蚂蚁算法等更具有优势	本书缺乏相关内容。其内容通常在研究生统计计算、计算智能等类似课程中讲授
假设检验：参数、非参数、多重检验	参数统计、非参数统计	本书未作相关介绍。通常在研究生生物统计课程中讲授
机器学习：数据驱动的建模，正则化(regularization)	无监督机器学习(聚类、PCA)；监督学习(回归、分类)，半监督学习(分类)，正则化(是指一类修正参数过度拟合)造成的问题，人工智能	本章有简略介绍，更详尽的内容超出本书范围。通常在机器学习和(或)计算智能课程中讲授
\multicolumn{3}{c}{建议课程(3)名称：大数据分析计算技术(computational challenges of big data)}
提纲	题材简介	与本书章节潜在关系
可行性(feasibility)	分布式计算，云计算	本章提及，相关内容在计算机科学或信息科学系分布式计算课程有详细讲解。但需要计算机科学基础训练
可重复性(reproducibility)	Shell scripting，编程自动处理(make，galaxy，版本控制(version control)，Unit testing(最基本软件测试技术)	本书未作相关介绍，基本程序设计课程中一般会讲解
可视化分析(visual analytics)	D3 可视化，Unit testing for Java Script	本书未涉及。D3 是一套数据驱动、可以灵活处理各类文件的 JavaScript 文库。https://d3js.org/这一技术对于表达生物信息大数据分析结果确实非常有用。
	Greene 等(2016)虽然没有提及"复杂网络分析"，但网络分析不仅是非常有效的可视化技术之一，而且在大数据分析中具备独特、有时甚至是不可替代的作用。	

显然，Greene 等(2016)针对生物信息大数据所建议的三门课程对国内生物信息专业人才培养具有借鉴意义。但也存在一些问题：其一，对设计课程所需的先修课(prerequisite courses)没有明确的界定。由于生物信息学专业研究生可能来自于不同专业，对先修课程的要求可能更难界定。其二，这三门课程都偏重于实用技术。广义生物信息学(图1.1)其"根"依赖于理论基础。

这里基于作者对目前国内生物信息学学科设置的肤浅了解，以及对以上介绍的Greene等(2016)所建议方案的补充，作如下几点建议。

(1) 鼓励设置生物信息学本科专业，生物大数据是典型大数据，因此，生物信息也可以作为"大数据专业"的偏重方向之一。这一建议的依据是：目前生物信息学似乎已经成为生物科学乃至生物医学发展的瓶颈，这种状况在国内更是非常严重。这一趋势，至少可能会持续10~20年。目前国内生物科学其他专业方向的设置有些过剩，将传统工科类院校(如XX科技大学、YY理工大学)近年来所设置的生物学专业向生物信息专业转换，这不仅有助于完成国家整体生物科技和生命科学发展的需要，而且在理工科院校进行专业转化具有更大的优势。原因是：生物信息需要扎实的数理、计算科学基础，这一要求正好是理工科院校的优势。

(2) 理想的生物信息专业研究生应该具备生物学、计算机科学、数学/统计学知识储备均衡的背景。在现阶段缺乏生物信息专业本科生状况下，应该给予三方面中任何一方面有特长的本科生机会，取消入学考试可能是最为有效的广纳贤才的手段。如果一定要坚持考试选拔，两种方案可供选择：①专业课设置为大学最普遍的公共课，如高等数学、普通物理、概率统计。即使这些课程，也应该是公共课水平的考核，而不应该是数理专业的要求。②对不同背景考生提供不同考试课程，而不是一刀切。例如，计算科学背景可以考察数据结构、算法分析与设计、分布式计算；而生物专业可以考察数量遗传、神经生物学等；统计专业可以考察概率论与随机过程、统计计算等。

(3) 容许导师为自己的研究生开设类似于国外"Directed Study"的专题讨论课，在授课时间、学生人数等方面不必过分要求与其他课程有相同的规范。

(4) 针对不同背景的学生设置不同的核心课程。仅规定少数几门核心课程。核心课程为必修课，但可以根据学生特殊背景免修。核心课之外，鼓励研究生跨学科选课。例如，表1.4列出了根据不同背景学生所设定的核心课程。

表1.4 建议的生物信息学专业研究生核心课程

课程名称	提纲和预备知识	例外情形描述
1. 数据结构 (data structure)	可按计算机专业本科生标准课程授课。预备知识：熟练掌握一门高级编程语言；最好具备离散数学基本知识，可以通过自学或在授课过程中根据需要补充	计算机科学背景本科生应免修
2. 算法分析与设计 (analysis and design of algorithms)	可按计算机专业高年级本科生或第一年研究生标准课程讲授。预备知识：数据结构，更多的编程磨炼	计算机科学背景本科生应免修
3. 分布式计算 (distributed computing)	需要专门设计，其理论程度应低于计算机专业研究生课程，且应偏重应用。严格讲该课程需要操作系统、计算机网络(或数字通讯)课程学习的背景，但经过仔细设计，可以绕过这些限制。该课程应包括并行计算、云计算等内容。可选取Greene等(2016)所建议的第三门课程"Computational Challenges of Big Data"中部分内容	计算机科学背景本科生可免修

续表

课程名称	提纲和预备知识	例外情形描述
4. 概率论与随机过程（probability and stochastic processes）	要求应低于数学/统计专业高年级同类课程，最适合的难度应该是工科专业同类课程，而目前为生物专业所开设的概率（数理）统计内容则不足	数学/统计专业应免修
5. 统计计算（statistical computing）	内容类似于本书第4章内容，以及Greene等(2016)所建议的第二门课程"Statistical Challenges of Big Data"中的部分内容	数学/统计专业可免修
6. 理论生物学（theoretical biology）	理论生物学本身是生物信息学的"根"，恰恰是目前"主流"生物信息学比较薄弱的内容。该课程内容除典型理论生物学（理论生态学）和/或生物数学（数学生态学）外，也应该包括种群遗传学（本书第2、3章）、以及神经生物学相关内容	生物学专业可免修
7. 分子生物学理论和技术（modern molecular biology）	Greene等(2016)所建议 "The Flow of Biological Information"中的部分内容＋重要的分子生物学技术（如测序技术）	生物学专业可免修
8. 生物信息学（bioinformatics）	类似于本书内容	通常必修，但也可能通过自学或论文研究工作所获得

（5）生物信息专业研究生培养应该是跨学科设置：通常应是生物系、计算机系、数学（统计）系联合招生培养。可以要求研究生有 1~2 学期实验室轮换学习。例如，要求生物系学生必须在计算机/数学系实验室完成一个学期的学习和研究。另外一要求可以是开设联合专题报告会（seminar）。

（6）对于生物信息专业的硕士研究生，既鼓励与某一专业方向的师生（如计算机程序员）合作研究，又要培养相对独立性；生物信息硕士应更加注重全面才能。而对博士研究生容许，甚至鼓励偏向生物、计算或数理某一方向。例如，鼓励其在博士学习期间同时获取某一方向的硕士学位。

1.2 复杂网络分析概论

复杂网络科学（complex network science），简称网络科学（network science），也称之网络分析（network analysis）。其起源可追溯至18世纪著名数学家欧拉提出的"七桥问题"。事实上，图论是网络分析最重要的数学理论基础之一。20世纪70年代社会网络的研究取得了一些重要进展，例如，著名的"六度分隔（Six Degree of Separation）"理论提出世界上任意两个陌生人之间只需要很少的中间人就能建立联系，即整个世界呈现小世界网络特征的观点。20世纪60年代著名数学家 Erdos 和 Renyi(1960)的经典论文开创了随机图论（random graph theory），也奠定了随机网络（random network）的理论基础。然而，网络分析的真正兴起却是20世纪90年代末几位物理学家先后发表在 Nature 和 Science 的两篇文章所引发的。Watts 和 Strogatz (1998)及 Barabási 和 Albert (1999)分别发表于 Nature 和 Science 的网络分析论文突破了 Erdos 和 Renyi(1960)的随机图论的假设。他们的研究发现，许多自然、社会经济等学科中发现的网络，其实很少符合数学家研究多年的"随机网络"。例如，他们发现 Erdos-Renyi 模型并不符合多数实际网络模型。而"非随机"的网络模型，例如，他们在 Nature 和 Science 发表的论文中描述的"小世界网络"（small-world network）和"非标度约束网络"（scale-free network）则在用实际数据建立网络模型时大显身手。这里"非随机"并不是指这些现实网络不符合"随机图论"的数学理论,"非随机"只是指现实网络的结点之间的联络(图论模型中的"边")通常是非随机的。用简化的概率论概念解释,就是网络结点之间存在"边"的概率通常是不相等的。显然,现实生活的常识告诉我们,自然界许多关系是非等概率或非随机的,因此物理学家对最基本的随机网络模型(Erdos-Renyi 模型或 E-R 模型)的假设修改后,获得更接近实际网络就不足为奇了。于是 Watts 和 Strogatz(1998)及 Barabási 和 Albert(1999)研究发表之后的十余年中,网络分析的应用迅猛发展,很多学者认为网络分析已发展成为网络科学。之所以称为"网络科学"的原因主要在于网络分析应用领域几乎扩张到了整个自然科学和大部分社会科学,包括一些通常缺乏数学模型的研究领域(如关于"恐怖分子网络"的研究)。

在众多的网络分析研究中,生物学中的实例研究最多。原因可能包括:①于 2000 年完成的"人类基因组计划"(human genome project),作为人类历史上生命科学研究最重要的里程碑,测定了构成人类基因组的大约 30 亿对碱基序列,而将这 30 亿对碱基序列组装成 2 万多个基因的计算(基因组装:genome assembly)则成为 20 世纪末最为复杂的大数据计算问题。人类基因组计划的完成耗资 380 亿美元,其中为完成"基因组装"所需的超级计算机资源则占据了相当分量。人类基因组计划的完成更是极大地推动了整个生命科学和技术领域革命性的发展,基因测序、蛋白质测序产生的海量数据使得生命科学成为当今大数据科学的领跑学科。计算生物学(computational biology:偏重理论)及生物信息学(bioinformatics:偏重技术)的迅猛发展充分反映了生命科学在 21 世纪最显著的特色。同时也为其他自然科学、社会科学,以及社会经济和技术发展领域的大数据科学与技术提供了良好的示范作用。显然,计算生物学和生物信息学的诞生,以及随后迅猛发展所开发的大数据算法和技术可以有效地应用于其他领域的大数据分析,包括管理决策领域所需要分析处理的大数据。②类似于对恐怖主义的研究,生物学高度复杂,但又缺乏像物理学所具有的严密理论和定量研究工具,使生物学家对网络分析技术的接受比其他学科更加"迫切彻底"。生物学家相信即使网络分析并不完美,也比没有定量性的网络模型而单纯依赖文字描述要强许多。因此,目前生物网络分析在网络科学中处于前沿领域。随着人类基因组计划兴起的计算生物学和生物信息学更是以网络科学为依托,取得了一些广受关注的科学进展。

生物网络中结点可代表某类生物元素(如基因、蛋白质、代谢产物),结点之间的"边"代表元素之间的相互作用关系。目前,网络分析方法已广泛应用于细胞内的基因调控和信号转导、蛋白质相互作用、代谢网络。以生物种群为网络"结点"、种群间相互作用为网络"边"的各类生态网络(种间互作网络)更是为生态学提供了强有力的数学分析工具。网络生物学(network biology)已经成为计算生物学和生物信息学最重要的研究领域。

网络分析(科学)除了以随机图论作为最重要的数学基础,也从其他相关数理学科,特别是复杂性科学(complexity science or complex systems science,即可解释为什么"网络科学"也称为"复杂网络科学")、组合优化、统计学、统计力学、计算机科学等其他领域汲取了大量分析方法和技术。表 1.5 列出了目前常用的一些网络分析软件,这些软件在大数据分析和可视化领域占据非常重要的作用。比较两个或多个生物网络是一个复杂的图论问题,通过比较同一网络不同时间的动态变化,或者比较不同网络,可能揭示大数据所隐含的重要动态机制。表 1.6 列出了一些常用的网络比对软件。但客观讲,网络比对是一个非常复杂的计算问题,这些比对软件中的多数也许可能会让读者失望。关于复杂网络技术更加全面的综述或专注,可参考:Barabási(2013),Barabási 和 Albert(1999),Barabási 等.(2011),Bastian 等(2009),Butenko 等(2009),Butts(2008),Borgatti 等(2013),Cagney 和 Emili(2011),Dehmer 和 Emmert-Streib(2009),Kepes(2007),Shannon 等.(2003),Newman 等(2006)Newman(2010),Watts 和 Strogatz(1998),Ma 等(2014,2015,2016a,2016b,2016c,2016d)。

表1.5 常用复杂网络分析软件列表

软件	描述	网址
Cytoscape	用于大规模分子互作网络可视化分析的通用开源软件,具有高效的插件机制	http://www.cytoscape.org/
Gephi	交互可视化和探索开发平台,适用于各种网络和复杂系统	https://gephi.org/
Osprey	对 GO 注释的丰富数据进行图示化,适用于复杂交互式网络	http://biodata.mshri.on.ca/osprey/servlet/Index
VisANT	VisANT4.0 版本实现了有关疾病、药物、基因与治疗相互关系网络的构建、可视化和分析	http://visant.bu.edu/
MAVisto	主要用于网络模体的搜索软件	http://mavisto.ipk-gatersleben.de/
Pajek iGraph	大型网络的可视化分析软件,在 Windows 环境下运行采用开源统计软件环境 R 开发的网络分析软件包,优点是对大数据进行"批处理"能力	http://vlado.fmf.uni-lj.si/pub/networks/pajek/ http://www.igarph.org
UCINET	最为广泛使用的社会网络分析软件之一	www.analytictech.com
NetMiner	具备与 Python 语言接口	www.netminer.com
NodeXL	开源、免费、使用 Excel 数据格式,与 UCINET 等有接口	http://nodexl.codeplex.com

表1.6 常用复杂网络比对软件列表

软件	描述	网址
pathBLAST	蛋白质互作网络中保守路径的查询比对	http://www.pathblast.org/
NetworkBLAST	蛋白质网络比对中搜索保守功能模块	http://www.cs.tau.ac.il/~bnet/networkblast.htm
NetAlign	可直接输入查询网络和目标网络进行对比	http://netalign.ustc.edu.cn/NetAlign/
IsoRankN	基于谱聚类的多重比对软件,具有高效的容错性和计算效率	http://groups.csail.mit.edu/cb/mna/
Graemlin	实现各网络的局部和全局的多重比对,搜索保守的功能模块	http://graemlin.stanford.edu/
GRAAL	利用贪婪的"种子和扩展"启发式搜索比对	http://bio-nets.doc.ic.ac.uk/GRAAL_suppl_inf/
C-GRAAL	基于网络的整体拓扑结构进行全局的启发式搜索比对	http://bio-nets.doc.ic.ac.uk/home/software/c-graal/

图 1.3 为网络分析技术应用于微生物菌群网络研究的流程图(Ma et al., 2016d)。图 1.4 显示所获得的菌群种间互作网络的一个实例,图中标出了各种网络结点(包括:Hub, MAO, core, periphery, high-salience skeleton 等)及其关系。

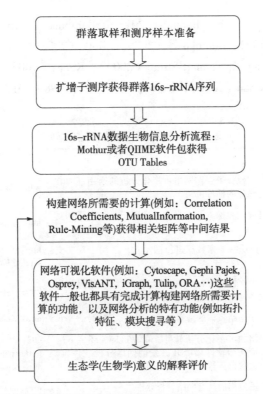

图1.3　网络分析技术应用于微生物菌群网络研究的流程图(Ma et al., 2016d)

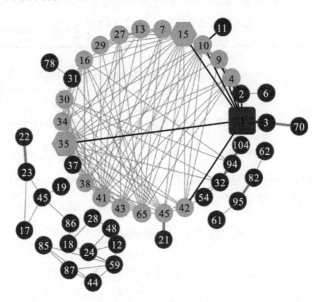

图1.4　人体菌群种间互作网络实例

网络结点(node)可代表人体菌群中的物种或其他分类单元(OTU),网络边(edge)代表结点之间的关系,灰色边代表OTU之间为正相关关系,黑色边代表OTU间为负相关关系。结点可能代表不同身份:六角形代表枢纽节点(结点#15,#35),方形结点代表网络中丰度最高的节点(#1),灰色结点代表"核心"结点(core node)(如#42,#46),黑色结点代表"周边节点"(periphery node)(如#21,#54)。有些边被加粗,代表结点间相互作用特别强(如#1与#3之间的负相关关系,以及结点#3与结点#70之间的正相关关系(Ma et al., 2016a, 2016b; Ma et al., 2016b)

1.3 复杂网络分析实例：以微生物群系医学生态网络为例

本节介绍网络分析在人类菌群医学生态分析中的应用。限于篇幅，这里省略对这些分析方法的介绍，但基本分析流程已经通过图 1.3 和图 1.4 做了简介。希望通过简单的实例分析，使读者对这些方法有大概的了解。采用 Turnbaugh 等（2009）关于肠道菌群与肥胖关系研究的数据示范网络分析在微生物菌群研究中的应用。第 1.5 节采用同一数据示范理论生态学分析方法的应用。Turnbaugh 等（2009）的研究分别采集了 61 份正常个体、196 份肥胖个体和 24 份超重个体的肠道菌群样本。由于 3 组处理的样本数量相差较大，严重不平衡，在使用网络分析时可能会出现偏差，在此仅比较正常人群和肥胖人群两组。即使对这两组数据，由于样本不平衡，在建立肥胖人群菌群网络时，采取抽样方法抽取与健康人群等数目的样本数（61），以便对两个群体的网络属性进行客观比较。另外，为避免基因测序误差对网络分析可能造成的影响，将在所有样本中出现的总次数小于 50 次的 OTU 从分析中去除，即去除在单个样本中出现的平均次数不足一次（50/61）的 OTU。这一对数据的预处理类似于在生态分析中去除"仅在单一样本中出现"的物种（singleton）的操作。数据预处理后，分别计算两处理组（正常人群和肥胖人群）内 OTU 之间的 Spearman 相关系数。从两组 OTU 相关矩阵，进行了如下网络分析。

这里特别强调样本平衡对于网络分析结果可靠性的影响。尚未发现文献中对这一问题的关注，但比较表 1.7A 和表 1.7B 结果足以揭示这一问题的严重性。表 1.7A 采用了前面提到的抽样方法，从而保持两组样本的平衡（均为 61 个样本），而表 1.7B 则没有进行抽样，而是使用了原文实验所获得的全部样本（61 个正常个体、196 个肥胖个体）。这一结果揭示网络分析中非常重要的两个研究课题：其一，理论上多大的样本数才足以建立可靠的网络模型？其二，实验设计时应尽可能保持各处理间在样本数量的平衡。抽样只是"亡羊补牢"的手段，并不是理想的解决方法。

表 1.7A 正常人群和肥胖人群肠道菌群网络特性比较（样本数平衡 $n=61$）

菌群网络	样本数	结点数量	边数量	平均结点度	全局簇系数	直径	平均路径长度	连接组件数	网络密度	网络模块化
正常人群	61	450	19 263	85.613	0.382	3	1.819	1	0.191	0.085
肥胖人群	61	360	9 107	50.594	0.315	3	1.908	1	0.141	0.106

表 1.7B 正常人群和肥胖人群肠道菌群网络特性比较（样本数不平衡 $n=61, 196$）

菌群网络	样本数	结点数量	边数量	平均结点度	全局簇系数	直径	平均路径长度	连接组件数	网络密度	网络模块化
正常人群	61	450	19 263	85.613	0.382	3	1.819	1	0.191	0.085
肥胖人群	196	651	46 194	141.917	0.389	3	1.783	1	0.218	0.123

1.3.1 相关网络基本分析

用于菌群分析的网络技术属于相关网络(correlation network)。通常采用 Spearman 或 Pearson 相关系数,前者由于基于非参数的秩相关(rank correlation)(也就是两个变量之间的统计依赖性)而更为广泛使用。几乎所有网络分析软件,如 Cytoscape(Shannon,2003), iGraph(www.igarph.org)都可以计算出网络基本特性。表 1.7 和表 1.8 列出了一些最常计算的网络基本属性,关于它们的意义,可参考相关文献(Kepes,2007; Junker and Schreiber,2008; Butenko et al.,2009; Ma et al.,2015,2016c,2016d)。

表 1.8 正常人群和肥胖人群肠道菌群网络基序数量分布比较

菌群网络	3-motif type-I	3-motif type-II	4-motif type-I	4-motif type-II	4-motif type-III	4-motif type-IV	4-motif type-V	4-motif type-VI
正常人群	1 158 635	291 114	17 584 057	50 973 347	33 285 059	2 460 714	9 953 513	3 048 357
肥胖人群	354 935	59 756	3 633 574	11 464 818	4 997 434	405 495	1 058 874	221 668

正如前面所讨论的,特别需要注意的是,样本不平衡会对结果造成影响。表 1.7A 的结果由于采用了抽样方法,从而补救了样本不平衡的问题,因而其结果应该更可靠。而表 1.7B 的结果由于两组处理间的样本严重失调(61, 196),其结果的可靠性无从验证。例如,一些特性包括结点数量、边数量、度等在样本变化后,呈现了完全相反的趋势。

表 1.7A 和表 1.8 中的网络特性比较表明,正常人群和肥胖人群间确实存在一些显著差异。例如,网络中平均结点度(average degree),即每个结点平均与多少个结点相邻接,在正常人群中大约是 86,而在肥胖人群中只有大约 51。表 1.8 列举了另一组称为网络基序结构(motif)的网络特性。表 1.8 所列出网络基序并没有考虑网络结点的特征,即将所有结点一视同仁,其数量自然较多,但要从这大量的基序结构中找出具有特殊生物学意义的结构,则是一件大海捞针的工作。因此,某种意义上,这些基本网络特征仅具有有限的价值。另外,表 1.8 限于 3~4 结点的网络基序结构,原因是,搜寻一般的、任意数量结点的网络基序算法极其耗时,属于所谓的 NP-Hard 问题。NP-Hard 问题意味着计算找出其答案的时间会随着问题大小(如网络基序的结点数)的增长而呈几何级数或更快速度增长。耗时增长速度如此之快,以至于用最快的计算机可能仍然难以计算出所有的答案。因此,要寻找出任意大小的所有网络基序结构可能并不现实。

鉴于以上这些基本网络分析存在的问题,作者开发出了一些新的网络分析方法,包括特殊三角基序结构(special trio motif)、网络内正负相互作用比例(P/N)等,将在下文中作简要介绍。

1.3.2 网络模块挖掘

如前面所讨论的,由于搜寻找出所有网络基序结构的算法是 NP-Hard 算法,因而在实践中可能难以实施。另外一种网络分析方法从某种程度上可以获取类似信息。例如,采用 MCODE(Cytoscape 插件)(Shannon et al.,2003)可以挖掘出一些网络模块(module)(有时称 cluster)。表 1.9 列出了分别从正常人群和肥胖人群菌群网络中挖掘出的主要模块。表中列出了每个模块的强度(score)、结点数量和边的数量。例如,在正常人群网络中,得分最高的模块(内部结点连接最强)由 77 结点、2568 条边连接,模块强度为 33.35。而在肥胖人群中,相对应的最高强度模块则不仅要小得多(仅有 32 节点、415 边),而且强度也仅有 12.97,大约是正常人群网络中对应模块强度的 1/3。图 1.5 和图 1.6 分别显示正常人群和肥胖人群菌群网络中所挖掘出的最强模块。

表 1.9 正常人群和肥胖人群肠道微生物菌群网络中模块挖掘

菌群网络	特征	模块			
		1	2	3	4
正常人群	模块强度	33.35	10.85	5.97	5.42
	节点	77	47	32	33
	边	2568	510	191	179
肥胖人群	模块强度	12.97	7.48	6.56	6.33
	结点	32	63	32	46
	边	415	471	210	291

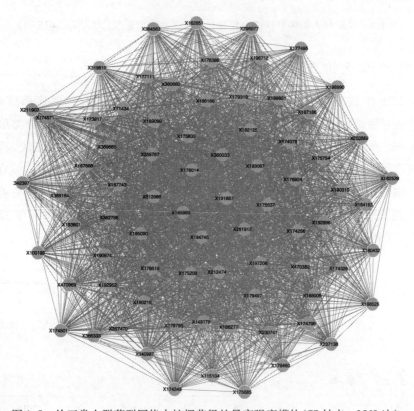

图 1.5 从正常人群菌群网络中挖掘获得的最高强度模块(77 结点、2568 边)

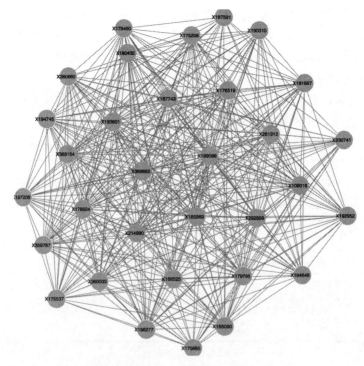

图 1.6　从肥胖人群菌群网络中挖掘获得的最高强度模块(32 结点、415 边)

1.3.3　特殊结点的三角基序挖掘

Ma 等(2016a)提出在菌群互作网络中检测 15 种特殊三角基序,基序信息见表 1.10。表中图例代表基序结构模型,每一个网络结点代表一个微生物物种或操作分类单元(operational taxonomic unit, OTU),白色结点为具有特殊功能的 OTU,灰色结点代表普通 OTU。特殊功能结点可能代表菌群中丰度最高的物种(most abundant OUT, MAO),或在菌群中占主导地位的物种(most dominant OUT, MDO),或网络枢纽结点(hub)。网络的边代表 OTU 间的相互作用关系,与特殊功能结点相连接的边可能具有特殊的生物医学意义。表中"+"号表示正相互作用关系,"-"表示负相互作用关系。

表 1.10A　正常人群和肥胖人群肠道菌群网络中特殊网络三角基序

菌群网络	+ -		Σ	+ + -		Σ	- -	+ +	Σ
正常人群	54	3	57	13	4	17	0	2018	2092
肥胖人群	38	34	72	7	1	8	0	106	186

表 1.10B 正常人群和肥胖人群肠道菌群网络中特殊网络三角基序

与丰度最高物种链接的三角基序	单边链接			双边链接				三边链接				
菌群网络	−	+	Σ	−/−	−/+	+/+	Σ	−/−/−	−/−/+	−/+/+	+/+/+	Σ
正常人群	629	110 395	111 024	25	598	64 819	65 442	0	2	528	19 374	19 904
肥胖人群	5 650	10 202	15 852	637	738	1 590	2 965	40	40	39	175	294

与标准网络分析中对基序搜索相比，特殊结点的三角基序优势包括：①考虑特殊网络结点，如丰度最高 OTU(MAO)，最优势 OTU(MDO)(Ma et al., 2016a, 2016b)，或网络枢纽。这些特殊结点可能具有独特且重要的生物医学意义，从而对网络结构、动态和功能具有特别重要的作用。②特殊结点的网络基序结构数量远比没有考虑结点特殊身份的基序数量要少得多(表 1.8)。当面对为数不多的基序时，更容易从中找出其具有的生物医学意义，或进一步设计相应的实验验证。③特殊结点三角基序不仅考虑结点身份，还考虑结点之间互作关系的类型(正或负)。事实上，网络中正负关系的对比可能是生态网络最重要的属性之一。1.3.4 节专门介绍利用网络中正负作用关系数量的比例(P/N)来检测健康菌群和疾病菌群样本差别的可能性。显然，本节中介绍的特殊三角基序也可能应用于菌群相关疾病(microbiome associated diseases)的个性化诊断中。

1.3.4 相关网络中正负作用的比率

人体微生物菌群作为一个微生态系统，利用生态学理论和手段对其进行研究是必不可少的。现有的研究大多从物种多样性角度来寻找疾病人体与健康人体微生物菌群的不同，然而，许多菌群相关疾病并未影响患者微生物菌群的生物多样性，因此患者与健康个体间多样性指标，如物种丰度、多样性指数等可能并无显著差异。此外，基于多样性的生态学方法多着眼于物种个体数即丰度本身，忽略了菌群内物种间存在的相互作用关系，而物种间的相互作用对宿主体内环境的变化可能更为敏感。1.3.3 节讨论的特殊结点的三角基序方法即为我们在该领域所发现的、有望取代多样性分析的网络分析技术之一。

Ma (2016b) 发现，疾病患者和健康人群菌群微生物互作网络中正负作用关系数量的比值(即 P/N)存在显著差异。表 1.11 显示正常人群和肥胖人群菌群网络的 P/N 差别近乎一倍(10.87 vs. 5.32)。

表 1.11 正常人群和肥胖人群肠道菌群网络中正负作用关系比例(Ma, 2016b)

菌群网络	总边数量	正作用边的数量	负作用边的数量	P/N
正常人群	19 263	17 640	1 623	10.87
肥胖人群	9 107	7 665	1 442	5.32

Ma（2016b）提出和验证了一种基于人体微生物菌群中微生物互作关系的正负比例来检测菌群相关疾病的方法，即 P/N。通过检测人体微生物互作网络中正负作用关系的比值来诊断菌群相关的疾病，或者评估菌群相关疾病对人体产生的影响。需要说明的是，我们始终使用"菌群相关的疾病"一词，原因是目前大多数关于菌群与疾病关系的研究主要是相关性研究。

1.3.5 核心/周边网络

人类微生物菌群宏基因组计划（human microbiome project，HMP）使命之一是回答人类是否存在"核心菌群"（core microbiome）的问题（Turnbaugh et al.，2007）。过去 10 年间，许多研究试图回答"核心菌群"的问题。然而，多数研究结果远比当初所设想的要复杂。最初的研究就揭示，不存在全人类所共有的单一核心菌群，而肠道菌群可能存在多种核心菌群类型（enterotypes）。但近年来的研究对多核心类型的结果也提出了诸多质疑。事实上，即使能够将人类某一体位的菌群分成若干核心类型，这些类型也可能是动态的。例如，某人在旅行到异国他乡改变饮食后，其肠道菌群类型可能会发生改变。

Ma 和 Ellison（2016b）将核心/周边（core/periphery）网络分析方法引入人体菌群生态网络的分析。该方法将网络中所有结点分为两类：核心（core）结点和周边（periphery）结点（图 1.7 和图 1.8）。虽然核心/周边网络中的核心与前面讨论的人体菌群核心没有直接必然的联系。但是核心/周边网路分析确实可以作为探讨菌群核心的有效工具之一。表 1.12 列举出了核心/周边网络分析技术在应用于正常人群/肥胖人群菌群分析时所获得的网络特征。表中 ρ 度量网络接近完美核心/周边结构的程度。C/P 度量网络中核心与周边结点的相对比例。密度矩阵（density matrix）度量核心/周边网络中核心模块、周边模块及两者交叉部分的相对密度。表中 P/N 系将 1.3.4 节介绍的 P/N（Ma，2016b）与核心/周边分析技术的整合所获得。例如，表 1.12 中'Whole'的 P/N 为整个网络中的 P/N，自然与表 1.11 所列整个网络 P/N 是一回事。表 1.12 中正常人群与肥胖人群在 P/N 最大的差别发生在周边结构（26.01 vs. 5.70），而两者的 P/N 在核心结构则差别甚微（6.36 vs. 6.70）。这一结果是由定义核心/周边网络最重要的概念（理论）所决定：即核心结构由彼此紧密相连、相对稳定的结点（物种或 OTU）构成，而周边结构由结构相对松散、流动性相对较高的结点（物种或 OTU）构成，核心结构与周边结构之间连接则相对较少。图 1.7 和图 1.8 为表 1.12 所描述的核心/周边网络图。

除以上讨论的网络分析方法[基本相关网络分析、网络模块挖掘、特殊结点的三角基序、相关网络中正负作用关系数量的比例（P/N）、核心/周边分析]外，Ma 等（2016b）还探讨了其他能够有效分析动态菌群数据的网络分析技术。这些网络分析技术也可以应用于其他生物信息大数据网络研究中。

表 1.12　正常人群和肥胖人群肠道菌群网络中核心结点和周边结点的特征

菌群网络	ρ	C/P	密度矩阵			P/N				嵌套指数（S）
			B11	B12(21)	B22	Whole	核心结点	周边结点	C-P	
正常人群	0.11	1.25	0.13	0.18	0.31	10.87	6.36	26.01	9.64	0.28
肥胖人群	0.13	1.03	0.22	0.12	0.11	5.32	6.70	5.70	4.30	0.19

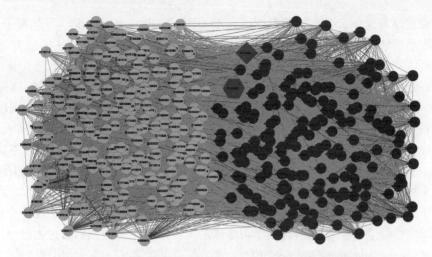

图1.7　正常人群肠道菌群的核心/周边(core/periphery)网络(图例与图1.4相同)
(Ma and Ellison, 2016b; Ma et al., 2016b)

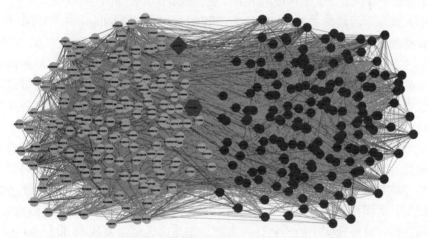

图1.8　肥胖人群肠道菌群的核心/周边(core/periphery)网络(图例与图1.4相同)
(Ma and Ellison, 2016b; Ma et al., 2016b)

1.4　深度学习、计算智能与人工智能

2015年,谷歌公司"Alpha围棋"(技术性名称是DeepMind)的横空出世再次将人工智能这一人类向往已久的技术推向大众关注的中心。但鲜为大众所了解的是:幕后支撑Alpha围棋的算法——"深度学习"的研究已有超过半个多世纪的历史,而在过去10年间所取得的重大突破使得战胜人类围棋高手成为可能。自2006年Hinton和Salakhutdinov(2006)在 *Science* 发表与深度学习相关的论文以来,深度学习无论是在学术界还是在产业界都得到了迅猛的发展。学术界,美国斯坦福大学、麻省理工学院等一大批世界顶尖大学都设立了涉及深度学习的研究机构。产业界,在大数据领域领先的巨头(显然也是目前掌握大数据最多的)如谷歌、微软、百度、阿里巴巴、IBM等互联网高科技公司相继投入巨资开展了深度学习研究。

那么深度学习为什么引起如此广泛的高度关注呢？事实上，深度学习起源于20世纪60年代（甚至更早）的人工神经网络（artificial neural networks，ANN）算法的研究。ANN算法是一种受人类大脑思维所启示的计算机算法，类似于同一时代出现的"遗传算法""进化算法"（受达尔文进化理论启示）及最近出现的"群体智能算法"（如"蚂蚁搬家"算法）。这些研究也就是中文里长期以来广为人知的"仿生学"，但仿生学这个词出现在计算机技术被广泛使用之前，如ANN算法这类较新的算法则必须依赖计算机实现。因此，虽然仿生学这个词准确地反映了ANN这类新技术的"生物学"特征，但它并不能够反映新技术的"计算科学"特征。一个尴尬的现象是，目前中文，（事实上英文也如此）没有一个通用词来将这些新一代基于生物学原理启发的计算方法（或者用计算专业词汇"算法"）纳入旗下。于是，有趣的现象出现了，人们开始为深度学习（算法）归类。一个比较合理的归类应该是为深度学习"寻根"，这样深度学习应该汇入ANN算法，进而归入过去已经比较流行的计算智能（computational intelligence，CI）一类。在"深度学习"这一词出现之前，"计算智能"一词已经包括了前面提到的遗传算法、群体智能算法，以及人工神经网络等。因此，作者的观点是深度学习应该是人工神经网络的发展，也是计算智能的一个分支。

现实中，深度学习被归为是21世纪人工智能（artificial intelligence，AI）的最大突破。既是人工智能理论的奠基人，也是计算机科学理论的奠基人的英国数学家 阿兰·图灵（Alan Turing）所开创的人工智能和计算机科学理论其实是密不可分的。但后来两个领域的追索者，在某种程度上可以讲是"分道扬镳"了。许多人工智能研究者将模拟甚至复制人脑功能定位为自己的追求目标，到了20世纪90年代，许多人工智能学者都公开表示，如果到了2000年，人工智能仍然没有取得重大突破，就可能是宣布人工智能"死亡"的时候了。与人工智能的"萧条"相比，同一时代计算机科学已经起飞，并将人类带入了今天的信息化时代。其实，在人工智能和计算机科学之间，还有一批科学家，他们看到了人工智能研究的"尴尬境地"，他们认识到，人工智能要实现模拟或复制人脑思维功能的目标根本就不现实，而模拟复制自然界生命现象中的一些原理（如进化原理，蚂蚁搬家行为）不仅现实，而且足以解决现实中的一些计算难题。正是这些科学家从20世纪60年代起不懈努力，建立了一批生物学启示的算法，90年代前后，他们开始将自己的研究领域归入"计算智能"之下。显然，计算智能的学者选择了计算机科学和人工智能的"中间"研究策略。

所以，"深度学习"在2006年被Hinton和Salakhutdinov（2006）发表于*Science*的文章"重新发现"后，显然是被归入近年来又开始"回暖"的人工智能领域。事实上，深度学习目标还是与人工智能有差距。重要的是深度学习究竟有没有产生革命性的突破。从理论上讲，深度学习基本就是原来的人工神经网络的改进版；而从技术上讲，今天突飞猛进的计算技术（特别是近年来强有力的高性能并行计算和GPU计算）成就了深度学习。因此，与20世纪人工神经网络相比，如今的深度学习确实是计算技术领域的一大突破。从某种意义上看，深度学习已经在"拯救"人工智能的未来。自然也没有必要争论深度学习是计算智能还是人工智能。从尊重历史的角度，我们倾向于使用"深度神经网络学习"一词，简称"深度学习"。

深度学习和大数据无疑是当前IT行业最热门的两个领域（Chen and Lin，2014），它们的理论和应用已经迅速扩展到政治、经济、科学技术等各个领域。深度学习已经在语音识

第1章 生物信息学一些前沿领域简介

别、机器视觉和自然语言处理等应用领域取得了巨大的成功。随着大数据的兴起,深度学习必将在大数据预测分析中扮演关键的角色。与传统的神经网络(使用浅层学习)相比,深度学习具备监督或者非监督学习方法,又能对事物特征进行多层分类。深度学习允许对数据的特征进行多层抽象表示,并且每层的特征表示并不是由分析师定义的,而是由非监督的学习方式获得的。图1.9展示了深度学习的基本概念——多层神经网络和反向传导训练过程(LeCun et al., 2015)。

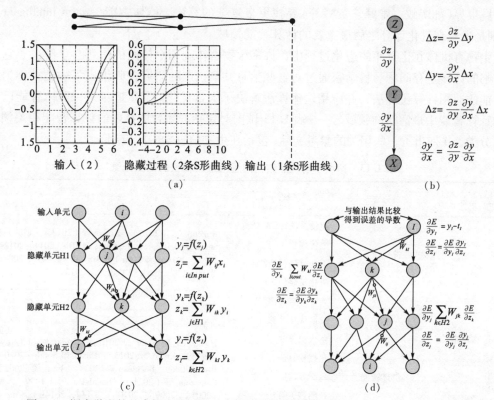

图1.9 深度学习的基本概念和原理:多层神经网络与反向传导(仿 LeCun et al., 2015)

(a)多层的神经网络(由5个小圆点代表的神经元连接构成)能够把输入的数据空间作线性分离,如图1.9(a)中黑线和灰线所示。注意输入空间中的规则格子是如何被隐含神经元改变的。图中只显示两个输入神经元、两个隐含神经元和一个输出神经元,运用于自然语言处理和图像识别的网络则包含几十、几百,甚至成千上万个网络神经元。

(b)导数的链式法则揭示了微小变化是如何传递的(x 的微小改变会通过 y 使 z 改变)。x 的变化 ∂x 引起 y 变化 ∂y,而变化的比率就是 $\partial y/\partial x$(偏导数的定义),y 变化了,∂y 会引起 z 改变 ∂z。导数的链式法则揭示了 x 的变化 ∂x 是如何通过 $\partial y/\partial x$,$\partial z/\partial x$ 引起 z 改变 ∂z 的。当 x,y,z 是向量(导数是雅可比式矩阵)时,此法则也是成立的。

(c)所列公式被用来计算神经网络(由两个隐含层和一个输出层组成)的前导值(forward pass),公式的每一部分代表了反向传导的梯度(backpropagation gradient)。在每一层中,我们首先计算每个神经元的总输入 z,它是前一层输出的权重和。然后将 z 输入非线性响应函数 $f(.)$ 而计算出该神经元的输出。用于神经网络的非线性响应函数包括:校正线性单元函数 ReLU $f(z) = \max(0, z)$,sigmoid 函数,logistic 函数 $f(z) = 1/(1 + e^{-z})$,双曲正切 TanH 函数: $f(z) = [\exp(z) - \exp(-z)]/[\exp(z) + \exp(-z)]$。

(d)所列公式被用来计算神经网络的反向传导值。在每一隐含层,我们计算每个神经元输出误差的导数,就是由上一层产生的误差导数的加权和。然后我们将输出层的误差导数通过乘以 $f(z)$ 的梯度转换到输入层的误差导数。在输出层,每个神经元输出的误差导数可以通过成本函数的微分来计算。例如,如果节点 l 的成本函数是 $(y_l - t_l)^2/2$,那么此神经元的误差即是 $(y_l - t_l)$,其中 t_l 是目标值。

如前所述，计算智能追随者选择了计算机科学和人工智能的中间策略。他们从自然界特别是达尔文的进化论中获得灵感，并逐步发展出了由四项重要分支组成的进化计算（evolutionary computing，EC）：遗传算法、遗传编程、进化算法和进化编程。这些分支间有什么区别呢？当然简单来讲它们是由不同研究者创造出来的。它们之间存在一些差别，即对问题的表达（representation）和优化策略的差别。自20世纪90年代开始，EC的成功鼓舞了越来越多的计算机学科学家和生物学家（特别是昆虫学家）涉足这一领域，从自然界特别是社会昆虫界（如蚂蚁、蜜蜂、黄蜂等）寻找更多复杂的算法。群体智能（swarm intelligence，SI）则是出现在进化计算之后最重要的计算智能领域。

生物有机体在亿万年的进化过程中，许多生物群体利用个体间的信息共享解决了它们所面临的许多生存问题。科学家通过对这些信息共享机制的研究，归纳出了一类被称为群体智能的通用计算机算法，并应用这些算法解决了大量优化问题。近年来，群体智能已经成为计算智能中最活跃的领域之一。表1.13试图对包括群体智能在内的计算智能相关领域作出分类，并列出了一些相关的参考文献（包括在生物信息学中的应用）。

表1.13 适用于解决非结构问题（数据）算法的简要分类

计算智能、人工智能与机器学习	分支	算法	参考资料
计算智能	进化计算	遗传算法（GA） 遗传编程（GP） 进化算法（EA） 进化策略（ES）	Angelini 等（2016），Kruse 等（2013），Eiben 和 Smith（2010），Ma（2010a，2010b，2011，2012b，2013，2014a，2014b），Ma 和 Krings（2008a，2008b），Kacprzyk 和 Pedrycz（2013）
	群体智能	人工蜂群算法 蚁群优化算法 萤火虫算法 花授粉算法 鸟瞰算法 杜鹃搜索算法 人工鱼群算法 蝙蝠算法 狼群搜索算法	Hassanien 和 Emary（2016），Kacprzyk 和 Pedrycz（2013），Kruse 等（2013），Eiben 和 Smith（2010），Blum（2008），Beekman 等（2008），Pratt 等（2002），Camazine 等（2001），Bonabeau 等（1999），Ma（2009a，2009b，2010b，2014a，2014b），Ma 和 Krings（2008a），Ma 等（2009，2010，2011b）
人工智能	推理逻辑		Alpaydin（2016） Russell（2015）
	谓词逻辑学		Artemiadis（2014） Hunter（2009）
	机器人		Keedwell（2005）
机器学习	深度学习 人工神经网络		Carwright（2015） http://deeplearning.net/ https://blogs.nvidia.com/blog/2016/07/29/whats-difference-artificial-intelligence-machine-learning-deep-learning-ai/
	统计学习		http://www.deeplearningbook.org/ http://yann.lecun.com/ http://www.cs.toronto.edu/~hinton/ Malley J D（2012）
	其他机器学习算法		Alpaydin E（2014） Xiong 等（2015）

1.5 医学生态学

杰出的微生物学家 Rene Dubos 在20世纪30年代首创了医学生态学（medical ecology）这一术语，当 Dubos 提出医学生态学时，生态学还处于发展的早期阶段。如今，生态学几乎可以与生物学并驾齐驱。在当今的分子生物学和分子生态学时代，生物系统（基因、细胞、组织、器官、微生物）和生态系统（种群、群落、生态系统、景观生态）之间可能仅仅只是尺度上的差别，而非本质的不同。显然生物信息的传递可能发生在生命系统的任何尺度；传统生态学与生物信息学交叉形成生态信息学（ecoinformatics），但这一名词并没有得到广泛采用。Rene Dubos 于1930最先定义"医学生态学"时，主要是指研究人体外部环境与人类健康的关系（如环境污染对健康影响、花粉过敏等）（http://www.medicalecology.org/）。人类菌群宏基因组研究（human microbiome project）试图利用宏基因组学的方法研究人体微生物菌群的结构及动态变化同人体健康（如肥胖、早产、不育等）和疾病（如糖尿病、艾滋病、直肠癌、IBD、自闭症）之间的关系。那么人体微生物区系究竟是属于生物学还是生态学的范畴呢？Ma（2012a, 2016b）认为在今天的后基因组学、宏基因组学时代，迫切需要扩展或重新定义"医学生态学"的概念。例如，成年人肠道中"驻扎"着大约两千克的细菌，其他部位如口腔、皮肤、呼吸道、生殖道（五大部位）也含有大量共生菌群。这些成千上万种的细菌拥有的个体数量（由于细菌是单细胞生物，也就是细菌细胞数量）一般估计至少超过人体体细胞的数量（300万亿以上）。成千上万种细菌所携带的基因数量更是惊人，可能多达人类自身基因的100倍，这些有趣而重要的数据来源于2008年前后在美国发起的"人类微生物菌群研究计划（HMP）"。正是这些发现提示科学家将人体微生物菌群所携带的全部基因（谓之宏基因组，以区别于单个物种的基因组）称为人体"第二基因组"。基于构成人体的绝大多数细胞是共生菌群细胞，也有人认为每个人都是"超人"——"人体和菌群构成的超级有机体"。万幸的是，这些菌群中绝大多数成员在绝大多数时间都是人类的忠实朋友。当然，其中也隐藏着极个别的机会性病原菌，但它们在绝大多数时间都被忠实朋友所"看管"（抑制）而无法"兴风作浪"。显然，人体肠道菌群是一个极其复杂的微生物生态系统，简单来讲这个系统是一个多层次自组织系统（hierarchical & self-organized system）。如何研究这个与我们不仅在距离上最近，而且与我们健康最密切相关的生态系统？既然是复杂（生态）系统，那么复杂系统的研究方法（如复杂网络分析）应该非常适合（见1.3节示范）。另外一方面，传统生态学理论与方法应该同等重要。在下文示范理论生态学分析之前，图1.10再现了 Ma（2012a）及 Ma 等（2016d）提出的对医学生态学概念的补充。

事实上，医学生态学范畴不必仅仅限于人类微生物菌群生态系统。虽然我们强调生态学与医学交叉不应该像目前社会大众对"生态"一词的使用，但是现代医学的诸多领域确实需要生态学理论和研究方法。例如，癌细胞生态位理论显然来自于生态学。传统中医理论也饱含生态学思想，或许它们之间的交叉也会擦出火花。医学生态学最重要的实际应用领域应该是个性化精准医疗（Ma et al., 2011a; Ma, 2012a）。原因是人体菌群具有非常显著的个体差异，也即极其高度的时空异质性。

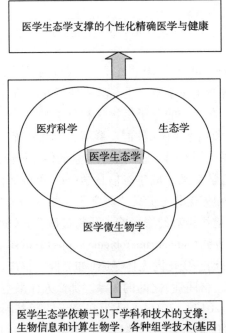

图 1.10 医学生态学概念(Ma, 2012a; Ma et al., 2016d)

医学生态学另外一意义是示范理论生态学(theoretical ecology)在医学研究中的应用。理论生态学被认为是数学与生物学交叉学科的典范；现阶段理论生物学大部分内容实际上大多属于理论生态学内容。故此，理论生态学对于生态学的重要性，常被与理论物理学对于物理学的重要性相比。在完整的医学生态学理论体系建立之前，医学生态学需要大量汲取理论生态学的方法和技术。

医学生态学需要生物信息学的支撑(图1.10)，另外，医学生态学的某些理论、方法和技术也可以在生物信息学中找到应用。两者的作用是双向的。而生物信息学的"树"模型(图1.1)则显示理论生物(态)学本身就是广义生物信息学的"根"。

表 1.14 列出了一些人类菌群医学生态的分析方法。限于篇幅，这里省略对这些分析方法的介绍。采用 1.3 节中曾用于示范网络分析的同一组数据（Turnbaugh et al., 2009）来示范表 1.14 所列分析技术的应用，部分结果见表 1.15~表 1.18。希望通过简单的实例分析，使读者对这些方法有大概的了解。详尽的分析方法和结果解释可参考表 1.14 列出的参考文献。需要指出的是，考虑到样本不平衡(样本数量的差别过大)对于网络分析的影响远比对生态分析的影响大，1.3 节网络分析中，仅比较了正常人群和肥胖人群两类数据。而在本节中，考虑到样本不平衡对生态分析结果差别相对较小，采用了三组数据。

表1.14 人类菌群医学生态的一些理论和方法

医学生态学理论/方法	用途简介	参考文献
群落多样性估计(Hill numbers)	估计群落多样性 Profiles(不同阶数下的群落多样性)	Chao 等(2014), Ma 等(2016c)
幂法则扩展模型(type I ~ IV power law extensions, PLE)	Ma(2015)提出群落水平4种扩展的 Taylor Power Law,可用于估计群落的空间异质性或动态稳定性	Ma(2012a, 2015), Zhang 等(2014), Oh 等(2016)
多样性-面积关系(diversity area relationship, DAR)	Ma(2016a)将传统的 Species Area Relationship(SAR)扩展至一般多样性与面积(即个体数累计)的关系	Ma(2016a)
多样性-稳定性关系(diversity-stability relationship)	理论生态学的经典理论,可应用于探讨菌群相关疾病病因(机制)的研究	Ma 和 Ellison (2016a, 2016b)
中性理论(Neutral theory)	探讨群落多样性维持机制	Li 和 Ma (2016)
宏群落理论(Metacommunity Theory),除中性理论外,其他模型包括:Mass effect, Patch dynamics, Species sorting (niche theory)	宏群落是指"群落的群落"(众多群落组成一个宏群落)。宏群落理论是群落生态学最重要理论之一,也是目前理论生态学的前沿理论之一	Ma 等(2016b)综述了群落生态学重要的理论和方法,并示范了它们在人类菌群医学生态分析中的应用,包括4个宏群落模型的应用

表1.15 Hill numbers 应用于评估正常人群和肥胖人群肠道微生物菌群的 Alpha - 多样性(表中列出的是多样性的平均值和标准误差)

处理组	参数	Hill numbers 的多样性				
		$q=0$	$q=1$	$q=2$	$q=3$	$q=4$
正常人群 (61 Samples)	平均数	263.180	64.712	26.818	17.896	14.494
	标准误差	12.031	2.617	1.484	1.033	0.835
肥胖人群 (196 Samples)	平均数	233.163	61.409	25.711	17.446	14.273
	标准误差	4.887	1.711	1.007	0.739	0.613
超重人群 (24 Samples)	平均数	275.042	65.688	27.625	18.876	15.420
	标准误差	20.234	5.749	3.515	2.576	2.099

表1.16 Ma(2012a, 2015)幂法则扩展模型应用于评估正常人群和肥胖人群肠道菌群的群落空间异质性(Type-I PLE 度量种间异质性,Type-III PLE 度量种内异质性)

幂法则扩展模型(PLE)	处理组	b	$SE(b)$	$\ln(a)$	$SE[\ln(a)]$	r	p-value	n
群落空间异质性的 Type-I PLE	正常人群	2.924	0.117	0.056	0.280	0.956	0.000	61
	肥胖人群	3.034	0.085	-0.161	0.197	0.933	0.000	194
	超重人群	2.997	0.224	-0.117	0.556	0.944	0.000	24
度量种内异质性的 Type-III PLE	正常人群	2.661	0.024	-1.224	0.044	0.956	0.000	1121
	肥胖人群	2.703	0.025	-1.135	0.041	0.946	0.000	1367
	超重人群	2.526	0.027	-1.244	0.052	0.958	0.000	785

表1.17　Ma（2016a）多样性－面积关系的 PLEC 模型（DAR-PLEC 模型）分别应用于评估正常人群和肥胖人群肠道菌群多样性随个体（"面积"）累加增长的程度

多样性阶数	处理组	z	SE(b)	c	SE(c)	$\ln(a)$	SE[$\ln(a)$]	r	P-value	n	X_{max}	D_{max}
$q=0$	正常人群	0.558	0.015	-0.009	0.001	5.658	0.028	0.992	0.000	61	82	1704
	肥胖人群	0.441	0.007	-0.002	0.000	5.693	0.020	0.989	0.000	196	204	1951.0
	超重人群	0.681	0.036	-0.025	0.004	5.586	0.040	0.991	0.000	24	44	1389.7
$q=1$	正常人群	0.387	0.023	-0.009	0.001	4.289	0.044	0.945	0.000	61	311	229.7
	肥胖人群	0.281	0.009	-0.002	0.000	4.404	0.026	0.945	0.000	196	133	240.5
	超重人群	0.570	0.056	-0.028	0.007	4.113	0.062	0.959	0.000	24	43	209.8
$q=2$	正常人群	0.299	0.046	-0.011	0.002	3.329	0.088	0.692	0.025	61	29	58.4
	肥胖人群	0.256	0.014	-0.003	0.000	3.398	0.043	0.812	0.001	196	280	79.4
	超重人群	0.434	0.104	-0.022	0.012	3.265	0.116	0.810	0.019	24	25	66.1
$q=3$	正常人群	0.188	0.050	-0.010	0.003	2.989	0.095	0.648	0.044	61	25	30.6
	肥胖人群	0.203	0.019	-0.002	0.000	2.905	0.056	0.723	0.000	196	192	39.8
	超重人群	0.389	0.118	-0.025	0.014	2.847	0.132	0.724	0.050	24	13	36.1

表1.18A　应用中性理论探讨菌群多样性形成机制：两份符合中性理论样本的模型参数

处理组	样本	J	S	θ	m	$\log(L_0)$	$\log(L_1)$	q-value	P-value
肥胖人群	TS75.2_298948	1 676	148	38.947	0.999 97	-86.334	-85.809	1.051	0.305
	TS98_299220	2 602	177	42.752	0.999 91	-110.238	-108.549	3.379	0.066

表1.18B　应用中性理论探讨菌群多样性形成机制：各个处理样本中性模型参数的平均值和标准误差

处理组	统计量	J	S	θ	m	$\log(L_0)$	$\log(L_1)$	q-value	P-value
正常人群	平均数	3588.738	263.180	70.593	0.995	-131.425	-113.082	36.685	0.000
	标准误差	444.784	12.031	2.015	0.004	7.671	7.233	2.154	0.000
肥胖人群	平均值	2628.212	236.560	65.972	0.999	-115.734	-99.799	32.527	0.001
	标准误差	129.953	4.549	1.145	0.000	2.601	2.414	1.084	0.000
超重人群	平均值	3805.333	275.042	71.619	1.000	-137.133	-119.860	35.597	0.000
	标准误差	638.293	20.234	3.968	0.000	10.984	10.400	2.383	0.000

在众多的多样性指数中，群落多样性估计（Hill numbers）被广泛认为是评估群落多样性最优良的方法（Chao et al.，2014；Ma et al.，2016c）。群落多样性值计采用多样性 Profile（一系列对应于不同阶数的指数值，而不是单一多样性指数）度量群落多样性。表1.15列出了应用 Hill numbers 与 Turnbaugh 等（2009）数据集所获得的群落多样性 Profile 结果。结果表明：正常人群（lean）、肥胖人群（obese）及超重人群（overweight）在群落多样性方面其实差别甚小。

Taylor（1961）幂法则因原本用于评估生物种群（单种种群）空间分布的聚集程度（非均

匀度或异质性)而成为了种群生态学中最重要的理论模型之一。Ma（2012a，2015）将其扩展至群落水平，而提出四个幂法则扩展模型(type I～IV power law extensions，PLE)。其中 type-I 和 type-III 适用于 Cross-sectional 数据，其幂法则模型参数分别度量群落微生物种间异质性和种内异质性；例如，Zhang 等(2014)将其应用于肠道菌群空间地理分布异质性的研究。而 type-II 和 type-IV 则适用于 Longitudinal 数据，如 Oh 等(2016)将其应用于皮肤菌群动态稳定性估计。表 1.16 显示三种处理方式在幂法则参数 b 值(度量异质度)上面其实差别甚微。

  Ma（2016a）对生态学中传统的种类-面积(species-area relationship，SAR)进行了推广，将"种类"推广到一般的"多样性"，即多样性 - 面积关系(diversity-area relationship，DAR)。该工作另外一改进是通过对 SAR 模型的改进，使 DAR 可以预测多样性的理论最大值，以及相对应的"面积"（也就是抽样单元，一般就是个体的人数)。表 1.17 最后两列即为这两个参数，X_{max} 和 D_{max}，例如，第一行显示正常人群中最高累计物种数量($q=0$) $D_{max}=1704$，相对应的人群中个体数为 82。换句话说，随着样本数的增加，所累计的细菌种类(OTU)也逐渐增加，当人数增加至 82 人时，累计 OTU 数量达到最大值(1704)。表 1.17 另外一最重要参数是 DAR 模型的换算因数 z，表中所有 p 值都小于或等于 0.05，表明 DAR 模型拟合良好。

  关于菌群与人类健康和疾病(包括像肥胖、癌症、艾滋、自闭，特别是自身免疫性疾病)关系的研究是目前全球生物医学最前沿的热点领域之一。而这些研究中极其重要的课题之一，也是我们倡导的医学生态学中的重要课题之一，即：人体菌群中成千上万种细菌是如何"和平共处"而形成高度多样性的菌群世界？例如，菌群是各种细菌的随机组合还是由某种外力(如人体环境的选择压力)的选择而形成？Li 和 Ma(2016)通过分析人类微生物菌群研究计划(HMP)所获得的宏基因组大数据(7000 多份人体菌群样本)揭示其答案应该是后者。该研究正是始于检验中性理论在人体微生物菌群中的适用性，分析发现，七千多份人体菌群样本中，仅有不足 1% 的菌群样本符合中性理论。Li 和 Ma(2016)进一步从荷兰微生物学家 Bass-Becking 在 1934 年提出的关于微生物地理分布的著名假设"Everything is everywhere, but the environment selects"（其大意是微生物可以无处不在，但最终是环境选择决定它们的去留）获得启示。综合中性理论的检验结果和 Bass-Becking 的假设，他们得出的结论是，人体微生物菌群多样性的形成和维持主要是由人体(作为微生物菌群的宿主)环境选择所致。

  这里进一步试图回答下面问题：肥胖人群是否在菌群多样性维持机制与正常人群有差异？通过对 Turnbaugh 等(2009)研究数据的分析，发现肥胖对肠道菌群多样性的维持机制并没有显著影响。表 1.18A 中，对三组样本正常人群、肥胖人群、超重人群进行中性理论检测所得结果(本书表 1.8A 仅列"肥胖人群"一组)，表中 $p>0.05$ 表明群落符合中性理论；只有 Obese 这组数据中仅有的 2 个样本符合中性理论，占 1.04%，其他两组处理(Lean 和 Overweight)没有任何符合中性理论的样本。总体 281 个样本中，仅有 2 个样本符合中性理论，不足 1%，与 Li 和 Ma (2016) 所得结论一致。表 1.18B 列出了(用所有 281 个样本)检测中性理论模型时所获得参数的均值和标准误差。

1.6 DNA 计算机－生物学对计算机科学的回馈

将人类带入信息化时代的电子计算机有两个特点,同时也是制约它们进一步发展的最重要的两个因素。其一,计算体系的设计上采用了冯·诺依曼体系,也就是所谓的"存储程序体系"——程序指令和数据存储于内存(memory)中,这样担负计算功能的 CPU 就必须从内存读取指令和交换数据,也就意味着 CPU 无法独自完成计算任务,而必须与内存交流合作才能完成计算。这种设计体系存在的问题是,内存读取速度总是跟不上 CPU 计算速度,因此计算机整体的速度受制于这一体系的设计限制。科学家希望通过并行计算提高效率,但并行计算仍然难以完全突破这一限制。其二,现代电子计算机的制造材料均来自于由硅制造的集成电路,集成电路的微型化不仅可以提高计算速度,更重要的是可以降低电路的能耗。正是超大规模集成电路芯片的不断微型化才使得今天的电子计算机取得如此的成功。然而,越来越多的共识是,芯片的集成化程度(也就是微型化)已经非常接近极限了。此乃电子计算机今后发展的另一重大制约因素。为了克服以上当代电子计算机发展所面临的限制,目前关于新一代计算机技术的研究主要集中在量子计算机、光子计算机及 DNA 计算机。这里简单介绍 DNA 计算的基本原理和现状。

1961 年,诺贝尔奖得主,物理学家 Feynman(1961)在其著名的 *There is plenty of room at the bottom* 演讲中,首次提出在分子和细胞水平上进行计算的设想,也就是在极小尺度上通过分子操作进行信息存储处理的问题,这一设想也提示和开创了日后纳米技术领域的研究。Feynman 强调:"生物(分子或细胞)不是简单地接收信息,而是会对信息作出反馈和存储"。事实上,在熟悉计算理论(冯·诺依曼设计、图灵机)的人看来,信息存储和反馈能力足以能够完成相当复杂的计算。Bennet 和 Landauer(1985)再次提醒人们分子计算的可行性。但直到 1994 年,一位麻省理工学院计算机系教授,同时也是著名的 RSA－公钥加密(public key encryption)算法('A'代表 Adleman,RSA 算法在互联网安全中扮演了极其重要的角色)的共同发明人——Adleman(1994,1998)才成功实施并证实了 DNA 分子计算的可行性。Adleman 虽然是一名计算机教授,但他确实是在一个典型分子生物学实验室,在试管中演示完成了人类历史上"首次"DNA 计算。

但是,严格来讲,"首次"这一说法是不正确的,了解了 Adleman 实验后,就会明白,自然界中 DNA 计算每时每刻都在进行中,而且这些计算已经进行了亿万年。也许自生命诞生以来,DNA 计算就在进行。用 Adleman(1998)本人的话讲就是:"This brings up an important fact about biotechnologists: we are a community of thieves. We steal from the cell. We are a long way from being able to create de novo miraculous molecular machines such as DNA polymerase."(显然,Adleman 没有见"外",是把自己也归入 biotechnologists 中了)。

如今,众所周知的是组成 DNA 分子的 4 个核苷酸(A＝腺嘌呤,G＝鸟嘌呤,C＝胞嘧啶,T＝胸腺嘧)编码遗传信息,正如硅基芯片电子计算机中 0 和 1 编码数字信息一样。因此,DNA 本质上就是采用 A,T,C,G 四个字符进行编码的分子计算机。用计算机专业词汇来讲,DNA 存储 ACGT 编码的信息,就像电子计算机存储 0、1 编码的信息一样;它们相当于冯·诺依曼体系设计中的内存或图灵机(turing machine,下文有简介)的"数据带"(tape)。除了信息(字符)编码以外,计算机(无论是电子计算机还是 DNA 计算机)还需要工具(如电子计算机的 CPU)对字符进行操作。在电子计算机中，集成电路本质上是用半导体晶体管焊接成的逻辑开关的复杂电路，这些电路可以操作比特单元(0 和 1)。本质上所完成的数学计算(0 + 0 = 0, 0 + 1 = 1 + 0 = 01，1 + 1 = 10)其实极其简单。基本上所有基于冯·诺依曼结构体系的计算机最终都是在这样简单的计算之上执行任务的。那么，在 DNA 计算机中，CPU 的元件是什么? 也就是说，Adleman 是用什么办法操作 DNA 所编码的信息来完成他所设计的计算? 如果说，这些元件在 Feynman 设想的 20 世纪 60 年代还未被生物学家所发现/发明，到了 Adleman 想动手的 20 世纪 90 年代时，所需的技术条件已经具备。这些分子元件(技术)包括：①Watson-Crick 配对技术：分子生物学家能轻易的把双链 DNA 解旋为单链 DNA[(也就是变性 Denature)]，或者使单链结合为双链 DNA[也就是退火(DNA Annealing)]。原理上，如果能够准确地知道，在什么位置、什么时机变性或退火就足以完成冯·诺依曼或图灵机的计算功能。其他元件和技术只是使得 DNA 计算更加方便和高效。②多聚酶技术：DNA 多聚酶从一个 DNA 分子上复制信息并传递给其他分子。显然，现代的 PCR 仪器某种程度上就是一台 DNA "复印机"，与计算机中执行 Copy 命令操作不无相同之处。③连接酶技术：连接酶可以使 DNA 分子连接在一起。④核酸酶技术：核酸酶可剪切 DNA 片段。⑤凝胶电泳技术。⑥DNA 人工合成技术。这些元件和工具(技术)已经足以用来构建通用 DNA 计算机了，而 Adleman 正是用它们演示证明了 DNA 计算的可行性。除了这些硬件设计和技术外，Adleman 还需要选择一个计算问题，并"编程"才能完成 DNA 计算的示范。

下面简单地介绍 Adleman 所选择的问题及编程。需要指出的是，这里所谓编程其实就是他进行实验的流程和步骤(例如，在试管中加入具有特定 DNA 编码的 DNA 试剂，类似于计算机一开始给变量赋值 $X = 0$，…，加入聚合酶，……电泳分开不同 DNA，最后检测试管中 DNA 序列，类似于输出计算结果)。

Adleman (1994)选择著名的哈密顿路径(Hamiltonian path)问题来示范他所设计的 DNA 计算。哈密顿路径问题是一个图形遍历(graph traversal)问题，目的在于确定在一个有向图或无向图中是否存在一条路径，这条路径经过图中每一个结点，且每个结点仅经过一次。Adleman 选择了研究美国 7 个城市、14 条航班构成的飞行交通网络图，为了简化问题解释，图 1.11 中仅以 4 个城市飞行图为例：应用 DNA 计算技术来寻找是否在亚特兰大(A)、波士顿(B)、芝加哥(C)、底特律(D)构成的飞行交通网络中存在一条哈密顿路径，即经过每一城市一次，而且仅仅一次。

图 1.11 中，航班可从波士顿出发，经过多条路径到达底特律，但是没有一条路径可以从底特律返回波士顿，计算的目标是确定是否存在这样一条路径，从起始城市(亚特兰大)出发，达到终点城市(底特律)，途中仅经过另外两个城市各一次。进行 DNA 计算之前，每个城市随机地分配一条 DNA 序列作为其 DNA 名(例如，ACTT‐GCAG 代表亚特兰大)，这段序列又被分作"姓"(GCAG)和"名"(ACTT)。DNA 航班号可以定义为出发地的"姓"与目的地的"名"相连，互补名为与 DNA 名互补的 DNA 序列。在本例中，仅存在一条满足条件的路径，即亚特兰大—波士顿—芝加哥—底特律，这条路径可由一段长度为 24bp 的 DNA 序列表示：GCAGTCGGACTGGGCTATGTCCGA

城市	DNA 名	互补名
亚特兰大	ACTT-GCAG	TGAA-CGTC
波士顿	TCGG-ACTG	AGCC-TGAC
芝加哥	GGCT-ATGT	CCGA-TACA
底特律	CCGA-GCAA	GGCT-CGTT

航班	DNA 航班号
亚特兰大 - 波士顿	GCAG-TCGG
亚特兰大 - 底特律	GCAG-CCGA
波士顿 - 芝加哥	ACTG-GGCT
波士顿 - 底特律	ACTG-CCGA
波士顿 - 亚特兰大	ACTG-ACTT
芝加哥 - 底特律	ATGT-CCGA

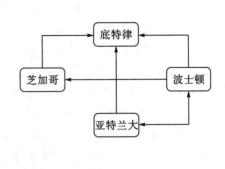

图 1.11 假设 4 个城市间的直飞航班路线图（Adleman 1994, 1998）

图 1.11 画出了假设的飞行交通网络图及代表各城市 DNA 序列（DNA 名）。在给每个城市分配 DNA 编码后（类似于电子计算机编程时数据结构的设计和变量赋值），Adleman 进一步写下出了类似下面所列的算法，将算法转化成实验流程和步骤（即"软件"）后就可以在分子实验室中完成。

10　Generate a Set of Random Paths through the Graph {P_i}
20　FOR EACH i in {P_i}
30　IF P_i NOT Start at node X and end at node Y THEN REMOVE path (i)
40　IF P_i NOT passes through exactly n vertices THEN REMOVE path(i)
50　FOR EACH node, check if that path passes through that vertex, If not remove that path from the set
60　NEXT i
70　IF the Set {P_i} is empty, THEN no Hamiltonian Path, ELSE Report the Path.

Adleman 所设计的实验并不复杂，这里省略关于具体步骤的描述。实验室开始时，Adleman 取少量（大约 10^{14} 个 DNA 分子）代表每个城市的 DNA 序列样品，并将它们放入试管，之后在试管中加入各种试剂以模拟细胞内环境，让 DNA 序列发生所设计的反应。实验在 1s 之内即完成，试管内最后仅剩下一种由 24 个碱基组成的 DNA 序列，即上述代表 4 座城市间航行图中存在的唯一一条哈密顿路径：GCAGTCGGACTGGGCTATGTCCGA。

以上描述的 DNA 计算机十分类似于图灵机。前文中曾提到，英国数学家 Alan Turing 是现代计算机科学和人工智能的奠基人。Turing 早在 20 世纪 30 年代（现代电子计算机发明之前）就提出了图灵机的抽象数学模型。理论上，图灵机可以通过编程来计算解决任何"可计算"的问题。这里"可计算"（computable）问题集合排除了一些计算复杂性太高、谓之 NP-Hard 的难题。复杂性太高指的是：当所计算问题大小足够大时（如以上问题中城市的数量成千上万时），所需计算时间呈指数或更快速度增长，以至于用人类所知的最快速计算机也难以完成计算。需要指出的是，在问题大小适度时，图灵机是可以计算出 NP-Hard 问题的答案。因此，图灵机足以描述现实中所遇到的所有计算问题。事实上，DNA 计算机与图灵机在本质上是等价的，这也证明了 DNA 计算机的高度通用性。非常有趣也可能巧合的是，第一代测序技术（Sanger 测序）的基因组组装问题就是在 OLC（overlap layout consensus)图中搜寻哈密顿路径的问题。

限于篇幅，下文中仅提及三个读者可能关心的问题：其一，DNA 计算的优势是什么？其二，DNA 计算机的局限是什么？其三，DNA 计算的未来如何？

与传统的电子计算机相比，DNA 计算具有如下三大潜在优势：①DNA 计算可以提供超高密度的存储介质。例如，1g DNA 存储的序列数量(ACGT 序列)相当于一万亿张 CD 上存储的比特量(01 序列)。②DNA 计算可以实现超大规模的并行化。在 Alderman 的实验中，近似 10^{14} 个 DNA 分子在约 1s 内同时实现联接反应。③DNA 计算机可能极度节能。例如，原则上，1J 能量足够支撑 DNA 进行 2×10^{19} 次连接操作，现有的超级计算机完成相同的操作需要消耗 10^9J 能量，能效利用率差别在万亿次级别。

DNA 计算机目前最明显的缺陷是对计算结果(DNA 序列)进行"读取"比较麻烦。Adleman(1994)实验采用了电泳仪分析最后产物中的 DNA(20 世纪 90 年代 DNA 测序技术非常昂贵)。如果今天作类似的 DNA 计算实现，高通量测序仪则更为灵活方便。DNA 计算面临的另外一重大挑战是设计和制造具备高度稳定性和扩展性的 DNA 芯片。另外，距 Adleman 的开创性研究已过去二十余年，虽然国际上对 DNA 计算在基础领域投入了大量的研究，但迄今尚未开发出"杀手级"的应用技术(Amos, 2005)。那么，未来会有"杀手级"的应用技术或应用领域吗？我们认为答案是肯定的。

今天，Feynman 在半个多世纪前设想的纳米技术的重要性已经开始在新一轮工业和信息技术的变革中突显出来。约三十年后，他所设想的生物分子计算被 Adleman 证实是完全可行。他们的工作不仅开创了一个崭新的科技领域，而且证明了生物学与计算机科学的作用是双向的。或许可以讲，生命的本质之一就是计算。毫无疑问，生物有机体本身就是由不同层次的计算机组成的复杂网络系统。

展望未来，我们认为 DNA 计算技术在如下三个领域可能会有重大突破：其一，DNA 计算机作为传感器或效应器可能会在精准医疗领域催生出革命性的技术。例如，可以通过把 DNA 纳米计算机注射进人体来观察我们的细胞活动，进行疾病诊断和药物的精确释放。其二，与合成生物学相互作用可能会促进各自领域的重大突破。例如，一方面，基因编辑技术(如 CRISPR-Cas9)可能会为制造具备高度稳定性和扩展性的 DNA 芯片提供高效、可靠的技术；从而使得 DNA 计算机的制造和应用出现飞跃式的发展。另一方面，DNA 计算技术可以支撑合成生物学的迅速发展，就像今天的基因测序仪离不开电子计算机的支撑(例如，基因组装任务最终必须通过计算机基因组装软件完成)，未来合成生物学的技术开发可能会更加高度依赖 DNA 计算机的支撑。最后，数字计算机和其他"分子"计算机的设计也可能从 DNA 计算所具备的超高密度存储和并行处理中获得宝贵的设计灵感。

最后，需要指出的是，目前绝大多数生物信息学、计算生物学及其他生物学分支通常并未将 DNA 计算或其他分子计算纳入自身的学科范畴。从某种意义上来看，这些对 DNA 计算研究内容的忽视并非不合理。因为，DNA 计算的原理和概念属于计算机科学的范畴，这也解释了该节是本书中唯一涉及 DNA 计算的内容。从另外一方面看，考虑到生物信息学以研究生命系统中信息流动为己任，因此，DNA 计算理所当然应该是生物信息学的领域之一，而且 DNA 计算的硬件(生物芯片)本身就是生物材料。我们也相信，随着 DNA 计算与生物信息学的不断发展，也随着人们对 DNA 计算重要性的认识加深，两者的融合自然会发生，并不断推进生命科学和计算科学的发展和融合。今天生物信息学主要应该是计算科学对生命科学的支持，而明天的 DNA 计算机可能会是生命科学对计算科学最重要的回馈(图 1.12)。

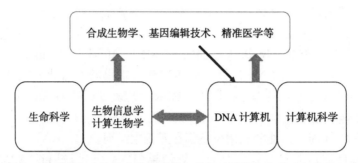

图 1.12　DNA 计算与生物信息学、计算机科学及其他生命科学之间的互动关系

参 考 文 献

Adleman L M. 1994. Molecular computation of solutions to combinatorial problems. Science, 266: 1021-1024.
Adleman L M. 1998. Computing with DNA. Scientific American, 279(2): 54-61.
Alpaydin E. 2014. Introduction to Machine Learning. third edition. Cambridge City: MIT Press.
Alpaydin E. 2016. Machine Learning: The New AI. Cambridge City: MIT Press.
Amos M. 2005. Theoretical and Experimental DNA Computation. Berlin: Springer.
Angelini C, Roancoita P M V, Rovetta S. 2016. Computational Intelligence Methods for Bioinformatics and Biostatistics. 11th International Meeling CIBB 2014, Cambridge, UK.
Artemiadis. 2014. Neuro-Robotics: From Brain Machine Interfaces to Rehabilitation Robotics. Berlin: Springer.
Barabási A L, Gulbahce N, Loscalzo J. 2011. Network medicine: a network-based approach to human disease. Nature Reviews Genetics, 12: 56-68.
Barabási A L. 2013. Network Science. Philosophical Transactions of the Royal Society, 371: 1-3.
Barabási A, Albert R. 1999. Emergence of scaling in random networks. Science, 286(5439): 509-512.
Bastian M, Heymann S, Jacomy M, et al. 2009. Gephi: an open source software for exploring and manipulating networks. San Jose, California: International AAAI Conference on Weblogs and Social Media.
Beekman M, Sword G A, Simpson S J. 2008. Biological Foundations of Swarm Intelligence. Natural Computing: 3-41. Springer.
Bennet C H, Landauer R. 1985. The fundamental physical limits of computation. Scientific American, 253(1): 48-56.
Blum C D M. 2008. Swarm Intelligence: Introduction and Applications. Springer.
Bonabeau F, Dorigo M, Theraulaz G. 1999. Swarm Intelligence: From Natural to Artificial Systems. Oxford: Oxford University Press.
Borgatti S P, Everett M G, Johnson J C. 2013. Analyzing Social Networks. London: SAGE.
Butenko S, Chaovalitwongse W A, Pardalos P M, et al. 2009. Clustering Challenges in Biological Networks. Singapore: World Scientific.
Butts C T. 2008. Network: a package for managing relational data in R. Journal of Statistical Software, 24(2): 1-36.
Cagney G, Emili A. 2011. Network Biology. Methods in Molecular. Biology. Berlin: Springer
Camazine S, Deneubourg J L, Franks N, et al. 2001. Self-organization in Biological Systems. Princeton, N J: Princeton University Press.
Carwright H. 2015. Artificial Neural Networks. Berlin: Springer.
Chao A, Chiu C H, Jost L. 2014. Unifying species diversity, phylogenetic diversity, functional diversity and related similarity and differentiation measures through hill numbers. Annual Reviews of Ecology, Evolution, and Systematics, 45: 297-324.
Chen X W, Lin X T. 2014. Big Data Deep Learning: Challenges and Perspectives. IEEE Access, 2: 514-525.
Dehmer M, Emmert-Streib F. 2009. Analysis of Complex Networks: From Biology to Linguistics. Weinheim: Wiley-VCH.

Eiben A E, Smith J E. 2010. Introduction to Evolutionary Computing. Berlin: Springer.

Erdos P, Renyi A. 1960. On the Evolution of Random Graphs. Publ. Math. Inst. Hung. Acad. Sci. 5: 17-61.

Feynman R P. 1961. There's plenty of room at the bottom. In: Gilbert D. Miniaturization. New York: Reinhold: 282-296.

Gartner. 2013. Gartner Identifies the Top 10 Strategic Technology Trend for 2013. http://gartner.com/newsroom/id/2209615 [2016-10-20].

Gartner. 2014. Gartner Identifies the Top 10 Strategic Technology Trends for Smart Government. http://www.gartner.com/newsroom/id/2707617[2016-10-20].

Greene A C, Giffin K A, Greene C S, et al. 2016. Adapting bioinformatics curricula for big data. Briefs in Bioinformatics, 17 (1): 43-50.

Greene C S, Tan J, Ung M, et al. 2014. Big data bioinformatics. J Cell Physiol, 229(12): 1896-900.

Hassanien A E, Emary E. 2016. Swarm Intelligence: Principles, Advances and Applications. Boca Raton, Florida: CRC Press.

Hunter L. 2009. Artificial Intelligence and Molecular Biology. Laurence Hunter Aaai Press and MIT Press.

Hinton G E, Salakhutdinov R R. 2006. Reducing the dimensionality of data with neural networks. Science, 313: 5786.

Junker B H, Schreiber F. 2008. Analysis of Biological Networks. Hoboken, New Jersey: Wiley-InterScience.

Kacprzyk J, Pedrycz W. 2013. Springer Handbook of Computational Intelligence. Berlin: Springer.

Kashyap H, Ahmed H A, et al. 2016. Big data analytics in bioinformatics. Netw Model Anal Health Inform Bioinforma, 5: 28.

Keedwell E. 2005. Intelligent Bioinformatics. : The Application of Artificial Intelligence Tech－niques to Bioinformatics Problems. Hoboken : John Wiley & Sons

Kepes F. 2007. Biological Networks. Singapore: World Scientific.

Kruse R, Borgelt C, Klawonn F, et al. 2013. Computational Intelligence: A Methodological Introduction. Berlin: Springer.

Laney D. 2001. 3D-Data Management: Controlling Data Volume, Velocity, and Variety, Meta Group (Gartner), Lecture Notes in Computer Science, Lecture Notes in Bioinformatics, 9874. Berlin: Springer.

LeCun Y, Bengio Y, Hinton G. 2015. Deep learning, Nature, 521: 436-444.

Lee H, Sohn I L. 2016. Fundamentals of Big Data Network Analysis for Research and Industry. Hoboken, Newjersey: Wiley.

Li L W, Ma Z S. 2016. Testing the neutral theory of biodiversity with human microbiome datasets. Scientific Reports, 6: 31448.

Ma Z S, Abdo Z, Forney L J, et al. 2011a. Caring about trees in the forest: incorporating frailty in risk analysis for personalized medicine. Personalized Medicine, 8(6): 681-688.

Ma Z S, Ellison A M. 2016a. A new dominance metric and its application to diversity-stability analysis.

Ma Z S, Ellison A M. 2016b. A new framework to approach the diversity-stability relationship with the dominance networkanalysis (In submission).

Ma Z S, Krings A W, Hiromoto R E, et al. 2009. Dragonfly as a model for UAV/MAV Flight and Communication Controls. Bigsky, Montana: The 30th. 2009. IEEE-AIAA AeroSpace Conference: 8.

Ma Z S, Millar R, Hiromoto R, et al. 2010. Logics in Animal Cognition: Are They Important to Brain Computer Interfaces (BCI) and Future Space Missions? Big Sky, Montana, USA: Proc. 31st I EEE-AIAA Aerospace Conference 2010: 8.

Ma Z S, Krings A W, Miuar R, et al. 2011b. Insect navigation and communication in flight and migration: a potential model for joining and collision avoidance in MAVs (Micro-Aerial Vehicle) and mobile robots fleet control. Big Sky, Montana, USA: Proc. of the 32nd I EEE-AIAA Aerospace Conference: 14.

Ma Z S, Guan G, Ye C, et al. 2015. Network analysis suggests a potentially 'evil' alliance of opportunistic pathogens inhibited by a cooperative network in human milk bacterial communities. Scientific Reports. http://www.nature.com/articles/srep08275[2016-10-21].

Ma Z S. 2016a. Trios-promising in silicon biomarker for differentiating the impact of disease on the human microbiome networks.

Ma Z S. 2016b. A Computational Architecture for the Emerging Medical Ecology of the Human Microbiome.

Ma Z S, Li L, Li W, et al. 2016c. Integrated network-diversity analyses suggest suppressive effect of Hodgkin's lymphoma and slightly relieving effect of chemotherapy on human milk microbiome. Scientific Reports. http://www.nature.com/articles/srep28048[2016-11-2].

Ma Z S, Zhang C, Zhang Q, et al. 2016d. A Brief Review on the Ecological Network Analysis with Applications in the Emerging

Medical Ecology. http://link. springer. com/protocol/10. 1007/8623_ 2016_ 204[2016-10-25].

Ma Z S, Krings A W. 2008a. Insect sensory systems inspired computing and communications. Ad Hoc Networks, 7(4): 742-755.

Ma Z S, Krings A W. 2008b. Dynamic Populations in Genetic Algorithms. Ceara, Brazil: SIG APP, the 23rd Annual ACM Symposium on Applied Computing: 5.

Ma Z S, Yang L X, Neilson R P, et al. 2014. A Survivability-Centered Research Agenda for Cloud Computing Supported Emergency Response and Management Systems. Big Sky, Montana, USA: The 35th IEEE-AIAA Aerospace Conference (Aerospace 2014): 17.

Ma Z S. 2009a. Dragonfly Preying on Flying Insects, Rendezvous Search Games, and Rendezvous and Docking in Space Explorations. The 30th. 2009. IEE -AIAA AeroSpace Conference: 8.

Ma Z S. 2009b. Cognitive Ecology and Social Learning Inspired Machine Learning: with Particular Reference to the Evolving of Resilient Airborne Networks (AN). Big Sky, Montana: The 30th. 2009. IEEE-AIAA AeroSpace Conference: 14.

Ma Z S. 2010a. Towards a population dynamics theory for evolutionary computing: learning from biological population dynamics in nature. Lecture Notes in Artificial Intelligence, 5855: 195-205.

Ma Z S. 2010b. Towards an extended evolutionary game theory with survival analysis, dynamic hybrid fault models, and/or agreement algorithms. Lecture Notes in Artificial Intelligence, 5855: 608-618.

Ma Z S. 2011. Ecological 'theater' for evolutionary computing 'play': some insights from population ecology and evolutionary ecology. I J of Bio-Inspired Computing, 4(1): 31-55.

Ma Z S. 2012a. A Note on Extending Taylor's Power Law for Characterizing Human Microbial Communities: Inspiration from Comparative Studies on the Distribution Patterns of Insects and Galaxies, and as a Case Study for Medical Ecology and Personalized Medicine. http://adsabs. harvard. edu/abs/2012arXiv1205. 3504M[2016-9-28].

Ma Z S. 2012b. Chaotic populations in genetic algorithms. Applied Soft Computing, 12(8): 2409-2424.

Ma Z S. 2013. Stochastic populations, power law, and fitness aggregation in genetic algorithms. Fundamenta Informaticae, 122: 173-206.

Ma Z S. 2014a. Towards computational models of animal cognition, an introduction for computer scientists. Cognitive Systems Research, 33: 42-69.

Ma Z S. 2014b. Towards computational models of animal communication, an introduction for computer scientists. Cognitive Systems Research, 33: 70-99.

Ma Z S. 2015. Power law analysis of the human microbiome. Molecular Ecology, 24, doi: 10. 1111/mec. 13394.

Ma Z S. 2016a. D A R (Diversity-Area Relationships) Profiles for the Human Microbiome Biogeography (In submission).

Ma Z S. 2016b. The P/N (positive-to-negative interactions) ratio in complex networks-a promising in silicon biomarker for detecting changes occurring in the human microbiome (In submission).

Malley J D. 2012. Statistical Learning for Biomedical Data. Cambridge: Cambridge University Press.

Marx V. 2013. Biology: the big challenges of big data. Nature, 498: 255-260.

Newman M E J, Barabási A L, Watts D J, et al. 2006. The structure and dynamics of networks. Princeton, New Jersey: Princeton University Press.

Newman M E J. 2010. Networks: an introduction. Oxford: Oxford University Press.

Oh J, Byrd A, Park M, et al. 2016. Temporal stability of the human skin microbiome. Cell, 165: 854-866.

Pratt, S C, Mallon E B, Sumpter D J T, et al. 2002. Quorum sensing, recruitment, and collective decision-making during colony emigration by the ant Leptothorax albipennis. Behavioral Ecology and Sociobiology, 52: 117- 127.

Russell S. 2015. Artificial Intelligence: A Modern Approach. New York: Pearson.

Shannon P, Markiel A, Ozier O, et al. 2003. Cytoscape: a software environment for integrated models of biomolecular interaction networks. Genome Res, 13: 2498-2504.

Taylor L R. 1961. Aggregation, variance and the mean. Nature, 189 (4766): 732 - 735.

Torres J. 2016. Big Data Challenges in Bioinformatics. http://www. jorditorres. eu/[2016-10-3].

Turnbaugh P J, Hamady M, Yatsunenko T, et al. 2009. A core gut microbiome in obese and lean twins. Nature, 457: 480-484.

Turnbaugh P J, Ley R E, Hamady M, et al. 2007. The Human Microbiome Project. Nature, 449: 804-810.

Watts D J, Strogatz S H. 1998. Collective dynamics of "small-world" networks. Nature, 393: 440-442.

Xiong H Y, Alipanahi B, Lee L J, et al. 2015. The human splicing code reveals new insights into the genetic determinants of disease. Science 347(6218): 1254806.

Ye C X, Hill C, Ruan J, et al. 2016. DBG2OLC: Efficient assembly of large genomes using long erroneous reads of the third generation sequencing technologies. http://www.nature.com/articles/srep31900[2016-11-15].

Ye C X, Ma Z S. 2016. SPARC: a sparsity-based consensus algorithm for long erroneous sequencing reads. Peer J, 4: e2016.

Zhang Z G, Geng J, Tang X, et al. 2014. Spatial heterogeneity and co-occurrence patterns of human mucosal-associated intestinal microbiota. The ISME Journal, 8: 881-89.

第2章 系统发育树与溯祖分析

朱天琪[①]　杨子恒[②]

2.1 树的概念

2.1.1 基本概念

系统发育学的主要任务是推断不同物种之间的关系。在系统发育学研究中，最常用的可视化的表示进化关系的方法就是绘制系统发育树(phylogenetic tree)。系统发育树用一种类似树状分支的图形来概括生物之间的亲缘关系。

系统发育分析中提及的树实际上是一个树状图，即一个包含一组顶点(vertex)和一组与顶点相连的边(edge)构成的一个有限图(graph)。在生物学中，称顶点为结点(node)，可以代表一个物种或者一个个体等，所有物种的祖先称为根结点(root)。图的边称为树枝或分支(branch)，边长称为枝长。与一个结点相连的分支数称为结点的度，度为1的结点称为叶子结点，度不为1的结点称为内部结点。

根结点的度为2且内部结点的度为3的树称为二叉树(binary tree)，二叉树是最极端的树结构。如果树的根结点度大于2或者存在内部结点度大于3，这种树称为多叉树(multifurcation tree)。多叉树的形成对应物种在某一时刻同时分化成多于2个物种。只有根结点和若干叶子结点的树称为星状树(star tree)，是最常见的多叉树。现实中出现多叉树的可能性微乎其微，但多叉树多用于表示因数据量小等而未能分析清楚的种间关系。

在树结构中，通常会指定树根，并称这种树为有根树(rooted tree)。未知或未指定树根的树称为无根树(unrooted tree)，见图2.1[根据Yang(2006)重新绘制]。绘制时，根据需要，可以把一棵有根树画成根在图上方、下方或左方的树状图，也可以画成树枝彼此平行的图。对于无根树，根的位置未知或被忽略，只要画得易读即可。

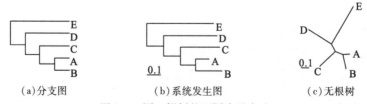

(a)分支图　　　　(b)系统发生图　　　　(c)无根树

图2.1　同一棵树的不同表示方法

(a)分支图仅显示树拓扑，不包含枝长信息；(b)系统发育图中含有树拓扑和枝长信息，枝长按照比例绘制；(c)无根树不指定树根的位置

[①] 中国科学院数学与系统科学研究院。
[②] Department of Genetics, Evolution and Environment, University College London London WC1E 6BT, England, UK

2.1.2 树的表示

树的分支样式称为树拓扑(tree topology),仅表示树拓扑的树称为分支图(cladogram)。树的枝长携带进化时间、进化距离等信息。带有枝长的分支图称为系统发育图(phylogram)。通常将一个结点下的子结点写入一对括号中,结点之间用逗号分开,最后在树的末尾加一个分号。如果需要记录枝长信息,则在结点后加一冒号,枝长写在用于分离结点的逗号和冒号之间。例如,图2.1中的树可以如下书写。

a 和 b:((((A, B), C), D), E);
b:((((A:0.1, B:0.2):0.12, C:0.3):0.123, D:0.4):0.1234, E:0.5);
c:(((A, B), C), D, E);
c:(((A:0.1, B:0.2):0.12, C:0.3):0.123, D:0.4, E:0.6234)。

注意,上面带有枝长信息的树 c 的写法实际上是用有根树来表示无根树。由于无根树树根的位置无关紧要,因此这种表示方式不唯一。例如,c 也可写成(((D, E), C), A, B);或((A, B), C, (D, E));。一个存放树的表达式的文本可以保存为".txt"或".tree"格式。通过 TreeView 等软件可轻松将树的表达式转换为系统发育图。特别是在树的结点较多时,系统发育图能更加直观地传递树中蕴含的信息。

2.1.3 树的个数

首先讨论二叉树可能的树拓扑数目。用 $T_{n,u}$ 表示 n 个物种的无根二叉树数目,$T_{n,r}$ 表示 n 个物种的有根二叉树数目。当物种数 $n=2$ 时,由于对称性,有根树和无根树的数目均为 1;当 $n=3$ 时,无根二叉树的个数仍然为 1。注意到 n 个物种的无根二叉树共有 $2n-3$ 个树枝,当添加一个物种的时候,新的分支可以接到这 $2n-3$ 个树枝上,因此我们有如下关系:

$$T_{n+1,u} = (2n-3)T_{n,u} = (2n-3)(2n-5)T_{n-1,u} = (2n-3)(2n-5)\cdots T_{3,u} \quad (2.1)$$

式(2.1)也可以写成:

$$T_{n,u} = (2n-5)!! = 1 \times 3 \times 5 \times \cdots \times (2n-5) \quad (2.2)$$

对于有根二叉树,只需在无根树上定一树根即可,因此需要考虑根的可能的位置。之前提到,n 个物种的无根二叉树共有 $2n-3$ 个树枝,而树根可以选在 $2n-3$ 个树枝中的任意一个上。因此,

$$T_{n,r} = (2n-3)T_{n,u} = (2n-3)!! = 1 \times 3 \times 5 \times \cdots \times (2n-3) \quad (2.3)$$

通过比较式(2.1)和式(2.3)可以发现,n 个物种的有根二叉树个数和 $n+1$ 个物种的无根二叉树个数相同。$T_{n,u}$ 和 $T_{n,r}$ 是增长很快的函数。当 $n=5$ 时,$T_{n,u}=15$,而当 $n=10$ 时,$T_{n,u}=2027025$。

对于多叉树,添加新物种的时候既可以添加在树枝上,也可以添加在结点上,这种情况非常复杂,感兴趣的读者可以尝试写出类似的递推公式。

2.2 主要的建树方法

通过序列资料来重建系统发育树的过程称为系统发育树重建,简称建树。用于建树的方法很多,下面我们简单介绍几种最常见的建树方法。

2.2.1 距离方法

顾名思义，距离方法是基于物种间进化距离来还原系统发育树的。使用距离方法建树时，先计算物种间的距离，再根据进化距离来重建系统发育树。

2.2.1.1 UPGMA

最简单的距离方法是 UPGMA（unweighted pair-group method with arithmetic means），即非加权组平均法。这个方法是基于分子钟（molecular clock）假设的，即核苷酸替代速率是恒定而不随时间变化的。进行群体序列资料分析时，这个假定基本成立，而对非近缘物种序列，分子钟的假定通常是不成立的，因而 UPGMA 很少用于分析物种数据，在此我们不作详细讨论。

2.2.1.2 最小二乘法

使用最小二乘法（least squares method，LS 法）重建物种树时，首先根据序列信息计算距离矩阵。距离矩阵中的 (i, j) 元素是 i, j 两个物种的成对距离（pairwise distance）。表 2.1 中的距离矩阵是 Brown 等(1982)在 K80 模型下计算的类人猿物种线粒体数据距离，所分析的 4 个物种为人(human)、黑猩猩(chimpanzee)、大猩猩(gorilla)、猩猩(orangutan)。简化起见，用物种的英文首字母来表示这个物种。给定一个树拓扑，$\hat{d}_{ij}$ 定义为两个物种间的期望距离或树上距离。例如，对树((H, C), G, O)，$\hat{d}_{12} = t_1 + t_2$，$\hat{d}_{14} = t_1 + t_0 + t_4$，如图 2.2 所示。

表 2.1　线粒体 DNA 序列的成对距离

	1. 人	2. 黑猩猩	3. 大猩猩	4. 猩猩
1. 人				
2. 黑猩猩	0.0965			
3. 大猩猩	0.1140	0.1180		
4. 猩猩	0.1849	0.2009	0.1947	

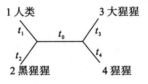

图 2.2　4 个类人猿物种的一棵系统发育树：τ_1：((人类，黑猩猩)，大猩猩，猩猩)

给定树拓扑，计算所有物种对 (i, j) 的序列距离 d_{ij} 与树上距离 $\hat{d}_{ij}$ 之差的平方和 S，即

$$\begin{aligned}
S &= \sum_{i<j} (d_{ij} - \hat{d}_{ij})^2 \\
&= (d_{12} - \hat{d}_{12})^2 + (d_{13} - \hat{d}_{13})^2 + (d_{14} - \hat{d}_{14})^2 + (d_{23} - \hat{d}_{23})^2 + (d_{24} - \hat{d}_{24})^2 + (d_{34} - \hat{d}_{34})^2 \\
&= [0.0965 - (t_1 + t_2)]^2 + [0.1140 - (t_1 + t_0 + t_3)]^2 + [0.1849 - (t_1 + t_0 + t_4)]^2 \\
&\quad + [0.1180 - (t_2 + t_0 + t_3)]^2 + [0.2009 - (t_2 + t_0 + t_4)]^2 + [0.1947 - (t_3 + t_4)]^2
\end{aligned} \tag{2.4}$$

式中，S 是枝长 t 的函数，如果一组 t 满足 S 最小，对应的 t 就是枝长的估计值，用 $\hat{t}$ 表示。在上面的例子中，可计算出在图 2.2 给定的树下，$\hat{t}_0 = 0.008\,840$，$\hat{t}_1 = 0.043\,266$，$\hat{t}_2 = 0.053\,280$，$\hat{t}_3 = 0.058\,908$，$\hat{t}_4 = 0.135\,795$，对应 S 最小值 $S_{\min} = 0.000\,035\,47$。4 个物种的无根树共有 4 种，其中 3 种为二叉树，还有一个星状树。对所有可能的树进行类似的计算，所有 $S_{\min}$ 中最小的那棵树对数据（距离矩阵）拟合最好，称其为 LS 树。表 2.2（Yang，2006）中展示了例子中可能的 3 棵二叉树中的枝长估计值和相应的 $S_{\min}$，τ_1：((H, C), G, O) 对应的 $S_{\min}$ 最小，故 τ_1 为 LS 树。

表 2.2　K80 模型下 4 个类人猿物种的最小二乘枝长

树拓扑	t_0	t_1	t_2	t_3	t_4	$S_{\min}$
τ_1：((H, C), G, O)	0.008 840	0.043 266	0.053 280	0.058 908	0.135 795	0.000 035
τ_2：((H, G), C, O)	0.000 000	0.046 212	0.056 227	0.061 854	0.138 742	0.000 140
τ_3：((H, O), G, C)	0.000 000	0.046 212	0.056 227	0.061 854	0.138 742	0.000 140

注：表中 t_0 表示内部分支；t_1，t_2，t_3，t_4 分别是连接物种 H, C, G, O 的树枝长度。

　　LS 法重建系统发育树的方法与用最小二乘法拟合直线的思路是一样的。通过解线性方程组即可以得到枝长的估计值。但是使得 S 最小的 t 中可能有负值，这是没有生物学意义的。实际上，我们刚才所说的方法是求无条件（或无约束）极值，而在解决实际生物学问题时，我们要求在条件 $t>0$ 下的条件极值。此时，对应的问题变为约束优化问题，比解线性方程组复杂很多，且算法的时间复杂度也会提高很多。虽然一些研究（Kuhner and Felsenstein，1994）表明，进行约束优化有利于获得更好的重建效果，但一般的软件在估计 LS 树时不采用约束优化。通常当 t 的估计值为负时，真实枝长值在 0 附近。

　　在有的文献中，距离矩阵中的成对距离定义为两个序列间平均每个位置发生的核苷酸替代数目（或比例），例如，在 JC69（Jukes and Cantor，1969）模型下：

$$d = -\frac{3}{4}\log\left(1 - \frac{4}{3}p\right) \tag{2.5}$$

式中，p 是出现过核苷酸替代的位点（site）的比例。

　　基于距离矩阵的重建方法的优点是计算快速，很少出现极端的估计情况（即 LS 树和真实树相差甚远），且大多数时候 LS 树和似然树（2.2.3 节中会详细介绍）是一致的。

2.2.1.3　邻接法

　　邻接法（neighbor-joining method，简称 NJ 法）是由 Saitou 和 Nei（1987）提出的。一棵树的枝长总和称为树长，树长最小的树称为最小进化树（minimum evolution tree）。邻接法就是基于最小进化标准的一种聚类方法，通过依次将距离最近的两个物种（树上的结点）合并成为新结点，逐步形成一棵系统发育树。

　　n 个物种使用邻接法重建系统发育树的步骤如下。

（1）对每个物种 i 计算的净分歧度 r_i，实际上是以 i 为中心的星状树树长：

$$r_i = \sum_{k=1}^{n} d_{ik} \tag{2.6}$$

式中，n 为终端结点数；d_{ik} 为 i 和 k 之间的距离，从事先计算好的距离矩阵中读出。

（2）计算并确定最小速率校正距离（rate-corrected distance）M：

$$M_{ij} = d_{ij} - (r_i + r_j)/(n-2), \quad M = \min_{i \neq j} M_{ij} = M_{i^* j^*} \tag{2.7}$$

使得 M 最小的两个物种记为 i^* 和 j^*。

（3）定义一个新结点 u，u 是结点 i^* 和 j^* 的父结点。结点 u 与结点 i^* 和 j^* 的距离为

$$d_{i_u^*} = \frac{d_{i^* j^*}}{2} + \frac{r_{i^*} - r_{j^*}}{2(n-2)}, \quad d_{j_u^*} = \frac{d_{i^* j^*}}{2} + \frac{r_{j^*} - r_{i^*}}{2(n-2)} \tag{2.8}$$

而结点 u 与其他结点的距离定义为

$$d_{ku} = (d_{i^* k} + d_{j^* k} - d_{i^* j^*})/2 \tag{2.9}$$

（4）从距离矩阵中删除物种 i^* 和 j^*，添加物种 u，令 $n = n - 1$。

（5）如果尚余 2 个以上物种，返回到步骤（1）继续计算，直至系统树完全建成。

下面我们以樊龙江（2010）中的 4 个类人猿序列数据为例，用邻接法计算系统发育树。表 2.3 中第一个子表中列出了 4 个物种的 JC69 距离。其中物种 1、物种 2、物种 3、物种 4 分别代表人类、黑猩猩、大猩猩和猩猩。从 $n = 4$ 开始，依次计算距离矩阵 $d = \{d_{ij}\}$ 和校正距离矩阵 $M = \{M_{ij}\}$。依次添加结点 5（结点 3 和 4 的父结点）和结点 6（结点 2 和结点 5 的父结点），得到的树为（（大猩猩：−0.0025，猩猩：0.0945）：0.0325，黑猩猩：−0.0005，人：0.0155）。注意，在邻接法的计算中可能出现已有结点到新结点的距离为负的情形。

表 2.3 用邻接法分析 4 个类人猿物种线粒体数据、重建系统发育树步骤

$d_{ij}(n=4)$						$M_{ij}(n=4)$				
i \ j	1	2	3	4	r_i	i \ j	1	2	3	4
1	0	0.015	0.045	0.143	0.203	1	—	−0.172	−0.140	−0.139
2	0.015	0	0.03	0.126	0.171	2	−0.172	—	−0.139	−0.140
3	0.045	0.03	0	0.092	0.167	3	−0.140	−0.139	—	−0.172 *
4	0.143	0.126	0.092	0	0.361	4	−0.139	−0.140	−0.172	—
$d_{ij}(n=3)$						$M_{ij}(n=3)$				
i \ j	1	2	5		r_i	i \ j	1	2	5	
1	0	0.015	0.048		0.063	1	—	−0.095	−0.095	
2	0.015	0	0.032		0.047	2	−0.095	—	−0.095 *	
5	0.048	0.032	0		0.080	5	−0.095	−0.095	—	
$d_{ij}(n=2)$										
i \ j	1	6								
1	0	0.0155								
2	0.0155	0								

注：i 表示物种，其为 1、2、3、4 时分别分别表示人、黑猩猩、大猩猩和猩猩；j 表示节点；* 表示最小值和对应的需要删除的物种。在 $n = 3$ 时，删除物种 3 和 4，添加其父节点 5；$n = 2$ 时，删除物种 2 和 5，添加其父节点 6。

邻接法的优点是可以快速计算，并且通常能得到合理结果，但是也存在距离方法的通病，就是在物种关系比较远的时候，距离的计算不可靠。为此，很多研究致力于基于 NJ

法进行更合理的估计。Gascuel(1997)改进了枝长更新公式,提出了 BIONJ 方法,在核苷酸替代速率较高且不恒定时表现得比 NJ 法更好。Bruno 等(2000)提出了加权邻接方法(WEIGHBOR),对长枝吸引问题表现得比 NJ 法更加稳定。

2.2.2 最大简约法

距离方法以进化距离的方式来关注序列之间的差异,而最大简约法(maximum parsimony)是以进化历史的方式来关注序列间的差异。Edwards 和 Cavalli-Sforza(1963)提出了"最小进化原理",即把最小进化量对应的树作为进化树的估计。这里最少进化量可以简单理解为所需要的核苷酸替代总数最少。最大简约法一般只能获得树拓扑,无法获得枝长估计。此节中,位点均对应英文中的 site。

2.2.2.1 给定树拓扑下最小改变数的计算

形成一个位点上观察到的核苷酸所需要的最小核苷酸替代数(或者说核苷酸改变的次数)称为位点长度。序列中所有位点的位点长度总和称为树长,树的分值或者简约分值。在所有可能的树拓扑中,分值最小的那棵树称为最大简约树,获得最大简约树的算法称为最大简约法。值得注意的是,最大简约树可能不唯一。

先考虑一个简单的 4 个物种的例子。假设在一个位点上观察到的核苷酸是 AAGG,我们考虑图 2.3 中的两棵树所需要的最小变化次数。给定树,非树叶结点上的核苷酸状态称为一个祖先重建(ancestral reconstruction)。由于 n 个物种的无根有 $n-2$ 个非叶子结点,因此在一个位点上可能的祖先重建个数为 4^{n-2}(对核苷酸序列)或 20^{n-2}(对蛋白质序列)。在使用最大简约方法时,计算每个重建所需要的改变次数,找出对应最小的改变次数的祖先重建,这个(些)重建称为最简约重建。

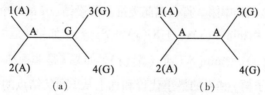

图 2.3 4 个物种的序列为 AAGG 的两棵树的祖先重建示意图
(a)图中树((1,2),3,4)只需要一次变化就能解释数据;(b)图有两个等价祖先重建(A,A)、(G,G)
(未在图中标示),均需要最少两次变化来解释数据

以第一棵树为例,如果 1 和 2 的祖先为 A,3 和 4 的祖先为 G,所需要的改变次数就是一次(内枝 A 变为 G),这是最少的改变次数。如果内部结点处不是(A,G),则所需要的改变次数大于一次。对第二棵树,1 和 2 的祖先处为 A,3 和 4 的祖先处为 A 需要两次改变,(G,G)同样也需要两次改变。这是最小的改变数,其他组合需要更多次改变。如(A,G)和(G,A)都需要 3 次改变。因此对第二棵树最简约重建不唯一。

2.2.2.2 加权最大简约法

Fitch(1971)和 Hartigan(1973)所使用的算法枚举了一个位点所有的最简约重建,这个算法此处不展开讨论。我们在此讨论更加具有普适性的加权简约法。在加权简约法中,给不同的字母改变赋予权重，权重即进化的代价。例如，我们知道转换比颠换更容易发生，因此赋予较小的权重。加权最大简约法是基于动态规划（Sankoff，1975）的算法，从树叶开始计算每个结点诱导的子树的分值。

以图2.4中的树为例子详细说明Sankoff的算法，这里所提及的算法仅限于处理有根二叉树。在图中给定的6个物种的树中，观测到一个位点的核苷酸为CCAGAA。令$c(x, y)$为从x改为y的代价，其中x和y为A，T，C，G中的一个字母。当$x = y$时，$c(x, y) = 0$；当x，y对应一个转换时，$c(x, y) = 1$；而当x，y对应一个颠换时，$c(x, y) = 1.5$。代价矩阵如表2.4所示。

表 2.4 带权最大简约法的代价矩阵

	T	C	A	G
T	0	1	1.5	1.5
C	1	0	1.5	1.5
A	1.5	1.5	0	1
G	1.5	1.5	1	0

一个结点和连接它和父结点的分支，以及它的所有子孙结点和分支构成的树称为这个结点诱导的子树。简单来说，一个结点的子树就是以这个结点为根的树加上连接它和它的父结点的树枝。例如，图2.4[根据Yang（2006）重新绘制]中，结点3诱导的树就是结点3加上分支10-3，其父结点10诱导的子树包含结点10，3和4及树枝8-10，10-3，10-4。令$S_i = \{S_i(T), S_i(C), S_i(A), S_i(G)\}$为结点$i$的代价向量，其中$S_i(x)$是子树$i$（即结点$i$诱导的子树）给定其父结点为$x$时的最小进化代价。我们从叶子结点开始，向上依次计算每个结点的代价向量。叶子结点的代价向量直接从表2.4中的代价矩阵中读出。例如，如果叶子结点为C，对应的代价向量就是矩阵中第2行，以此类推。假设结点i的两个后代是j和k，令

$$S_i(x) = \min_y [c(x,y) + S_j(y) + S_k(y)] \text{ 如果 } i \text{ 是根结点} \quad (2.10a)$$

$$S_i(x) = \min_y [S_j(y) + S_k(y)] \text{ 如果 } i \text{ 是非根结点} \quad (2.10b)$$

即子树i的最小代价是子树j和k的最小代价和加上从i到父结点的代价。

以结点10为例子计算代价向量。图2.4[根据Yang（2006）的表重新绘制]中每个结点下方的表格中第一行是父结点为T、C、A、G所对应的代价，取得最小代价的y写在相应的代价下面。对结点10，给定祖先8为T，则

$$\begin{aligned} c(T,T) + S_3(T) + S_4(T) &= 0 + 1.5 + 1.5 = 3 \\ c(T,C) + S_3(C) + S_4(C) &= 1 + 1.5 + 1.5 = 4 \\ c(T,A) + S_3(A) + S_4(A) &= 1.5 + 0 + 1 = 2.5 \\ c(T,G) + S_3(G) + S_4(G) &= 1.5 + 1 + 0 = 2.5 \\ S_{10}(T) &= 2.5, \; C_{10}(T) = G, A \end{aligned} \quad (2.11)$$

式中，$c_i(x)$表示取得代价最小值相应的y。注意，$c_i(x)$可能不唯一。对祖先8为C，$y = T$，代价为$1 + 1.5 + 1.5 = 4$；$y = C$，代价为$0 + 1.5 + 1.5 = 3$；$y = A$，代价为$1.5 + 0 + 1 = 2.5$；$y = G$，代价为$1.5 + 1 + 0 = 2.5$。因此$S_{10}(C) = 2.5$，$C_{10}(C) = G, A$。对祖先8为

A，$y = T$，代价为 $1.5 + 1.5 + 1.5 = 4.5$；$y = C$，代价为 $1.5 + 1.5 + 1.5 = 4.5$；$y = A$，代价为 $0 + 0 + 1 = 1$，$y = G$，代价为 $1 + 1 + 0 = 2$，因此 $S_{10}(A) = 1$，$C_{10}(A) = A$。对祖先 8 为 G，$y = T$，代价为 $1.5 + 1.5 + 1.5 = 4.5$；$y = C$，代价为 $1 + 1.5 + 1.5 = 4$；$y = A$，代价为 $1.5 + 0 + 1 = 2.5$；$y = G$，代价为 $0 + 1 + 0 = 1$。因此 $S_{10}(G) = 1$，$C_{10}(G) = G$。于是得到了结点 10 的代价向量 $\{S_{10}(T), S_{10}(C), S_{10}(A), S_{10}(G)\} = \{2.5, 2.5, 1, 1\}$。

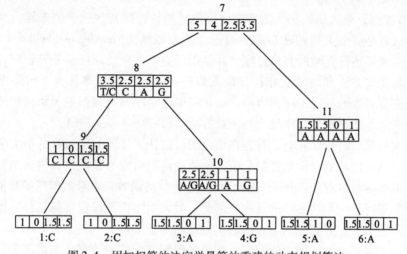

图 2.4 用加权简约法穷举最简约重建的动态规划算法

注：位点上的观测数据为 CCAGAA。每个结点下方的表中第一行表示给定父结点为 T、C、A、G 时该结点的最小代价，第二行表示取得最小代价的核苷酸。根结点下的表代表整棵树在根为 T、C、A、G 时的最小代价。如图所示，这棵树的最小简约重建为 $y_7 y_8 y_9 y_{10} y_{11}$ = AACAA，最小代价为 2.5

使用相同的方法依次计算结点 9、结点 11、结点 8、结点 7 的代价向量和 $C_i(x)$。树根 7 的代价向量计算使用式(2.10b)。从树根往下读就可以得到这个位点的最简约重建。子树 7 的最小代价（即代价向量中的最小值）是 2.5，对应结点 7 为 A。对其子结点 8，$C_8(A) = A$；8 的子结点 9，$C_9(A) = C$；8 的子结点 10，$C_{10}(A) = A$。对 7 的另外一个子结点 11，$C_{11}(A) = A$。因此这个位点的最简约重建为 $y_7 y_8 y_9 y_{10} y_{11}$ = AACAA，相应代价为 2.5。

注意到在加权简约法中，权矩阵非对角元素全取 1 即是 Fitch(1971) 和 Hartigan(1973) 使用的等权重最大简约法。使用不加权简约法时，有时并不需要计算完整的代价向量。考虑极端的例子，如一个位点上仅存在一种字母，显然最简约重建上所有的结点都应该是这个字母。而上面提到的例子中，在这个位点上没有出现 T，如果内部结点中存在 T 只会带来比 A、C 或 G 更多的改变次数，因此无需计算 T 和 G 对应的代价向量。但是对于加权简约法，不同改变对应的权重可能会对此带来影响，导致新字母的出现，因此需要计算完整的代价向量。

Felsenstein(1983) 指出简约法并不是以统计原理为基础的。如果在进化时间范围内碱基改变的次数较少时，简约法是合理的。但对于核苷酸频繁替代的情形，随着所用的序列长度的增加，简约法可能给出非常错误的系统树（Felsenstein, 1978）。简约法没有考虑枝长的因素。简约法的假设中蕴含了两个内部结点之间只有一次核苷酸替代，而在枝长较长的树枝上可能累计多次核苷酸替代。此外,不带权的最大简约法没有考虑到核苷酸替代速率的差异,而带权最大简约法的权重确定并不是一件容易的事。

2.2.3 最大似然法

2.2.3.1 似然函数

2.2.2 节提到,最大简约法无法考虑枝长差异和核苷酸替代速率的差异,从这个角度上说,似然法就是对最大简约法自然的改进。最大似然法(maximum likelihood method)通过马尔可夫链来描述核苷酸的替代过程,并使用概率模型来处理枝长差异和核苷酸替代速率的差异。与距离方法和简约法相比,最大似然方法的计算量非常大。与距离矩阵法相比,似然法充分有效地利用了序列资料,而非简单地将序列资料归纳为距离矩阵。与简约法相比,似然法是基于进化概率模型和统计方法的(Felsenstein, 1981)。

使用最大似然法进行计算时,首先在给定的树拓扑下计算似然函数的最大值,称为这棵树的分值。然后比较所有树拓扑的分值,分值最高的树即为系统发育树的估计,称为最大似然树。似然函数可看作以枝长(进化距离)为参数的函数,求最大似然函数值的过程实际上是对参数进行最大似然估计的过程。因此,最大似然树不仅包含树拓扑,也包含枝长信息。在实际应用时,只研究所有可能的树拓扑的一个子集。

在使用最大似然法时,需要指定核苷酸置换模型。似然函数定义为给定参数时在指定模型下观测到数据的概率,可以看作参数的函数。在使用最大似然法时,我们假设不同位点间独立进化,且系谱之间的进化也是独立的。我们用图 2.5[根据 Yang(2006)的图重新绘制]中的 5 个物种的例子来解释似然函数的计算。假设在一个特定位点上观测到的数据是 TCACC,树根是结点 0,内部结点为 6、7、8。连接结点 i 和其父结点的树枝长度为 t_i,单位为每个位点核苷酸替代数的期望。例如,$t_i = 0.001$ 表示平均每个位点上有 0.001 个突变。以 K80 模型(Kimura, 1980)为例,模型中所包含的参数有枝长和转换/颠换比 κ,记为 $\boldsymbol{\theta} = \{t_1, t_2, t_3, t_4, t_5, t_6, t_7, t_8, \kappa\}$。

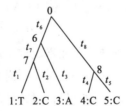

图 2.5 用于计算似然函数的 5 个物种的树

在这个位点上序列为 TCACC,枝长 t 用平均每个位点上核苷酸替代的期望数来度量。

由于位点间假设独立进化,因此整个序列的似然函数 L 就是所有位点的似然函数的乘积,即

$$L = \prod_{h=1}^{n} f(x_h \mid \boldsymbol{\theta}) \tag{2.12}$$

式中,$f(x_h \mid \boldsymbol{\theta})$ 是位点 h 上的似然函数值,也就是给定 $\boldsymbol{\theta} = \{t_1, t_2, t_3, t_4, t_5, t_6, t_7, t_8, \kappa\}$ 时,观测到数据的概率,n 为序列长度。要使得式(2.12)中的似然函数值 L 最大,

只需使其对数值 l 最大，其中

$$l = \log(L) = \sum_{h=1}^{n} f(x_h \mid \boldsymbol{\theta}) \tag{2.13}$$

同时，使得 L 最大的参数 $\boldsymbol{\theta}$ 也使得 l 最大。在实际分析分子序列时，我们采取数值优化算法来寻求 l 的最大值，在这个过程中我们需要在给定参数值 $\boldsymbol{\theta}$ 的条件下计算 $f(x_h \mid \boldsymbol{\theta})$。

现在考虑图 2.5 中对应的位点似然函数 $f(x_h \mid \boldsymbol{\theta})$ 的计算，这里 x_h = TCACC。用 x_i 表示祖先结点 i 的状态，序列 TCACC 可由任意祖先结点的状态的组合产生，根据全概率公式：

$$\begin{aligned} f(x_h \mid \boldsymbol{\theta}) = \sum_{x_0} \sum_{x_6} \sum_{x_7} \sum_{x_8} & [\pi_{x_0} p_{x_0 x_6}(t_6) p_{x_6 x_7}(t_7) p_{x_7 T}(t_1) \\ & \times p_{x_7 C}(t_2) p_{x_6 A}(t_3) p_{x_0 x_8}(t_8) p_{x_8 C}(t_4) p_{x_8 C}(t_5)] \end{aligned} \tag{2.14}$$

式中，$\pi(x_0)$ 是根结点 x_0 的初始分布，在 K80 模型下假设 $P(x_0 = T) = P(x_0 = C) = P(x_0 = A) = P(x_0 = G) = 1/4$。$p_{x_0 x_6}(t_6)$ 是给定结点 0 为 x_0，经过时间 t_6 后结点 6 为 x_6 的概率，通过计算 K80 模型的转移概率矩阵得出(Kimura, 1980; Saitou et al., 1987)。转移概率矩阵由连续时间马氏链给出：

$$P(t) = \begin{array}{c} T \\ C \\ A \\ G \end{array} \begin{bmatrix} p_0(t) & p_1(t) & p_2(t) & p_2(t) \\ p_1(t) & p_0(t) & p_2(t) & p_2(t) \\ p_2(t) & p_2(t) & p_0(t) & p_1(t) \\ p_2(t) & p_2(t) & p_1(t) & p_0(t) \end{bmatrix} \tag{2.15}$$

式中，$p_0(t)$, $p_1(t)$, $p_2(t)$ 的计算公式如下：

$$\begin{aligned} p_0(t) &= \frac{1}{4} + \frac{1}{4} e^{-4t/(\kappa+2)} + \frac{1}{2} e^{-2t(\kappa+1)/(\kappa+2)} \\ p_1(t) &= \frac{1}{4} + \frac{1}{4} e^{-4t/(\kappa+2)} - \frac{1}{2} e^{-2t(\kappa+1)/(\kappa+2)} \\ p_2(t) &= \frac{1}{4} - \frac{1}{4} e^{-4t/(\kappa+2)} \end{aligned} \tag{2.16}$$

对树上每个结点所有可能的状态求和就得到了式(2.14)。

2.2.3.2 修剪算法

s 个物种的树有 $s-1$ 个内部结点，所有祖先结点上可能的状态有 4^{s-1} 种，即要对 4^{s-1} 项求和。对氨基酸或者密码子序列，可能的状态为 20^{s-1} 种和 61^{s-1} 种，运算代价十分昂贵。

常用的减少运算量的算法是修剪算法(pruning algorithm) (Felsenstein, 1973, 1981)，它是动态规划算法的一种变体，也是从树叶结点开始计算每个结点的条件概率，其中父结点的条件概率由两个子结点的条件概率决定。

令 $L_i(x_i)$ 为给定结点 i 上的核苷酸为 x_i 条件下，观察到其子树所包含的叶子结点上的数据或子数据的概率，$\boldsymbol{L}_i = \{L_i(T), L_i(C), L_i(A), L_i(G)\}$。图 2.6[根据 Yang(2006) 的图重新绘制]中，结点 1、2、3、4、5 为叶子结点，在这个位点上观测到的数据是 $x_1 x_2 x_3 x_4 x_5$ = TCACC。结点 7 的后代中叶子结点有 1 和 2，其上观察到的子数据为 $x_1 = T$, $x_2 = C$。$L_7(T) = P(x_1 = T, x_2 = C \mid x_7 = T)$，也就是说给定结点 7 为 T 时，观测到 $x_1 = T$,

$x_2 = C$ 的概率。如果结点 i 是一个叶子结点，那么当 x_i 为观测到的核苷酸时 $L_i(x_i) = 1$，否则为 0。对一个非叶子结点 i，假设其有两个子结点 j 和 k，由树枝 t_j 和 t_k 连接，那么

$$L_i(x_i) = \sum_{x_j} [p_{x_i x_j}(t_j) L_j(x_j)] \times \sum_{x_k} [p_{x_i x_k}(t_k) L_k(x_k)] \tag{2.17}$$

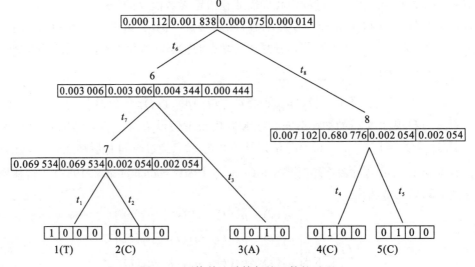

图 2.6 用修剪法计算似然函数的过程

注：假设枝长 t 固定，进化模型为参数 $\kappa = 2$ 的 K80 模型。每个结点 i 上方是条件概率向量 L_i(T, C, A, G)。

如果结点 i 有 m 个子结点，式(2.17)的乘法就对 m 个子结点相乘。在修剪算法中，计算某个结点的条件概率时，需已计算好其所有子结点的条件概率。通过依次计算每个结点的条件概率向量 L_i，最后得到根结点的条件概率向量 L_0。

以图 2.6 中的树为例展示在 K80 模型下条件概率向量的计算过程。方便起见，我们假定内部枝长 $t_6 = t_7 = t_8 = 0.1$，外部枝长 $t_1 = t_2 = t_3 = t_4 = t_5 = 0.2$，参数 $\kappa = 2$。对应枝长 0.1 和 0.2 的转移概率矩阵依据式(2.15)和式(2.16)计算，计算结果如下：

$$P(0.1) = \begin{matrix} T \\ C \\ A \\ G \end{matrix} \begin{bmatrix} 0.906\,563 & 0.045\,855 & 0.023\,791 & 0.023\,791 \\ 0.045\,855 & 0.906\,563 & 0.023\,791 & 0.023\,791 \\ 0.023\,791 & 0.023\,791 & 0.906\,563 & 0.045\,855 \\ 0.023\,791 & 0.023\,791 & 0.045\,855 & 0.906\,563 \end{bmatrix} \tag{2.18}$$

$$P(0.2) = \begin{matrix} T \\ C \\ A \\ G \end{matrix} \begin{bmatrix} 0.825\,092 & 0.084\,274 & 0.045\,317 & 0.045\,317 \\ 0.084\,274 & 0.825\,092 & 0.045\,317 & 0.045\,317 \\ 0.045\,317 & 0.045\,317 & 0.825\,092 & 0.084\,274 \\ 0.045\,317 & 0.045\,317 & 0.084\,274 & 0.825\,092 \end{bmatrix} \tag{2.19}$$

从叶子结点开始。5 个叶子结点 1、2、3、4、5 的概率向量如图 2.6 所示。结点 7 有子结点 1 和 2。对结点 1，式(2.17)中第一个求和号内的部分

$$l_1 = \left\{ \sum_{x_1} P_{x_i x_1}(0.2) L_1(x_1) \right\} = P(0.2) \boldsymbol{L}_1^T = P(0.2) \begin{bmatrix} 1 \\ 0 \\ 0 \\ 0 \end{bmatrix} = \begin{matrix} T \\ C \\ A \\ G \end{matrix} \begin{bmatrix} 0.825\,092 \\ 0.084\,274 \\ 0.045\,317 \\ 0.045\,317 \end{bmatrix} \tag{2.20}$$

式中，$\boldsymbol{L}_i = \{L_i(\text{T}), L_i(\text{C}), L_i(\text{A}), L_i(\text{G})\}$，$\boldsymbol{L}_i^\text{T}$ 表示向量 $\boldsymbol{L}_i$ 的转置。类似地可以计算第 2 个求和号内的部分：

$$l_2 = \left\{\sum_{x_2} P_{x_i x_2}(0.2) L_2(x_2)\right\} = P(0.2)\boldsymbol{L}_2^\text{T} = P(0.2)\begin{bmatrix}0\\1\\0\\0\end{bmatrix} = \begin{matrix}\text{T}\\\text{C}\\\text{A}\\\text{G}\end{matrix}\begin{bmatrix}0.084\ 274\\0.825\ 092\\0.045\ 317\\0.045\ 317\end{bmatrix} \quad (2.21)$$

依据式(2.17)，结点 7 对应的向量为

$$\begin{aligned}\boldsymbol{L}_7 &= \{l_1(\text{T})l_2(\text{T}), l_1(\text{C})l_2(\text{C}), l_1(\text{A})l_2(\text{A}), l_1(\text{G})l_2(\text{G})\}\\ &= \{0.069\ 534, 0.069\ 534, 0.002\ 054, 0.002\ 054\}\end{aligned} \quad (2.22)$$

按照相同的方法可计算结点 8。结点 6 的计算需要结点 7 和 3 的条件概率向量。根结点 0 的计算需要用到结点 6 和 8 的条件概率向量。实际上当 $i=0$ 时，式(2.17)为以下两项的乘积：

$$l_6 = \left\{\sum_{x_6} P_{x_i x_6}(0.1) L_6(x_6)\right\} = P(0.1)\boldsymbol{L}_6^\text{T} = P(0.1)\begin{bmatrix}0.003\ 006\\0.003\ 006\\0.004\ 344\\0.000\ 444\end{bmatrix} = \begin{matrix}\text{T}\\\text{C}\\\text{A}\\\text{G}\end{matrix}\begin{bmatrix}0.002\ 977\\0.002\ 977\\0.004\ 102\\0.000\ 745\end{bmatrix} \quad (2.23)$$

$$l_8 = \left\{\sum_{x_8} P_{x_i x_8}(0.1) L_8(x_8)\right\} = P(0.1)\boldsymbol{L}_8^\text{T} = P(0.1)\begin{bmatrix}0.007\ 102\\0.680\ 776\\0.002\ 054\\0.002\ 054\end{bmatrix} = \begin{matrix}\text{T}\\\text{C}\\\text{A}\\\text{G}\end{matrix}\begin{bmatrix}0.037\ 753\\0.617\ 590\\0.617\ 582\\0.617\ 582\end{bmatrix} \quad (2.24)$$

$$\begin{aligned}\boldsymbol{L}_0 &= \{l_6(\text{T})l_8(\text{T}), l_6(\text{C})l_8(\text{C}), l_6(\text{A})l_8(\text{A}), l_6(\text{G})l_8(\text{G})\}\\ &= \{0.000\ 112, 0.001\ 838, 0.000\ 075, 0.000\ 014\}\end{aligned} \quad (2.25)$$

实际上，对非叶子且非根结点 j，l_j 是给定结点 j 的父结点 i 上的核苷酸时，观测到结点 j 的后代中的叶子结点上的子数据的概率。例如，给定结点 0 为 T 时，$l_6(\text{T})$ 是观测到 $x_1 x_2 x_3 = $ TCA 的条件概率，$l_7(\text{T})$ 是观测到 $x_4 x_5 = $ CC 的条件概率(注意：l_i 需与 L_i 区分。L_6 是给定结点 6 上的核苷酸，观测到 $x_1 x_2 x_3 = $ TCA 的条件概率)。在从下往上遍历了树的所有结点之后，可以得到该位点的数据概率：

$$f(x_h | \theta) = \sum_{x_0} \pi_{x_0} L_0(x_0) \quad (2.26)$$

完整的计算过程见图 2.6。

从上面的计算过程中可以看出，虽然可能的祖先状态的组合数随物种数呈指数增长，但在修剪算法的计算量仅是线性增长。使用修剪算法比直接利用式(2.14)高效得多。

此外还可以采取一些策略减少似然函数的计算量。对长度为 n 个位点的序列，我们不需计算所有 n 个位点的数据概率。通过将数据总结为不同的位点模式(site pattern)可以减少计算量。以 JC69 模型为例，当物种数是 2 时，所有可能的位点模式为 xx 和 xy，其中 x，$y = $ T、C、A 或 G，且 $x \neq y$。当物种数为 3 时，所有可能的位点模式为 xxx，xxy，xyx、

xyy、xyz，其中 x、y、z 各不相同（例如，TTC 和 AAT 都属于 xxy 模式，TCA 和 GCT 都属于 xyz 模式，从而概率相同）。对于较复杂的 K80 模型，虽然所节省的计算量不像 JC69 模型那么多，但是也可拆解对应子树的数据（Kosakovsky Pond and Muse, 2004）。例如，考虑图 2.6 中的树，位点模式 TCACC 和 TCATC 在结点 6 包含的子树的叶子结点上数据是一样的（TCA），因此 l_6 只需计算一次。

似然函数的数值优化是一个非常复杂的工作。但近年来算法的改进引人注目。RAXML（Stamatakis，2014）、PHYML（Guindon et al.，2005）等程序可以用于成千上万个物种数据的分析。

2.2.4 建树方法与软件的比较和选择

Hall（2005）认为进行系统发育重建时贝叶斯方法（2.4 节会详细介绍）最好，其次是最大似然法，再次是最大简约法。一般来讲，如果选择的进化模型合适，最大似然法的效果较好。如果序列相似度较高，模型之间的差异不大，各种方法都可以得到合理的结果。对于远缘序列，一般不使用最大简约法，可以使用邻接法和最大似然法。对相似度很低的序列，简约法往往出现将两个较长树枝聚合在一起的现象，称为长枝吸引（long-branch attraction，LBA），可能严重干扰到系统发育树的重建。对于距离方法和最大似然法，是需要选择进化模型的，当对进化模型无直观认识时，对核苷酸序列而言，K80 模型是一个比较稳妥的选择。

用邻接法建树，可使用 PHYLIP（Felsenstein，1993）或者 MEGA（Tamura et al.，2011）。MEGA 是图形界面软件，界面对初学者很友好，多数参数可以保持缺省参数不变。用最大简约法建树最好的工具是商业软件 PAUP*，此外 MEGA 也可用于构建 MP 树。最大似然法建树可以使用 PHYML、PHYLIP、RAXML 等软件。MrBayes、BEAST、MAC5 等软件可用于进行贝叶斯系统发育分析。

2.3 模型选择

当面对数据时，对所选择的用于数据分析的模型通常并不十分有信心。这个时候可以使用多个模型进行分析，并从中找出配合数据效果最好的一个。对于两个嵌套的模型（即简单模型是复杂模型的特殊形式），我们通常使用似然比检验（likelihood ratio test，LRT）来选择更优的那一个。对多个嵌套模型（如 JC69、K80、K80+Γ），可通过依次比较参数相差最少的两个模型从而选出最优模型。对多个不嵌套的模型，可以使用 AIC 和 BIC 准则进行模型选择。

2.3.1 似然比检验

在给定模型下可以计算数据的概率，也就是似然函数。当似然函数有解析表达式时，似然比检验是检验假设的有力工具。似然比检验所涉及的两个假设（模型）是嵌套的，即原假设 H_0 是备择假设 H_1 的一个特殊情况。似然比定义为

$$\lambda = \frac{\max_{\theta \in \Theta_1} L(\theta)}{\max_{\theta \in \Theta_0} L(\theta)} = \frac{L(\hat{\theta}_1)}{L(\hat{\theta}_0)} \tag{2.27}$$

式中，L 为似然函数；Θ_0 和 Θ_1 是原假设和备择假设的参数空间，分别为 p_0 和 p_1 维（即原假设与备择假设中分别含有 p_0 和 p_1 个参数）；$\hat{\theta}_0$ 和 $\hat{\theta}_1$ 分别是原假设 H_0 和备择假设 H_1 下参数的最大似然估计。$L(\hat{\theta}_0)$ 是原假设 H_0 拟合数据好坏的一个度量，而 $L(\hat{\theta}_1)$ 是备择假设 H_1 的一个度量。当 λ 比较大时拒绝原假设。当 H_0 是 H_1 参数空间的一个内点，且似然函数满足 4 个条件[详见茆诗松等 (2006)，定理 3.18]，在原假设 H_0 成立时，似然比统计量 $2\log\lambda$ 随数据量增大收敛到参数为 $p_1 - p_0$ 的卡方分布 $\chi^2(p_1 - p_0)$。由于我们通常计算对数似然函数，似然比统计量也可写成如下形式：

$$2\log\lambda = 2\log(L(\hat{\theta}_1)/L(\hat{\theta}_0)) = 2(l_1 - l_0) = 2\Delta l \tag{2.28}$$

式中，l_0 和 l_1 是原假设 H_0 和备择假设 H_1 下的最大对数似然值。

注意到之前的讨论中，我们要求 H_0 作为 H_1 的特殊情形时，H_1 中对应的参数不在参数空间的边界上。例如，考虑 JC69 模型和 JC69 + Γ 模型，JC69 模型是 JC69 + Γ 模型当 $\alpha = \infty$ 的特例。Gamma 分布形状参数的取值范围为 0 到 ∞，任何有限正数都是参数空间的内点，0 和 ∞ 为两个边界点，此时 $\alpha = \infty$ 不是参数空间内点。这种情况下，在原假设 H_0 成立时似然比统计量的分布（称为零分布，null distribution）是一个混合分布，以概率 1/2 为 0（单点分布），以概率 1/2 服从 $\chi^2(p_1 - p_0)$ 分布 (Chernoff, 1954; Self and Liang, 1987)。此时检验的 p 值对应 $\chi^2(p_1 - p_0)$ 检验的 $2p$ 值。例如，0 和 $\chi^2(1)$ 的混合，显著水平 5% 的临界值为 2.71，它是 $\chi^2(1)$ 显著水平为 10% 的临界值。

1) 进化模型检验

将似然比检验应用于 12 个植物物种的叶绿体 *rbcL* 基因数据[更多细节参见杨子恒 (2008) 中的图 4.12]。表 2.5[数据源自 Yang (2006)] 中展示了 JC69 模型和 K80 模型下的最大对数似然值和部分参数的估计值。注意到，当转换/颠换比为 1 的时候，K80 模型即 JC69 模型，即 JC69 模型是 K80 模型在 $\kappa = 1$ 时的特殊情形。原假设 H_0 为 JC69 模型（零模型）时，模型中参数为所有枝长。12 个物种的无根树有 21 个枝长，因此 $p_0 = 21$。表中显示，最大对数似然值为 −6262.01。备择假设为 K80 模型（备择模型），与 JC69 模型相比，多了一个参数 κ，因此 $p_1 = 22$，最大对数似然值为 −6113.86。$\kappa = 1$ 是参数空间 $\kappa \in (0, \infty)$ 的内点，因此零分布近似为 $\chi^2(1)$ 分布，显著水平 5% 的临界值为 3.84。当统计量超过 3.84 时，拒绝原假设，认为数据来自于备择模型 K80 模型。检验统计量 $2\Delta l = 2(-6113.86 + 6262.01) = 296.3 > 3.84$，所以拒绝原假设。从表 2.5 中可以看出，参数 κ 的估计值为 3.561，远大于 1，说明转换/颠换比很不相同。

表 2.5 12 个植物物种 *rbcL* 基因数据的似然比检验

模型	参数个数	最大对数似然值	最大似然估计
H_0: JC69	21	−6262.01	
H_1: K80	22	−6113.86	$\hat{\kappa} = 3.561$

2) 用似然比检验检验分子钟假设

分子钟假设核苷酸替代速率是恒定而不随时间变化的。在分子钟假设下 (H_0)，s 个物种的有根树共有 $s - 1$ 个参数，对应 $s - 1$ 个祖先物种的分化年代 t_i，用平均每个位点的核苷酸替代数的期望来度量(即 t 的单位为个突变/位点)。而在非分子钟假设(H_1)下,每个树枝上都有各自的进化速率,因此模型有 $2s-3$ 个参数,为每个树枝的枝长,以进化距离来度量。注意分子钟假设是非分子钟假设的特殊情形,以图 2.7(b)[根据 Yang(2006)的图重新绘制]为例,分子钟假设成立时, $b_1=b_2$, $b_3=b_1+b_7$, $b_4=b_3+b_8$, $b_5=b_9+b_4$, H_1 比 H_0 多 $s-2$ 个参数。检验统计量近似服从 $\chi^2(s-2)$。

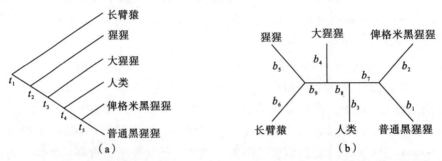

图 2.7 6 个类人猿物种的有根树和无根树,数据来自 Horai 等(1995),用于检验分子钟假设是否成立
注:(a)在分子钟假设下,参数为 5 个祖先分化时间 t_1-t_5;(b)在非分子钟假设下,参数为 9 个枝长 b_1-b_9。t_i 和 b_i 均用平均每个位点上核苷酸替代的期望数来度量

以 6 个猿类物种(人、普通黑猩猩、俾格米黑猩猩、大猩猩、猩猩和长臂猿)的 12S rRNA 数据来检验分子钟是否成立(Horai et al., 1995),有根树和无根树如图 2.7 所示。似然函数在 K80 模型下进行计算。分子钟假设下和非分子钟假设下的最大对数似然值分别为 $l_0=-2345.10$, $l_1=-2335.60$,检验统计量 $2\Delta l=2(l_1-l_0)=18.60$。$\chi^2(4)$ 的显著水平为 0.05 的检验临界值为 9.49,检验统计量的值大于临界值,拒绝原假设,认为分子钟不成立。

3)检验基因流是否存在

考虑如图 2.8 中 3 个物种的隔离-移民模型。物种树为((1,2),3),其中物种 1、2 的共同祖先为物种 5;3 个物种的共同祖先为物种 4。G_{1a}、G_{1b}、G_{1c}、G_2、G_3 是 5 种可能的基因树。原假设 H_0 假设两个近缘物种 1 和 2 之间不存在基因流,备择假设 H_1 假设两个近缘物种之间存在对称基因流,基因流强度为 $M=M_{12}=M_{21}$,其中基因流强度 M_{ij} 用每个世代物种 i 到 j 的平均移民个数来度量。数据是来自 3 个物种的序列,每个物种各一条。这 3 个物种的系谱过程(多物种溯祖过程)可以用马氏链来刻画。在 JC69 模型下,在原假设和备择假设下分别计算似然函数,即数据的概率。由于计算过程较复杂,计算细节参考 Zhu 和 Yang(2012),这里不作进一步展开。在零模型中,有如下参数:物种分化时间 τ_0 和 τ_1,物种 4 和 5 的群体大小参数 θ_4 和 θ_5。在零模型下,由于溯祖事件不可能发生,因此似然函数的计算与物种 1 和 2 的群体大小参数 $\theta=\theta_1=\theta_2$ 无关。备择模型比零模型多了 2 个参数,共同群体大小参数 θ 和移民率 M。零模型是备择模型在 $M=0$ 时的特例,但是 $M=0$ 是参数空间 $(0,\infty)$ 的边界点。此外,当 $M=0$ 时,物种 1 和 2 之间没有移民,故在物种分化时间 τ_1 前不可能有溯祖事件发生,因此 θ 成为冗余参数。这时候统计量的真实分布是不知道的,实际两个模型间的参数个数差异应该小于 2。我们仍然用 $\chi^2(2)$ 作为检验统计量的渐进分布,检验水平 5% 的临界值为 5.99。对 Burgess 和 Yang(2008)中人类、黑猩猩和大猩猩的 9861 个基因的常染色体数据进行如上似然比检验,物种树为((人,黑猩猩），大猩猩）。检验统计量 $2\Delta l = 2(l_1 - l_0) = 9.63 > 5.99$，揭示了两个近缘物种人和黑猩猩在物种分化年代附近存在基因流。

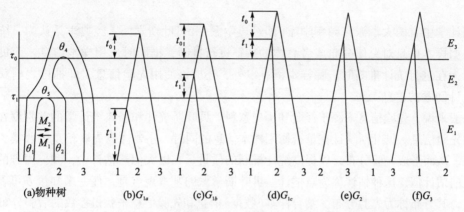

图 2.8　3 个物种的物种树和基因树，用于检测两个近缘物种中是否有基因流存在

(a) 物种树为 ((1, 2), 3)，零模型中的参数为群体大小参数 θ_4, θ_5，物种分化时间参数 τ_1, τ_0；备择模型还有参数 $\theta = \theta_1 = \theta_2$，移民率 $M = M_{12} = M_{21}$。数据为来自每个物种的一条序列。
可能的基因树在 (b) ~ (f) 中展示。每个基因树上溯祖时间用 t_0 和 t_1 表示

2.3.2　AIC 和 BIC 准则

似然比检验可以对相互嵌套的模型进行检验。对非嵌套的模型，我们常用 AIC 和 BIC 两个基于似然方法的评价准则来进行模型选择。

赤池信息量准则，即 Akaike information criterion，简称 AIC(Akaike, 1974)，是衡量统计模型拟合优良性的一种标准，由日本统计学家赤池弘次创立和发展。赤池信息量准则建立在熵的概念基础上，可用于比较多个非嵌套的模型。对每个模型，AIC 分值定义为

$$\text{AIC} = -2l + 2p \tag{2.29}$$

式中，l 是模型下的最大对数似然值，p 是模型包含的参数个数。AIC 值小的模型认为更加符合数据。一般认为，当数据量比较大时，AIC 准则偏向选择复杂的多参数模型(Schwarz, 2005)。

贝叶斯信息准则，即 Bayesian information criterion，简称 BIC。使用 BIC 准则进行模型评价的过程与 AIC 相同，分别计算模型的 BIC 值，并认为分值小的模型较好。模型的 BIC 分值定义如下：

$$\text{BIC} = -2l + p(\log n) \tag{2.30}$$

式中，n 为样本大小（即序列长度）。当样本数大于等于 8 时，BIC 值大于 AIC 值，BIC 对多参数复杂模型的罚分较重。

值得注意的是，两者均是刻画了模型相对真实模型的信息损失。当用于数据分析的多个模型都非常错时，按照 AIC 和 BIC 准则选出的模型只是多个错误模型中相对较好的，并不保证所选模型能够很好地刻画数据特点。实际数据分析中除了模型拟合好坏之外，还需要考虑的一个重要问题是模型的稳健性，即分析结果是不是对模型假定敏感。

2.4 贝叶斯方法

统计学中有两大学派,频率学派(即经典学派)和贝叶斯学派。经典学派认为,统计推断时根据样本信息对总体分布或者总体的特征进行推断,推断时使用样本信息。而贝叶斯学派认为在进行统计推断时,除样本信息以外,还应该使用先验信息,即抽样之前获得的有关统计问题的信息。

一般来说,先验信息来源于经验和历史资料。贝叶斯统计和经典统计学的差别就在于是否利用先验信息。贝叶斯统计在重视使用样本信息的同时,还要注意先验信息的收集、挖掘和加工,从而形成先验分布,以提高统计推断的质量。在极大似然估计中,我们得到的是一个参数的估计值,这种估计称为点估计。贝叶斯学派的基本观点是,任一未知量 θ 可看作随机变量,其分布称为先验分布。结合样本(数据)信息和先验信息来获得参数的后验分布。

如何利用先验信息确定合理的先验分布是贝叶斯统计中的难点,特别是在对参数一无所知的情况下,确定合理的先验分布尤为困难(茆诗松,1999)。

2.4.1 贝叶斯定理

假设 B_1, B_2, $\cdots$, B_n 是样本空间的一个分割,即任意 i, j, B_i 和 B_j 的交集为空,所有 B_i 的并集为全集,如果 $P(A) > 0$, $P(B_i) > 0$, $i = 1, 2, \cdots, n$, 那么

$$P(B_i \mid A) = \frac{P(B_i) P(A \mid B_i)}{\sum_{j=1}^{n} P(B_j) P(A \mid B_j)}, i = 1, 2, \cdots, n \qquad (2.31)$$

式中,$P(B_i)$ 称为 B_i 的先验概率,$P(B_i \mid A)$ 称为事件 B_i 的后验概率。为了帮助读者更直观地理解先验,我们引入如下例子。

例:假阳性的临床检验

某地区的肝癌发病率为 0.0004,用甲胎蛋白法进行普查。由于检测误差的存在,对已患有肝癌的人检测结果呈阳性的概率为 99%,而没有患肝癌的人化验结果显示阳性的概率为 0.1%。求检测结果为阳性时该人确实患有肝癌的概率。

令事件 A 为检查结果为阳性,事件 B 为患有肝癌。已知 $P(B) = 0.0004$, $P(A \mid B) = 0.99$, $P(A \mid \bar{B}) = 0.001$, 根据式(2.31):

$$P(B \mid A) = \frac{P(B) P(A \mid B)}{P(B) P(A \mid B) + P(\bar{B}) P(A \mid \bar{B})} = \frac{0.0004 \times 0.99}{0.0004 \times 0.99 + 0.9996 \times 0.001} = 0.284$$

$$(2.32)$$

这个结果表明,即便我们的直觉认为检测非常准确,但是在检查结果呈阳性的人中仅有不到 30% 的人真正患有肝癌。这是由肝癌的低发病率引起的。假设该地区有 10 000 个人,患有肝癌的约有 4 人,不患肝癌的约有 9996 人,而这 9996 个非患者中约有千分之一即大约 10 人检测呈阳性,因此 $4/(4+10) \approx 0.286$。

提高检验可靠性的办法是复查。在复查人群中,患有肝癌的概率 $P(B)$ 变为 0.284,使用式(2.31):

$$P(B|A) = \frac{0.284 \times 0.99}{0.284 \times 0.99 + 0.716 \times 0.001} = 0.997 \tag{2.33}$$

检测准确性极大地提高了。在复查中，使用了 $P(B) = 0.284$ 这个信息，通过初查的信息，校正了 $P(B)$ 的概率。

在连续场合，贝叶斯公式形式如下：

$$f(\theta|X) = \frac{f(\theta)f(X|\theta)}{f(X)} = \frac{f(\theta)f(X|\theta)}{\int f(\theta)f(X|\theta)\mathrm{d}\theta} \tag{2.34}$$

式中，$f(\theta)$ 是先验分布，$f(X|\theta)$ 是似然函数，即给定参数下数据的概率，$f(\theta|X)$ 是后验分布。

下面以 JC69 模型为例下进化距离后验分布的计算。

考虑在 JC69 模型下使用人类和猩猩的线粒体基因组中 12S rRNA 基因数据来估计进化距离 θ（Horai et al.,1995）。在长度为 $n = 948$ 个位点（site）的序列中观察到两个物种在 $x = 90$ 个位点上不同。参数的极大似然估计 $\hat{\theta} = 0.1015$，95% 置信区间为 $(0.0817, 0.1245)$。现在用贝叶斯方法来进行估计。我们使用一个指数分布作为参数 θ 的先验：

$$f(\theta) = \frac{1}{\mu}\mathrm{e}^{-\theta/\mu} \tag{2.35}$$

均值 $\mu = 0.2$。参数 θ 的后验分布：

$$f(\theta|x) = \frac{f(\theta)f(x|\theta)}{f(x)} = \frac{f(\theta)f(x|\theta)}{\int f(\theta)f(x|\theta)\mathrm{d}\theta} \tag{2.36}$$

给定参数 θ 时，数据服从以 p 为参数的二项分布，其中

$$p = \frac{3}{4} - \frac{3}{4}\mathrm{e}^{-4\theta/3} \tag{2.37}$$

因此，似然函数为

$$f(x|\theta) = C_n^x p^x (1-p)^{n-x} = C_n^x \left(\frac{3}{4} - \frac{3}{4}\mathrm{e}^{-4\theta/3}\right)^x \left(\frac{1}{4} + \frac{3}{4}\mathrm{e}^{-4\theta/3}\right)^{n-x} \tag{2.38}$$

将式(2.35)和式(2.38)代入式(2.36)，就可计算出后验分布，其中的归一化常数 $f(x)$ 可用数值积分方法计算，如图 2.9[数据来源于 Yang(2006)]所示。在图中，似然函数

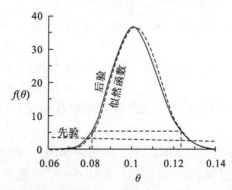

图 2.9 JC69 模型下用 MCMC 方法计算的序列距离 θ 的先验、后验密度函数和经过尺度变换后的似然函数

数据来源于人和黑猩猩的线粒体 12S rRNA 基因，在所有 $n = 948$ 个位点中观察到了 $x = 90$ 个突变。

图中虚线所示矩形为 95% 高后验置信区间：$(0.08116, 0.12377)$。

经过了尺度变换，使得它在后验附近。由于后验分布正比于先验分布和似然函数的乘积，而先验分布在图示范围内几乎是一个常数，因此经过尺度变换后的似然函数和后验分布基本重合。θ 的后验期望 $E(\theta|x) = \int \theta f(\theta|x) \mathrm{d}\theta = 0.10213$，95%置信区间为(0.08116, 0.12377)，与极大似然估计所得结果非常接近。

2.4.2 马氏链蒙特卡罗方法

在式(2.36)中，先验和似然函数是比较好计算的，数据的概率 $f(x)$ 称为边际似然函数，是一个积分形式，通常很难计算。对复杂的多参数模型来说，需要计算多重(数值)积分，当方法选择不当或者参数设置不当时容易在计算中出现误差。在贝叶斯计算中，MCMC(Markov chain Monte Carlo，马氏链蒙特卡罗)算法可以避免计算边际似然函数，具有很大的优势。

在这里简单介绍的 MCMC 方法即 Metropolis-Hastings 算法。更复杂的 MCMC 算法有兴趣的读者可以参看杨子恒(2008)。MCMC 方法用于从目标密度函数 $\pi(\theta)$ 中抽取非独立样本，每次抽到的样本点 θ_1，θ_2，$\cdots$，θ_N，组成了一个平稳的离散时间马氏链，其状态空间为 θ 可能的值。

MCMC 方法用于贝叶斯计算时，目标密度函数即后验分布 $\pi(\theta) = f(\theta|x)$。我们用一个最简单的仅有3个状态1、2和3的离散分布 $\pi(\theta)$ 来说明 MCMC 算法。其算法如下。

(1)先设定初始状态，从1、2、3三个状态中任意选一个，假设我们选择 $\theta = 1$。

(2)建议新的状态 θ^*，跳到其余两个状态的概率均为1/2。

(3)计算此建议的接受比。如果 $\pi(\theta^*) > \pi(\theta)$，则接受 θ^*，马氏链跳到 θ^*，否则以概率 $\alpha = \pi(\theta^*)/\pi(\theta)$ 接受新状态 θ^*。在接受新状态时，令 $\theta = \theta^*$，否则 θ 不改变。

(4)打印 θ。

(5)回到步骤(2)。

在实施步骤(3)时，通常生成一个服从[0,1]上均匀分布的随机变量 U，如果 $U < \alpha$，则接受新状态，否则拒绝新状态。经过 N 次抽样后，获得一条马氏链的样本轨迹，如1, 2, 3, 3, 2, 2, 1, 3, 1, 2, 3, 1, $\cdots$。

注意到当目标分布为后验分布 $\pi(\theta) = f(\theta|x) = f(\theta)f(x|\theta)/f(x)$ 时，新状态 θ^* 的接受概率为

$$\alpha = \min\left(1, \frac{\pi(\theta^*)}{\pi(\theta)}\right) = \min\left(1, \frac{f(\theta^*)f(x|\theta^*)}{f(\theta)f(x|\theta)}\right) \tag{2.39}$$

这样，我们就不需要计算式(2.36)中的边际似然函数 $f(x)$ 了，这也是 MCMC 算法的巨大优势。

用 $q(\theta^*|\theta)$ 表示当前状态为 θ 时，下一步选择跳到 θ^* 的概率，这称为建议密度函数。在上面提到的算法中使用的是对称建议，即从 $\theta \sim \theta^*$ 的概率与从 $\theta^* \sim \theta$ 的概率相等，这是 Metropolis 等(1953)提出的算法。Hastings(1970)将其扩展为非对称的建议方式，即 $q(\theta^*|\theta) \neq q(\theta|\theta^*)$。使用非对称建议密度函数时，算法的接受比 α 依据式(2.40)计算。

$$\alpha = \min\left\{1, \frac{\pi(\theta^*)}{\pi(\theta)} \times \frac{q(\theta|\theta^*)}{q(\theta^*|\theta)}\right\} = \min\left\{1, \frac{f(\theta^*)}{f(\theta)} \times \frac{f(x|\theta^*)}{f(x|\theta)} \times \frac{q(\theta|\theta^*)}{q(\theta^*|\theta)}\right\}$$
$$= \min\{1, \text{先验比} \times \text{似然比} \times \text{建议比}\} \tag{2.40}$$

不同的建议会极大地影响 MCMC 算法的效率,因此研究高效的建议也是 MCMC 算法改进中的焦点问题之一。

对连续参数的 MCMC 算法,除了建议函数是连续分布和所得到的马氏链状态是连续状态马氏链之外,算法与离散参数基本一致。我们考虑本章 2.2 节提到的 JC69 模型下,人和猩猩进化距离的后验估计的 MCMC 算法实现。

下面以人和猩猩进化距离的后验估计的 MCMC 算法

考虑在 JC69 模型下使用人类和猩猩的线粒体基因组中 12S rRNA 基因数据来估计进化距离 θ。在长度为 $n=948$ 个位点(site)的序列中观察到两个物种在 $x=90$ 个位点上不同。参数 θ 的先验分布为指数分布,$f(\theta) = (1/\mu)\exp(-\theta/\mu)$,其中 $\mu=0.2$。新状态的建议采取了一个宽度为 w 的均匀分布滑动窗口。我们建议读者按照下面的算法自己写一个简单的 MCMC 程序来得到参数 θ 的估计值。

(1)初始化:$n=948$,$x=90$,$w=0.01$。

(2)设置初始状态,如 $\theta=0.05$。

(3)计算新状态 θ^*。$\theta^* \sim U(\theta-w/2, \theta+w/2)$,通过生成服从 $U(0,1)$ 的随机变量 r,令 $\theta^* = \theta - w/2 + wr$。如果 $\theta^* < 0$,则令 $\theta^* = -\theta^*$。

(4)计算接受比 α,其中似然函数的计算依据式(2.38):
$$\alpha = \min\left(1, \frac{f(\theta^*)}{f(\theta)} \times \frac{f(x|\theta^*)}{f(x|\theta)}\right) \tag{2.41}$$

(5)接受或者拒绝 θ^*。取 $r \sim U(0,1)$,如果 $r < \alpha$,令 $\theta = \theta^*$,否则令 $\theta = \theta$,打印 θ。

(6)回到步骤(3)。

在步骤(3)中,采用了对称的建议比。由于 θ 是进化距离,必须为非负数,因此当建议的新状态为负数时,取它的相反数。如果所估计的参数有上界,当建议的状态超出参数的上界时需进行同样的反射操作。如果滑动窗口过小或者过大时,可能需要多次操作才能使新状态在参数取值范围内。同时如果窗口长度太小时,马氏链的步长很短,影响计算速度,因此要选取合理的窗口大小。

如果初值取在离峰值过远时,如上面的情况把初值取在 1 处时,需要花一定时间才能使马氏链进入平稳状态,在参数的峰值附近抽样。因此我们把最初的若干个样本舍弃不用,这些舍弃的样本数称为加热(burn-in)数,burn-in 一词来源于烧锅炉时的预热过程,非常形象地刻画了算法中的加热过程的作用。

建议比和滑动窗口的设置是比较复杂的问题,感兴趣的读者可以参阅杨子恒(2008)和相关文献。

2.4.3 贝叶斯系统发育分析

贝叶斯方法是 Rannala 和 Yang(1996),Yang 和 Rannala(1997)及 Mau 和 Newton(1997)引入到分子分类学中的。在贝叶斯框架下,借助 MCMC 算法可以进行系统发育重建分析。令 X 为序列数据，向量 $\boldsymbol{\theta}$ 为参数，先验分布为 $f(\boldsymbol{\theta})$。令 $\{\tau_i\}$（$i=1, 2, \cdots, T_s$）是 s 个物种所有可能的树拓扑结构。一般情况下，对每个树拓扑都赋予相同的先验概率，即 $f(\tau_i) = 1/T_s$。用向量 $\boldsymbol{b}_i$ 表示树拓扑 τ_i 下的枝长。MrBayes 软件中枝长的缺省先验是独立同分布的指数或者均匀分布，这样的设置可能会导致后验树长（枝长）估计较长（Rannala et al., 2012），但是没有确凿的证据说明这样的先验设置会对树拓扑的后验估计有不良影响。τ_i 的后验概率为

$$P(\tau_i \mid X) = \frac{\iint f(\boldsymbol{\theta})f(\tau_i \mid \boldsymbol{\theta})f(\boldsymbol{b}_i \mid \boldsymbol{\theta},\tau_i)f(X \mid \boldsymbol{\theta},\tau_i,\boldsymbol{b}_i)\mathrm{d}\boldsymbol{b}_i\mathrm{d}\boldsymbol{\theta}}{\sum_{j=1}^{T_s}\iint f(\boldsymbol{\theta})f(\tau_j \mid \boldsymbol{\theta})f(\boldsymbol{b}_j \mid \boldsymbol{\theta},\tau_j)f(X \mid \boldsymbol{\theta},\tau_j,\boldsymbol{b}_j)\mathrm{d}\boldsymbol{b}_j\mathrm{d}\boldsymbol{\theta}} \tag{2.42}$$

式(2.42)实际上是通过对联合密度函数积分获得边际密度函数的过程：

$$\begin{aligned}P(\tau_i \mid X) &= \iint f(\boldsymbol{b}_i,\boldsymbol{\theta},\tau_i \mid X)\mathrm{d}\boldsymbol{b}_i\mathrm{d}\boldsymbol{\theta} \\ &= \iint f(X \mid \boldsymbol{b}_i,\boldsymbol{\theta},\tau_i)f(\boldsymbol{b}_i,\boldsymbol{\theta},\tau_i)\mathrm{d}\boldsymbol{b}_i\mathrm{d}\boldsymbol{\theta}/f(X)\end{aligned} \tag{2.43}$$

而联合先验 $f(\boldsymbol{b}_i, \boldsymbol{\theta}, \tau_i)$ 中枝长依赖于树拓扑和参数 $\boldsymbol{\theta}$，而树拓扑依赖于参数 $\boldsymbol{\theta}$，因此有

$$f(\boldsymbol{b}_i,\boldsymbol{\theta},\tau_i) = f(\boldsymbol{b}_i \mid \boldsymbol{\theta},\tau_i)f(\boldsymbol{\theta},\tau_i) = f(\boldsymbol{b}_i \mid \boldsymbol{\theta},\tau_i)f(\tau_i \mid \boldsymbol{\theta})f(\boldsymbol{\theta}) \tag{2.44}$$

联合式(2.43)和式(2.44)就得到了式(2.42)。

注意到式(2.42)中的分子上并非是二维积分。s 个物种的有根二叉树有 $2(s-1)$ 个树枝，又如果 $\boldsymbol{\theta}$ 是 k 维的，所涉及的积分就是 $2(s-1)+k$ 维的，即使数值计算也非常困难。在使用 MCMC 算法时，我们避免了直接计算积分，而是通过马氏链抽样直接得到所关注的参数的后验分布。具体算法如下。

(1) 初始化：从一棵随机的树 τ 开始，其枝长为 $\boldsymbol{b}$，参数为 $\boldsymbol{\theta}$，从对应先验分布中抽取。

(2) 每次循环中依次执行如下步骤。

    a. 用树的重排算法（如 NNI 或者 SPR）提出树的一个改变，这个改变可能同时也改变枝长 $\boldsymbol{b}$。

    b. 对枝长 $\boldsymbol{b}$ 提出改变的建议。

    c. 对参数 $\boldsymbol{\theta}$ 提出改变的建议。

    d. 每 k 次迭代，记录下 $\boldsymbol{b}, \boldsymbol{\theta}, \tau$，它们是来自马氏链的样本。

(3) 运行结束后，总结结果。

贝叶斯 MCMC 算法是个很复杂的过程，在此我们只是非常粗略地介绍了算法的步骤，更多算法的细节见 Yang(2014)第八章。

2.4.4 先验的影响

对贝叶斯方法的主要争议在于是否需要先验及先验分布如何设定。当我们对参数设置没有任何事前得到的信息时，均匀分布常被用作模糊先验。如在计算式(2.42)时，我们对可能的树拓扑赋予离散均匀分布即 $f(\tau_i \mid \boldsymbol{\theta}) = 1/T_s$，而对枝长可以赋予独立同分布的均匀分布。

实际数据分析中一个很重要的问题是后验分布是否对先验分布敏感。如果后验分布由数据主导时，先验分布的错误设置不会带来太大影响。如果发现先验设置会对后验估计值产生较大影响时，需要评估并报告先验的效应。下面我们给出两个先验设置不合理导致后

验估计偏差的例子。

例：用 MCMC 算法估计枝长或树长

一些研究发现，使用 MrBayes3.0 及以前版本时，会出现不合理的、过大的树长估计值（树长即枝长之和）。使用 MrBayes 软件时，枝长的缺省先验是独立同分布的指数或者均匀分布。这样的先验设置会对后验产生很强的不良影响。以均匀分布 $U(1, 100)$ 为例，其均值为 50。对 s 个物种的无根二叉树，有 $2s-3$ 个树枝，则先验树长均值为 $50(2s-3)$。如果分析的数据量很大（如 $s=100$）而序列相似度高（如树长 <1），那么这个先验非常不合理，会对后验估计产生影响。Rannala 等（2012）提出使用复合狄利克雷先验来代替原有独立同分布先验。使用复合狄利克雷分布时，先对树长设置一个信息比较分散的先验（如 Gamma 先验），再将树长依照狄利克雷分布分给各个树枝。使用组合狄利克雷先验后，后验树长估计合理且不再受数据中序列数（物种数）的影响。

例：用 MCMC 算法估计物种分化时间

进化距离 $d=tr$ 是进化时间和绝对进化速率的乘积，是不可识别的。即我们可以很准确地估计出进化距离，但是不依靠额外的信息无法估计绝对分化时间 t 和绝对进化速率 r。我们可以借助化石信息（化石先验）来估计物种分化的绝对时间。在 MCMCTree 软件 4.7 及以前的版本中，对各个基因设置了独立同分布的进化速率先验 μ_i，其中 $i=1, 2, \cdots, L$。令 $\bar{\mu} = \sum_{i=1}^{L} \mu_i/L$，则 $\text{Var}(\bar{\mu}) = \text{Var}(\mu_i)/L$。当使用的基因数 L 非常多时，平均进化速率的先验方差以 $1/L$ 的速度收敛到 0。也就是说先验的信息非常确定从而后验很大程度上依赖于先验。然而，当先验参数设置有误时，会给后验估计带来灾难性结果。由于进化距离（被认为是能够准确估计的）是时间和速率的乘积，偏快的进化速率先验必然导致过短的分化时间估计，而偏慢的进化速率先验必然导致过长的分化时间估计。例如，考虑两个物种的物种树，分化时间真值为 1（单位：100Mya），真实进化速率为 0.5。在使用 100 个基因时（每个基因有 1000bp），使用一个较慢的进化速率先验 $G(2, 40)$，其均值为 0.05，是真实值的 1/10 倍。后验时间估计值为 3.765 远大于真值 1，估计的 95% 置信区间为（3.502, 4.041）。而使用较快的进化速率先验 $G(2, 0.4)$，其均值为 5，是真实值的 10 倍。所得到后验估计值和 95% 置信区间为 0.187（0.157, 0.222），估计值远小于真实值 1。而很多时候在分析数据时，进化速率范围中最小值和最大值相差 10 倍是完全有可能的。dos Reis 等（2014）提出了一个解决方案，对所有位点的平均进化速率 $\bar{\mu}$ 设置一个信息量较分散的先验，然后把所有基因上进化速率的总和 $L\bar{\mu}$ 按照狄利克雷分布分给每一个基因。如表 2.6 中所示使用新的复合狄利克雷先验分析相同数据的结果显示，后验不再对先验参数设置过于敏感。

表 2.6 使用 100 个基因时，在独立同分布先验和复合狄利克雷先验下得出的两个物种进化速率均值 $\bar{\mu}$ 和分化时间 t 的后验均值及 95% 置信区间

先验分布		$\bar{\mu}$	95% 置信区间	t	95% 置信区间
独立同分布 $\mu_i \sim$	$G(2, 40)$	0.119	(0.111, 0.128)	3.765	(3.502, 4.041)
	$G(2, 4)$	0.508	(0.453, 0.567)	1.031	(0.917, 1.156)
	$G(2, 0.4)$	2.969	(2.496, 3.488)	0.187	(0.157, 0.222)

续表

先验分布		$\bar{\mu}$	95%置信区间	t	95%置信区间
复合狄利克雷分布 $\tilde{\bar{\mu}}$	$G(2, 40)$	0.443	(0.372, 0.525)	1.157	(0.970, 1.363)
	$G(2, 4)$	0.520	(0.426, 0.634)	1.001	(0.816, 1.204)
	$G(2, 0.4)$	0.527	(0.430, 0.645)	0.982	(0.798, 1.186)

注：两个物种的真实分化时间为1，进化速率为0.5。每个基因有1000个位点(site)

先验设置也是贝叶斯算法改进中的一个难点和热点，并且由于先验设置可能直接影响计算结果而非单纯影响计算效率，因此先验设置的研究在贝叶斯分析中占据非常重要的地位，相关领域的学者对这个问题的研究也从没有停止过。在进行实际数据分析时，我们通常需要测试分析结果是否对先验形式或者先验参数敏感，当发现后验对先验敏感时，应该对如何设置合理先验进行更加深刻的分析。

2.5 溯祖理论

2.5.1 Kingman溯祖

溯祖(coalescent)理论，也称为Kingman溯祖，诞生于20世纪80年代(Kingman, 1982a, 1982b)。经过十几年的发展日趋完善，并成为研究群体遗传及分子演化的有力工具。由于理论本身的数学分析严密性，对于基因组数据的精细处理有着传统遗传学理论无可比拟的优越性(吴志浩和张贵友, 2003)。

溯祖分析可以看作利用概率统计理论来刻画序列之间的变异过程，在溯祖过程中，时间轴从当前开始回溯过去，如图2.10[图片来源于Yang(2014)]所示。与传统群体遗传学理论相比，溯祖理论有如下特点。第一，在溯祖理论中，时间轴指向过去，这样的研究方式有利于研究群体的历史。第二，溯祖理论以样本(而不是群体)为着眼点，不再把整个群体视作样本。第三，在溯祖理论框架下，可以考虑重组、选择、移民等因素。综上，溯祖理论能够用严谨的数学方法来解释实验数据。

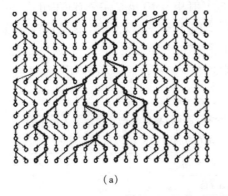
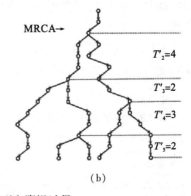

图2.10 Fisher-Wright模型和溯祖过程

(a) $N=10$ 的个体(20个等位基因)13个世代的Fisher-Wright模型示意图。图中浅色部分是一个 $n=5$ 的样本的溯祖过程。(b)是(a)中样本的系谱树。T'_j 是系谱过程中共有 j 个基因的时间长度，也是系谱中有 j 个基因时溯祖的等待时间。

2.5.1.1　Fisher-Wright 模型

Fisher-Wright 模型(Fisher，1930；Wright，1931)亦称 Wright-Fisher 模型，是理想化的群体遗传学模型。在模型中，假设群体大小 N 恒定不变、世代之间不重叠、随机交配和中性进化。在世代结束时，该世代所有个体死亡且被下一代个体随机取代。随机性表现在有的个体没有后代，有的个体正好有一个后代，而有的个体可能有多个后代，但是下一代个体总数仍然为 N。如果时间往回看，随机取代即下一代每一个个体在上一代中随机选取一个个体当祖先。

在本节中，我们的研究重点放在二倍体序列上，因此 N 个个体的群体有 $2N$ 个基因(或等位基因)。此外，假设位点(locus)内部没有重组而位点之间自由重组。

图 2.10(a)向我们展示了一个含有 $N=10$ 个个体(从而有 20 个基因)的 13 个世代的溯祖过程[图片源自 Yang(2014)]。在图 2.10(b)中，展示了一个样本的溯祖过程，在当前时刻有 5 个基因。令 T'_j 为系谱中共有 j 个基因的世代数。从图上可以看到，经历了 $T'_5 = 2$ 个世代后，系谱中首次只有 4 个基因了，而经历了 $T'_5 + T'_4 + T'_3 + T'_2 = 2+3+2+4 = 11$ 个世代后，系谱中首次仅有 1 个基因，我们称这个基因是最近共同祖先(most recent common ancestor，MRCA)，而从当前世代到最近共同祖先所在世代的时间长度为 t_{MRCA}。注意在溯祖理论中，时间总是往回(过去)看的。

先考虑两个基因的溯祖过程。从当前世代抽取两个样本(基因)时，T'_2 是这两个基因找到共同祖先所经历的时间。两个样本在上一代"选择"相同的祖先并溯祖的概率是 $1/(2N)$，而选择不同祖先的概率为 $(1-1/(2N))$。因此经历了 i 代 2 个基因仍然没有找到共同祖先的概率为

$$P(T'_2 > i) = \left(1 - \frac{1}{2N}\right)^i \tag{2.45}$$

而 $T'_2 = i$ 意味着在前 $i-1$ 代内没有溯祖，而恰巧在第 i 代溯祖，因此

$$P(T'_2 = i) = \left(1 - \frac{1}{2N}\right)^{i-1} \frac{1}{2N} \tag{2.46}$$

从式(2.45)和式(2.46)中可以看出，T'_2 服从成功概率为 $1/(2N)$ 的几何分布，其期望为 $2N$，也就是说两个随机样本要平均经过 $2N$ 代才能溯祖。

令 1 个时间单位为 $2N$ 代，在新的时间尺度(单位)下，$T_2 = T'_2/(2N)$ 是两个随机样本的溯祖时间。当 N 比较大时，

$$P\left(T_2 > \frac{i}{2N}\right) = P(T'_2 > i) = \left(1 - \frac{1}{2N}\right)^i \approx e^{-\frac{i}{2N}} \tag{2.47}$$

即 T_2 是一个参数为 1 的指数分布随机变量，其均值为 1。注意经过尺度变换后，时间间隔 a 表示 $a \times 2N$ 代。

另外一种常见的尺度变换是将时间乘以每个位点(site)每代的突变速率(μ)，以平均积累的核苷酸替代数作为单位。在这个时间尺度下，溯祖时间 $t_2 = T'_2\mu = 2NT_2\mu$。由于 T_2 服从参数为 1 的指数分布，因此 $E(t_2) = 2N\mu = \theta/2$，从而 t_2 服从参数为 $2/\theta$ 的指数分布，即

$$f(t_2) = \frac{2}{\theta} e^{-\frac{2}{\theta}t_2} \tag{2.48}$$

也就是说当以核苷酸替代数为单位时,溯祖的速率为 $2/\theta$。

归纳起来,两个样本的溯祖时间有 3 种常用的度量方式。T_2' 以代为单位,期望为 $2N$;T_2 以 $2N$ 代为单位,期望为 1;t_2 以每个位点的核苷酸替代数的期望为单位,期望为 $\theta/2$。三者的关系为 $t_2 = T_2'\mu = 2NT_2\mu$。在实际分析问题和处理数据的过程中,要时刻注意所使用的时间尺度,在进行计算时要使用同一尺度的变量。

文献中经常用 $\theta = 4N\mu$ 作为群体大小参数,它是有效群体大小 N 的距离化度量。从群体里随机抽取两个等位基因,它们溯祖的时间为 T_2',这两个基因之间的差异的期望为 $E(2T_2'\mu) = 4N\mu = \theta$。由于每个基因到共同祖先的时间均为 T_2',因此计算两个基因间的距离时,进化时间为 $2T_2'$。对于人类而言,θ 的估计值在 0.0006(个突变/bp)附近。按照一个世代 20 年,平均突变速率每年 1.2×10^{-9}/bp(Kumar and Subramanian,2002),即 $\mu = 2.4 \times 10^{-8}$/位点/代计算,$N = \theta/(4\mu) = 6250$ 人。这个数字与现今人口数量级(10^9)有很大的差异。这一方面是由于有效群体大小小于绝对种群大小,另一方面人类早期发展经历了人口大小的瓶颈阶段,随着农业的引入和发展,人口迅速增长。

2.5.1.2 n 个样本的系谱过程

下面考虑 n 个样本的情形。如图 2.10(b) 中所示,在溯祖过程中 n 个基因首先有两个基因完成溯祖,群体中的基因数减少为 $n-1$ 个。重复这个过程,直至所有基因都找到了共同祖先。由于同时有两对基因或者多个基因完成溯祖的概率很小,因此我们忽略这类事件,认为在任一时刻仅能发生一次两个基因的溯祖。

我们先考虑从 n 个基因到 $n-1$ 个基因的过程。从图 2.10(b) 中我们可以看出,时间回溯 $T_5' = 2$ 代后,样本中有两个基因完成了溯祖,群体中基因个数变为 4 个。当以代为时间单位时,$T_n' = i$ 这一事件即在 $i-1$ 代的时间内没有溯祖事件发生,而在(从现在往前数的)第 i 代时,n 个基因中有两个基因发生了溯祖。在一代中两个样本溯祖的概率为 $p = \binom{n}{2}\frac{1}{2N}$,即从 n 个基因中随机抽取 2 个基因,它们溯祖的概率为 $1/(2N)$。因此

$$P(T_n' = i) = \left(1 - \binom{n}{2}\frac{1}{2N}\right)^{i-1} \times \binom{n}{2}\frac{1}{2N} \qquad (2.49)$$

从式(2.49)可以看出,T_n' 服从参数为 p 的几何分布,参数 p 和有效群体大小 N 和基因数 n 都相关。

类似于两个基因的情形,令 $T_n = T_n'/(2N)$,通过尺度变换变为以 $2N$ 代为时间单位,根据几何分布的性质有

$$P\left(T_n > \frac{i}{2N}\right) = P(T_n' > i) = \left(1 - \binom{n}{2}\frac{1}{2N}\right)^i \to \exp\left\{-\binom{n}{2}\frac{i}{2N}\right\} \qquad (2.50)$$

即 T_n 服从参数为 $n(n-1)/2$ 的指数分布:

$$f(T_n) = \frac{n(n-1)}{2}e^{-\frac{n(n-1)}{2}T_n} \qquad (2.51)$$

n 个基因构成的溯祖树的树高为 T_{MRCA},树长(即所有枝长的和)记为 T_{total}。

$$T_{MRCA} = T_n + T_{n-1} + \cdots + T_2$$
$$T_{total} = nT_n + (n-1)T_{n-1} + \cdots + 2T_2 \qquad (2.52)$$

易计算这两个随机变量的均值

$$E(T_{MRCA}) = ET_n + ET_{n-1} + \cdots + ET_2 = \sum_{j=2}^{n} \frac{2}{j(j-1)} = 2\sum_{j=2}^{n}\left(\frac{1}{j-1} - \frac{1}{j}\right) = 2\left(1 - \frac{1}{n}\right)$$

$$E(T_{total}) = nET_n + (n-1)ET_{n-1} + \cdots + 2ET_2 = \sum_{j=2}^{n} \frac{2}{j-1} = 2\sum_{j=1}^{n-1} \frac{1}{j}$$
$$(2.53)$$

和方差

$$V(T_{MRCA}) = \sum_{j=2}^{n} V(T_j) = \sum_{j=2}^{n}\left(\frac{2}{j(j-1)}\right)^2 = 8\sum_{j=1}^{n-1} \frac{1}{j^2} - 4\left(3 - \frac{2}{n} - \frac{1}{n^2}\right)$$

$$V(T_{total}) = \sum_{j=2}^{n} j^2 V(T_j) = \sum_{j=2}^{n}\left(\frac{2}{j-1}\right)^2 = 4\sum_{j=1}^{n-1} \frac{1}{j^2}$$
$$(2.54)$$

注意到 n 很大时,$E(T_{MRCA}) \approx 2$,$V(T_{MRCA}) \approx 8\pi^2/6 - 12 \approx 1.16$,而 $E(T_2) = V(T_2) = 1$,也就是说在 n 个基因的溯祖过程中,最后两个基因溯祖的时间占到整个样本溯祖时间的一半左右,而整个溯祖时间的不确定性主要集中在最后两个基因溯祖的过程中。

2.5.1.3 溯祖过程的模拟

获得一个 Fisher-Wright 模型中 n 个样本(基因)的系谱关系最直观的方法是前向模拟,这里前向是指时间轴由过去指向未来。前向模拟记录群体中所有基因的进化历史,从第一代开始,依次模拟下一代。经历了一定的代数之后,从中抽取 n 个基因的样本。当群体大小 N 较大时,即使只需要一个较小的样本,计算量也非常大。

利用溯祖过程抽取 n 个样本时,从当前时刻 n 个样本的状态开始,随机选取两个谱系使其溯祖,直到得到最近共同祖先。这个过程结束后得到一棵溯祖树(树拓扑和溯祖时间信息)。再从 MRCA 开始,依据突变率在树枝上"放置"突变,需要遍历整棵树。这种算法最大的好处是仅考虑样本的系谱过程,而不考虑在样本之外的大量的其他基因的系谱关系。同时,这样的算法复杂度很大程度上只与样本大小 n 相关,与群体大小 N 基本无关,因而具有很大的优势。

由式(2.51)可知,在时间单位为 $2N$ 代时,k 个样本的溯祖等待时间服从参数为 $k(k-1)/2$ 的指数分布。当每个基因长度为 l 时,突变率为 $2N\mu kl = kl\theta/2$,即突变服从参数为 $kl\theta/2$ 的指数分布。根据泊松过程的定义(钱敏平等,2011),在基因数(谱系数)为 k 时,溯祖事件和突变事件是独立的泊松过程,因此含有溯祖事件和突变事件的系谱过程是一个复合泊松过程。模拟由参数为 λ_1 和 λ_2 的泊松过程组成的复合泊松过程的步骤为:先生成参数为 $\lambda_1 + \lambda_2$ 的指数随机变量,它是两种事件中任意一种事件发生的等待时间。再决定发生哪一种事件,发生第一类事件的概率为 $\lambda_1/(\lambda_1 + \lambda_2)$,发生第二类事件的概率为 $\lambda_2/(\lambda_1 + \lambda_2)$。下面描述两种溯祖过程的模拟算法,在算法中假设所需要的样本含有 n 个基因。

1. 算法1

(1) 初始化，令谱系数 $k \leftarrow n$。

(2) 重复下列步骤，直至 $k = 1$。

a. 生成参数为 $kl\theta/2 + k(k-1)/2$ 的指数分布的随机变量，它是任一事件发生的等待时间。

b. 生成均匀分布随机变量 $r \sim U(0,1)$。若 $r < l\theta/(l\theta + k - 1)$，则发生突变事件，否则发生溯祖事件。如果发生突变事件，随机从 k 条序列(谱系)中选择一条，在这条序列上随机选择一个位点突变。如果发生溯祖事件，随机选择两条序列溯祖，令谱系数 $k \leftarrow k - 1$。

算法1是基于复合泊松过程假设的。对复杂的核苷酸替代模型如HKY85模型等，突变速率依赖于核苷酸，因而突变过程不再是泊松过程。对这样的溯祖过程，我们采取一种更普适的模拟算法。如前面所提到的，我们分两步完成模拟：首先模拟出溯祖树的树结构，再沿着树枝模拟突变过程，算法如下。

2. 算法2

(1) 初始化，令谱系数 $k \leftarrow n$。

(2) 重复下列步骤，直至 $k = 1$，

a. 生成参数为 $k(k-1)/2$ 的指数分布的随机变量，它是溯祖事件发生的等待时间。

b. 随机选择两条序列溯祖，令谱系数 $k \leftarrow k - 1$。

(3) 在树根上模拟一条长度为 l 的序列，再沿着每个树枝依据进化模型模拟突变过程。当前树枝长度为 T 时，在这根树枝上平均每个位点(site)上的突变数为 $T\theta/2$。

2.6 物种树估计

2.6.1 基因树和物种树

在现代分子进化研究中，根据现有生物基因或物种多样性来重建生物的进化史是一个非常重要的问题。系统发生学或称系统发育学(phylogeny)是研究群体产生或进化历史的学科。系统发生树(phylogenetic tree)就是描述各物种演化关系的树。根据系统发生树的具体表达形式，可分为物种树(species tree)和基因树(gene tree)(常青和周开亚，1998)。在进化过程中，我们关注物种分歧的历史及在每一次分歧后的趋异时间，当这些历史事件以系统发生树的形式表现时，此时的系统发生树称为物种(或种群)树。物种树是对进化历史的宏观表达。对任何一类生物，要想知道确切的物种树是非常困难的，但我们可以检测这类生物中的一些基因的进化关系来推断物种树。如果系统发生树是基于一个基因的核酸或氨基酸序列所建立的，此时的系统发生树就称为一个基因树。注意到当我们分析多基因数据时，每个基因上都有一棵反映该基因进化历史的基因树，所有基因共享一棵物种树。

在大多数情况下，物种树与基因树一致，但是某些基因的基因树可能与物种树不一致，称为物种树-基因树冲突。这种冲突有两个主要的成因。一是遗传渗漏，即DNA跨越

物种界限的转移。如果在构建基因树时采用的是从其他物种水平转移而来的 DNA 序列，其结果与物种树大相径庭。第二个也是更常见的原因是祖先多态性，即基因的分化早于物种的分化。图 2.11 展示了 3 个物种的物种树和基因树。

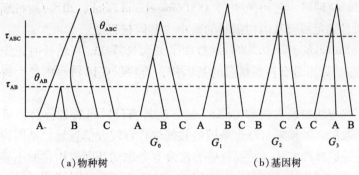

(a) 物种树　　　　　　　　　(b) 基因树

图 2.11　3 个物种的物种树和基因树

注：数据来自每个物种的一条序列

((A，B)，C) 是真实物种树，A 和 B 的共同祖先称为 AB，3 个物种的共同祖先称为 ABC。序列资料由来自每个物种的一条序列组成，简单起见，我们同样使用 A，B，C 来命名这 3 条序列。τ_{AB} 和 τ_{ABC} 是两个物种分化时间。$G_0 \sim G_3$ 是 4 种可能的基因树。由于每条序列来源于不同的物种，序列的溯祖只能发生在物种分化时间以前，也就是在物种 A 和 B 分化时间之前，基因进化已经完成。基因树 G_0 上，序列 A 和 B 在时间段 τ_{AB} 和 τ_{ABC} 中完成溯祖，其他 3 棵基因树在 τ_{ABC} 之前完成溯祖。G_0 和 G_1 与物种树拓扑结构相一致，均是 A 和 B 先溯祖，再和 C 溯祖。而基因树 G_2 和 G_3 与物种树拓扑不一致。

2.6.2　物种树估计

此节中不作特殊说明时，位点均表示 locus，即基因座位。

2.6.2.1　基于基因树拓扑的估计方法

最简单的基因树估计方法不考虑物种树-基因树冲突，仅考虑基因树拓扑。不匹配树方法 (tree-mismatch method)、基因树简约法 (gene tree parsimony) (Page and Charleston, 1997)、最小溯祖深度法 (minimizing-deep-coalescent, MDC) (Maddison, 1997) 等就属于这类方法。相关软件有 MP-EST (Liu et al., 2010a), STAR, STEAC (Liu et al., 2009) 等。由于不考虑树枝长度所蕴含的信息，因此这些方法都损失了一定的信息，且统计上存在不可识别性等问题，在此不作详细介绍。

2.6.2.2　基于基因树拓扑和枝长的方法

Liu 等 (2010a, 2010b) 研究了一种利用基因树拓扑和枝长信息、使用极大似然法来估计物种树的方法。在多物种溯祖模型框架下，似然函数是给定物种树拓扑和参数下基因树的概率。在他们的工作中，假设所有物种的群体大小参数 θ 都相同，在此假设下，似然函数可以被解析计算，它是物种分化时间向量和共同群体大小 θ 的函数。注意在给定基因树时，物种树受到基因树的限制。例如，来自物种 A 和 B 的序列在 t 时刻溯祖，那么物种分

化时间必须满足 $\tau_{AB} < t$。可以证明，如果给定物种树，当物种分化时间 τ 在所有位点的基因树限制下取值尽可能大时，似然函数取得最大值，此时的树称为极大似然物种树。寻求极大似然物种树的算法称为最大树算法(maximum tree algorithm)。最大树是在基因树限制下分化时间最长的物种树，它和程序 GLASS(Mossel and Roch, 2010)所推断的树相同。事实上，GLASS 树是满足所有基因树限制的最小"基因树"。

程序 STEM(Kubatko et al., 2009)就使用了最大树算法。在估计时，先在分子钟假设下用 PAUP* 程序估计出带有枝长信息的基因树，再根据基因树利用最大树算法得到极大似然物种树。

基于极大似然方法的最大树和 GLASS 树方法具有计算迅速的优势，可以较轻松地处理基因数较多的数据。如果来自每个基因的数据都含有较大信息量，基因树的估计准确性较高时，可以使用这样的方法。然而这些方法没有考虑到基因树构建的不确定性，当物种是近缘物种时，基因树的估计有很大不确定性，从而会影响物种树的估计。同时，最大树算法中对所有物种的群体大小都相等的假设是非常不现实的。

2.6.2.3 基于序列数据的方法

直接分析序列数据的方法能够考虑到由于有限序列数据导致的基因树的不确定性。也就是说，在给定物种树和参数的情况下，基因树(拓扑和枝长)是一个随机向量。在贝叶斯框架下，通过对物种树和参数设置先验分布，可以依据式(2.55)基于多物种溯祖模型计算后验分布。

$$f(S, \Theta \mid X) \propto f(S, \Theta) \times \prod_{i=1}^{L} \sum_{j} \int_{t_i} f(G_{i,j}, t_i \mid S, \Theta) f(X_i \mid G_{i,j}, t_i) \mathrm{d} t_i \qquad (2.55)$$

式中，$f(S, \Theta)$ 是物种树 S 和参数 Θ 的联合先验。$f(G_{i,j}, t_i \mid S, \Theta)$ 是位点 i 上基因树 $G_{i,j}$ 和溯祖时间 t_i 的联合密度函数，由 Rannala 和 Yang(2003)给出。$f(X_i \mid G_{i,j}, t_i)$ 是给定基因树拓扑和溯祖时间后数据的概率，由 Felsenstein(1981)给出。在每个位点 i 上，对 $n_i - 1$ 个溯祖时间进行积分，对所有可能的基因树拓扑求和，其中 n_i 是第 i 个位点的序列数。注意到

$$\sum_{j} \int_{t_i} f(G_{i,j}, t_i \mid S, \Theta) f(X_i \mid G_{i,j}, t_i) \mathrm{d} t_i = f(X_i \mid S, \Theta) \qquad (2.56)$$

是第 i 个位点上的似然函数。由于假设位点间自由重组，因此每个位点上的似然函数(即数据概率)是独立的，计算 L 个位点数据的联合分布只需将每个位点的似然函数相乘即可。模型的实现依赖于 MCMC 算法。

2.6.2.4 估计物种树的软件

前面提到，基于基因树拓扑估计物种树的软件有 MP-EST、STAR、STEAC 等。这类软件所使用的算法仅考虑了基因树拓扑，遗失了大量信息，可能造成估计有失准确。基于基因树拓扑和枝长信息估计物种树的软件有 STEM、GLASS 等。这类软件在估计近缘物种数据时效果欠佳，但是在数据信息量较大(从而能准确估计基因树)时，处理包含较多基因的数据时有较大优势。

另外一类算法是基于贝叶斯 MCMC 算法的。BEST(Liu and Pearl, 2007; Liu, 2008)，

*BEAST(Heled and Drummond, 2010)和 BP&P(Rannala and Yang, 2003；Yang and Rannala, 2010)都是在多物种溯祖模型下估计物种树的软件。BEST 使用 MrBayes 软件估计基因树，再在多物种溯祖模型下，利用基因树估计物种树的拓扑和参数(分化时间和群体大小)。这个方法的缺点是 MrBayes 在估计基因树时不是在多物种溯祖模型框架下完成的。此外，BEST 还假设所有物种的群体大小 θ 都相同，但物种树的后验估计可能对 θ 的先验设置十分敏感。此外，由于算法非常复杂，MCMC 链存在混合不好的问题。*BEAST软件在一个贝叶斯分析中同时估计物种树和基因树，是基于 BEAST 软件架构的。BUCKy(Ané, 2007)软件基于贝叶斯一致性分析(Bayesian concordance analysis)，对树上的每一个进化分支(clade)，定义一个一致性因子(concordance factor)。处理数据时，首先对每个基因分别使用 MrBayes 软件来估计基因树的后验概率。再在考虑一致性的限制下，进行第二次 MCMC 分析从而校准分析结果。由于分析没有在多物种溯祖模型框架下进行，当基因树不规则时容易产生错误估计。

BP&P 是在多物种溯祖模型下构建的分析多基因 DNA 序列的软件，可用于物种树估计和物种定界。与其他软件相似，BP&P 假设位点内没有重组、位点间自由重组，物种间不存在基因流(gene flow)。此外，BP&P 还假设了分子钟和 JC69 进化模型。因此 BP&P 软件只适合分析序列相似度较高的近缘物种数据。当物种关系较远时，分子钟和 JC69 突变模型都与实际进化过程相违背，因此 BP&P 不适合分析远缘物种。在这些假设下，BP&P 方法是多物种溯祖模型下的全似然(full likelihood)方法。前面提及的使用启发性的或者简化的溯祖模型的方法通常包括估计基因树，再由基因树估计物种树的两个步骤。与它们不同，BP&P 软件一方面充分提取了序列信息，同时考虑了基因树拓扑和枝长的不确定性，这对近缘物种物种树估计是相当重要的。此外 BP&P 软件具有操作简单、结果易读等优点，是作者较为推荐的用于估计近缘物种物种树的软件。关于此软件算法更详细的描述和具体使用方法见 Yang(2015)。

注：Joseph Felsenstein 将常用的系统发育分析软件汇总在了网页 Phylogeny Programs 上：http://evolution.gs.washington.edu/phylip/software.html，本章中所提及的绝大多数软件可以在这个网站上下载使用。对一些较新的软件，请从所列举参考文献中下载软件和使用说明。

参 考 文 献

常青，周开亚. 1998. 分子进化研究中系统发生树的重建. 生物多样性，6(1)：55-62.
樊龙江. 2010. 生物信息学札记. 3 版.
茆诗松. 1999. 贝叶斯统计. 北京：中国统计出版社.
茆诗松，王静龙，濮晓龙，等. 2006. 高等数理统计. 北京：高等教育出版社.
钱敏平，龚光鲁，陈大岳，等. 2011. 应用随机过程. 北京：高等教育出版社.
吴志浩，张贵友. 2003. 浅析溯祖理论. 生物学通报，38(10)：14-16.
杨子恒. 2008. 计算分子进化. 上海：复旦大学出版社.
Akaike H. 1974. A new look at the statistical model identification. IEEE Trans Antom Contr, 19(6)：716-723.
Ané C. 2007. Bayesian estimation of concordance among gene trees. Mol Biol Evol, 24(2)：412-426(415).
Brown W M, Prager E M, Wang A, et al. 1982. Mitochondrial DNA sequences of primates：tempo and mode of evolution. J Mol Evol, 18(4)：225-239.

Bruno W J, Socci N D, Halpern A L. 2000. Weighted neighbor joining: a likelihood-based approach to distance-based phylogeny reconstruction. Mol Biol Evol, 17(1): 189-197.

Burgess R, Yang Z. 2008. Estimation of hominoid ancestral population sizes under bayesian coalescent models incorporating mutation rate variation and sequencing errors. Mol Biol Evol, 25(9): 1979-1994.

Chernoff H. 1954. On the distribution of the likelihood ratio. Ann Math Stat, 25(3): 573-578.

dos Reis M, Zhu T, Yang Z. 2014. The impact of the rate prior on Bayesian estimation of divergence times with multiple Loci. Syst Biol, 63(4): 555-565.

Edwards A W F, Cavalli-Sforza L L. 1963. The reconstruction of evolution. Annals of Human Genetics, 27: 105-106.

Felsenstein J. 1973. Maximum likelihood and minimum steps methods for estimating evolutionary trees from data on discrete characters. Syst Zool, (3): 240-249.

Felsenstein J. 1978. Cases in which parsimony or compatibility methods will be positively misleading. Syst Zool, 27(4): 401-410.

Felsenstein J. 1981. Evolutionary trees from DNA sequences: a maximum likelihood approach. J Mol Evol, 17(6): 368-376.

Felsenstein J. 1983. Statistical inference of phylogenies. J R Stat Soc B, 146(146): 246-272.

Felsenstein J. 1993. PHYLIP: phylogeny inference package. Cladistics-the International Journal of the Willi Hennig Society, 5: 164-166.

Fisher R A. 1930. The distribution of gene ratios for rare mutations. University Library Special Collections.

Fitch W M. 1971. Toward defining the course of evolution: minimum change for a specific tree topology. Syst Zool, 20(4): 406-416.

Gascuel O. 1997. BIONJ: an improved version of the NJ algorithm based on a simple model of sequence data. Mol Biol Evol, 14(7): 685-695.

Guindon S, et al. 2005. PHYML Online —a web server for fast maximum likelihood-based phylogenetic inference. Nucleic Acids Res, 33(Web Server issue): W557-559.

Hall B G. 2005. Comparison of the accuracies of several phylogenetic methods using protein and DNA sequences. Mol Biol Evol, 22(3): 792-802(711).

Hartigan J A. 1973. Minimum evolution fits to a given tree. Biometrics, 29: 53-65.

Hastings W K. 1970. Monte Carlo sampling methods using Markov chains and their applications. Biometrika, 57(1): 235-256.

Heled J, Drummond A J. 2010. Bayesian inference of species trees from multilocus data. Mol Biol Evol, 27(3): 570-580.

Horai S, Hayasaka K, Kondo R, et al. 1995. Recent African origin of modern humans revealed by complete sequences of hominoid mitochondrial DNAs. Proc Natl Acad Sci USA, 92(2): 532-536.

Jukes T H, Cantor C R. 1969. Evolution of protein molecules. In: Munro H N. Mammalian Protein Metabolism. New York: Academic Press.

Kimura M. 1980. A simple method for estimating evolutionary rates of base substitutions through comparative studies of nucleotide sequences. J Mol Evol, 16(2): 111-120.

Kingman J F C. 1982a. The coalescent. Stoch Proc Appl, 13(4): 235-248.

Kingman J F C. 1982b. On the genealogy of large populations. J Appl Prob, (19): 27-43.

Kosakovsky Pond S L, Muse S V. 2004. Column sorting: rapid calculation of the phylogenetic likelihood function. Syst Biol, 53(5): 685-692.

Kubatko L S, Carstens B C, Knowles L L, et al. 2009. STEM: species tree estimation using maximum likelihood for gene trees under coalescence. Bioinformatics, 25(7): 971-973.

Kuhner M K, Felsenstein J. 1994. A simulation comparison of phylogeny algorithms under equal and unequal evolutionary rates. Mol Biol Evol, 11(3): 459-468.

Kumar S, Subramanian S. 2002. Mutation rates in mammalian genomes. Proc Natl Acad Sci USA, 99(2): 803-808.

Liu L. 2008. BEST: Bayesian estimation of species trees under the coalescent model. Bioinformatics, 24(21): 2542-2543.

Liu L, Pearl D K. 2007. Species trees from gene trees: reconstructing Bayesian posterior distributions of a species phylogeny using estimated gene tree distributions. Syst Biol, 56(3): 504-514.

Liu L, Yu L, Edwards S V. 2010a. A maximum pseudo-likelihood approach for estimating species trees under the coalescent model. BMC Evol Biol, 10(1697): 1-18.

Liu L, Yu L, Edwards S V, et al. 2010b. Maximum tree: a consistent estimator of the species tree. J Math Biol, 60(1): 95-106.

Liu L, Yu L, Pearl D K, et al. 2009. Estimating species phylogenies using coalescence times among sequences. Syst Biol, 58(5): 468-477(410).

Maddison W. 1997. Gene trees in species trees. Syst Biol, 46(3): 523-536.

Mau B, Newton M A. 1997. Phylogenetic inference for binary data on dendrograms using Markov chain Monte Carlo. J Comput Graph Stat, 6: 122-131.

Metropolis N, Rosenbluth A W, Rosenbluth M N, et al. 1953. Equation of state calculations by fast computing machines. J Chem Phys, 21(6): 1087-1092.

Mossel E, Roch S. 2010. Incomplete lineage sorting: consistent phylogeny estimation from multiple loci. IEEE/ACM Trans Comput Biol Bioinform, 7(1): 166-171.

Page R D, Charleston M A. 1997. From gene to organismal phylogeny: reconciled trees and the gene tree/species tree problem. Mol Phylogenet Evol, 7(2): 231-240.

Rannala B, Yang Z. 1996. Probability distribution of molecular evolutionary trees: a new method of phylogenetic inference. J Mol Evol, 43(3): 304-311.

Rannala B, Yang Z. 2003. Bayes estimation of species divergence times and ancestral population sizes using DNA sequences from multiple loci. Genetics, 164(4): 1645-1656.

Rannala B, Zhu T, Yang Z. 2012. Tail paradox, partial identifiability, and influential priors in Bayesian branch length inference. Mol Biol Evol, 29(1): 325-335.

Saitou N, Nei M. 1987. The neighbor-joining method: a new method for reconstructing phylogenestic trees. Mol Biol Evol, 4(6): 611.

Sankoff D. 1975. Minimal mutation trees of sequences. Siam J Appl Math, 28(1): 35-42.

Schwarz G. 1978. Estimating the dimension of a model. Ann Stat, 6(2): 15-18.

Self S G, Liang K Y. 1987. Asymptotic properties of maximum likelihood estimators and likelihood ratio tests under nonstandard conditions. J Am Stat Assoc, 82(398): 605-610.

Stamatakis A. 2014. RAxML version 8: a tool for phylogenetic analysis and post-analysis of large phylogenies. Bioinformatics, 30(9): 1312-1313.

Tamura K, Peterson D, Peterson N, et al. 2011. MEGA5: molecular evolutionary genetics analysis using maximum likelihood, evolutionary distance, and maximum parsimony methods. Mol Biol Evol, 28(10): 2731-2739.

Wright S. 1931. Evolution in Mendelian populations, genetics 16. Bull Math Biol, 52(1-2): 241-295.

Yang Z. 2006. Computational Molecular Evolution. Oxford: Oxford University Press.

Yang Z. 2014. Molecular Evolution: A Statistical Approach. Oxford, England: Oxford University Press.

Yang Z. 2015. A tutorial of BPP for species tree estimation and species delimitation. Curr Zool, 61(5).

Yang Z, Rannala B. 1997. Bayesian phylogenetic inference using DNA sequences: a Markov Chain Monte Carlo Method. Mol Biol Evol, 14(7): 717-724.

Yang Z, Rannala B. 2010. Bayesian species delimitation using multilocus sequence data. Proc Natl Acad Sci USA, 107(20): 9264-9269.

Zhu T, Yang Z. 2012. Maximum likelihood implementation of an isolation-with-migration model with three species for testing speciation with gene flow. Mol Biol Evol, 29(10): 3131-3142.

第3章 群体遗传学数据分析软件简介

高 峰 明 晨 李海鹏[①]

群体遗传学(population genetics)诞生于20世纪初期,是进化生物学的一门分支学科(Hartl and Clark, 2007)。地球上多姿多彩的生命,在其漫长的进化过程中经受了多种复杂进化动力的影响,如自然选择、遗传重组、突变、遗传漂变和群体数量变化等。群体遗传学通过分析现生生物的遗传多态性,帮助人们推测在历史的长河中不同物种曾经发生过的各种进化事件。

为了推测物种在进化过程中所经历的各种进化事件,理论群体遗传学的研究者提出了众多理论模型与方法,如著名的中性进化理论(neutral evolution)(Kimura, 1968)、溯祖理论(coalescent theory)(Kingman, 1982)和中性检验方法Tajima'D检验(Tajima, 1989)等。虽然这些数学模型和方法通常有着特定的前提和假设条件,但是这些模型的建立使得研究生命极其复杂的进化过程成为可能。另外,随着新一代测序技术的不断进步(Abecasis et al., 2012)与测序价格的不断下降(Harrison, 2012),各种基因组项目[如千人基因组计划(Abecasis et al., 2012)、千植物基因组计划(Cao et al., 2011)、欧洲万人基因组计划(Walter et al., 2015)等]得以顺利实施,这使得越来越多物种的全基因组信息被公开。然而这些基因组数据的信息量是巨大的,因此研究者需要借助数据分析软件来快速高效地处理数据,进行更准确的归纳推导。

最近几年发表的综述文献从不同角度评估了研究者常用的数据分析软件,如Genepop(Raymond and Rousset, 1995)、PHYLIP(Felsenstein, 1989)、Arlequin(Excoffier et al., 2005)和MEGA(Tamura et al., 2013)等,并进行了简要的比较分析。文献(Excoffier and Heckel, 2006)详细分析了超过20种数据分析软件的功能实现、特殊用途和使用前提等,并对数据分析软件的下一步发展给出了建议。本章在上述文献的基础上,首先从多个角度简要地比较5个常用的和近期发表的多功能数据分析软件,然后以群体遗传学各个研究方向为分类准则详细介绍几十个数据分析软件对模型与方法的实现方式,最后对群体遗传学数据分析软件的未来发展趋势给出了建议。

3.1 多功能软件比较

顾名思义,多功能软件指的是支持处理的数据类型较多而且具备多种不同数据分析方法的软件。Genepop、MEGA、Arlequin、DnaSP(Librado and Rozas, 2009)和PopGenome(Pfeifer et al., 2014)5个免费的软件都可以归类于多功能软件。我们从不同角度对上述5

[①] 中国科学院上海生命科学研究院计算生物学研究所(联系方式:lihaipeng@picb.ac.cn)。

种多功能软件进行了简单的综合性比较(表 3.1)。

表 3.1　5 种多功能软件的综合性比较

软件名称	Genepop	MEGA	Arlequin	DnaSP	PopGenome
主要功能	遗传多样性分析[①]；Mantel 检验[②]；群体迁移	遗传多样性分析；构建和编辑系统发育树；距离矩阵；中性检验	遗传多样性分析；AMOVA[③]；Mantel 检验；群体历史；单倍型推断；中性检验	遗传多样性分析；群体历史；中性检验	遗传多样性分析；选择扫荡[④]；中性检验
当前版本	4.2	7.0	3.5	5.10	2.1
数据类型	微卫星[⑤]；多位点分子标记	DNA 序列；氨基酸序列；距离矩阵	DNA 序列；微卫星；多位点分子标记；基因频率	DNA 序列	DNA 序列；多位点分子标记；VCF[⑥]；GFF[⑦]
操作平台	Dos；Linux；Mac OS	Windows；Linux；Mac OS	Windows	Windows	Windows；Linux；Mac OS
运行方式	CL[⑧]；Web[⑨]	GUI[⑩]；CL	GUI	GUI	CL
编程语言	C/C++	C++	C++	VB	R

注：①计算多种遗传多样性统计量，如 F 统计量等。②两个矩阵相关关系的检验方法；这里用于分析遗传距离矩阵与地理距离矩阵之间的相关关系。③analysis of molecular variance，分子方差分析，用于分析群体遗传结构。④由于某一位点受到强烈选择而造成周围位点多态性降低的现象。⑤短串联重复序列。⑥variant call format，千人基因组工程数据格式。⑦general feature format，关联注解数据格式。⑧command line，命令行运行。⑨浏览器在线运行。⑩graphical user interface，图形用户界面运行。

具体说来，Genepop(http://www.genepop.curtin.edu.au)是群体遗传学领域早期应用于数据分析的软件之一。它提供了哈迪-温伯格平衡(Hardy-Weinberg equilibrium，HWE)检验、连锁不平衡(linkage disequilibrium，LD)计算、群体分化估计、有效群体大小估计、遗传多样性计算、群体遗传结构 F 统计量计算、数据格式转换，以及整合了一些小功能等八大模块。用户既可以下载安装软件后在本地使用，也可以通过浏览器在线使用。MEGA(http://www.megasoftware.net)是一个数据分析集成工具包，可以用于序列比对(sequence alignment)、多种方法构建系统发育树(phylogenetic tree)并对树进行编辑、计算距离矩阵、推断祖先序列和进行中性检验等。另外，MEGA 内置了小型浏览器，使得用户可以方便地获得网络数据库数据。在运行方式方面，MEGA 提供了图形界面和 MEGA-CC 命令行两个版本，分别适用于用户的不同需求。Arlequin(http://cmpg.unibe.ch/software/arlequin35/)是由瑞士伯尔尼大学的 Excoffier 教授开发，该软件的构建理念是让用户关注于数据本身，使用尽可能多的分析方法对同一数据进行分析，而不必在意数据格式如何，因此 Arlequin 几乎可以处理所有的数据类型。在输出方面，Arlequin 可以将运算结果保存为 XML 格式输出文件，借助于 R 语言强大的绘图功能，XML 输出文件可以转换为复杂多样的用于发表文章的图形化结果。DnaSP(http://www.ub.edu/dnasp/)主要用于分析 DNA 序列的连锁不平衡系数和遗传重组率(recombination rate)等各种遗传多态性信息。它支持同时读取多个文件，并以滑动窗口(sliding-window)的方式依次计算窗口内序列的遗传多态性统计量。另外，基于溯祖理论，DnaSP 可以产生简单情景下的模拟数据并加以分析。PopGenome(https://cran.r-project.org/web/packages/PopGenome/index.html)是一个开源的 R 包，主要用于快速读取、分析基因组水平数据(如 VCF 数据和 GFF 数据等)。与 DnaSP 一致，PopGenome 支持滑动窗口方式计算窗口内数据统计量。此外，PopGenome 集成了基于溯祖理论的中性模拟软件 ms(Hudson，2002)和正选择模拟软件 msms(Ewing and Hermisson，2010)来评估相关统计量的显著性。基于溯祖理论的模拟软件可以在考虑遗传重组和多种复杂的群体历史情景下快速有效地生成大量基因组水平模拟数据，在推断进化动力参数与验证新方法有效性等方面发挥着重要的作用。另外，PopGenome 具有良好的扩展性，使得新方法和新模型可以方便地集成到该包中。与 Arlequin 一样，借助于 R 语言强大的绘图函数，PopGenome 支持输出高质量的图形化分析结果。

3.2 理论模型与分析方法的实现方式

群体遗传学的各个研究方向有着众多成熟的理论模型与分析方法，接下来我们以各个研究方向为主线，考察群体遗传学领域数十个数据分析软件对理论模型与分析方法的实现方式。

3.2.1 遗传多态性的统计量

遗传多态性在一定程度上客观地反映了物种复杂的进化过程，包含了丰富的进化信息。因此，衡量群体内和群体间遗传多态性的各种统计量为研究物种复杂的进化过程提供了定量指标。常用的遗传多样性统计量有等位基因数 K(number of allele)、分离位点数 S(number of segregating site)、配对序列核苷酸差异的平均数 π(average pairwise difference)、单倍型数(number of haplotype)、突变频谱(mutation frequency spectrum，MFS)和杂合度 H(heterozygosity)等。虽然在实现的具体统计量上和对结果的展示方式上有所不同，许多软件[Genepop、MEGA、Arlequin、DnaSP、PopGenome、VariScan(Vilella et al.，2005)、pegas(Paradis，2010)和 PowerMarker(Liu and Muse，2005)等]都可以计算其支持数据的多态性统计量。例如，DnaSP 和 pegas(http://ape-package.ird.fr/pegas.html)可以计算突变频谱；MEGA 可以计算指定群体或者个体的部分位点的统计量；对于微卫星数据，Arlequin 可以计算其 Garza-Williamson 指数等。

群体突变率 θ 是群体遗传学中的重要参数之一[式(3.1)]。θ 有多种无偏估计量，如基于分离位点数 S 的估计量 $\hat{\theta}_S$；基于配对序列核苷酸差异平均数 π 的估计量 $\hat{\theta}_\pi$；基于等位基因数 K 的估计量 $\hat{\theta}_K$，以及基于 UPGMA(unweighted pair group method with arithmetic mean)系统发育树的估计值 $\hat{\theta}_{BLUE}$(Fu，1994)等。Arlequin 和 pegas 可以计算上述前三种 θ 估计量。

$$\theta = 4N_e\mu \tag{3.1}$$

式中，N_e 是有效群体大小；μ 是每代的突变率。

哈迪-温伯格平衡(HWE)定律是群体遗传学中最重要的定律之一，并且 HWE 在单基因遗传疾病和多基因复杂疾病的研究中有着重要的应用。例如，在实际应用中，通常需要对每个遗传座位或者 SNP 位点进行 HWE 检验，以检查该位点的等位基因频率是否处于 HWE。偏离 HWE 通常意味着该位点受到选择压力，或者与受选择位点产生了连锁，或者该采样群体有隐藏的群体结构。通常的检测方法有卡方检验(chi-square test)、Fisher's 精确检验(Fisher's exact test)和似然率检验(likelihood ratio test，LRT)这三种检验方法，Genepop、Arlequin、PLINK(Purcell et al.,2007)(http://pngu.mgh.harvard.edu/~purcell/plink/)、pegas 和 PowerMarker(http://statgen.ncsu.edu/powermarker/)这几个软件提供了其中一种或者两种检验方法。

连锁不平衡指的是相邻位点间的非随机关联,若某个位点上的等位基因与相邻位点的等位基因共同出现的概率大于随机组合假设出现的概率,那么这两个位点间存在连锁不平衡。连锁不平衡现象通常可以指导我们通过标记位点寻找真正的受选择位点或致病位点。常用 D、D' 和 γ^2 这三个系数衡量两两位点之间的连锁不平衡度。对于全部序列来说,有 ZnS 系数(所有配对 γ^2 的平均数)、Za 系数(所有近邻位点配对 γ^2 的平均数)、ZZ 系数[式(3.2)]和基于位点之间关联关系的 B 系数和 Q 系数。DnaSP、PopGenome、VariScan(http://www.ub.edu/softevol/variscan/)、PowerMarker 提供了上述若干个系数的计算功能。另外,DnaSP 可以基于溯祖模拟数据计算上述统计量的置信区间。许多软件(Arlequin、DnaSP、pegas、PowerMarker)也提供了卡方检验、Fisher's 精确检验和似然率检验等检验方法,可以对两个或者多个位点进行连锁不平衡检验。

$$ZZ = Za - ZnS \qquad (3.2)$$

在减数分裂过程中,遗传重组混合亲本遗传信息,并将交换后的信息传递给下一代,因此,遗传重组增大了遗传多样性,在物种的进化过程中扮演着重要的角色。在群体遗传学中,群体遗传重组率参数 ρ 和个体遗传重组率 γ 的关系见式(3.3):

$$\rho = 4N_e\gamma \qquad (3.3)$$

DnaSP 实现了 Richard Hudson 提出的基于配对序列核苷酸差异的方差来估计遗传重组率的方法(Hudson,1987),也可以计算最少遗传重组事件数 R_m(Hudson and Kaplan,1985),并通过溯祖模拟计算 R_m 的置信区间。Popgenome 可以执行四配子检验(the four-gamete test)(Hudson and Kaplan,1985),该检验可以方便地验证样本中是否有遗传重组事件的发生。另外在无限位点模型(infinite-site model)下,Richard Hudson 提出使用复合似然率(composite likelihood)方法估计群体遗传重组率(Hudson,2001)。然而,某些物种(如病毒、细菌等)的回复突变(recurrent mutation)比较多,违背无限位点模型的前提假设,进而对遗传重组率的准确估计造成干扰。因此 Gil McVean 基于有限位点模型(finite-site model)的前提假设对该复合似然率方法进行了扩展(McVean et al.,2002)。该扩展方法被实现在 LDhat 软件包(http://ldhat.sourceforge.net/)(Auton and McVean,2007)。复合似然率方法的最大缺点是计算非常耗时,而基于机器学习 boosting 技术的方法(Lin et al.,2013)极大地缩短了计算时间,而且在样本量较大时与复合似然率方法的估计精确度是一致的。快速估计群体遗传重组率的 R 包 FastEPRR(Gao et al.,2016)(http://www.picb.ac.cn/evolgen/softwares/FastEPRR.html)对该方法进行了扩展,使得在样本量较小时也可以对群体遗传重组率进行无偏估计。另外,FastEPRR 基于有限位点模型,并允许存在缺失数据(missing data)。对千人基因组的数据分析表明,FastEPRR 分析一个群体平均不超过三天的时间,并且 FastEPRR 与 LDhat 的结果有着极高的相关性。

3.2.2 系统发育树的构建与编辑

系统发育树直观形象地展示了物种或者基因间的历史进化关系,在系统发育分析中扮演着重要角色。系统发育树分为有根树(rooted tree)和无根树(unrooted tree)两类。建树方法一般可以分为距离法(distance-based method)、最大简约法(maximum parsimony method)、最大似然法(maximum likelihood method)和贝叶斯法(Bayesian method)4 类。其中距离方法又包括非加权配对算术平均法(unweighted pair group method with arithmetic mean, UPGMA)、邻接法(neighbor-joining, NJ)和最小进化法(minimum evolution)。以建树速度的角度考虑,距离方法是最快的。在方法实现方面,多功能软件 MEGA、用于推断系统发生关系的软件包 PHYLIP(http://evolution.genetics.washington.edu/phylip.html)和包含众多进化模型的 PAUP*(Swofford, 1993)都实现了上述除贝叶斯方法外的其他建树方法。此外,PowerMarker 可以构建 UPGMA 树和 NJ 树。MEGA、PHYLIP 和 PowerMarker 都支持距离矩阵的计算,并提供了 Bootstrapping 重抽样技术评估树的可靠性。MEGA 还提供了建树前的序列比对功能,并借助于启发式搜索技术加快建树过程。

除此之外,MrBayes(Ronquist et al., 2012)(http://mrbayes.sourceforge.net/)基于贝叶斯理论进行模型的选择和系统发育关系的推断,并使用马尔可夫链蒙特卡罗(Markov chain Monte Carlo, MCMC)方法估计模型参数的后验概率。PAML(Yang, 2007)、PhyML(Guindon et al., 2010)和 RAxML(Stamatakis, 2014)都是将最大似然法应用于分子序列,进行系统发育分析的软件,它们都提供了丰富的分子进化模型。PhyML 提供了单机下载版和网络版,其网络版使用了 IBM 并行计算平台来加快建树过程。RAxML 采用了顺序(sequential)和并行的策略,这使得它可以处理上千甚至上万个物种比对序列,并可以进行系统发育树构建完毕后的后续分析。

除了构建进系统发育之外,建树完毕后对树的图形化显示和修饰也是一个重要的研究方向。PHYLIP 提供了系统发育树的图形化显示功能,MEGA 支持图形化编辑系统发育树。此外,还有 Tree Graph(Stover and Muller, 2010)、Dendroscope(Huson and Scornavacca, 2012)和 ETE(Huerta-Cepas et al., 2010)等众多软件支持多种树形的展示、放大缩小和旋转布局、树枝和叶子结点的颜色变化等功能,它们都可以导出用于发表文章的高质量输出图像。

3.2.3 群体历史参数估计

物种漫长的进化历史是一个极其复杂的过程,因此估计相应的群体历史参数(demographic inference)也是群体遗传学一个重要的研究方向。群体扩张(population expansion)、群体缩减(population reduction)、瓶颈效应(bottleneck)、奠基者效应(founder effect)、群体分离(population split)和混合(population admixture)等都是典型的历史事件。对单个群体的群体历史参数的研究主要针对两个方向:有效群体大小 N_e 及其变化的强度和该变化发生的时间。当涉及多个群体时,还应考虑多个群体间的基因交流频率和分歧时间。准确地估计群体历史参数能帮助我们进一步有效解读物种基因组上的连锁不平衡图谱、准确筛选受到自然选择的基因组区间,以及为保护物种多样性提供参考和依据。

为达到向前回溯、模拟群体谱系树(genealogy tree)的目的,两类主流方法得到了广泛的应用,即溯祖理论(coalescent theory)和扩散理论(diffusion theory)。溯祖理论允许在有遗传重组、迁徙等事件发生的情况下,通过随机模拟来获得特定历史模型下的谱系树。该方法不要求解析值,但是需要大量的计算机模拟,对计算机硬件要求高。扩散理论则不需要模拟树形,通过数学解析的方法对各类枝长求期望。该方法相对于溯祖理论不要求大规模计算机模拟，但是需要数学解析。

从算法上看，现存的推断方法主要分为三大类：基于贝叶斯理论的估计、全似然率估计（full-likelihood method）和复合似然率方法（composite-likelihood method）。考虑到无法完全枚举所有的谱系树情况，蒙特卡罗随机抽样方法也得到了广泛的应用。基于全似然率的估计方法能完整地利用输入信息，但是计算费时，同时不一定能达到要求；而复合似然度的方法会损失一定信息，但是在保证一定准确度的基础上极大地提高了计算效率。

从所需要的输入数据类型上看，现存的软件主要支持：等位基因频率图谱（allele frequency spectrum），多个群体间可以使用联合等位基因频率图谱（joint allele frequency spectrum）；同源片段长度（the length of identical by descent）；全基因组测序数据；单倍体型数据等。

Arlequin、DnaSP 和 pegas 通过基于配对序列差异性的错配分布（mis-match distribution）来估计群体所经历的扩张事件参数。这里的错配分布指的是以突变频谱为基准的配对个数的分布，群体大小的改变会影响突变频谱，进而该分布也会受群体历史事件的影响。

另外，LAMARC（Kuhner and Smith，2007）（http：//evolution.genetics.washington.edu/lamarc/）使用 Metropolis-Hastings MCMC 算法估计有效群体大小、配对群体之间的迁移率、群体指数增长率和群体分歧时间。同样基于 MCMC 方法的 MSVAR（Storz and Beaumont，2002）以微卫星数据为输入对象来估计单个群体的群体扩张和缩小情景参数；IM（Hey and Nielsen，2004）同时推断两个群体的分歧时间与迁移率。基于蒙特卡罗方法的 MCLEEPS（Anderson et al.，2000）用于估计有效群体大小。LDNe（Waples and Do，2008）及其更新版本 NeEstimator（Do et al.，2014）（可以处理缺失数据）依据基因型数据之间的连锁不平衡估计有效群体大小。基于 migration matrix 模型（即不同大小的群体，不对称的群体迁移率），Migrate（Beerli and Palczewski，2010）（http：//popgen.sc.fsu.edu/Migrate/Info.html）使用贝叶斯方法和最大似然法估计群体的有效群体大小和它们之间的迁移率。同样基于贝叶斯方法，BOTTLENECK（Piry et al.，1999）（http：//www1.montpellier.inra.fr/CBGP/software/Bottleneck/）以等位基因频率数据为输入对象，检测群体近期内经历的群体大小的急剧下降事件（瓶颈效应）。COLONISE（Foll and Gaggiotti，2005）使用 Reversible-jump MCMC 方法基于多态性数据和地理位置信息用于推断不同群体（奠基者）对新群体的影响。MCMCcoal（Rannala and Yang，2003）和 G-Phocs（Gronau et al.，2011）都以溯祖理论为模拟基础，通过蒙特卡罗抽样方法，叠加贝叶斯近似方法对多个群体的分歧时间和平均的基因交流频率进行了估计。$\partial a \partial i$（diffusion approximations for demographic inference，http：//dadi.googlecode.com）（Gutenkunst et al.，2009）使用扩散方程计算多个群体间的联合等位基因频谱（joint allele frequency spectrum，joint AFS）（Li and Stephan，2006），通过重抽样方式在复合似然率理论框架下对群体历史模型进行检验，并且可以同时推断 3 个群体所经历的历史情景。MultiPop（Lukic and Hey，2012）使用一系列正交的多项式求解扩散方程进而推断 AFS，并基于推断的 AFS 估计群体历史。MultiPop 可以同时估计多于 3 个群体的群体历史信息。基于在多种群体历史模型下产生的模拟数据，fastsimcoal2（Excoffier et al.，2013）（http：//cmpg.unibe.ch/software/fastsimcoal2/ModificationsAndBugs.html）首先计算联合等位基因频谱，然后通过最大化复合似然率方法来估计群体历史参数。fastsimcoal2 也可以同时估计多于三个群体的群体历史信息，具有极大的建模灵活性。

除了以上基于群体大样本的估计方法外，在2011年，英国维康基金桑格研究院的Heng Li 和 Richard Durbin 开发了可以基于单个个体的一套染色体序列来推测个体所属群体的群体历史事件的软件 PSMC(Li and Durbin, 2011)(https://github.com/lh3/psmc)。该软件迅速在群体遗传学领域得到广泛的应用，为群体历史的研究带来了新的思路。PSMC 是 pairwsie sequentially Markovian coalescent model 的首字母缩写。其软件的核心思想正如同它的英文全名，代表了将马尔可夫思想应用于溯祖理论，将不同序列区段可回溯到最近共同祖先的时间变化作为隐马尔可夫态之间的变化，而遗传重组则是造成这种变化的原因。因此，该软件的三个参数分别是经比例矫正后的突变率、遗传重组率和分段的恒定祖先群体大小。该软件因为采用了全基因组测序数据作为输入，可获得的信息量更大。相对于其他基于基因分型或者特定区域重测序的方法，它有更小的确定性误差。通过模拟显示，该方法可允许突变率的区域性变化、遗传重组热点的存在。在拥有这些优点的同时，该方法因为拟合的问题，无法精准地估计发生在极短时间内的有效群体大小变化。其估计值会有一定的范围波动。而该软件的另外一个缺陷是会低估遗传重组事件数目。这是因为一些遗传重组事件对最近共同祖先的估计影响较小，导致软件无法准确评估。在软件的使用中，应注意原始序列的选择，排除平衡选择(balancing selection)和片段重复区域所带来的干扰。同时，PSMC 的估计结果是以单个位点上的突变率为单位的，为了转换为用户更容易理解的年为单位，我们需要去估计每年内单个位点上的突变率。这可以通过目标物种与其近缘物种间的基因组序列比较来获得。

2014年，Stephan Schiffels 和 Richard Durbin 在 PSMC 的基础上，开发出了新的软件 MSMC(multiple sequentially Markovian coalescent, https://github.com/stschiff/msmc)。该软件较 PSMC 有更高的准确度，但是需要消耗大量的计算机内存。

3.2.4 中性检验

Kimura(1968)提出了著名的分子中性进化理论，认为群体中的绝大多数突变都是中性的，突变和遗传漂变是进化的主要动力，而非自然选择。以中性进化理论为零假设(null hypothesis)，通过对分子数据进行统计学检验以确定是否有选择发生的方法统称为中性检验，包括经典的 Tajima's D(Tajima, 1989)及全基因组水平检测正选择的各种方法。

基于种内多态性(intra-specific polymorphism)的 Tajima's D、Fu and Li's D * & F *(Fu and Li, 1993)、Fay and Wu's H(Fay and Wu, 2000)和基于种间差异度(inter-specific divergence)的 M.K 检验(Mcdonald and Kreitman, 1991)、HKA 检验(Hudson et al., 1987)、$\frac{K_a}{K_s}$ 检验(Li et al., 1985)等都是一些经典的检验方法。在方法实现方面，多个软件[DnaSP、Arlequin、MEGA、PopGenome、pegas、VariScan 和 Haplotter(Voight et al., 2006)]都实现了 Tajima'D 检验。表3.2列举了一些软件所支持的中性检验方法，可以看到 DnaSP 和 PopGenome 支持的经典检验方法最多。Haplotter(http://haplotter.uchicago.edu/)和 rehh(Gautier and Vitalis, 2012)(https://cran.r-project.org/web/packages/rehh/index.html)实现了基于单倍体型比较的 iHS(Voight et al., 2006)和 EHH(Gautier and Vitalis, 2012)检验方法。Arlequin 提供了 Chakraborty's amalgamation 方法(Chakraborty, 1990)用于检验群体的同质性和选择等。

表 3.2 中性检验方法比较

软件名	检验方法	软件名	检验方法	软件名	检验方法
DnaSP	Tajima's D, Fu and Li's D* & F*, Fu's F_S(Fu, 1997), Fay and Wu's H, Strobeck's S(Strobeck, 1987), M.K., HKA	VariScan	Tajima's D, Fu and Li's D* & F*, Fu's F_S	SelEstim	SelEstim
Arlequin	Tajima's D, Fu's F_S, EW(Watterson, 1978), EWS(Slatkin, 1996), Chakraborty's test	Haplotter	Tajima's D, Fay and Wu's H, iHS	MFDM	MFDM
pegas	Tajima's D, Ramos-Onsins'and Rozas'R2(Ramos-Onsins and Rozas, 2002)	evolBoosting	boosting	rehh	EHH
PopGenome	Tajima's D, Fu & Li's F* & D*, Fu's F_S, Fay and Wu's H, M.K., Zeng's E, Strobeck's S, Achaz's Y Achaz(2009), Ramos-Onsins'and Rozas'R2	MEGA	Tajima's D, $\frac{K_a}{K_s}(Z)$		

注：M.K，即 McDonald and Kreitman's 检验；HKA，即 Hudson, Kreitman and Aquadé's 检验；EW，即 Ewens-Watterson 纯合性检验；EWS，即 Ewens-Watterson-Slatkin 精确检验；EHH，即 Extended Homozygosity Haplotype；iHS，即 integrated Haplotype Score

但是在检验选择是否发生时，实际的分析结果往往受到群体历史的负面干扰，这是因为自然选择和群体历史事件往往会造成相同的 DNA 序列变异模式。一种解决办法是基于全基因组扫描的异常值方法(Arlequin)，但是该方法还存在很多问题。基于共近祖树(coalescent tree)的 MFDM 检验(Li, 2011)可以在单位点检验时排除群体历史的影响，有效地检验选择的发生。另外 evolBoosting(Lin et al., 2011)(http://www.picb.ac.cn/evolgen/softwares/index.html)提供了基于机器学习 boosting 方法(Freund and Schapire, 1997)的检验选择方法，该方法首次将机器学习技术应用到群体遗传学的研究中，并可以将多个方法联合起来共同检测正选择。SelEstim(Vitalis et al., 2014)(https://omictools.com/selestim-tool)提供了基于贝叶斯模型的检验方法，该方法可以在有群体遗传结构(见 3.2.5 节)的情况下检验每个亚群体内部的受选择位点的选择强度。

PopGenome、SweepFinder(http://people.binf.ku.dk/rasmus/webpage/sf.html)实现了 Nielsen 的 CL 和 CLR 方法检测选择扫荡的发生。SweepFinder 的改进版本 SweeD(Pavlidis et al., 2013)支持并行运算，在运行速度方面比 SweepFinder 快了近 21 倍。

3.2.5 群体遗传结构与基因流

在实际的一个生物群体中，由于某些限制因素的存在(如地理隔离等)，可能会导致群体的不同个体之间无法随机交配，因此一个自然群体往往可以分为若干个亚群体(sub-populations)。亚群体内的个体可以随机交配，亚群体之间有迁移事件发生。描述遗传结构的统计量主要有 F_{ST}(Hudson et al., 1992)，G_{ST}(Nei, 1973)，D_S(Nei, 1978)和$(\delta\mu)^2$(微卫星数据)(Goldstein and Pollock, 1997)等，其中最常用的统计量是 F_{ST}。

尽管支持的统计量有所不同，多个软件[Genepop, Arlequin, DnaSP, MEGA, PopGenome，PowerMarker，MSA(Dieringer and Schlotterer，2003)和SPAgeDi]都实现了依据上述若干个遗传结构统计量来比较群体之间的遗传多样性差异度的方法，得到的遗传距离矩阵可以进行后续的系统发育关系的分析。也可以在群体水平将遗传距离矩阵和地理距离矩阵作Mantel检验[Arlequin，Genepop和FSTAT(Goudet，1995)]，来检查二者之间是否有相关关系。通过对预先定义的距离区间作平均或者对距离矩阵中两两配对的统计量进行线性拟合，SPAGeDi(http：//ebe.ulb.ac.be/ebe/SPAGeDi.html)可以在个体水平进行相关分析。并且，SPAGeDi是目前唯一一个可以在个体水平计算相关统计量的软件。

值得注意的是，PopGenome实现了基于贝叶斯理论估计F_{ST}的方法(Foll and Gaggiotti，2008)。Arlequin和pegas提供了AMOVA方法分析群体遗传结构。AMOVA分析本质上与基于基因频率的方差分析是一致的，也就是将总方差分解为几个协方差分量进行分析。Arlequin可以对一个或多个组内的群体之间，单个组内多个群体之间，在是否考虑个体的情况下进行AMOVA分析。另外，Arlequin还可以对单个位点进行AMOVA分析。对于检验群体分化(population differentiation)问题，Genepop和HIERFSTAT(Goudet，2005)提供了基于G统计量的似然率检验方法，另外，Genepop还实现了Fisher's精确检验方法，Arlequin扩展2×2列联表的Fisher's精确检验为$r \times k$列联表来检验群体分化(k种单倍型或者基因型，r个群体)。

亚群体内的遗传漂变效应与亚群体间的迁移效应具有相反的影响，前者使群体多态性降低，后者使群体多态性增加。因此在遗传漂变效应与迁移效应之间有一个平衡，也就是迁移－漂变平衡(migration-drift equilibrium)。基于此平衡假设，可以使用遗传结构常用统计量来估计基因流N_m(DnaSP和Genepop)。BAPS(Corander et al.，2004)(http：//www.helsinki.fi/bsg/software/BAPS/)和STRUCTURE(Pritchard et al.，2000)(http：//pritchardlab.stanford.edu/structure.html)也可以用于遗传结构分析，但是它们没有基于迁移－漂变平衡的假设，但是假定了亚群体内的哈迪－温伯格平衡。基于多位点分子标记数据，STRUCTURE、BAPS、BayesAss(Wilson and Rannala，2003)(http：//www.rannala.org/inference-of-recent-migration/)和NewHybrids(Anderson and Thompson，2002)(http：//ib.berkeley.edu/labs/slatkin/eriq/software/software.htm#NewHybs)可以用于检测样本中的近期迁移个体。

3.2.6 其他功能

单倍型在群体遗传学研究中扮演着重要角色，PHASE(Stephens et al.，2001)(http：//stephenslab.uchicago.edu/phase/download.html)和fastPHASE(Scheet and Stephens，2006)(http：//scheet.org/software.html)等软件主要用于解决重构单倍型的问题。Arlequin可以构建单倍型的最小生成网络(minimum spanning network，MSN)。MEGA和pegas都可以进行分子钟(molecular clock，进化速率的恒定性)检验(Tajima，1993)。PowerMarker可以在有遗传重组热点(recombination hotspot)的情况下生成模拟数据。

在运行方式上，DnaSP、VariScan和PopGenome提供了滑动窗口的策略计算窗口内序列的相关统计量和假设检验等。滑动窗口策略允许设定窗口的大小和滑动步长，这对于检测序列片段之间遗传多样性的异同非常有效。

3.3 软件运行方式与编程语言

除了 PAUP*之外，本文列举的所有数据分析软件都是可以免费下载使用的，它们的运行方式可以归为三类：图形用户界面运行、命令行运行和浏览器在线运行。

Arlequin、DnaSP、PowerMarker、MEGA、LDNe 和 STRUCTURE 等软件的运行方式是图形界面。借助于良好的图形界面，用户可以通过简单的选择框、文本框和下拉列表等组件方便地选择所需要分析的群体、个体和位点，配置分析方法的参数或者直接修改原始数据等。最终的数据分析结果又会以文本或者图表的方式展现给用户，大大降低了软件的使用难度。值得注意的是，除了 Windows 操作系统外，MEGA 和 STRUCTURE 也提供了另外两种操作平台的图形界面版本。PopGenome、VariScan 和 pegas 等软件的运行方式是命令行。命令行运行方式允许用户在计算机集群上批处理分析或者在单台电脑上顺序分析大量输入，并可以方便地与其他软件集成。用户可以直接在命令行窗口或者在参数配置文本文件中设置软件运行参数。这就需要用户仔细阅读软件的说明文档，以便了解每个参数的作用。另外，具有图形界面的软件也可以以命令行方式运行（如 MEGA 和 STRUCTURE 等），或者一次性读取多个输入（如 Arlequin 和 DnaSP 等）。Genepop 的 Web 版本和 Haplotter 等软件的运行方式是浏览器运行。该运行方式省略了软件的本地下载与安装过程，用户通过浏览器就可以进行数据分析。当然，浏览器运行方式需要用户有可靠的网络连接，需要分析的数据量也不能太大。值得注意的是，MEGA 和 PAML 等软件提供了图形用户界面运行和命令行运行版本，Genepop 和 PhyML 等软件提供了命令行运行和浏览器运行版本。这说明数据分析软件的三种运行方式各有利弊，互为补充，用户可以根据数据量大小和其他客观条件选择合适的运行方式。

本章列举的 47 个数据分析软件中，共有 31 个是用 C/C++语言编写的，C/C++语言运算速度非常快，具有较高的移植性。其他的软件，如 PopGenome、evolBoosting 和 pegas 等使用 R 语言编写，利用了 R 语言简单且强大的图形绘制功能。需要注意的是，PopGenome 和 pegas 的内部函数是使用 C 语言实现的。MFDM、STRUCTURE 和 TreeGraph2 等软件使用 Java 语言编写（面向对象的编程语言）。BOTTLENECK 使用了 Delphi 语言编写。PowerMarker 使用 C#语言开发了图形用户界面，使用 C++实现了内部函数。LDNe 的图形界面使用 VB 语言开发，内部函数使用 Fortran 实现。

3.4 总结与展望

随着新一代测序技术的不断进步与测序价格的不断下降，各种基因组项目的实施使得人们可以得到越来越多物种的全基因组水平数据。然而这些数据的数据量是非常大的，这就需要借助于行之有效的理论分析方法和功能强大且简单易用的计算机数据分析软件来快速分析这些宝贵的数据。当然一个高效而准确的理论分析方法始终是群体遗传学数据分析的前提和核心。在有了合适的理论分析方法之后，可以预见，随着遗传学大数据的出现，数据分析软件将在群体遗传学的研究中扮演越来越重要的角色。

关于群体遗传学数据分析软件的未来发展趋势，还是要基于如何快速分析数据得到可靠结果这个宗旨。下面对数据分析软件的未来发展方向给出三条建议。

1) 用户友好性

无论如何，计算机软件的编写最终都是为了方便用户解决实际问题而开发的，也就是说，计算机软件遵循"用户至上"的原则。因此，如何方便地让用户上手，快速解决他们的问题是软件的首要任务。本章列举的所有数据分析软件都提供了详细的用户使用手册或者帮助文档。常见的帮助文档格式有文本文件格式（如 MSVAR 等）、pdf 格式（如 DnaSP 等）和 html 格式（如 MEGA 等）。值得注意的是，Arlequin 和 Migrate 的用户使用手册不仅包含软件操作说明，而且对其实现的方法进行了简略的数学表述。这对于不熟悉方法原理的用户非常有帮助。对于软件的运行方式来说，图形用户界面运行、命令行运行和浏览器运行三种运行方式各有利弊。在这里，我们建议软件开发者提供多种格式的详尽的帮助文档（包括每个参数的意义），以及尽可能地提供软件的两种或者三种运行方式以供用户选择，这样可以在一定程度上方便用户设置合理的运行参数和选择合适的运行方式快速得到精确的数据分析结果。

对于基因组水平大数据来说，由于其数据量巨大，因此高效快速地得到数据分析结果也是用户友好性的体现。例如，PLINK、PopGenome 和 VariScan 等软件是专门用于分析基因组水平数据的软件。除了理论群体遗传学研究者提出更有效的分析方法外，在软件开发中借助于特殊的数据结构（如 PopGenome 中的 GENOME 对象）和高效的编程语言（如 C 和 C++语言）都可以在一定程度上加快数据分析流程。在实现方式上，如果软件（如 PhyML、RAxML、MrBayes、Migrate 和 SweeD 等）支持简单的并行计算（如 MPI 等）或者网格计算，那么数据分析的速度会进一步得到提升，如支持并行的 SweeD 比 SweepFinder 快了近 21 倍。

2) 通用性

众多数据分析软件的功能不一，支持处理的数据类型不同，有着各自的输入数据格式与擅长的分析情景。在有些情况下，用户可能需要使用多个软件来逐步完成整个数据分析流程。因此，软件之间的通用性显得尤为重要，也就是说，软件之间应该可以互相读取和生成各自的输出和输入文件，这样就解决了用户使用多个软件时的格式转换问题。例如，Genepop 提供了格式转换功能；MEGA 可以将多种数据格式转换为软件本身的 MEGA 格式，并可以输出 PHYLIP 格式文件；DnaSP 可以读取 MEGA 与 PHYLIP 格式，也可以输出 Arlequin 格式文件。为了更好地改善软件之间的通用性，虽然可以使用专门用于数据格式转换的软件[如 Formatomatic（Manoukis，2007）和 CONVERT（Glaubitz，2004）等]，然而这无疑使数据分析过程更加烦琐。因此 Excoffier 和 Heckel（2006）建议为群体遗传学各种数据类型建立一个标准的数据格式，新开发的软件只要支持读取该格式即可，这样既简化了用户操作，也节约了软件开发的时间，使得软件开发者更关注于实现新方法本身而不必重复已有的功能。值得注意的是，本文提到的大多数软件（如 Arlequin、SPAGeDI 和 LDNe 等）都支持读取和生成 Genepop 格式文件，这说明该格式在软件的通用性方面起着重要作用，这或许是由于 Genepop 是群体遗传学领域早期应用于数据分析的原因。

3) 可扩展性

现有的数据分析软件已经实现了群体遗传学各个研究方向的经典模型与方法，但是这还远远不够。数据分析软件需要提供效率更高，且分析结果更优的新方法供用户使用。然而我们从长期的软件开发过程中意识到,软件的编写是极其耗时耗力的,这就需要软件拥有良好的可扩展性来弥补时间差的鸿沟。若数据分析软件提供标准的应用程序接口,理论群体遗传学研究者就可以按照接口的标准实现其提出的新方法,然后将新方法无缝对接到已有的数据分析软件上,并供其他用户使用。这样就大大缩短了软件的开发时间,并使得普通用户可以及时使用新方法。借助于R语言的规范化,多功能数据分析软件PopGenome封装了GENOME对象,并提供了扩展函数create.PopGenome.method(),该函数可以产生PopGenome标准方法的骨架代码,这样只需要将新方法的实现代码加入到该骨架代码中,就实现了PopGenome的方法扩展。对于普通用户来说,通过该方式扩展的方法与PopGenome自带的方法在使用方式上是一样的。

参 考 文 献

Abecasis G R, Auton A, Brooks L D, et al. 2012. An integrated map of genetic variation from 1,092 human genomes. Nature, 491(7422): 56-65.

Achaz G. 2009. Frequency spectrum neutrality tests: one for all and all for one. Genetics, 183(1): 249-258.

Anderson E C, Thompson E A. 2002. A model-based method for identifying species hybrids using multilocus genetic data. Genetics, 160(3): 1217-1229.

Anderson E C, Williamson E G, Thompson E A. 2000. Monte Carlo evaluation of the likelihood for N-e from temporally spaced samples. Genetics, 156(4): 2109-2118.

Auton A, McVean G. 2007. Recombination rate estimation in the presence of hotspots. Genome Research, 17(8): 1219-1227.

Beerli P, Palczewski M. 2010. Unified framework to evaluate panmixia and migration direction among multiple sampling locations. Genetics, 185(1): 313-U463.

Cao J, Schneeberger K, Ossowski S, et al. 2011. Whole-genome sequencing of multiple *Arabidopsis thaliana* populations. Nat Genet, 43(10): 956-963.

Chakraborty R. 1990. Mitochondrial-DNA polymorphism reveals hidden heterogeneity within some Asian populations. American Journal of Human Genetics, 47(1): 87-94.

Corander J, Waldmann P, Marttinen P, et al. 2004. BAPS 2: enhanced possibilities for the analysis of genetic population structure. Bioinformatics, 20(15): 2363-2369.

Dieringer D, Schlotterer C. 2003. MICROSATELLITE ANALYSER(MSA): a platform independent analysis tool for large microsatellite data sets. Molecular Ecology Notes, 3(1): 167-169.

Do C, Waples R S, Peel D, et al. 2014. NeEstimator v2: re-implementation of software for the estimation of contemporary effective population size(Ne)from genetic data. Mol Ecol Resour, 14(1): 209-214.

Ewing G, Hermisson J. 2010. MSMS: a coalescent simulation program including recombination, demographic structure and selection at a single locus. Bioinformatics, 26(16): 2064-2065.

Excoffier L, Heckel G. 2006. Computer programs for population genetics data analysis: a survival guide. Nature Reviews Genetics, 7(10): 745-758.

Excoffier L, Laval G, Schneider S. 2005. Arlequin(version 3.0): an integrated software package for population genetics data analysis. Evolutionary Bioinformatics, 1: 47-50.

Excoffier L, Dupanloup I, Huerta-Sanchez E, et al. 2013. Robust demographic inference from genomic and SNP data. PLoS Genet, 9(10): e1003905.

Fay J C, Wu C I. 2000. Hitchhiking under positive Darwinian selection. Genetics, 155(3): 1405-1413.

Felsenstein J. 1989. PHYLIP-Phylogeny Inference Package. Cladistics, 5: 164-166.

Foll M, Gaggiotti O. 2008. A genome-scan method to identify selected loci appropriate for both dominant and codominant markers: a Bayesian perspective. Genetics, 180(2): 977-993.

Foll M, Gaggiotti O E. 2005. COLONISE: a computer program to study colonization processes in metapopulations. Molecular Ecology Notes, 5(3): 705-707.

Freund Y, Schapire R E. 1997. A decision-theoretic generalization of on-line learning and an application to boosting. Journal of Computer and System Sciences, 55(1): 119-139.

Fu Y X. 1994. A phylogenetic estimator of effective population-size or mutation-rate. Genetics, 136(2): 685-692.

Fu Y X. 1997. Statistical tests of neutrality of mutations against population growth, hitchhiking and background selection. Genetics, 147(2): 915-925.

Fu Y X, Li W H. 1993. Statistical tests of neutrality of mutations. Genetics, 133(3): 693-709.

Gao F, Ming C, Hu W, et al. 2016. New software for the fast estimation of population recombination rates(FastEPRR)in the genomic era. G3(Bethesda), 6(6): 1563-1571.

Gautier M, Vitalis R. 2012. rehh: an R package to detect footprints of selection in genome-wide SNP data from haplotype structure. Bioinformatics, 28(8): 1176-1177.

Glaubitz J C. 2004. CONVERT: A user-friendly program to reformat diploid genotypic data for commonly used population genetic software packages. Molecular Ecology Notes, 4(2): 309-310.

Goldstein D B, Pollock D D. 1997. Launching microsatellites: a review of mutation processes and methods of phylogenetic inference. Journal of Heredity, 88(5): 335-342.

Goudet J. 1995. FSTAT(Version 1.2): a computer program to calculate F-statistics. Journal of Heredity, 86(6): 485-486.

Goudet J. 2005. HIERFSTAT, a package for R to compute and test hierarchical F-statistics. Molecular Ecology Notes, 5(1): 184-186.

Gronau I, Hubisz M J, Gulko B, et al. 2011. Bayesian inference of ancient human demography from individual genome sequences. Nat Genet, 43(10): 1031-1034.

Guindon S, Dufayard J F, Lefort V, et al. 2010. New algorithms and methods to estimate maximum-likelihood phylogenies: assessing the performance of PhyML 3.0. Syst Biol, 59(3): 307-321.

Gutenkunst R N, Hernandez R D, Williamson S H, et al. 2009. Inferring the joint demographic history of multiple populations from multidimensional SNP frequency data. Plos Genetics, 5(5): 347-353.

Harrison R J. 2012. Understanding genetic variation and function-the applications of next generation sequencing. Seminars in Cell & Developmental Biology, 23(2): 230-236.

Hartl D L, Clark A G. 2007. Principles of Population Genetics. Sunderland, Mass: Sinauer Associates.

Hey J, Nielsen R. 2004. Multilocus methods for estimating population sizes, migration rates and divergence time, with applications to the divergence of *Drosophila pseudoobscura* and *D. persimilis*. Genetics, 167(2): 747-760.

Hudson R R. 1987. Estimating the recombination parameter of a finite population-model without selection. Genetical Research, 50(3): 245-250.

Hudson R R. 2001. Two-locus sampling distributions and their application. Genetics, 159(4): 1805-1817.

Hudson R R. 2002. Generating samples under a Wright-Fisher neutral model of genetic variation. Bioinformatics, 18(2): 337-338.

Hudson R R, Kaplan N L. 1985. Statistical properties of the number of recombination events in the history of a sample of DNA-sequences. Genetics, 111(1): 147-164.

Hudson R R, Kreitman M, Aguade M. 1987. A test of neutral molecular evolution based on nucleotide data. Genetics, 116(1): 153-159.

Hudson R R, Slatkin M, Maddison W P. 1992. Estimation of levels of gene flow from DNA-sequence data. Genetics, 132(2): 583-589.

Huerta-Cepas J, Dopazo J, Gabaldon T. 2010. ETE: a python environment for tree exploration. Bmc Bioinformatics, 11(1): 1-7.

Huson D H, Scornavacca C. 2012. Dendroscope 3: An interactive tool for rooted phylogenetic trees and networks. Systematic Biology, 61(6): 1061-1067.

Kimura M. 1968. Evolutionary rate at molecular level. Nature, 217(5129): 624-626.

Kingman J F C. 1982. The coalescent. Stochastic Process Appl, 13: 235-248.

Kuhner M K, Smith L P. 2007. Comparing likelihood and Bayesian coalescent estimation of population parameters. Genetics, 175(1): 155-165.

Li H, Durbin R. 2011. Inference of human population history from individual whole-genome sequences. Nature, 475(7357): 493-496.

Li H P. 2011. A new test for detecting recent positive selection that is free from the confounding impacts of demography. Molecular Biology and Evolution, 28(1): 365-375.

Li H P, Stephan W. 2006. Inferring the demographic history and rate of adaptive substitution in *Drosophila*. Plos Genetics, 2(10): 1580-1589.

Li W H, Wu C I, Luo C C. 1985. A new method for estimating synonymous and nonsynonymous rates of nucleotide substitution considering the relative likelihood of nucleotide and codon changes. Molecular Biology and Evolution, 2(2): 150-174.

Librado P, Rozas J. 2009. DnaSP v5: a software for comprehensive analysis of DNA polymorphism data. Bioinformatics, 25(11): 1451-1452.

Lin K, Futschik A, Li H. 2013. A fast estimate for the population recombination rate based on regression. Genetics, 194(2): 473-484.

Lin K, Li H, Schlotterer C, et al. 2011. Distinguishing positive selection from neutral evolution: boosting the performance of summary statistics. Genetics, 187(1): 229-244.

Liu K J, Muse S V. 2005. PowerMarker: an integrated analysis environment for genetic marker analysis. Bioinformatics, 21(9): 2128-2129.

Lukic S, Hey J. 2012. Demographic inference using spectral methods on SNP data, with an analysis of the human out-of-Africa expansion. Genetics, 192(2): 619-639.

Manoukis N C. 2007. FORMATOMATIC: a program for converting diploid allelic data between common formats for population genetic analysis. Molecular Ecology Notes, 7(4): 592-593.

Mcdonald J H, Kreitman M. 1991. Adaptive protein evolution at the Adh locus in *Drosophila*. Nature, 351(6328): 652-654.

McVean G, Awadalla P, Fearnhead P. 2002. A coalescent-based method for detecting and estimating recombination from gene sequences. Genetics, 160(3): 1231-1241.

Nei M. 1973. Analysis of gene diversity in subdivided populations. Proceedings of the National Academy of Sciences of the United States of America, 70(12): 3321-3323.

Nei M. 1978. Estimation of average heterozygosity and genetic distance from a small number of individuals. Genetics, 89(3): 583-590.

Paradis E. 2010. pegas: an R package for population genetics with an integrated-modular approach. Bioinformatics, 26(3): 419-420.

Pavlidis P, Zivkovic D, Stamatakis A, et al. 2013. SweeD: likelihood-based detection of selective sweeps in thousands of genomes. Mol Biol Evol, 30(9): 2224-2234.

Pfeifer B, Wittelsburger U, Ramos-Onsins S E, et al. 2014. PopGenome: an efficient swiss army knife for population genomic analyses in R. Molecular Biology and Evolution, 31(7): 1929-1936.

Piry S, Luikart G, Cornuet J M. 1999. BOTTLENECK: a computer program for detecting recent reductions in the effective population size using allele frequency data. Journal of Heredity, 90(4): 502-503.

Pritchard J K, Stephens M, Donnelly P. 2000. Inference of population structure using multilocus genotype data. Genetics, 155(2): 945-959.

Purcell S, Neale B, Todd-Brown K, et al. 2007. PLINK: a tool set for whole-genome association and population-based linkage analyses. Am J Hum Genet, 81(3): 559-575.

Ramos-Onsins S E, Rozas J. 2002. Statistical properties of new neutrality tests against population growth. Molecular Biology and Evolution, 19(12): 2092-2100.

Rannala B, Yang Z. 2003. Bayes estimation of species divergence times and ancestral population sizes using DNA sequences from multiple loci. Genetics, 164(4): 1645-1656.

Raymond M, Rousset F. 1995. Genepop(Version-1.2)-population-genetics software for exact tests and ecumenicism. Journal of Heredity, 86(3): 248-249.

Ronquist F, Teslenko M, van der Mark P, et al. 2012. MrBayes 3.2: efficient Bayesian phylogenetic inference and model choice across a large model space. Syst Biol, 61(3): 539-542.

Scheet P, Stephens M. 2006. A fast and flexible statistical model for large-scale population genotype data: applications to inferring missing genotypes and haplotypic phase. American Journal of Human Genetics, 78(4): 629-644.

Schiffels S, Durbin R. 2014. Inferring human population size and separation history from multiple genome sequences. Nat Genet, 46(8): 919-925.

Slatkin M. 1996. A correction to the exact test based on the Ewens sampling distribution. Genetical Research, 68(3): 259-260.

Stamatakis A. 2014. RAxML version 8: a tool for phylogenetic analysis and post-analysis of large phylogenies. Bioinformatics, 30(9): 1312-1313.

Stephens M, Smith N J, Donnelly P. 2001. A new statistical method for haplotype reconstruction from population data. American Journal of Human Genetics, 68(4): 978-989.

Storz J F, Beaumont M A. 2002. Testing for genetic evidence of population expansion and contraction: an empirical analysis of microsatellite DNA variation using a hierarchical Bayesian model. Evolution, 56(1): 154-166.

Stover B C, Muller K F. 2010. TreeGraph 2: combining and visualizing evidence from different phylogenetic analyses. Bmc Bioinformatics, 11(2): 235-242.

Strobeck C. 1987. Average Number of Nucleotide Differences in a Sample from a Single Subpopulation-a Test for Population Subdivision. Genetics, 117(1): 149-153.

Swofford D L. 1993. Paup—a computer-program for phylogenetic inference using maximum parsimony. Journal of General Physiology, 102(6): A9.

Tajima F. 1989. Statistical-method for testing the neutral mutation hypothesis by DNA polymorphism. Genetics, 123(3): 585-595.

Tajima F. 1993. Simple methods for testing the molecular evolutionary clock hypothesis. Genetics, 135(2): 599-607.

Tamura K, Stecher G, Peterson D, et al. 2013. MEGA6: molecular evolutionary genetics analysis version 6.0. Molecular Biology and Evolution, 30(12): 2725-2729.

Vilella A J, Blanco-Garcia A, Hutter S, et al. 2005. VariScan: analysis of evolutionary patterns from large-scale DNA sequence polymorphism data. Bioinformatics, 21(11): 2791-2793.

Vitalis R, Gautier M, Dawson K J, et al. 2014. Detecting and measuring selection from gene frequency data. Genetics, 196(3): 799-817.

Voight B F, Kudaravalli S, Wen X Q, et al. 2006. A map of recent positive selection in the human genome. Plos Biology, 4(3): 446-458.

Walter K, Min J L, Huang J, et al. 2015. The UK10K project identifies rare variants in health and disease. Nature, 526(7571): 82-90.

Waples R S, Do C 2008. LDNE: a program for estimating effective population size from data on linkage disequilibrium. Molecular Ecology Resources, 8(4): 753-756.

Watterson G A. 1978. Homozygosity test of neutrality. Genetics, 88(2): 405-417.

Wilson G A, Rannala B. 2003. Bayesian inference of recent migration rates using multilocus genotypes. Genetics, 163(3): 1177-1191.

Yang Z H. 2007. PAML 4: phylogenetic analysis by maximum likelihood. Molecular Biology and Evolution, 24(8): 1586-1591.

第4章 生物信息学中重要统计计算方法和模型

马占山 董 萍 关 琼[①]

本章主要介绍生物信息学中一些重要的统计计算模型，包括计算机模拟技术、马尔可夫蒙特卡罗法、隐马尔可夫模型、贝叶斯统计、统计学习、高斯图（高维数据分析）模型。其中计算机模拟技术是统计计算的基础技术之一，因为很多统计计算模型都需要产生随机数、随机变量或随机过程。马尔可夫蒙特卡罗法则是一种非常灵活的抽样方法，特别是与贝叶斯统计计算结合而成为现代统计计算不可或缺的技术之一。而贝叶斯统计是统计学分支之一，与传统统计学（频次分布学派）区别在于：贝叶斯统计对"真理"的认识（true state of the world）是基于贝叶斯概率或对"真理"的相信程度（degree of belief）。它可以与其他统计模型结合使用，如马尔可夫蒙特卡罗法，高斯图模型等。统计学习（statistical learning）是机器学习（machine learning）最重要的领域之一，其本身具备非常丰富的研究内容和技术，并可以与贝叶斯理论结合。统计学习也是数据挖掘（data mining）的主要技术之一，而成为大数据时代重要的统计计算技术。本章内容中，高斯图模型比较独特，其主要原因是它适用于高维数据（即变量数大于样本量）处理，而在传统统计学中比较缺乏处理高维数据的模型。生物信息学（如基因表达研究）中存在大量的高维数据，因此高维数据分析在生物信息学中有着非常重要的应用前景。限于篇幅，对于目前在生物信息学中已经广泛应用的其他统计分析技术和方法（例如，生物统计、多元分析、时间序列分析等），本书从略，读者可以从传统统计学教科书中获得相关知识。

4.1 计算机模拟技术

计算机模拟技术是生物信息学的基本计算技术之一。例如，马尔可夫链蒙特卡罗法（Markov chain Monte Carlo methods，MCMC），中性理论（neutral theory），随机网络（random network）等都依赖于模拟技术。本节主要介绍计算机模拟技术中最基本的技术之一，即随机数、随机变量和随机过程的产生。在传统随机模拟中，随机数先通过独立均匀分布的随机变量引入到模拟模型中，然后这些随机变量被用作基本要素来模拟更一般的随机系统。

4.1.1 产生随机数

早期随机数模拟可以通过手工技术（扔硬币、投骰子、抽牌或转轮盘）产生。随后，通过物理设置，如噪声二极管和盖革-米勒计数器（简称盖革计数器），被用到计算机中。现在普遍认为只有机器和电子设备可以产生真正的随机序列。虽然机器设备产生的随机数广

[①] 中国科学院昆明动物研究所、遗传资源与进化国家重点实验室（计算生物学与医学生态学实验室）。

泛用于彩票,但是通过机器产生的随机序列却不被计算机模拟群所采纳,原因如下:①机械方法速度太慢;②产生的序列不能被复制;③产生的数存在偏差和依赖关系。尽管某些现代物理的生成方法速度很快,并且已经通过大多数随机性测试的统计检验(例如,基于通用背景辐射或噪声PC芯片),但是缺乏可重复性。现代大多数随机数生成器不是基于物理设备,而是采用一些可以在计算机上容易实现的简单算法。它们速度快,所需内存空间小,并且容易再次生成一个给定序列的随机数。更重要的是,即使序列是由给定算法决定的,仍能使生成的序列含有真正随机序列的重要统计特性。也正如此,这些生成的数有时称为伪随机数。

产生伪随机序列最常用的方法是线性同余发生器(Asmussen and Glynn, 2007)。该方法通过递推公式产生一个确定的序列

$$X_{i+1} = (aX_i + c) \mod m \tag{4.1}$$

式中,初始值 X_0 称为种子(seed);a、c 和 $m(a, c, m > 0)$ 分别为乘数(multiplier)、增量(increment)和模数(modulus)。注意,应用式(4.1)对 m 取模(modulo-m)意味着 $aX_i + c$ 除以 m 的余数作为 X_{i+1} 的值。因此,每个 X_i 的值只能假设来自集合 $(0, 1, \cdots, m-1)$,参数

$$U_i = \frac{X_i}{m} \tag{4.2}$$

为伪随机数,并近似构造出一个真正的均匀分布随机变量序列。注意,序列 X_0,X_1,X_2,$\cdots$,具有周期性,其周期最大不超过 m。例如,令 $a = c = X_0 = 3$,$m = 5$,由递推公式 $X_{i+1} = (3X_i + 3) \mod 5$,产生的序列为 3、2、4、0、3,其周期为 4。根据式(4.1),在特殊情况 $c = 0$ 下,可以得到

$$X_{i+1} = (aX_i) \mod m \tag{4.3}$$

形如式(4.3)的发生器称为乘同余发生器。容易看出,随意选取 X_0、a、c、m 将不会产生一个具有很好统计性质的伪随机序列。事实上,根据数论显示,只有小部分组合会产生有意义的结果。在计算机实现上,m 可以取一个能被计算机所容纳的大素数。例如,如果第一位是符号位,在 32 位进制的电脑上,统计意义上可以接受的发生器可以取 $m = 2^{31} - 1$,$a = 7^5$。而一个 64 位或 128 位的计算机会产生更好的统计结果。

式(4.1)、式(4.2)和式(4.3)可以扩展产生伪随机向量。例如,n 维向量的式(4.2)和式(4.3)可以分别改写为

$$\boldsymbol{X}_{i+1} = (\boldsymbol{A}\boldsymbol{X}_i) \mod \boldsymbol{M} \tag{4.4}$$

$$\boldsymbol{U}_i = \boldsymbol{M}^{-1}\boldsymbol{X}_i \tag{4.5}$$

式中,$\boldsymbol{A}$ 是一个非奇异的 $n \times n$ 矩阵;$\boldsymbol{M}$ 和 $\boldsymbol{X}$ 是 n 维向量;$\boldsymbol{M}^{-1}\boldsymbol{X}_i$ 是一个成分为 $M_1^{-1}X_1, \cdots, M_n^{-1}X_n$ 的 n 维向量。除了线性同余发生器,其他类型的发生器也都已经提出来了,且具有更长的周期和更好的统计特性(L'Ecnyer, 1990)。

大多数计算机语言已经含有一个内置的伪随机数发生器。用户通常只需要输入初始种子 X_0 和调用随机数发生器就可以产生一个独立的,(0, 1)上均匀分布的随机变量序列。

4.1.2 产生随机变量

随机变量的准确定义为:随机变量是一个从概率空间 (s, S, P) 到可测空间 (s', S')

的可测函数,其中可测空间可视为状态空间(Doob,1996)。另外一种比较好理解的定义方式:设(Ω, F, P)是概率空间,$X=X(e)$是定义在Ω上的实函数,如果对任意的实数x,$(e: X(e) \leq x) \in F$,则称$X(e)$是F上的随机变量,简记为随机变量X(刘次华,2008)。这部分主要讨论几种从描述性分布中产生一维随机变量的通用方法:逆变换法、别名法、合成法和接受-拒绝法。

4.1.2.1 逆变换法(inverse-transform method)

令X是一个累积分布函数为F的随机变量。因为F是一个非减函数,其逆函数F^{-1}可以定义如下:

$$F^{-1}(y) = \inf\{x: F(x) \geq y\}, 0 < y < 1 \tag{4.6}$$

如果$U \sim U(0, 1)$,则

$$X = F^{-1}(U) \tag{4.7}$$

那么X的累积分布函数为F。因为F是可逆的,且$P(U \leq u) = u$,则

$$P(X \leq x) = P(F^{-1}(U) \leq x) = P(U \leq F(x)) = F(x) \tag{4.8}$$

因此,为了产生一个累积分布函数为F的随机变量X,构造$U \sim U(0, 1)$,设置$X = F^{-1}(U)$。

算法1(逆变换法):
(1)从$U(0, 1)$中产生U。
(2)得到返回值$X = F^{-1}(U)$。

4.1.2.2 别名法(alias method)

假设存在任意n个离散点,每个点的概率密度函数为:$f(x_i) = P(X = x_i)$,$i = 1, \cdots, n$,则它们可以由$n-1$个权值相等的概率密度函数$q^{(k)}$,$k = 1, \cdots, n-1$表示,且每一个最多有两个非零成分。即任意n点概率密度函数f可以表示为

$$f(x) = \frac{1}{n-1} \sum_{k=1}^{n-1} q^{(k)}(x) \tag{4.9}$$

式中,$q^{(k)}$,$k = 1, \cdots, n-1$为适合的两点概率密度函数。

别名法比较通用且高效,但是需要一个初始设置和额外的内存用于存储$n-1$个概率密度函数$q^{(k)}$。如果式(4.9)成立,则从f中产生样本就变得简单了。

算法2(别名法):
(1)从$U(0, 1)$中产生U,令$K = 1 + [(n-1)U]$。
(2)从两点概率密度函数$q^{(k)}$中产生X。

4.1.2.3 合成法(composition method)

假设累积分布函数F,可以表示为一个混合累积分布函数$\{G_i\}$,即

$$F(x) = \sum_{i=1}^{m} p_i G_i(x) \tag{4.10}$$

式中，$p_i > 0$，$\sum_{i=1}^{m} p_i = 1$。

令 $X_i \sim G_i$，且 Y 是一个离散随机变量，其概率密度函数为 $P(Y=i) = p_i$，与 X_i，$1 \leqslant i \leqslant m$ 独立。则累积分布函数为 F 的随机变量 X 可以写成：$X = \sum_{i=1}^{m} X_i I_{\{Y=i\}}$。由此，为了从 F 中产生 X，首先产生离散随机变量 Y，然后给定 $Y=i$，从 G_i 中产生 X_i。

算法 3（合成法）：

(1) 根据 $P(Y=i) = p_i$，$i = 1, \cdots, m$ 产生随机变量 Y。

(2) 给定 $Y=i$，从累积分布函数 G_i 中产生 X。

4.1.2.4 接受-拒绝法（acceptance-rejection method）

从某种意义上，逆变换法和合成法都是直接方法，它们直接使用将要生成的随机变量的累积分布函数。而接受-拒绝法是种间接的方法。当以上两种方法失效或计算效率低时，可以采用接受-拒绝法。

为了引进这种算法，假设目标概率密度函数 f（想要取样的概率密度函数）在有界区间 $[a,b]$ 上有界，区间外取值全为 0。令

$$c = \sup\{f(x) : x \in [a,b]\}$$

这样，可以用以下接受-拒绝法步骤，直接生成一个随机变量 $Z \sim f$。

(1) 产生 $X \sim U(a,b)$。

(2) 产生 $Y \sim U(0,c)$，与 X 独立。

(3) 如果 $Y \leqslant f(X)$，返回 $Z = X$。否则，返回到第一步。

特别强调：每个生成的向量 (X,Y) 是 $[a,b] \times [0,c]$ 上的均匀分布。因此，接受 (X,Y) 的概率为概率密度函数 $f(x)$ 下方的面积占总区域面积的比值，如图 4.1 所示。这意味着，接受 X 值具有所需要的概率密度函数。

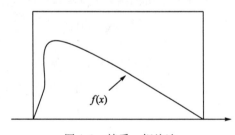

图 4.1 接受-拒绝法

算法 4（接受-拒绝法）：

(1) 从 $g(x)$ 中产生 X。

(2) 产生 $Y \sim U(0, Cg(X))$。

(3) 如果 $Y \leqslant f(X)$，返回 $Z = X$。否则，返回到第一步。

算法 5（改进的接受-拒绝法）：

(1) 从 $g(x)$ 中产生 X。

(2) 从 $U(0, 1)$ 中产生 U，与 X 独立。

(3) 如果 $U \leq f(X)/(Cg(X))$，返回 $Z = X$。否则，返回到第一步。

换而言之，从 $g(x)$ 中产生 X，以概率值 $f(X)/(Cg(X))$ 接受它，否则拒绝 X，重新产生 X。

4.1.3 从常用分布中产生变量

这一部分主要介绍一些从常见的连续和离散分布中产生变量的算法。限于篇幅，只从中选取部分合理高效，又相对简单的典型算法。

4.1.3.1 产生连续型随机变量

1. 指数分布

以应用逆变换法到指数分布开始，如果 $X \sim \mathrm{Exp}(\lambda)$，则它的累积分布函数 F 为

$$F(x) = 1 - e^{-\lambda x}, x \geq 0 \tag{4.11}$$

令 $u = F(x)$，则关于 x 的解为：$F^{-1}(u) = -\frac{1}{\lambda}\ln(1-u)$。注意，$U \sim U(0, 1)$ 意味着 $1 - U \sim U(0, 1)$，可以通过以下算法实现。

算法 6(产生指数随机变量)：

(1) 产生 $U \sim U(0, 1)$。

(2) 返回 $X = -\frac{1}{\lambda}\ln U$ 作为来自 $\mathrm{Exp}(\lambda)$ 的随机变量。

很多程序可以产生来自指数分布的随机变量，感兴趣的读者可以参考相关文献(Devrone, 1986)。

2. 正态分布(高斯分布)

如果 $X \sim N(\mu, \sigma^2)$，它的概率密度函数为

$$f(x) = \frac{1}{\sigma\sqrt{2\pi}}\exp\left\{-\frac{(x-\mu)^2}{2\sigma^2}\right\} \tag{4-12}$$

式中，μ 为正态分布的均值(期望)；σ^2 为正态分布的方差。

因为计算正态累积分布函数的倒置效率低，所以逆变换法不是很适合产生正态随机变量，必须设置其他程序。现在只考虑产生来自 $N(0, 1)$(标准正态分布)的随机数，因为任意一个随机数 $Z \sim N(\mu, \sigma^2)$ 可以通过 $Z = \mu + \sigma X$ 改写，其中 X 来自 $N(0, 1)$。一种早期产生 $N(0, 1)$ 随机变量的方法如下(Rubinstein and Kroese, 2007)。

令 X 和 Y 是两个独立的标准正态随机变量，则 (X, Y) 在平面上是一个随机点。令 (R, Θ) 是对应的极坐标。则 R 和 Θ 的联合概率密度函数 $f_{R,\Theta}$：

$$f_{R,\Theta}(r,\theta) = \frac{1}{2\pi}e^{-r^2/2}r, r \geq 0, \theta \in [0, 2\pi)$$

证明如下：

定义 x 和 y 分别为

$$x = r\cos\theta, y = r\sin\theta \tag{4.13}$$

则这个极坐标变化的雅可比矩阵为

$$\det\begin{pmatrix}\frac{\partial x}{\partial r} & \frac{\partial x}{\partial \theta} \\ \frac{\partial y}{\partial r} & \frac{\partial y}{\partial \theta}\end{pmatrix} = \begin{vmatrix}\cos\theta & -r\sin\theta \\ \sin\theta & r\cos\theta\end{vmatrix} = r$$

注意，X 和 Y 的联合概率密度函数为 $f_{X,Y}(x, y) = \frac{1}{2\pi}e^{-(x^2+y^2)/2}$。不难证明 R 和 Θ 是相互独立的，且 $\Theta \sim U[0, 2\pi)$，$P(R > r) = e^{-r^2/2}$。这就意味着 R 与 $\sqrt{V}$ 有相同的分布，且 $V \sim \mathrm{Exp}(1/2)$。即 $P(\sqrt{V} > v) = P(V > v^2) = e^{-v^2/2}$，$v \geq 0$。因此，$R$ 和 Θ 都比较容易产生，且可以通过式(4.13)变换成独立的标准正态随机变量。产生算法如下。

算法 7（产生正态随机变量：Box-Muller 方法）：
(1) 从 $U[0, 1)$ 生成两个独立随机变量 U_1 和 U_2。
(2) 返回两个独立标准正态变量 X 和 Y，通过式(4.14)计算。

$$\begin{aligned}X &= (-2\ln U_1)^{1/2}\cos(2\pi U_2) \\ Y &= (-2\ln U_1)^{1/2}\sin(2\pi U_2)\end{aligned} \quad (4.14)$$

另外一种产生 $N(0, 1)$ 随机变量的方法可以根据接受-拒绝法。为了从 $N(0, 1)$ 中产生随机变量 Y，先计算概率密度函数

$$f(x) = \sqrt{\frac{2}{\pi}}e^{-x^2/2}, x \geq 0 \quad (4.15)$$

产生正的随机变量 X，然后指定 X 为随机信号。这个过程的有效性是因为标准正态分布关于 0 对称。

为了从式(4.15)中产生一个随机变量 X，规定 $f(x)$ 的有界函数为 $Cg(x)$，其中 $g(x) = e^{-x}$ 是 $\mathrm{Exp}(1)$ 分布的概率密度函数。最小常数 C 等于 $\sqrt{2e/\pi}$，使得 $f(x) \leq Cg(x)$。因此，这个方法的有效性为 $\sqrt{\pi/2e} \approx 0.76$。

接受条件 $U \leq f(X)/(Ce^{-X})$，可以写成

$$U \leq \mathrm{Exp}[-(X-1)^2/2] \quad (4.16)$$

等价于

$$-\ln U \geq \frac{(X-1)^2}{2} \quad (4.17)$$

式中，X 来自 $\mathrm{Exp}(1)$。因为 $-\ln U$ 也是来自 $\mathrm{Exp}(1)$，最后一个不等式可以写成

$$V_1 \geq \frac{(V_2-1)^2}{2} \quad (4.18)$$

式中，$V_1 = -\ln U$ 和 $V_2 = X$ 相互独立，且都来自 $\mathrm{Exp}(1)$。

4.1.3.2 产生离散随机变量

1. 伯努利分布

如果 $X \sim \mathrm{Ber}(p)$，其概率密度函数形式为

$$f(x) = p^x(1-p)^{1-x}, x = 0,1 \tag{4.19}$$

式中，p 为成功概率。应用逆变换法，可以得到以下算法。

算法 8(产生伯努利随机变量)：

(1) 产生 $U \sim U(0, 1)$。

(2) 如果 $U \sim U(0, 1)$，返回 $X = 1$；否则，返回 $X = 0$。

2. 二项分布

如果 $X \sim \text{Bin}(n, p)$，其概率密度函数形式为

$$f(x) = \binom{n}{x} p^x (1-p)^{n-x}, x = 0, 1, \cdots, n \tag{4.20}$$

注意，二项分布随机变量 X 可以视为 n 次独立伯努利实验总的成功次数，其中每次成功的概率为 p。第 i 次实验的结果可以表示为 $X_i = 1(\text{succeed})$ 或 $X_i = 0(\text{failed})$，则 $X = X_1 + \cdots + X_n$，$\{X_i\}$ 是独立同分布 $\text{Ber}(p)$ 的随机变量。可以通过以下算法得到。

算法 9(产生二项分布随机变量)：

(1) 从 $\text{Ber}(p)$ 中产生独立同分布随机变量 $X_1, \cdots, X_n$。

(2) 返回 $X = \sum_{i=1}^{n} X_i$ 作为来自 $\text{Ber}(n, p)$ 的随机变量。

因为算法 9 的执行时间与 n 呈正比，所以当 n 很大时，需要寻找一种方法取代它。例如，利用正态分布是二项分布的近似。尤其是，根据中心极限定理，当 n 增大时，X 的分布趋近于 $Y \sim N(np, np(1-p))$。事实上，用 $N(np - 0.5, np(1-p))$ 近似表示 X 效果更好。这个称为连续校正(continuity correction)。

因此，为了获得一个二项分布随机变量，从 $N(np - 0.5, np(1-p))$ 产生 Y，并对其取最近的非负整数。相当于，产生 $Z \sim (0, 1)$，并取：

$$\max\{0, [np - 0.5 + Z\sqrt{np(1-p)}]\} \tag{4.21}$$

作为来自 $\text{Bin}(n, p)$ 的近似样本。这里 $[\alpha]$ 代表 α 的整数部分。当 $np > 10$ 且 $p \geq 0.5$ 或 $n(1-p) > 10$ 且 $p < 0.5$，应该考虑用正态分布近似。

值得注意的是，如果 $Y \sim \text{Bin}(n, p)$，则 $n - Y \sim \text{Bin}(n, 1-p)$。因此，为了提高效率，可以根据 $X = \begin{cases} Y_1 \sim \text{Bin}(n, p), & P \leq 0.5 \\ Y_2 \sim \text{Bin}(n, 1-p), & P > 0.5 \end{cases}$，从 $\text{Bin}(n, p)$ 中产生 X。

3. 几何分布

如果 $X \sim G(p)$，则其概率密度函数形式为

$$f(x) = p(1-p)^{x-1}, x = 1, 2, \cdots \tag{4.22}$$

随机变量 X 可以理解为一个成功概率为 p 的独立伯努利实验序列第一次成功所需要的实验次数。注意：$P(X > m) = (1-p)^m$。

现在，介绍一种基于指数分布和几何分布关系的算法。令 $Y \sim \text{Exp}(\lambda)$，其中 $1 - p = e^{-\lambda}$，则 $X = [Y] + 1$ 的分布为 $G(p)$。因为

$$P(X > x) = P([Y] > x - 1) = P(Y \geq x) = e^{-\lambda x} = (1-p)^x$$

因此，为了从 $G(p)$ 中产生一个随机变量，首先要从参数为 $\lambda = -\ln(1-p)$ 的指数分布中生成一个随机变量，并对这个值就近取整，再加 1。

算法 10(产生几何随机变量)：

(1) 产生 $Y \sim \mathrm{Exp}(-\ln(1-p))$。

(2) 返回 $X = 1 + [Y]$ 作为来自 $G(p)$ 的随机变量。

4.1.4 产生随机向量

假设一个概率密度函数为 $f(x)$，累积分布函数为 $F(x)$ 的 n 维分布中产生一个随机向量 $X = (X_1, \cdots, X_n)$。如果成分 $X_1, \cdots, X_n$ 相互独立，则这种情况很容易实现，因为可以对每个成分用逆变换法或其他方法来产生。

例题：产生一个均匀随机向量 $X = (X_1, \cdots, X_n)$，其范围区间为 $D = \{(x_1, \cdots, x_n) : a_i \leq x_i \leq b_i, i = 1, \cdots, n\}$，这个意味着 X 的成分相互独立，且服从均匀分布：$X_i \sim U[a_i, b_i]$，$i = 1, \cdots, n$。对 X_i 应用逆变换法，可以写成：$X_i = a_i + (b_i - a_i)U_i$，$i = 1, \cdots, n$，其中 $U_1, \cdots, U_n$ 是相互独立的，且都来自 $U(0, 1)$。对于独立随机变量 $X_1, \cdots, X_n$，其联合概率分布函数 $f(x)$ 为

$$f(x_1, \cdots, x_n) = f_1(x_1)f_2(x_2 \mid x_1) \cdots f_n(x_n \mid x_1, \cdots, x_{n-1}) \tag{4.23}$$

式中，$f_1(x_1)$ 是 X_1 的边际概率密度函数；$f_k(x_k \mid x_1, \cdots, x_{k-1})$ 是 X_k 在给定 $X_1 = x_1$，$X_2 = x_2, \cdots, X_{k-1} = x_{k-1}$ 下的条件概率密度函数。因此，一种产生 X 的方法就是开始产生 X_1，然后给定 $X_1 = x_1$，从 $f_2(x_2 \mid x_1)$ 中产生 X_2 等，直到从 $f_n(x_n \mid x_1, \cdots, x_{n-1})$ 中产生 X_n。当然这个方法的应用依赖条件分布。

4.1.4.1 向量接受-拒绝法

直接运用接受-拒绝法到多维情况下，只需注意随机变量 X 是一个 n 维随机向量。当然，需要一种简单的方法，从多维提议概率分布函数 $g(x)$ 中产生 X，如向量逆变换法。下面一个例子为向量接受-拒绝法。

例题：产生一个规则 n 维区域为 G 的均匀分布随机向量 Z。算法如下。

(1) 产生一个随机向量 X，为 W 上的均匀分布，其中 W 是一个规则区域(多维超立方体、超矩形、超球面、超椭圆体等)。

(2) 如果 $X \in G$，接受 $Z = X$ 为 G 上的均匀分布随机向量，否则返回到第一步。

4.1.4.2 从多元正态分布中产生随机变量

产生一个多元正态分布(简单多元正态分布)随机向量 $Z \sim N(\mu, \Sigma)$ 的关键就是把 Z 改写成 $Z = \mu + BX$，其中矩阵 B 满足 $BB^T = \Sigma$，X 是一个 $N(0, 1)$ 上独立同分布的随机变量。注意 $\mu = (\mu_1, \cdots, \mu_n)$ 是 Z 的均值向量，Σ 是 Z 的 $n \times n$ 协方差矩阵。对于任意一个协方差矩阵 Σ，利用柯列斯基平方根法(Cholesky square root method)总能有效地找到矩阵 B。以下算法用于 $N(\mu, \Sigma)$ 上随机向量 Z 的产生。

算法 11(产生多元正态分布向量)：

(1) 从 $N(0, 1)$ 中随机产生 $X_1, \cdots, X_n$。

(2) 导出柯列斯基分解 $\boldsymbol{\Sigma} = \boldsymbol{BB}^{\mathrm{T}}$。

(3) 返回 $Z = \boldsymbol{\mu} + \boldsymbol{B}X$。

4.1.5 产生随机过程

与前面随机变量定义相对应，定义随机过程：设 (Ω, F, P) 是概率空间，T 是给定的参数集，若对每个 $t \in T$，有一个随机变量 $X(t, e)$ 与之对应，则称随机变量族 $\{X(t, e), t \in T\}$ 是 (Ω, F, P) 上的随机过程，简记为随机过程 $\{X(t), t \in T\}$。T 为参数集，通常表示时间（刘次华，2008）。

这里简单以泊松过程为例：泊松过程 $\{N_t, t \geq 0\}$ 有两种不同（等价）的性质。性质一，这个过程可以理解为一个计数方法，其中 N_t 为能在 $[0, t]$ 上到达的个数。性质二，$\{N_t, t \geq 0\}$ 中相邻元素所隔时间 $\{A_i\}$ 形成一个更新过程（renewal process），即它是一个独立同分布随机变量序列。因此，所隔时间形成一个指数分布，且参数为 λ，这样 $A_i = -\frac{1}{\lambda}\ln U_i$，其中 $\{U_i\}$ 是一个 $U(0, 1)$ 上独立随机变量。利用第二个性质，可以在区间 $[0, T]$ 上产生到达时间 $T_i = A_1 + \cdots + A_i$。

算法 12（产生齐次泊松过程）：

(1) 令 $T_0 = 0$，$0 = 1$。

(2) 产生一个独立随机变量 $U_n \sim U(0, 1)$。

(3) 令 $T_n = T_{n-1} - \frac{1}{\lambda}\ln U_n$，作为一个到达点。

(4) 如果 $T_n > T$，停止；否则，设 $n = n + 1$，返回到第二步。

4.2 马尔可夫蒙特卡罗法

马尔可夫蒙特卡罗法（MCMC）是一种广泛用于抽样的方法，它与贝叶斯理论结合几乎可以从任何分布中抽取满意的样本，唯一不足的是可能需要很多样本量才能达到收敛，因而需要大量计算。在生物信息学研究中，MCMC 可用于模拟实验数据，生物网络（如基因调控网），也可以用于其他计算生物学领域的研究，如溯祖理论等（Drummond and Rambaut, 2007; Wilkinson, 2007）。

4.2.1 马尔可夫蒙特卡罗法基础知识

马尔可夫蒙特卡罗法（MCMC）的主要思想（Christensen et al., 2011）是定义一个随机向量序列 $\theta^1, \theta^2, \theta^3, \cdots$，其中序列前一部分的 θ^k 的分布可以是任何形式的，但是序列后边的分布最终趋于平稳，并为其抽样的后验分布。因此，如果 θ^k 的边际密度函数为 $q_k(\theta)$，当 k 变大时，这些密度函数会趋于后验密度函数 $p(\theta \mid y)$ [这里简写为 $p(\theta)$]。也就是序列 θ^k 是一个马氏链。一般条件下，根据马尔可夫理论，如果 k 很大，θ^k 的分布几乎完全等价于密度函数 $p(\theta)$。然而，θ^k 通常不是独立的，因此，从后验分布中得到的 θ^k 不能近似于随机样本。尽管如此，在某些条件下，根据大数定律 [the law of large numbers, 也就是遍历性定理（ergodic theorem）]，如果 $\theta^1, \theta^2, \ldots, \theta^s$ 是马氏链中的样本，在后验分

布下，h 是一个期望有界的函数，则

$$\lim_{s\to\infty}\sum_{j=1}^{s}h(\theta^j)/s = \int h(\theta)p(\theta)\mathrm{d}\theta$$

因此，通过合适的 θ^k 函数的样本均值，可以对后验分布的概率和期望作近似估计。

不作数过程(burning-in)可以提高近似的精度。直观地，当链平稳趋于后验分布后，得到的观测数据，对于 $p(\theta)$ 概率和期望的估计更有用，即去掉早期观察数据，留下来的数据将会十分接近每个来自后验分布的观测值。去掉早期观察值需要定义一个不作数周期(burning-in period)。例如，一个简单的统计模型，运行这个链可能得到 6000 或 11000 个观测数据，并且取前 1000 个不作数，因此，利用后面的 5000 或 10000 个样本来估计后验分布的概率分布。通常，复杂的概率模型需要更长的链和不作数周期(Brooks，1998)。

但是，即使采取了不作数过程，迭代之间可能存在相关性。这样即使它们最终达到同分布，却仍具有相关性。例如，$s = 10000$，并且两两之间的相关性为 1，则有效的蒙特卡罗样本量为 1。这个极端的例子似乎不可能发生，但是它的确阐述了这个观点。在传统条件下的独立同分布样本，可以仅从几千个样本中得到合理的近似。如果样本来自同一分布，却不是独立的，为了精确地估计后验分布，可能需要大量样本。

细化(thinning)是一个可以让观测数据变得更加独立的过程。因此，可以从后验分布中得到近似随机样本。但是，在进行不作数过程后，除非相关性非常大，否则没有必要对观察数据进行细化。如果相邻观测数据间存在很大相关性，为了得到合理的数值精度，需要一个很大的蒙特卡罗样本量，并且需要一个很长的不作数过程。为了得到相关性程度，可以计算该自相关函数(autocorrelation function，ACF)的估计。这是一个给定 θ^k 和 θ^{k+j} 的相关性估计后，对 j 进行积分的函数。经过不作数过程后，相关性依赖滞后因子 j，而不是 k。计算出的结果为样本对 (θ^k, θ^{k+j})，$k = 1, \cdots, s-j$ 的样本相关性。如果去除前两个，$j = 1, 2$，样本对的样本相关性几乎都为零，则可以每隔两个取一个 θ^k。即通过不作数过程后，样本序列为 θ_{3k}，$k = 1, \cdots, s$，这个样本集合几乎是不相关的。但是，它也存在部分信息丢失的问题。除非这里存在严重的自相关，甚至是高度相关，如 $j = 30$，否则细化是没有意义的。

为了检查在不作数过程后，是否有近似相同的分布，可能需要从原始分布中随机抽取几个 θ^1，并对应地生成几条链。这样的样本是独立的，但是应该会对后验分布给出类似的估计。

4.2.2 马氏链

如果一个随机向量序列 $\theta^1, \theta^2, \theta^3, \cdots$，满足对任意集合 A：

$$\Pr(\theta^k \in A \mid \theta^1, \theta^2, \cdots, \theta^{k-1}) = \Pr(\theta^k \in A \mid \theta^{k-1}) \qquad (4.24)$$

则它为马尔可夫链(MC，Markov chain)，即马氏链。换而言之，第 k 步的状态只与第 $k-1$ 步的状态有关。这种新的观测值只与前一个观测值有关的性质称为马尔可夫性质。

令 $q_1(\theta^1)$ 为 θ^1 的初始密度函数，$q_{k|\cdot}(\theta^k \mid \theta^1, \cdots, \theta^{k-1})$ 为条件密度函数，且 $q_k(\theta^k)$ 为 θ^k 的边际密度函数。根据标准概率公式：

$$\Pr(\theta^k \in A) = \int_A q_k(\theta)\mathrm{d}\theta$$

$$= \int_A \int_{-\infty}^{\infty} \cdots \int_{-\infty}^{\infty} q_{k|.}(\theta^k \mid \theta^1, \cdots, \theta^{k-1}) \cdots q_{2|.}(\theta^2 \mid \theta^1) q_1(\theta^1) \mathrm{d}\theta^1 \mathrm{d}\theta^2 \cdots \mathrm{d}\theta^k$$

由马尔可夫性质式(4.24)，可知

$$q_{j|.}(\theta^j \mid \theta^1,\theta^2,\ldots,\theta^{j-1}) = q_{j|j-1}(\theta^j \mid \theta^{j-1}), j = 2,3,\cdots n$$

因此，可以得到：

$$\Pr(\theta^k \in A) = \int_A \int_{-\infty}^{\infty} \cdots \int_{-\infty}^{\infty} q_{k|k-1}(\theta^k \mid \theta^{k-1}) \cdots q_{2|1}(\theta^2 \mid \theta^1) q_1(\theta^1) \mathrm{d}\theta^1 \mathrm{d}\theta^2 \cdots \mathrm{d}\theta^k$$

这样，构建一个马氏链就变得简单了，所需要的就是具体化初始分布 $q_1(\theta^1)$ 和条件分布 $q_{j|j-1}(\theta^j \mid \theta^{j-1})$，$j=2,3,\cdots$。为了证明是马氏链，只需条件分布的形式为 $q_{j|j-1}(\theta^j \mid \theta^{j-1})$，$j=2,3,\cdots$。此外，如果知道 $q_1(\theta^1)$ 和所有其他条件密度函数，可以从马氏链中取样。从 q_1 中产生 θ^1，知道 θ^1 后，从合适的条件分布中产生 θ^2，余下以此类推。

今后用的一个简化假设是关于平稳转移概率的。这个假设表明从第 $j-1$ 到第 j 步的条件分布是一样的，即跟 j 值无关。不难推出 $q_{j|j-1}(\theta^j \mid \theta^{j-1}) \equiv q_{\theta|\theta^{j-1}}(u \mid v)$。因为这个函数不依赖 $j-1, j$，它是一个关于 $q(u \mid v)$ 的函数，写成 $q(\theta^j \mid \theta^{j-1})$ 以便知道它进行到了哪一步 [很多讨论会引用转移核 $q(u \mid v) \equiv k(u,v)$]。平稳转移概率的马氏链如下：

$$\Pr(\theta^k \in A) = \int_A \int_{-\infty}^{\infty} \cdots \int_{-\infty}^{\infty} q(\theta^k \mid \theta^{k-1}) \cdots q(\theta^2 \mid \theta^1) q(\theta^1) \mathrm{d}\theta^1 \mathrm{d}\theta^2 \cdots \mathrm{d}\theta^k$$

即使这个转移概率不依赖链的步骤，但是 θ^k 的边际分布一般会依赖 k。因此，$q_k(\theta^k)$ 仍然代表第 k 步的边际函数。

历史上，一个关于平稳转移概率的话题就是研究初始分布 $q_1(\theta^1)$ 的选取对边际分布 $q_k(\theta^k)$ 的影响。而这个问题的解决方案使得马氏链在统计模拟中变得非常有用。方案中主要涉及平稳分布的性质，即如果 $p(\cdot)$ 为这个平稳分布，则 $\forall k$，$\Pr(\theta^k \in A) = \int_A p(\theta)\mathrm{d}\theta$。特别是，$\forall k, \theta, q_k(\theta) = p(\theta)$，包括 $k=1$，这就意味着链的开始是从平稳分布中选取初始值。在平稳分布的假设及全概率公式下，可得：

$$\int_A p(\theta)\mathrm{d}\theta = \Pr(\theta^k \in A)$$

$$= \int \Pr(\theta^k \in A \mid \theta^{k-1}) p(\theta^{k-1})\mathrm{d}\theta^{k-1}$$

$$= \int \Bigl[\int_A q(\theta^k \mid \theta^{k-1})\mathrm{d}\theta^k\Bigr] p(\theta^{k-1})\mathrm{d}\theta^{k-1}$$

$$= \int_A \Bigl[\int q(\theta^k \mid \theta^{k-1}) p(\theta^{k-1})\mathrm{d}\theta^{k-1}\Bigr]\mathrm{d}\theta^k \qquad (4.25)$$

因为它对任意集合 A 都成立，且 θ^k 和 θ^{k-1} 只是积分中的虚拟变量，则一定有

$$p(\theta) = \int q(\theta \mid \theta^{k-1}) p(\theta^{k-1})\mathrm{d}\theta^{k-1} = \int q(\theta \mid \theta^*) p(\theta^*)\mathrm{d}\theta^* \qquad (4.26)$$

由此，对 $\forall k$，满足式(4.25)的链也一定满足式(4.26)。反过来，如果以 $q_1(\theta) = p(\theta)$ 为链的开始，并且转移密度函数满足式(4.26)，则也满足式(4.25)，即这个链有平稳密度函数 $p(\theta)$。

现在，假设存在平稳分布。但是，可能不只一种密度函数满足式(4.26)，即可能存在多个平稳分布。如果构建的马氏链，其后验概率$p(\theta)$为平稳分布，则从$p(\theta)$中抽样为马氏链的开始，且每个后续观测都来自密度函数为$p(\theta)$的分布。但是，如果知道怎样从$p(\theta)$中取样，则不需要知道这个马氏链的任何机制。产生马氏链的关键在于，开始时可以随意给出样本，但最终会从后验分布中给出样本。

如果存在合适的平稳分布，且是唯一的，当k变大，忽略初始分布$q_1(\theta^1)$，θ^k的边际分布将趋于平稳分布，最终马氏链将满足大数定律。具体过程：当k变大，$q_k(\theta^k)$的分布趋于$p(\theta^k)$的分布，当k足够大时，$\Pr(\theta^k \in A) \doteq \int_A p(\theta) d\theta$，即

$$\lim_{k \to \infty} \Pr(\theta^k \in A) = \int_A p(\theta) d\theta \tag{4.27}$$

令θ^1等于θ_*的概率为1，则

$$\lim_{k \to \infty} \Pr(\theta^k \in A \mid \theta^1 = \theta_*) = \int_A p(\theta) d\theta \tag{4.28}$$

这个意味着，相对于随机选取链的初始位置，可以选取自己想要的地方作为链的开始位置。显而易见，如果选取的初始分布q_1接于近p，或初始值θ^1具有p的某些特征，链的收敛速度会比较快。根据马氏链中的大数定律，即遍历性定理，如果$\theta^1, \cdots, \theta^s$是来自马氏链中的样本，$h$在平稳分布下是一个期望有界的函数，则

$$\lim_{k \to \infty} \sum_{j=1}^{s} h(\theta^j)/s = \int h(\theta) p(\theta) d\theta \tag{4.29}$$

因此，可以估计平稳分布(实际上，也就是后验分布)的概率密度和期望。这个是有意义的，即使它们一般不是独立的，当k足够大，θ^k的分布会近似于密度函数为$p(\theta)$的分布。

这样就可以构建一个有平稳转移概率的马氏链，并且其后验分布为它们的平稳分布。忽略初始分布的选择，如果能够从马氏链中得到足够多的样本，则这些样本就会很好地近似于后验分布中的样本，并且样本均值以概率1收敛于它们相对应的后验分布的期望。为了构建这样一个马氏链，需要一个平稳转移概率，且后验密度函数满足式(4.26)，以及另外一些条件。

现规定一些定义和条件使得式(4.27) ~ 式(4.29)成立。平稳分布$p(\theta)$下的马氏链是p-不可约的(p-irreducible)，如果以任意初始值到达集合A的任一状态的概率都是正的即$\int_A p(\theta) d\theta > 0$，链是周期的(periodic)；如果它只能以相同时间间隔回到初始位置。否则，链是非周期的(aperiodic)。非周期的一个充分条件就是给定$\int_A p(\theta) d\theta > 0$，$\forall \theta^1, \int_A q(\theta \mid \theta^1) d\theta > 0$，即不管链的初始位置在哪，只要通过一步转移，就可以得到任何感兴趣的集合。这个也是p-不可约的充分条件。

如果一个平稳分布为p的链，是p-不可约且非周期的，则不仅平稳分布是唯一的，即对于给定的转移分布$q(\cdot \mid \cdot)$，没有其他的平稳分布满足式(4.26)，而且满足式(4.28)。

马氏链的收敛定理涉及在$p(\theta)$下，链是否会以正概率反复回到任何指定的集合。如果链以正概率反复回到任何指定的集合，则具有常返性(recurrence)。常返性通常指的是哈里斯常返性(Harris recurrence)。链具有哈里斯常返性，如果对每个初始值$\theta^1 = \theta_*$，以

及在 $p(\theta)$ 下,对任意集合 A,都可以有限步返回。这个至少在理论上保证链具有良好的混合性(good mixing)。平稳分布 p 下的马氏链具有哈里斯常返性的一个充分条件是 p-不可约的,并且 $\int_A p(\theta) \mathrm{d}\theta = 0$,这样对任意的初始值 θ^1,$\int_A q(\theta \mid \theta^1) \mathrm{d}\theta = 0$。而且由 $\int_A p(\theta) \mathrm{d}\theta = 0$ 可以推断,在平稳分布下,转移分布是绝对连续的。忽略初始值,这个绝对连续条件可以检查集合在后验概率为 0 时,其转移概率是否也为 0。

马氏链为遍历的(ergodic),如果它具有哈里斯常返性和非周期性。如果存在一个遍历的链且有平稳分布 $p(\theta)$,则式(4.27)成立,并且,如果 $h(\cdot)$ 是关于 $p(\theta)$ 可积的,则式(4.29)成立。

事实上,需验证对所有的 θ^1,$\int_A p(\theta) \mathrm{d}\theta = 0$ 的充分必要条件是否为 $\int_A q(\theta \mid \theta^1) \mathrm{d}\theta = 0$。如果成立,则马氏链是非周期,$p$-不可约且具有哈里斯常返性的,那么式(4.27)~式(4.29)成立。

由吉布斯抽样法,Metropolis 算法和切片抽样法得到的马氏链都有满足式(4.26)的后验密度函数,通常也是遍历的。下面着重介绍吉布斯抽样法。

4.2.3 吉布斯抽样法

吉布斯抽样(Robert and Casella,2010;Walsh,2004)是一种构建马氏链的方法。在给定所有参数的情况下,分离每个参数的条件分布时,这种方法尤其重要。相应地,这个方法可以从每个条件分布中获取样本。通常,它可以应用到参数设置。暂时把向量当作行向量,并且分为三个模块或子向量,即 $\boldsymbol{\theta}^k = (\theta_1^k, \theta_2^k, \theta_3^k)$,且每个模块的维数是任意的。构建这个链使得后验分布 $p(\theta) = p(\theta_1, \theta_2, \theta_3)$ 平稳分布。吉布斯抽样的样本是来自后验概率的满条件分布(full conditional distribution),如 $p_{1 \mid 23}(\theta_1 \mid \theta_2, \theta_3)$,$p_{2 \mid 13}(\theta_2 \mid \theta_1, \theta_3)$,$p_{3 \mid 12}(\theta_3 \mid \theta_1, \theta_2)$。

为了构建马氏链,第一个样本 $\boldsymbol{\theta}^1$ 来自初始分布 $q(\theta_1, \theta_2, \theta_3) \equiv q_1(\theta)$。这个可以是单点分布,即选择一个初始值,或者做一个随机选择,这样可能比较容易控制三个模块的独立性。因此,样本 $\boldsymbol{\theta}^1 = (\theta_1^1, \theta_2^1, \theta_3^1)$ 抽样方法如下:

$$\theta_1^1 \sim q_1(\theta_1), \theta_2^1 \sim q_2(\theta_2), \theta_3^1 \sim q_3(\theta_3)$$

式中,q_1 已知。吉布斯抽样的关键在于转移概率是就满条件分布而言的。第二个完整的步骤是定义 $\boldsymbol{\theta}^2$ 的三个阶段。

第一阶段:$\theta_1^2 \mid \theta_2^1, \theta_3^1 \sim p_{1 \mid 23}(\theta_1 \mid \theta_2^1, \theta_3^1)$。

第二阶段:$\theta_2^2 \mid \theta_1^2, \theta_3^1 \sim p_{2 \mid 13}(\theta_2 \mid \theta_1^2, \theta_3^1)$。

第三阶段:$\theta_3^2 \mid \theta_1^2, \theta_2^2 \sim p_{3 \mid 12}(\theta_3 \mid \theta_1^2, \theta_2^2)$。

通常,取样 $\boldsymbol{\theta}^k = (\theta_1^k, \theta_2^k, \theta_3^k)$ 分为

$$\theta_1^k \mid \theta_2^{k-1}, \theta_3^{k-1} \sim p_{1 \mid 23}(\theta_1 \mid \theta_2^{k-1}, \theta_3^{k-1})$$

$$\theta_2^k \mid \theta_1^k, \theta_3^{k-1} \sim p_{2 \mid 13}(\theta_2 \mid \theta_1^k, \theta_3^{k-1})$$

$$\theta_3^k \mid \theta_1^k, \theta_2^k \sim p_{3 \mid 12}(\theta_3 \mid \theta_1^k, \theta_2^k)$$

通过这种构造,可以定义一个合理的条件分布用于 $\boldsymbol{\theta}^{k-1}$ 到 $\boldsymbol{\theta}^k$ 的转移,且与 k 无关。

则平稳转移分布是

$$q(\boldsymbol{\theta}^k \mid \boldsymbol{\theta}^{k-1}) \equiv q(\theta_1^k, \theta_2^k, \theta_3^k \mid \theta_1^{k-1}, \theta_2^{k-1}, \theta_3^{k-1})$$
$$\equiv p_{1|23}(\theta_1^k \mid \theta_2^{k-1}, \theta_3^{k-1}) p_{2|13}(\theta_2^k \mid \theta_1^k, \theta_3^{k-1}) p_{3|12}(\theta_3^k \mid \theta_1^k, \theta_2^k) \quad (4.30)$$

吉布斯抽样预先假设确实知道怎样从满条件分布中抽样。有时，这些分布比较常见，如正态分布(normal distribution)、贝塔分布(beta distribution)、伽玛分布(gamma distribution)等，则从这些分布中抽样比较简单。在任何条件下，可以找到满条件的核，这样可以用自适应消除法(adaptive-rejection method)、Metropolis 法或切片抽样法从分布中抽样。其中自适应消除法抽样是接受-拒绝法的一种修正，它在吉布斯抽样中更有效。

例题 假设有观测数据满足：$y_1, \cdots, y_n \mid \mu, \tau \stackrel{iid}{\sim} N(\mu, 1/\tau)$，且先验信息：

$$\mu \sim N(a, 1/b) \perp \tau \sim \text{Gamma}(c, d)$$

其中先验密度函数 $p(\mu, \tau \mid y)$ 不具有任何参数形式，但是

$$\mu \mid \tau, y \sim N(\mu(\tau), 1/(n\tau + b)), \tau \mid \mu, y \sim \text{Gamma}\left(c + \frac{n}{2}, d + \frac{1}{2}[n(\bar{y} - \mu)^2 + (n-1)s^2]\right)$$

依次从这些分布中抽样，以初始值 (μ^1, τ^1) 开始。为了有一个好的开始，经常需要从先验分布中选择初始值。然后从 $N(\mu(\hat{\tau}^1), 1/(n\tau^1 + b))$ 得到一个 μ^2 的抽样值，以及从 $\text{Gamma}(c + n/2, d + [n(\bar{y} - \mu^2)^2 + (n-1)s^2]/2)$ 得到一个 τ^2 的抽样值。依次下去可以得到 $\{(\mu^k, \tau^k): k = 1, \cdots, s\}$。此外，对任何函数 $\gamma = g(\mu, \tau)$，可以利用 $\{\gamma^k \equiv g(\mu^k, \tau^k): k = 1, \cdots, s\}$ 抽样来近似后验分布 $p(\gamma \mid y)$。

4.3 隐马尔可夫模型

4.3.1 隐马尔可夫模型基础理论

隐马尔可夫模型(hidden Markov model, HMM)广泛应用于生物序列分析，如序列比对，多序列比对，基因注释，基因分类，基因识别，蛋白质相互作用等(Yoon, 2009; Ramanathan, 2006)。它类似于马氏链，但是其应用更广泛，也更灵活。HMM 相对于离散马尔可夫模型具有一些额外特征，其中之一是当马氏链到达某个状态，这个状态就会从一个固定的且与时间独立的字母表(alphabet)中"发出"一个字母(letter)。即字母通常以一个时间独立，状态相依的概率从字母表中发出。当 HMM 运行时，首先，出现状态序列，用 $q_1, q_2, q_3, \cdots$ 表示，其次，出现发射符序列，用 $O_1, O_2, O_3, \cdots$ 表示，可以用一个两步法描述，如下：

$$\text{initial state} \underset{q_1}{\to} \text{send} \underset{O_1}{\to} \text{transfer} \underset{\text{to } q_2}{\to} \text{send} \underset{O_2}{\to} \text{transfer} \underset{\text{to } q_3}{\to} \text{send} \underset{O_3}{\to} \cdots$$

这样，用 Q 表示序列 q_i，O 表示序列 O_i，并且写成"观察序列 $O = O_1, O_2, \cdots$" 和"状态序列 $Q = q_1, q_2, \cdots$"。通常，已知序列 O 而不知序列 Q，则序列 Q 称为"隐藏"。

HMM 可以有效地解决一些关于 O 和 Q 的问题。例如，在给定观察序列下，估计最有可能的隐含状态序列。假设马氏链有两个状态 S_1 和 S_2，转移矩阵为 $\begin{bmatrix} 0.9 & 0.1 \\ 0.8 & 0.2 \end{bmatrix}$。$A$ 是一个只含数字 1 和 2 的字母表。状态 S_1 发出 1 或 2 的概率都为 0.5，状态 S_2 发出 1 的概率

为 0.25,发出 2 的概率为 0.75。假设一个已观测序列为 $O = 2,2,2$,在给定 O 下,什么样的状态序列 $Q = q_1, q_2, q_3$ 最有可能?换而言之,$\mathrm{argmax}_Q \Pr(Q|O)$ 是什么?

Q 有 8 种状态,每一种都可以列举出来并计算它的概率,同时找到最优解为 $Q = S_2$, S_1, S_1。虽然状态 S_2 看起来比 S_1 更有可能产生 2,但是 S_1 比 S_2 更有可能出现($p_{11} = 0.9$ 及 $p_{21} = 0.8$),所以序列 Q 含有更多状态 S_1。

也可以计算

$$\Pr(O) = \sum_Q \Pr(O|Q) \cdot \Pr(Q) \tag{4.31}$$

这个计算对区分几个都有可能产生 O 的模型非常有用。

上面的例子,可以采用手算。但是实际中的例子可能有很多状态,有时候甚至数百个,字母表也可能有好多个标示符。即使是计算能力最快的计算机通过穷举法来计算,也不太可能实现。但是,动态规划算法(dynamic programming approaches)解决了这个困难。在使用该方法之前,需要引进一些特殊符号。一个完整的 HMM 包括以下 5 部分。

(1)含有 N 个状态的集合 $Q = \{S_1, S_2, \cdots, S_N\}$。

(2)含有 M 种不同观测符号的字母表 $A = \{a_1, a_2, \cdots, a_M\}$。

(3)转移概率矩阵 $\boldsymbol{P} = (p_{ij})$,其中 $p_{ij} = \Pr(q_{t+1} = S_j | q_t = S_i)$。

(4)发射概率:对一个状态 S_i 和 A 中的 a,$b_i(a) = \Pr(S_i \text{ sends symbol } a)$,$b_i(a)$ 构造一个 $N \times M$ 的矩阵 $\boldsymbol{B} = (b_i(a))$。

(5)初始分布向量为 $\boldsymbol{\pi} = (\pi_i)$,其中 $\pi_i = \Pr(q_1 = S_i)$。

(1)、(2)描述模型的结构,第(3)、(4)、(5)描述参数,其中参数用 $\lambda = (P, B, \pi)$ 表示。主要算法(Isaev, 2006)描述如下。

4.3.2 三种算法

前向-后向算法,维特比算法及估计算法是三种应用在 HMM 理论中的常用算法。给定已观测序列 $O = O_1, O_2, \cdots, O_T$,主要存在三个问题(Sharma, 2009)。

(1)给定参数 λ,快速计算 $\Pr(O|\lambda)$,即快速计算已经给出的观测数据的概率。

(2)给定 O,快速计算最有可能发生的隐藏状态序列 $Q = q_1, q_2, \cdots, q_T$,即计算 $\mathrm{argmax}_Q \Pr(Q|O)$。

(3)假设一个固定的拓扑模型,找到 $\lambda = (P, B, \pi)$ 使得 $\Pr(O|\lambda)$ 最大。

4.3.2.1 前向-后向算法(the forward and backward algorithms)

考虑到第一个问题,最原始的方法就是按照式(4.31)来计算 $\Pr(O)$。这个计算涉及对 N^T 个乘法求和,每一个乘法含有 $2T$ 步。即总的运算过程是 $2T \cdot N^T$ 量级的。

这个计算式只有在 T 很小时才可行。例如,当 $N = 4$,$T = 100$,计算的次数可达到 10^{60} 量级。然而前向算法可高效解决这一复杂计算问题。

前向算法侧重于计算:

$$\alpha(t,i) = \Pr(O_1, O_2, O_3, \cdots, O_t, q_t = S_i) \tag{4.32}$$

这个是已观测序列 $O_1, O_2, O_3, \cdots, O_t$ 的联合概率,且 HMM 在时间 t 的状态是 S_i。

此外，$\alpha(t,i)$ 称为前向变量。

若对所有的 i，已知 $\alpha(T,i)$，则 $\Pr(O)$ 可以计算为

$$\Pr(O) = \sum_{i=1}^{N} \alpha(T,i) \tag{4.33}$$

对 $\alpha(t,i)$ 关于 t 进行归纳计算：

第一步

$$\alpha(1,i) = \Pr(O_1, q_1 = S_i) = \pi_i b_i(O_1) \tag{4.34}$$

第二步

$$\alpha(t+1,i) = \Pr(O_1, O_2, O_3, \cdots, O_t, q_{t+1} = S_i)$$

$$= \sum_{j=1}^{N} \Pr(O_1, O_2, O_3, \cdots, O_{t+1}, q_{t+1} = S_i, q_t = S_j)$$

由条件概率公式及归纳法得

$$\alpha(t+1,i) = \sum_{j=1}^{N} \alpha(t,i) p_{ji} b_i(O_{t+1}) \tag{4.35}$$

这个方程给出了关于 $\alpha(t,j)$ 的 $\alpha(t+1,i)$，即只要知道 $\alpha(t,j)$，就可以快速计算出 $\alpha(t+1,i)$。利用式(4.34)计算所有可能 i 的 $\alpha(1,i)$；然后利用式(4.35)计算所有可能 i 的 $\alpha(2,i)$，进而计算所有可能 i 的 $\alpha(3,i)$ 等，直到得到所有可能 i 的 $\alpha(T,i)$。这样就可以计算式(4.33)。

这个过程提供了一种解决第一个问题的算法。此外，这个算法只需要 TN^T 量级计算步骤，因此即使对非常庞大的模型，在实际中也是可行的。在讨论第二个问题之前，需要简单介绍前向－后向算法的后向部分，之所以要介绍它，是因为在第三个问题中要用到"后向变量"。它可以为第一个问题提供另外一种解决方案。

以上连续计算了 $\alpha(1,\cdot)$，$\alpha(2,\cdot)$，$\cdots$，$\alpha(T,\cdot)$，即按时间向前计算。后向算法，名如其名，按时间向后计算。之所以在这里提到后向算法，并不是用它来解决式(4.33)的计算，而是应用它于后面的计算。后向算法的目标就是计算概率 $\beta(t,i)$，定义如下：

$$\beta(t,i) = \Pr(O_{t+1}, O_{t+2}, \cdots, O_T \mid q_t = S_i) \tag{4.36}$$

式中，$1 \leq t \leq T-1$。为了方便起见，对所有的 j，定义 $\beta(T,j) = 1$。然后从 $t = T-1$ 向后开始计算式(4.36)。这个过程的相关等式是

$$\beta(t-1,i) = \sum_{j=1}^{N} p_{ij} b_j(O_t) \beta(t,j) \tag{4.37}$$

利用这个等式，可以相继计算出所有可能 i 的 $\beta(T-1,i)$，$\beta(T-2,i)$，$\cdots$，$\beta(1,i)$。

4.3.2.2 维特比算法(the viterbi algorithm)

给定观测序列 $O = O_1, O_2, O_3, \cdots, O_T$，想高效计算出最有可能的状态序列 $Q = q_1, q_2, q_3, \cdots, q_T$。换而言之，需要找到 Q 使得 $\Pr(Q \mid O)$ 最大，即计算

$$\arg\max_{Q} \Pr(Q \mid O) \tag{4.38}$$

可能存在多种 Q 使得 $\Pr(Q \mid O)$ 最大，另外一种动态规划算法——维特比算法，能找到其中一种。它可以高效计算式(4.38)。这个算法分成两部分，第一部分找出 $\max_Q \Pr(Q$

| O），然后通过"后向"找到一个 Q，使得 $\Pr(Q|O)$ 最大化。计算如下。

首先定义，对任意的 $t \geq 1$ 和 i，

$$\delta_t(i) = \max_{q_1,q_2,\cdots,q_{t-1}} \Pr(q_1, q_2, \cdots, q_{t-1}, q_t = S_i, O_1, O_2, \cdots, O_t)$$

规定 $\delta_1(i) = \Pr(q_1 = S_i, O_1)$。然后，

$$\max_Q \Pr(Q, O) = \max_i \delta_T(i) \tag{4.39}$$

这个表达式的概率是 Q 和 O 的联合概率，而不是条件概率。目的是找到序列 Q 使得式(4.38)的条件概率最大。因为 $\max_Q \Pr(Q|O) = \max_Q \dfrac{\Pr(Q,O)}{\Pr(O)}$，且右边的分母与 Q 无关，则 $\arg\max_Q \Pr(Q|O) = \arg\max_Q \dfrac{\Pr(Q,O)}{\Pr(O)} = \arg\max_Q \Pr(Q,O)$。

第一步用归纳法计算 $\delta_t(i)$。然后，将"回溯"和恢复序列，使得 $\delta_T(i)$ 最大。

起始步骤是

$$\delta_1(i) = \pi_i b_i(O_1), 1 \leq i \leq N \tag{4.40}$$

归纳步骤是

$$\delta_t(j) = \max_{1 \leq i \leq N} \delta_{t-1}(i) p_{ij} b_j(O_t), 2 \leq t \leq T, 1 \leq j \leq N \tag{4.41}$$

用如下步骤恢复 q_i：定义 $\psi_T = \arg\max_{1 \leq i \leq N} \delta_T(i)$，$q_T = S_{\psi_T}$。由此，$q_T$ 是状态序列需要的最后一个状态。剩下的 q_t，$t \leq T-1$ 可以用递归法得到主要步骤，如下：首先定义，$\psi_t = \arg\max_{1 \leq i \leq N} \delta_t(i) p_{i\psi_{t+1}}$，然后令 $q_t = S_{\psi_t}$。如果最大评分量（argmax）不是唯一的，可以随意选取一个 i，并求其最大值。

4.3.2.3 估计算法（the estimation algorithms）

以下估计算法可以解决第三个问题。假设给定了 HMM 中的观测数据，以致拓扑结构已知（通过拓扑结构，知道潜在马尔可夫模型的图形结构），这样可以估计出 HMM 中的参数。但是参数空间过于庞大，以致不能精确计算出一组能让数据概率最大化的参数。相反，应用算法找到"局部"最优参数集。这种局部解已被证实在很多实际中有用。侧重于局部估计意味着这个过程是启发式的（heuristic）。因此，过程的效率必须通过基准和已有结果的测试集来进行经验评估。关于参数估计这个问题，将进一步讨论。

假设数据由一些随机过程产生，并且试图使这些数据与 HMM 一致。但是数据不一定与 HMM 一致。现在的目标是设置参数值，使之能够对数据进行一个很好的拟合。

下面讨论鲍姆-韦尔奇方法（Baum-Welch method）的参数估计。由于这个算法比较难，在这不给出具体证明。假设有字母表 A 和 N 种状态在开始时就是固定的，参数 π_i，p_{jk} 和 $b_i(a)$ 未知且要被估计。估计参数的数据由一组观测序列 $\{O^{(d)}\}$ 组成，且每一个观测序列 $O^{(d)} = O_1^{(d)}, O_2^{(d)}, \cdots$，有相应的隐含状态序列 $O^{(d)} = q_1^{(d)}, q_2^{(d)}, \cdots$。

这个方法以设置参数 π_i，p_{jk} 和 $b_i(a)$ 的初始值开始。它们可以通过一些均匀分布产生或结合先验分布得到。然后利用这些初始值进行计算，

$$\bar{\pi}_i = \text{the expectation of appearing } S_i \text{ at the first time point, given}\{O^{(d)}\} \tag{4.42}$$

$$\bar{p}_{jk} = \frac{E(N_{jk} | \{O^{(d)}\})}{E(N_j | \{O^{(d)}\})} \tag{4.43}$$

$$\bar{b}_i(a) = \frac{E(N_i(a) \mid \{O^{(d)}\})}{E(N_i \mid \{O^{(d)}\})} \tag{4.44}$$

式中，N_{jk} 是在某些 d 和 t 下；$q_t^{(d)} = S_j$ 和 $q_{t+1}^{(d)} = S_k$ 的次数，它是随机的；N_i 是在某些 d 和 t 下，$q_t^{(d)} = S_i$ 的次数，它也是随机的；$N_i(a)$ 是在某些 d 和 t 下，并且它的发射符号为 a，$q_t^{(d)} = S_i$ 的次数。式(4.43)和式(4.44)是条件期望。

下面将介绍怎样高效计算，即重新估计参数 π_i、p_{jk}、$b_i(a)$，并且取代它们之前的值。则这个算法需要用迭代来进行。

如果 $\bar{\lambda} = (\bar{\pi}_i, \bar{p}_{jk}, \bar{b}_i(a))$ 取代 $\lambda = (\pi_i, p_{jk}, b_i(a))$，则
$\Pr(\{O^{(d)}\} \mid \bar{\lambda}) \geqslant \Pr(\{O^{(d)}\} \mid \lambda)$
当且仅当 $\bar{\lambda} = \lambda$ 时，上式中间等号成立。因此，在给定模型下，连续迭代会增加数据的概率。连续迭代直到达到局部最大概率或概率的变化已经可以忽略不计为止。

为了计算式(4.42)和式(4.43)，定义 $\zeta_t^{(d)}(i,j)$：
$$\zeta_t^{(d)}(i,j) = \Pr(q_t^{(d)} = S_i, q_{t+1}^{(d)} = S_j \mid O^{(d)}) \tag{4.45}$$

式中，$i, j = 1, \cdots, N$，$t \geqslant 1$。由条件概率公式可知：
$$\zeta_t^{(d)}(i,j) = \frac{\Pr(q_t^{(d)} = S_i, q_{t+1}^{(d)} = S_j, O^{(d)})}{\Pr(O^{(d)})}$$

分母 $\Pr(O^{(d)})$，可以用4.3.2.1节的方法计算。分子写成4.3.2.1节讨论的前向和后向变量也可以计算，
$$\Pr(q_t^{(d)} = S_i, q_{t+1}^{(d)} = S_j, O^{(d)}) = \alpha_t(i) p_{ij} b_j(O_{t+1}^{(d)}) \beta_{t+1}(j) \tag{4.46}$$

令 $I_t^{(d)}(i)$ 为指示变量，定义如下：
$$I_t^{(d)}(i) = \begin{cases} 1, & \text{if } q_t^{(d)} = S_i \\ 0, & \text{otherwise} \end{cases}$$

则到达状态 S_i 的次数为 $\sum_d \sum_t I_t^{(d)}(i)$。给定 $\{O^{(d)}\}$，S_i 期望出现的次数为
$$\sum_d \sum_t E(I_t^{(d)}(i) \mid O^{(d)}) \tag{4.47}$$

则 $E(I_t^{(d)}(i) \mid O^{(d)}) = \Pr(q_t^{(d)} = S_i \mid O^{(d)})$，即
$$\sum_{j=1}^{N} \xi_t^{(d)}(i,j) \tag{4.48}$$

则给定 $\{O^{(d)}\}$，S_i 期望出现的次数为 $\sum_d \sum_t \sum_{j=1}^{N} \xi_t^{(d)}(i,j)$。同样，给定 $\{O^{(d)}\}$，从 S_i 到 S_j 的期望转移次数为 $\sum_d \sum_t \xi_t^{(d)}(i,j)$。根据这些表达式可以快速计算等式(4.42)~式(4.44)，除了式(4.44)的分子。

这个分子可以按如下方法计算，定义指示随机变量 $I_t^{(d)}(i,a)$，
$$I_t^{(d)}(i,a) = \begin{cases} 1, & \text{if } q_t^{(d)} = S_i, O_t^{(d)} = a, \\ 0, & \text{otherwise} \end{cases}$$

则 $E(I_t^{(d)}(i,a) \mid O^{(d)})$ 是在给定 $\{O^{(d)}\}$ 下，第 d 个过程中时间 t 上状态为 S_i 并且发射符号为 a 的期望次数。因此，式(4.44)的分子等于 $\sum_d \sum_t E(I_t^{(d)}(i,a) \mid O^{(d)})$，即

$$\sum_d \sum_t \sum_{O_t^{(d)}=a} \sum_{j=1}^N \xi_t^{(d)}(i,j) \text{。}$$

4.3.3 应用

4.3.3.1 蛋白质家族建模

HMM 可以对蛋白质家族进行建模，这样做有两个目的：①构建多序列比对；②确定查询序列的家族。克罗等在 1994 年第一次提出这些应用（Korgh et al.，1994）。为了陈述其主要思想，需简化很多细节。

图 4.2 是 HMM 一个基本类型例子（Gail et al.，2005）。方形、菱形和圆形分别由 $m_0, m_1, \cdots, m_5, i_0, i_1, \cdots, i_4$，和 $d_1, d_2, \cdots, d_t$ 表示。方形为匹配状态，菱形为插入状态，圆形为删除状态。没有出现的边的转移概率为 0。状态 m_0 是初始状态，则这个过程总是以状态 m_0 开始。转移不会往左移动，因此随着时间的推移，当前的状态会逐渐往右移动，最终在匹配状态 m_5 处终止。当到达这个状态时，表示整个过程结束。此外，匹配状态和删除状态访问次数不超过一次。

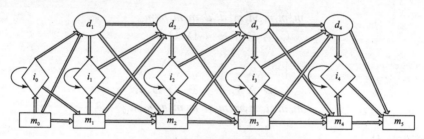

图 4.2　蛋白质家族的隐马尔可夫模型

字母 A 由 20 种氨基酸和一个表示"删除"的"虚拟"符号（δ）组成。删除状态以概率 1 输出 δ。每一个插入状态和匹配状态对这 20 种氨基酸都有自己的分布，并且不能发射 δ，即只有删除状态可以发射 δ，并且每个删除状态只能发射 δ。

如果 20 种氨基酸的匹配和插入状态的发射概率是均匀分布，则这个模型将产生随机序列。如果每个状态都以概率 1 来发射一个特定的氨基酸，并且从 m_i 到 m_{i+1} 的转移概率也是 1，则这个模型将会一直产生同一序列。这两个极端模型的参数可以设置，以致它们都可以产生相似序列，因此可以被认为是"家族"序列。每一个参数的选择将会产生一个不同的家族。这个家族可以非常"紧密"，即所有的序列都很相似，也可以非常"松散"，即产生的序列相似度很低。当一些匹配状态的分布集中在几个氨基酸上，而其他匹配状态的分布中所有氨基酸出现概率相似，则可能在序列的某些地方相似度高，其他地方相似度低。相比之下，动态规划序列比对算法（dynamic programming sequence alignment algorithm）和 BLAST 允许一个空位罚分（gap penalties），并且利用一个替代矩阵来表示整个比较序列的长度。用空位罚分和替代概率来表示序列变化能更好地反映生物事实。相关蛋白质的比对通常有较高保护区和较低保护区。较高保护区为功能区（function domains），因为它抵触变化意味着它有非常重要的作用。动态规划算法和 BLAST 是某些应用的基本，如两两比对和小数量序列比对。但是对大家族序列建模或对多条序列构建算法，HMM 比较有效，同时可以利用大数据集来增加灵活性。

在 HMM 模型中,蛋白质家族中匹配状态到插入状态的转移(箭头)对应一个空位罚分,插入状态到该插入状态的转移(箭头)对应一个空位扩展罚分。模型中序列不同位置可以有不同概率,因为每个箭头都有自己的概率,每个匹配状态和插入状态都有自己的分布。也正如此,HMM 模型对蛋白质建模非常灵活。进一步添加参数可以使模型更加灵活,而更多的数据可以使参数估计更加有效。这种 HMM 被称为概形 HMM(profile HMM)。

4.3.3.2 多序列比对

这里将描述怎样利用上面的理论来计算多序列比对。令将要比对的序列为训练集,用于估计模型参数。利用维特比算法可以计算出哪条路径最有可能产生这条序列。这些路径可以用来构造比对。如果两个氨基酸都是由路径中相同匹配状态产生,则它们可以进行比对。位点(indel)可以适当地用于插入和删除。

假设序列 CAEFDDH 和 CDAEFPDDH 存在,并且模型长度为 10,模型最有可能的路径分别是 $m_0m_1m_2m_3m_4d_5d_6m_7m_8m_9m_{10}$ 和 $m_0m_1i_1m_2m_3m_4d_5m_6m_7m_8m_9m_{10}$。通过相同匹配状态产生的位置来对准诱导为:

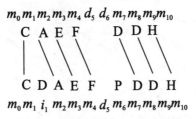

这个产生比对:

$$C\text{—}AEF\text{—}DDH$$
$$C\ D\ AEF\ P\ DDH$$

如果存在 5 条序列:

CAEFTPAVH
CKETTPADH
CAETPDDH
CAEFDDH
CDAEFPDDH

由维特比算法得到相应路径:

$$m_0m_1m_2m_3m_4m_5m_6m_7m_8m_9m_{10}$$
$$m_0m_1m_2m_3m_4m_5m_6m_7m_8m_9m_{10}$$
$$m_0m_1m_2m_3d_4m_5m_6m_7m_8m_9m_{10}$$
$$m_0m_1m_2m_3m_4d_5d_6m_7m_8m_9m_{10}$$
$$m_0m_1i_1m_2m_3m_4m_5m_6m_7m_8m_9m_{10}$$

则这个感应排列(induced alignment)为

```
                    C—AE F T P AVH
                    C—KE T T P ADH
                    C—AE—T P DDH
                    C—AE F—DDH
                    CDAE F—PDDH
```

这个方法可以在某些情况下给出一些模糊的结论。例如，如果这个模型长度为2，并且序列 ABAC 和 ABBAC 有 $m_0 m_1 i_1 i_1 m_2 m_3$ 和 $m_0 m_1 i_1 i_1 i_1 m_2 m_3$ 两条路径，则开始 A 和结尾 C 将被排列(aligned)，但对第一条序列中 BA 和第二条序列中 BBA 的排列不是很清楚。克罗于1994年提出用小写字母来代替模糊标志，并且不用对这些区域进行排列(Krogh et al., 1994)。

这个方法以相对小的计算能力对多序列进行排列。相比之下，动态规划算法在实际中不能对50或100个长序列进行排列。这是一种启发式方法。这个方法的另外一个优点是序列本身可以引导比对(alignment)，而不需要预先计算替代矩阵和空位罚分。因此引入的偏见较少。

4.4 贝叶斯统计

4.4.1 贝叶斯统计基础

贝叶斯统计在生物信息中应用极其广泛，如生物序列分析(多序列比对，基序查找，转录因子结合位点预测，蛋白质二级结构预测)，芯片数据分析，蛋白质信息学(谱聚类及分类，蛋白质识别)，谱系分析等(Drummond and Rambaut, 2007; Wikinson, 2007; Stansfield and Carlton, 2004)。

统计是对数据的收集、整理、分析、理解和演示。其中统计分析尤为重要。事实上，统计分析包括两方面，即估计和假设检验；也就是估计参数和对参数进行假设性检验。通常，置信区间和参数估计联系在一起。任何统计过程需要分析的数据是感兴趣的总体的随机样本，并且最终能找到相关性。如果这个要求没被满足，则任何统计分析都是毫无意义的。因此，这一节都假设满足随机样本条件。按照不同的观点，两种主要的估计和假设检验方法分别是经典统计(频率学派)和贝叶斯统计。而两种方法最大的区别在于贝叶斯统计考虑了先验信息。由于贝叶斯统计在生物信息方面越来越重要，因此，这里主要讲贝叶斯统计。贝叶斯方法有以下两个优点。

(1) 贝叶斯方法判断假设检验是否正确，即给定数据，这个假设正确的概率是多少？与经典方法不同：假定这个假设是对的，观测数据的概率是多少？

(2) 贝叶斯分析中可以结合先验信息。例如，一个完好无损的硬币连续抛3次，出现3次正面。经典统计方法估计这枚硬币出现正面的概率为1，贝叶斯则认为硬币是对称的，所以这个估计不合理，因此不考虑这个信息。

也就是说，贝叶斯理论需要一个先验假设，如一个参数的分布性质，但是这种分布的形式选择是出于数学上的方便，而不具备任何客观的科学依据。另外，贝叶斯理论要求先验分布对新现象推论不能确知。这些问题不能通过没有信息含量的先验信息来解决。此外,频率学派的某些假设形式反对一个假设概念可以有先验概率。也有可能由于贝叶斯方法本身的主观性,两个不同的研究者可能对同样的数据有不同的结论,因为考虑的先验信息不同。

4.4.1.1 贝叶斯假设检验

H 为一些假设,$\Pr(H)$ 为 H 在没有任何数据的情况下为真的概率,也就是 H 的先验概率。关于这个概率是否有意义存在一些争议。这里假定这个概率是有意义的,并且它的值是确定的。

例如,假设一个袋子装有 10 个硬币,3 个出现正反面的概率是均等的(记这种硬币为公平的),其余 7 个出现正面的概率是 0.6。随机从这个袋子里取 1 枚硬币,连续抛 5 次,5 次都为正面。则硬币是公平的先验概率 $\Pr(H)$ 为 0.3,在给定数据 D(连续抛 5 次都为正面),它的后验概率 $\Pr(H \mid D)$ 为

$$\Pr(H \mid D) = \frac{0.3\,(0.5)^5}{0.3\,(0.5)^5 + 0.7\,(0.5)^5} = 0.3 \tag{4.49}$$

1. 有限个假设

假设有 $h+1$ 个不同的假设,且 $H_0, H_1, \cdots, H_n$ 的先验概率分别为 $\pi_0, \pi_1, \cdots, \pi_n$,并且 $\sum_j \pi_j = 1$。它们的先验概率可能来自经验,也可能来自事先估计。根据先验概率和已观测数据 D,找到这些假设的后验概率。

利用条件概率公式计算式(4.49),H_i 的后验概率为

$$\Pr(H_i \mid D) = \frac{\Pr(H_i)\Pr(D \mid H_i)}{\Pr(D)} \tag{4.50}$$

根据全概率公式 $\left[P(A) = \sum_{j=1}^{k} P(B_j)P(A \mid B_j)\right]$,该式的分母可以写成:

$$\sum_j \pi_j \Pr(D \mid H_j) \tag{4.51}$$

因此,H_i 假设为真的后验概率为

$$\Pr(H_i \mid D) = \frac{\pi_i \Pr(D \mid H_i)}{\sum_j \pi_j \Pr(D \mid H_j)} \tag{4.52}$$

则可能性较大的假设应该是 $\Pr(H_i \mid D)$ 较大的那个。因为式(4.52)的分母不依赖 i,所以这个与极大化分子的假设等价。

2. 连续性假设

假设感兴趣的假设检验涉及参数 θ,θ 为 (a,b) 里的任何一个值。给定 θ 值,观测数据 d 的概率为 $f(d \mid \theta)$,一个先验密度函数 $g(\theta)$ 是 θ 的函数。给定 d,θ 的后验概率密度为

$$\frac{g(\theta)f(d \mid \theta)}{\int_a^b g(\theta)f(d \mid \theta)\mathrm{d}\theta} \tag{4.53}$$

例如，假设感兴趣的参数 p 是伯努利实验成功概率，p 的先验密度函数是贝塔分布，则

$$g(p) = \frac{\Gamma(\alpha+\beta)}{\Gamma(\alpha)\Gamma(\beta)} p^{\alpha-1}(1-p)^{\beta-1}, 0 < p < 1 \tag{4.54}$$

参数 α,β 的选择受 p 值现有水平的影响。如果这两个参数值都很大，式(4.54)密度函数紧密收敛于均值 $\alpha/(\alpha+\beta)$，意味着 p 值很有可能接受这个值。α,β 值接近 1，意味着 p 值现有水平确定性不高。如果两个参数值极小，则 p 接近 0 或 1 的经验概率很高。

假设 n 次独立伯努利实验，成功 y 次，则它的概率服从二项分布。根据式(4.53)，p 的后验概率密度函数的分子部分是先验密度函数[式(4.54)]乘以二项分布密度函数，即

$$\frac{\Gamma(\alpha+\beta)}{\Gamma(\alpha)\Gamma(\beta)} \binom{n}{y} x^{\alpha+y-1}(1-x)^{\beta+n-y-1} \mathrm{d}x \tag{4.55}$$

同样，p 的后验概率密度函数的分母部分为

$$\int_0^1 \frac{\Gamma(\alpha+\beta)}{\Gamma(\alpha)\Gamma(\beta)} \binom{n}{y} x^{\alpha+y-1}(1-x)^{\beta+n-y-1} \mathrm{d}x \tag{4.56}$$

$$= \frac{\Gamma(\alpha+\beta)}{\Gamma(\alpha)\Gamma(\beta)} \binom{n}{y} \frac{\Gamma(\alpha+\beta)\Gamma(\beta+n-y)}{\Gamma(\alpha+\beta+n)} \tag{4.57}$$

因此，p 的后验概率密度函数是一个贝塔分布，即

$$f_{\text{post}}(p) = \frac{\Gamma(\alpha+\beta+n)}{\Gamma(\alpha+\beta)\Gamma(\beta+n-y)} p^{\alpha+y-1}(1-p)^{\beta+n-y-1} \tag{4.58}$$

与离散情况相比，p 的假设值可以在后验密度函数最大时取得，即

$$\frac{\alpha+y-1}{\alpha+\beta+n-2} \tag{4.59}$$

4.4.1.2 贝叶斯参数估计

贝叶斯参数估计的方法有很多种(Gail et al.，2005)，这些方法都有一个共同的特征，即基于这些参数的后验分布。本节将描述一种通过参数后验分布的均值来估计参数的方法。

4.4.1.1 节中，二项式例子的后验分布均值为

$$\int_0^1 p f_{\text{post}}(p) \mathrm{d}p = \frac{\alpha+y}{\alpha+\beta+n} \tag{4.60}$$

这就是 p 的贝叶斯估计。它是先验分布中参数 α 和 β，以及数值 y 和 n 的结合。当 y 和 n 大，α 和 β 小的时候，深受 y 和 n 的影响。

选择大的 α,β 值，可以克服经典统计理论中一些不合理问题。例如，对一个质地均匀的硬币连续抛 3 次出现 3 次正面，则出现正面的概率为 1 这种不合理的问题。因此，如果 $\alpha=\beta$，则 α 的值越大，式(4.60)的贝叶斯估计越趋近于 0.5。此外，α,β 选的值越大，数据中的信息损失就越多。

4.4.2 贝叶斯网络

贝叶斯网络是一个概率图论模型(Horng and Zhao，2011)，它可以给出大量随机变量

的联合概率表达形式。令 $X = \{X_1, X_2, \cdots, X_p\}$ 为随机变量集合，则 G 代表 X_1, $X_2, \cdots, X_p$ 之间统计或因果关系的有向无环图。一个有向无环图 G 定义为 $G = (X, e)$，其中 e 为有向边集合，有向边 $e(i, j)$ 存在于 e 中，当且仅当 G 中存在 X_i 到 X_j 的边。

根据 G 中结点之间的马尔可夫性质，如结点只依赖于直接的父母，与其他非后代结点无关，则 $X_1, X_2, \cdots, X_p$ 的联合概率密度函数为

$$\Pr(X_1, X_2, \cdots, X_p) = \prod_{j=1}^{p} \Pr(X_j \mid \text{Pa}(X_j)) \tag{4.61}$$

式中，$\text{Pa}(X_j)$ 是 G 中结点 X_j 的直接父结点集合。注意，式(4.61)中，随机变量 X_1, $X_2, \cdots, X_p$ 之间的条件独立性。如给定 $\text{Pa}(X_j)$，X_j 与 $\text{ND}(X_j)/\text{Pa}(X_j)$ 中的随机变量是条件独立的，其中 $\text{ND}(X_j)$ 是 X_j 的非后代随机变量，则可以得到 $\Pr(X_j \mid \text{ND}(X_j)) = \Pr(X_j \mid \text{Pa}(X_j))$。

微阵列芯片数据(microarray gene expression values)经过离散化，可以变成几个分类值，例如，$c_1, c_2, \cdots$，并且通过概率表来定义离散型贝叶斯网络以用于基因网络：

$$\theta_{ijk} = \Pr(X_i = u_{ij} \mid \text{Pa}(X_i) = u_{ik})$$

式中，u_{ij} 对应第 j 类，u_{ik} 为结点 X_i 的第 k 个亲本模式。传统的，对于离散化数据，可以有三种分类值 $u_{i1} = -1$，$u_{i2} = 0$ 和 $u_{i3} = 1$，其中 $X_i = -1$，0 或 1 分别表示第 i 个基因被抑制，不变或过表达。但是应用离散型贝叶斯网络到芯片数据分析存在一些问题。4.4.2.1 节，引用一种非参回归方法来扩展贝叶斯网络对基因网络的估计，这样可以避免离散化。

4.4.2.1 非参回归

弗里德曼等认为可以通过线性拟合模型来分析连续型芯片数据(Friedman et al., 2000; Heckerman and Geiger, 1995)。假设观测数据 $\boldsymbol{X}_n$ 有 p 个随机变量，$\boldsymbol{X}_n = \{X_1, \cdots, X_p\}$，其中 $\boldsymbol{X}_n$ 是一个 $n \times p$ 的矩阵，它的第 (i, j) 元素 x_{ij} 对应第 i 个微阵列、第 j 个基因的表达值。这里，一个基因被视为一个随机变量，代表一个特定的 RNA 分子的丰度。第 j 个基因的线性回归模型可以写成：

$$x_{ij} = \beta_{0j} + \sum_{k: X_k \in \text{Pa}(X_j)} \beta_{kj} x_{ik} + \varepsilon_{ij}, (i = 1, \cdots, n)$$

式中，β_{0j} 和 β_{kj} 是参数；ε_{ij} 是白噪声序列。它们相互独立，来自同一分布，且这些分布满足零均值，有限方差。通常，可以令 ε_{ij} 服从高斯分布，这样就可以产生高斯线性回归模型。

在以上讨论的线性回归模型中，亲本基因不一定线性依赖于目标基因。因此，井本等提出非参可加回归模型(Green and Silverman, 1994; Hastie, 1990)，这样不仅可以适用于基因之间的线性依赖关系，还可以适用于非线性关系。通常，非参可加回归模型可以表示为

$$x_{ij} = m_j(\text{Pa}(X_j)_i) + \varepsilon_{ij}, (i = 1, \cdots, n) \tag{4.62}$$

式中，$\text{Pa}(X_j)_i$ 是第 i 个微阵列中 X_j 亲本的向量表达值；$m(\cdot)$ 是平滑函数。根据回归的额外假设，可以得到：

$$m_j(\text{Pa}(X_j)_i) = \sum_{k: X_k \in \text{Pa}(X_j)} m_{jk}(x_{ik}) \tag{4.63}$$

式中，$m_{jk}(\cdot)$ 是平滑函数。构建 m_{jk} 为

$$m_{jk}(x_{ik}) = \sum_{\alpha=1}^{M_{jk}} \gamma_{\alpha jk} b_{\alpha jk}(x_{ik}) \tag{4.64}$$

式中，$\{b_{1jk}(\cdot),\cdots,b_{M_{j}jk}(\cdot)\}$ 为规定的基础函数(basis function)集合；$\gamma_{\alpha jk}$ 为参数；M_{jk} 为基础函数的数量。

对于连续数据，式(4.61)的联合概率公式分解为

$$f(x_{i1},\cdots,x_{ip}\mid G) = \prod_{j=1}^{p} f_j(x_{ij}\mid \text{Pa}(X_j)_i),(i=1,\cdots,n) \tag{4.65}$$

式中，f 和 f_j 为密度函数。因此，利用高斯白噪声序列，如 $\varepsilon_{ij}\sim N(0,\sigma_j^2)$，一个基于贝叶斯网络和非参回归的统计模型如下：

$$f_j(x_{ij}\mid \text{Pa}(X_j,\boldsymbol{\theta}_j))$$

$$= \frac{1}{\sqrt{2\pi\sigma_j^2}}\exp\left[-\frac{\{x_{ij}-\sum_{k:X_k\in\text{Pa}(X_j)}\sum_{\alpha=1}^{M}\gamma_{\alpha jk}b_{\alpha jk}(x_{ik})\}^2}{2\sigma_j^2}\right] \tag{4.66}$$

式中，$\boldsymbol{\theta}_j$ 是 f_j 的参数向量，如 $\boldsymbol{\theta}_j = (\gamma_{1j1},\cdots,\sigma_j^2)'$。

4.4.2.2 动态贝叶斯网络

动态贝叶斯网络是对分析时程数据(time-course data)的贝叶斯网络的扩展。X_{ij} 是一个随机变量，代表第 j 个基因在时间 t 的表达值。令 $X_t = \{X_{t1},\cdots,X_{tp}\}$，$X_{1:T} = \{X_1,\cdots,X_T\}$，像贝叶斯网络一样，根据 X_t 和 X_{t-1} 之间的马尔可夫性质，可以得到：

$$\Pr(X_t\mid X_{t-1},\cdots,X_1) = \Pr(X_t\mid X_{t-1})$$

在每一个时间片 $\Pr(X_t\mid X_{t-1})$ 上，通过构建网络表示基因调控。假设网络结构在所有的时间点上都是稳定的，根据这些基因调控，条件概率 $\Pr(X_t\mid X_{t-1})$ 在给定亲本基因情况下，可以分解成每个基因的条件概率乘积，形式如下：

$$\Pr(X_t\mid X_{t-1}) = \prod_{j=1}^{p}\Pr(X_{tj}\mid \text{Pa}(X_j)_{t-1})$$

式中，$\text{Pa}(X_j)_{t-1}$ 是第 j 个基因在时间 $t-1$ 下的亲本基因的状态向量。因此，类似贝叶斯网络，可以得到以下联合概率分解：

$$\Pr(X_{1:T}) = \Pr(X_1)\prod_{t=2}^{T}\prod_{j=1}^{p}\Pr(X_{tj}\mid \text{Pa}(X_j)_{t-1})$$

从而得出构建动态贝叶斯网络的根本在于构建条件概率 $\Pr(X_{tj}\mid \text{Pa}(X_j)_{t-1})$。

4.4.2.3 非参向量自回归

对于微阵列时程数据(microarray time-course data)，构建密度函数 $f_j(x_{tj}\mid \text{Pa}(X_j)_{t-1})$。像贝叶斯网络的非参回归模型一样，扩展等式(4.62)为一阶非参自回归模型，形式如下：

$$x_{tj} = m_j(\text{Pa}(X_j)_{t-1}) + \varepsilon_{tj},(t=2,\cdots,T)$$

结合式(4.63)和式(4.64)中的可加回归因子。这个模型被认为是线性自回归模型 $m_j(\text{Pa}(X_j)_{t-1}) = \hat{A}_j\text{Pa}(X_j)_{t-1}$ 的扩展，其中向量 $\hat{A}_j$ 为回归系数。因此，通过这个模型检测出的依赖性被认为是一种非线性格兰杰因果关系(Green and Silverman, 1994)(Granger's causality)。

4.4.2.4 贝叶斯网络学习的统计模型选择

1. 参数估计

贝叶斯网络模型和非参回归模型通过结合式(4.65)和式(4.66)来定义。它们有基础函数的系数参数和白噪声序列的方差。根据贝叶斯方法，在给定图形 G，最大化参数 θ_j 的后验估计为

$$\hat{\theta}_j = \arg\max_{\theta_j} \prod_{i=1}^{n} f_j(x_{ij} \mid Pa(X_j)_i, \theta_j) \pi_j(\theta_j \mid \boldsymbol{\lambda}_j) \tag{4.67}$$

式中，$\pi_j(\theta_j \mid \boldsymbol{\lambda}_j)$ 是参数 θ_j 在超参数向量 $\boldsymbol{\lambda}_j$ 下的先验分布。假设先验分布 $\pi_j(\theta_j \mid \boldsymbol{\lambda}_j)$ 因式分解为

$$\pi_j(\theta_j \mid \boldsymbol{\lambda}_j) = \prod_{k: X_k \in Pa(X_j)} \pi_{jk}(\gamma_{jk} \mid \boldsymbol{\lambda}_{jk})$$

式中，$\gamma_{jk} = (\gamma_{1jk}, \cdots, \gamma_{M_{jk}jk})'$ 和 $\boldsymbol{\lambda}_{jk}$ 为超参数，控制先验信息的精度。事实上，用 $M_{jk} \times M_{jk}$ 维奇异矩阵 K_{jk} 调整正态分布作为 γ_{jk} 的先验分布，

$$\pi_{jk}(\gamma_{jk} \mid \boldsymbol{\lambda}_{jk}) = \left(\frac{2\pi}{n\lambda_{jk}}\right)^{-(M_{jk}-2)/2} \mid K_{jk} \mid_+^{1/2} \exp\left(-\frac{n\lambda_{jk}}{2}\gamma_{jk}'K_{jk}\gamma_{jk}\right) \tag{4.68}$$

式中，K_{jk} 是一个对称半正定矩阵，满足

$$\gamma_{jk}'K_{jk}\gamma_{jk} = \sum_{\alpha=3}^{M_{jk}} (\gamma_{\alpha jk} - 2\gamma_{\alpha-1 jk} + \gamma_{\alpha-2 jk})^2$$

通过对式(4.67)中的目标函数取对数运算，很快就可以发现 θ_j 的最大后验估计(MAP)等于最大惩罚对数似然估计，即通过减去和忽略一些与参数无关的部分，可以得到最优解：

$$\hat{\theta}_j = \arg\max_{\theta_j} \left[\log(\sigma_j^2) + \frac{1}{\sigma_j^2} \sum_{i=1}^{n} \left\{ x_{ij} - \sum_{k: X_k \in Pa(X_j)} \sum_{\alpha=1}^{M_{jk}} \gamma_{\alpha jk} b_{\alpha jk}(x_{ik}) \right\}^2 \right.$$
$$\left. - n \sum_{k: X_k \in Pa(X_j)} \lambda_{jk} \gamma_{jk}' K_{jk} \gamma_{jk} \right]$$

令 $\boldsymbol{x}_j = (x_{1j}, \cdots, x_{nj})'$，$\boldsymbol{B}_{jk} = (b_{jk}(x_{1k}), \cdots, b_{jk}(x_{nk}))'$，其中，$X_{jm} \in Pa(X_j)(m = 1, \cdots, q_j)$，$\mid Pa(X_j) \mid = q_j$，$b_{jk}(x_{ik}) = (b_{1jk}(x_{ik}), \cdots, b_{M_{j}jk}(x_{ik}))'$。基于回切算法(backfitting algorithm)，向量 $\hat{\boldsymbol{\gamma}}_{jk}$ 的模可以通过以下步骤得到。

(1) 初始化：$\gamma_{jk} = 0$。其中，对所有的 k 有 $X_k \in Pa(X_j)$。
(2) 循环：$k = j_1, \cdots, j_{q_j}, j_1, \cdots, j_{q_j}, j_1$

$$\gamma_{jk} = (\boldsymbol{B}_{jk}'\boldsymbol{B}_{jk} + n\boldsymbol{\beta}_{jk}K_{jk})^{-1} \boldsymbol{B}_{jk}' \left(X_j - \sum_{l \neq k} \boldsymbol{B}_{jl}\gamma_{jl} \right) \tag{4.69}$$

式中，$\boldsymbol{\beta}_{jk} = \hat{\sigma}_j^2 \lambda_{jk}$，为一个固定值。

(3) 重复(2)，直到满足一个合适的收敛准则。

σ_j^2 的模通过 $\hat{\sigma}_j^2 = \| X_j - \sum_{k: X_k \in Pa(X_j)} \boldsymbol{B}_{jk} \hat{\gamma}_{jk} \|^2 / n$ 计算，其中 $\hat{\gamma}_{jk}$ 为最后更新的值。$\hat{\gamma}_{jk}$ 和 $\hat{\theta}_j^2$ 依赖超参数 $\boldsymbol{\beta}_{jk}$。超参数 $\boldsymbol{\beta}_{jk}$ 称为整个非参回归过程中的平滑参数。选择平滑参数的方法有很多，如交叉验证(cross-validation)，广义交叉验证(generalized cross validation)，赤

池信息准则(AIC),贝叶斯信息准则(BIC)等。下面介绍一种新的信息准则:贝叶斯网络非参数回归准则(BNRC)。

2. 网络结构的统计评价

假设微阵列数据 X_n 有 p 个基因,即 $X_n = \{X_1, \cdots, X_p\}$,而 p 个基因之间的依赖关系,由有向图 G 表示,这个是未知的,需要通过 X_n 来估计。根据贝叶斯方法,最优图形通过最大化图形在已测数据条件下的后验概率取得。根据贝叶斯理论,图形的后验概率可以写成:

$$p(G | X_n) = \frac{p(G)p(X_n | G)}{p(X_n)} \propto p(G)p(X_n | G) \qquad (4.70)$$

式中,$p(G)$ 是图形的先验概率,$p(X_n | G)$ 是数据 X_n 在条件 G 下的似然值,$p(X_n)$ 为标准化常数,与 G 的选择无关。因此,需要为基于 $p(G | X_n)$ 的图形选择,设置 $p(G)$ 和计算 $p(X_n | G)$。

似然值 $p(X_n | G)$ 可以通过贝叶斯网络或动态贝叶斯网络计算。通过去除标准化常数,数据的似然值为

$$p(X_n | G) = \int \prod_{i=1}^{n} f(X_i | \boldsymbol{\theta}_G) \, \pi(\boldsymbol{\theta}_G | \boldsymbol{\lambda}) \mathrm{d}\boldsymbol{\theta}_G \qquad (4.71)$$

式中,$\boldsymbol{\theta}_G = (\theta_1, \cdots, \theta_p)'$,$\pi(\boldsymbol{\theta}_G | \boldsymbol{\lambda})$ 是 $\boldsymbol{\theta}_G$ 在超参数向量 $\boldsymbol{\lambda}$ 下的先验分布密度函数。假设 $\boldsymbol{\theta}_G$ 使得 $\log \pi(\boldsymbol{\theta}_G | \boldsymbol{\lambda}) = O(n)$。可以选择最优图形,使得 $p(G | X_n)$ 最大。一个构造图形的后验概率准则的关键问题在于对方程(4.71)的高维积分计算。赫克曼和盖革利用共轭先验解决了积分问题(Heckerman and Geiger,1995),并给出了一个闭形解决方案。为了计算高维积分,进行拉普拉斯近似计算(Davison,1986;Heckerman,1998;Tinerey and Kadane,1996),如下:

$$\int \prod_{i=1}^{n} f(X_i | \boldsymbol{\theta}_G) \, \pi(\boldsymbol{\theta}_G | \boldsymbol{\lambda}) \mathrm{d}\boldsymbol{\theta}_G = \frac{(2\pi/n)^{r/2}}{| J_\lambda (\hat{\boldsymbol{\theta}}_G) |^{1/2}} \exp\{nl_\lambda(\hat{\boldsymbol{\theta}}_G | X_n)\} \{1 + O_p(n^{-1})\}$$

式中,r 是 $\boldsymbol{\theta}_G$ 的维数,

$$l_\lambda(\boldsymbol{\theta}_G | X_n) = \sum_{i=1}^{n} \log f(X_i | \boldsymbol{\theta}_G)/n + \log \pi(\boldsymbol{\theta}_G | \boldsymbol{\lambda})$$

$$J_\lambda(\boldsymbol{\theta}_G) = -\partial^2 \{l_\lambda(\boldsymbol{\theta}_G | X_n)\}/\partial \boldsymbol{\theta}_G \partial \boldsymbol{\theta}_G'$$

并且 $\hat{\boldsymbol{\theta}}_G$ 是 $l_\lambda(\boldsymbol{\theta}_G | X_n)$ 的模。通过减掉两倍的 $p(G)p(X_n | G)$,定义贝叶斯网络和非参回归准则,即 BNRC,用于图形的选择:

$$\mathrm{BNRC}(G) = -2\log p(G) - r\log(2\pi/n) + \log | J_\lambda (\hat{\boldsymbol{\theta}}_G) | - 2nl_\lambda (\hat{\boldsymbol{\theta}}_G | X_n) \qquad (4.72)$$

选择最优的图形使 BNRC 在方程(4.72)中最小。应用拉普拉斯方法的优点是不需要考虑共轭先验分布的使用。因此,可以得到一个有很多分布族和先验概率分布类型的模型。$\boldsymbol{\theta}_G$ 的先验分布可分解为 $\pi(\boldsymbol{\theta}_G | \boldsymbol{\lambda}) = \Pi_{j=1}^{p} \pi_j(\theta_j | \lambda_j)$ 及图形的先验概率 $p(G) = \Pi_{j=1}^{p} p(L_j)$,产生的 BNRC 为一个可分解的得分:

$$\mathrm{BNRC}(G) = \sum_{j=1}^{p} \mathrm{BNRC}_j \qquad (4.73)$$

式中，L_j 是 G 中含有 X_j、$Pa(X_j)$ 及它们之间边的子图。通过移除与模型选择无关的常数，得到：

$$BNRC_j = 2q_j + (n - 2q_j - 1)\log(2\pi\hat{\sigma}_j^2) + (2q_j + 1 - M_{j\cdot})\log n$$
$$+ \sum_{k:X_k \in Pa(X_j)} \{\log(|\Lambda_{jk}|/|K_{jk}|) - (M_{jk} - 2)\log\beta_{jk} + \frac{n\beta_{jk}}{\hat{\sigma}_j^2}\hat{\gamma}'K_{jk}\hat{\gamma}\}$$

式中，$M_{j\cdot} = \sum_k M_{jk}$ 和 $\Lambda_{jk} = B'_{jk}B_{jk} + n\beta_{jk}K_{jk}$。这里，$\beta_{jk}$ 是 $BNRC_j$ 的参数，在 $BNRC_j$ 最小时取得。黑塞矩阵近似如下：

$$\log|J_\lambda(\theta_G)| \approx \sum_{k:X_k \in Pa(X_j)} \log\left|-\frac{\partial^2 l_{\lambda_j}(\theta_j|X_n)}{\partial\gamma_{jk}\partial\gamma'_{jk}}\right| + \log\left|-\frac{\partial^2 l_{\lambda_j}(\theta_j|X_n)}{\partial(\sigma_j^2)^2}\right|$$

BNRC 详细推导请见井本等相关论文（Imoto et al.，2004）。当改变图形结构时，这个分解性质对计算 BNRC 得分非常重要，因为它产生了有效的结构学习算法。

3. 网络结构的高效学习算法

基于最优得分函数的贝叶斯网络结构学习经常出现 NP-问题（非确定性多项式困难问题）。因为基因网络通常含有数百个或更多个基因，所以经常采用启发式贪婪算法（greedy heuristics algorithm）。启发式学习算法给予局部最优结构，但是不能保证全局最优。贪婪爬山算法（greedy hill-climbing algorithm）中，通过：①加一条边；②移除一条边；③改变一条边的方向检验得分。如果得分变大了，保留它并更新这个图形。贪婪爬山算法重复这个过程，直到得分收敛。然而，每一个步骤所需时间数量级为 p^2，总的时间数量级大于 p^3。如果基因的数量很多，将会是一个很大的计算问题。因此，像稀疏候选算法（sparse candidate algorithm），限制每个基因的候选父母为 $m(m \ll p)$，采用这一措施后，每一步的时间数量级为 p。注意：这个受限的贪婪算法得到的结构取决于将要研究的基因顺序。通常测试许多排列，从网络学习中得到最好的那个。

考虑一种通过独立检验学习框架和限制有向无环图的混合算法应用于搜索和得分阶段，可以提高灵敏度和速度。根据混合算法的概念，佩里耶等提出一种算法。当给定的无向图为结构限制时，这种算法能够得到最优贝叶斯网络。佩里耶等（Perrier et al.，2008）认为无向图为超结构时，贝叶斯网络的框架为超结构的一个子图。当无向图的平均度为 2 时，这个算法可以得到具有 50 个结点的最优贝叶斯网络，即稀疏结构性约束。

对于动态贝叶斯网络的结构学习，可以忽略图形的无环性。因此，这样很容易找到每个基因组最好的父母集。由于一个简单的枚举需要指数级的时间复杂度，可以使用高效算法，如分支定界法（branch and bound algorithm），这样可以减少实际计算时间。最后，给出一个有效实现贝叶斯网络和非参回归的实际操作。三个主要步骤如下：

(1) BNRC 得分：主要用于估计 γ_{jk}。这个可以通过回切算法，即反复计算 γ_{jk}，直到 $\hat{\sigma}_j^2$ 的模收敛。在回切算法中，式(4.69)中的 $(B'_{jk}B_{jk} + n\beta_{jk}K_{jk})^{-1}B'_{jk}$ 在整个网络估计中没有改变。因此，这个可以计算每个基因并提前保留。在网络估计中，可以避免逆矩阵的计算。然而，结式矩阵（$(M_{jk} \times n$-size），resultant matrix）需要一个相对较大的存储空间。因此，如果总的内存足够，可以保存 $(B'_{jk}B_{jk} + n\beta_{jk}K_{jk})^{-1}(M_{jk} \times M_{jk}$-size），而不是 $(B'_{jk}B_{jk} + n\beta_{jk}K_{jk})^{-1}B'_{jk}$。

(2) 贪婪爬山算法：即反复计算同一基因及其亲本基因的局部得分。因此，计算出的得分在整个网络估计中可以被存储和拒绝多次，这样极大地减少了计算时间。

(3) 同样也是在贪婪爬山算法中，如果每次增加一条边或使其反向所构建的图是 DAG，则需要检查。为了使它得以有效计算，可以使用在线拓扑排序算法，如 PK 算法。这里存在一种对应 DAG 的拓扑排序。因此，如果边增加或反向，不影响当前图形结构的拓扑排序，当然，这个边也就不影响图的周期性。

4.4.2.5 结合先验信息与芯片数据的基因网络

通过芯片数据来构造基因网络的缺点之一就是当一个基因网络含有大量的基因，基因表达数据中的信息受到微阵列数目和质量，以及实验设计、干扰因子和误差测量等的影响。因此，估计的基因网络中含有一些不正确的基因调控，即不能从生物学的观点进行评价。尤其是，只从基因表达数据很难决定基因调控方向。因此，生物知识（蛋白质与蛋白质关系，蛋白质与 DNA 关系，被转录调节因子控制的结合位点基因序列），文献等对芯片数据分析起着至关重要的作用。这里，提供一种通用的框架：通过贝叶斯网络模型，结合芯片数据和生物学信息估计基因网络。这里的关键问题在于如何通过这种先验信息来建立一个先验概率，如式(4.70)。

为了结合各种类型基因数据和芯片数据用于估计基因网络，井本等（Imoto et al., 2003）提出了一个总体框架，在整个贝叶斯统计中，使用额外的基因网络知识作为图形的先验概率。把生物信息离散化，基于吉布斯分布，构造图形的先验概率，在上面章节中以 $p(G)$ 表示。而先验信息和芯片数据通过 BNRC 准则来调节。根据这些理念，伯纳德等（Bernard and Hartemink, 2005）结合位置数据（Lee et al., 2002）（location data），即在连续信息中 p 值的集合，构建 $p(G)$。这里，利用连续和离散先验信息（Imoto et al., 2006）构建 $p(G)$。

令矩阵 $\boldsymbol{Z}_k$ 代表第 k 种先验信息，其中第 i 行、第 j 列的元素 $z_{ij}^{(k)}$ 代表基因 i 到基因 j 的信息。

(1) 用先验网络 $G_{\text{prior}} = (X, e_{\text{prior}})$ 构造 $\boldsymbol{Z}_k$，则 $z_{ij}^{(k)} = 1$，当 $e(i, j) \in \varepsilon_{\text{prior}}$，否则 $z_{ij}^{(k)} = 0$。

(2) 对 $\boldsymbol{Z}_k$ 利用基因敲除数据（gene knock-down data），$z_{ij}^{(k)}$ 的值表示通过敲除基因 i，基因 j 发生的改变。可以利用敲除基因 i，基因 j 改变量的对数比的绝对值作为 $z_{ij}^{(k)}$。

(3) 对转录因子（基因 i），如果可以得到 ChIP-chip 数据，可以用基因 j 的最小对数 p 值作为 $z_{ij}^{(k)}$。

利用 $e(i, j) \in e$ 中邻接矩阵 $\boldsymbol{E} = (e_{ij})_{1 \leq i, j \leq p}$，其中 $e_{ij} = 1$，当 $e(i, j) \in e$，$e_{ij} = 1$，否则，$e_{ij} = 0$，假设 e_{ij} 的伯努利分布的概率函数：

$$p(e_{ij}) = \pi_{ij}^{e_{ij}} (1 - \pi_{ij})^{1 - e_{ij}}$$

式中，$\pi_{ij} = \Pr(e_{ij} = 1)$。对于 π_{ij} 的构造，利用罗吉斯特模型，即

$$\pi_{ij} = 1 / \{1 + \exp(-\eta_{ij})\}$$

和线性估计：

$$\eta_{ij} = \sum_{k=1}^{K} w_k (z_{ij}^{(k)} - c_k)$$

式中，w_k 和 $c_k(k=1,\cdots,K)$ 分别是权重和基线参数。基于先验信息 $\mathbf{Z}_k(k=1,\cdots,K)$ 定义一个图形的先验概率，如下：

$$p(G) = \prod_i\prod_j p(e_{ij})$$

这个图形的先验概率假设边 $e(i,j)(i,j=1,\cdots,p)$ 是相互独立的。事实上，边 e_{ij} 之间存在几种依赖关系，如 $p(e_{ij}=1) < p(e_{ij}=1 \mid e_{ki}=1)$ 等。因此，可能需要加入此类信息到 $p(G)$ 上作为一种扩展。

4.5 统计学习

在此之前，强调一下统计学习与机器学习是不一样的。统计学习可以应用于寻找内含子剪接位点，基因识别，基因表达水平，识别转录起始和终止位点，DNA 拓扑结构，蛋白质结构预测，蛋白质功能预测，蛋白质降解，蛋白质家族分类。这里主要涉及统计学习中已经深入研究或广泛应用的内容(Lnza et al., 2010)。

4.5.1 线性回归

通过拟合线性回归模型(Gentleman et al., 2005)，可以得到一个简单的分类或预测方法。令因变量为 y，单一自变量为 x，则 y 关于 x 的线性回归模型可以写成

$$y = a + bx$$

式中，常数 a 和 b 从数据中得到。

考虑多个自变量 $x_1,x_2,\cdots,x_k$，其中 x_i 可以是离散或连续的自变量。则预测方程可以写成

$$y = a + b_1 x_1 + b_2 x_2 + \cdots + b_k x_k$$

式中，$a,b_1,b_2,\cdots,b_k$ 为常数。这个常数集合形成了该线性模型的参数——从数据中估计得到，其中一种常用的方法就是最小二乘法。$a,b_1,b_2,\cdots,b_k$ 在观测值 y 与估计值 y(写成 $\hat{y}$)的差的平方和最小时取得。得到的结果形式如下：

$$\hat{y} = \hat{a} + \hat{b}_1 x_1 + \hat{b}_2 x_2 + \cdots + \hat{b}_k x_k$$

式中，$\hat{a},\hat{b}_1,\hat{b}_2,\cdots,\hat{b}_k$ 为估计值。

值得注意的是，像这样一个简单加法和线性模型也可以广泛有效地应用于现实世界的数据分析中。事实上，在统计界，存在一种批判性思维，即认为采用小样本自变量集合的线性可加模型与最近发展的统计学习机制效果相当。

简单的最小二乘法对数据假设很少——除了假定数据中存在线性关系和数据本身是不平凡的。对于大样本数据，最小二乘法被看作统计最优方法(准确意义，不在这里说明)，并且模型参数的估计近似于正态分布。如果对数据的其他分布性质做了假设——如 $(y,x_1,x_2,\cdots,x_k)$ 为多元正态分布，则应用传统统计学推论可以对任何样本量的数据产生参数统计报表。最后，可以对参数计算置信区间和经典假设检验。

线性回归简单，易于实现，并且被广泛应用，但是对异常值有点敏感，所以不太可能实现复杂的决策边界。

4.5.2 Logistic 回归

Logistic 回归模型源于用 x 的线性函数计算 k 类后验概率，同时确保它们相加为 1，且每个概率值属于区间 $[0,1]$。这个模型形式如下：

$$\log\frac{\Pr(G=1\mid X=x)}{\Pr(G=K\mid X=x)} = \beta_{10} + \boldsymbol{\beta}_1^\mathrm{T} x$$

$$\log\frac{\Pr(G=2\mid X=x)}{\Pr(G=K\mid X=x)} = \beta_{20} + \boldsymbol{\beta}_2^\mathrm{T} x \qquad (4.74)$$

$$\vdots$$

$$\log\frac{\Pr(G=K-1\mid X=x)}{\Pr(G=K\mid X=x)} = \beta_{(K-1)0} + \boldsymbol{\beta}_{K-1}^\mathrm{T} x$$

这个模型由 $K-1$ 个对数比率或罗吉斯特概率转换来定义（反映限制条件，即概率值和为 1）。计算显示：

$$\Pr(G=k\mid X=x) = \frac{\exp(\beta_{k0} + \boldsymbol{\beta}_k^\mathrm{T} x)}{1 + \sum_{t=1}^{K-1}\exp(\beta_{t0} + \boldsymbol{\beta}_t^\mathrm{T} x)}, k=1,\cdots,K-1$$

$$\Pr(G=K\mid X=x) = \frac{1}{1 + \sum_{t=1}^{K-1}\exp(\beta_{t0} + \boldsymbol{\beta}_t^\mathrm{T} x)} \qquad (4.75)$$

显然，它们相加为 1。为了强调整个参数集 $\theta = \{\beta_{10}, \boldsymbol{\beta}_1^\mathrm{T}, \cdots, \beta_{(K-1)0}, \boldsymbol{\beta}_{K-1}^\mathrm{T}\}$ 的独立性，记 $\Pr(G=K\mid X=x) = p_k(x;\theta)$。

当 $K=2$，这个模型十分简单，因为这里只有一个线性函数。它广泛应用于生物统计，因为出现二元响应变量。例如，患者是生还是死，是有心脏病还是无心脏病，等等。

Logistic 回归模型拟合经常采用最大似然估计，即给定 X 的条件似然函数 G。因为 $\Pr(G\mid X)$ 可以完全指定条件分布，所以多项式分布是适合的。N 个观测值的对数似然函数为

$$l(\theta) = \sum_{i=1}^{N} \log_{g_i}(x;\theta) \qquad (4.76)$$

式中，$p_k(x_i;\theta) = \Pr(G=k\mid X=x_i;\theta)$。

具体也以 $K=2$ 的情况来讨论。通过 0/1 变量 y_i 来分类，则 $y_i=1$ 对应 $g_i=1$，$y_i=0$ 对应 $g_i=2$。令 $p_1(x;\theta) = p(x;\theta)$，$p_2(x;\theta) = 1 - p(x;\theta)$，则极大似然函数可以写成

$$l(\boldsymbol{\beta}) = \sum_{i=1}^{N}\{y_i\log p(x_i;\boldsymbol{\beta}) + (1-y_i)(1-\log p(\boldsymbol{x}_i;\boldsymbol{\beta}))\}$$

$$= \sum_{i=1}^{N}\{y_i\boldsymbol{\beta}^\mathrm{T}\boldsymbol{x}_i + \log(1 + e^{\boldsymbol{\beta}^\mathrm{T}x_i})\} \qquad (4.77)$$

式中，$\boldsymbol{\beta} = \{\beta_{10}, \beta_1\}$，假设输入变量 $\boldsymbol{x}_i$ 的向量含有常数 1 用以调节截距。为了使极大似然函数最大，令它的导数为 0。则这个得分等式为

$$\frac{\partial l(\boldsymbol{\beta})}{\partial \boldsymbol{\beta}} = \sum_{i=1}^{N}\boldsymbol{x}_i(y_i - p(\boldsymbol{x}_i;\boldsymbol{\beta})) = 0$$

存在 $p+1$ 个关于 $\boldsymbol{\beta}$ 的非线性等式。注意 x_i 中的第一个成分为 1，则由第一个得分等式可

以得到 $\sum_{i=1}^{N} y_i = \sum_{i=1}^{N} p(\boldsymbol{x}_i; \boldsymbol{\beta})$。

为了求解上式得分等式，采用牛顿-拉夫逊法，因此需要进行二阶导或黑赛矩阵：

$$\frac{\partial^2 l(\boldsymbol{\beta})}{\partial \boldsymbol{\beta} \partial \boldsymbol{\beta}^T} = -\sum_{i=1}^{N} \boldsymbol{x}_i \boldsymbol{x}_i^T p(\boldsymbol{x}_i; \boldsymbol{\beta})(1 - p(\boldsymbol{x}_i; \boldsymbol{\beta}))$$

以 $\boldsymbol{\beta}^{\text{old}}$ 开始，则更新的牛顿等式为 $\boldsymbol{\beta}^{\text{new}} = \boldsymbol{\beta}^{\text{old}} - \left(\frac{\partial^2 l(\boldsymbol{\beta})}{\partial \boldsymbol{\beta} \partial \boldsymbol{\beta}^T}\right)^{-1} \frac{\partial l(\boldsymbol{\beta})}{\partial \boldsymbol{\beta}}$

令 $\boldsymbol{y}$ 为变量 y_i 组成的向量，$\boldsymbol{X}$ 为 $\boldsymbol{x}_i$ 组成的 $N \times (p+1)$ 维矩阵，$\boldsymbol{p}$ 为第 i 个元素为 $p(\boldsymbol{x}_i; \boldsymbol{\beta}^{\text{old}})$ 的拟合概率向量，$\boldsymbol{W}$ 为第 i 个元素为 $p(\boldsymbol{x}_i; \boldsymbol{\beta}^{\text{old}})(1 - p(\boldsymbol{x}_i; \boldsymbol{\beta}^{\text{old}}))$ 的 $N \times N$ 维对角矩阵，则

$$\frac{\partial l(\boldsymbol{\beta})}{\partial \boldsymbol{\beta}} = \boldsymbol{X}^T (\boldsymbol{y} - \boldsymbol{p})$$

$$\frac{\partial^2 l(\boldsymbol{\beta})}{\partial \boldsymbol{\beta} \partial \boldsymbol{\beta}^T} = -\boldsymbol{X}^T \boldsymbol{W} \boldsymbol{X}$$

由牛顿等式可以得到：

$$\begin{aligned} \boldsymbol{\beta}^{\text{new}} &= \boldsymbol{\beta}^{\text{old}} + (\boldsymbol{X}^T \boldsymbol{W} \boldsymbol{X})^{-1} \boldsymbol{X}^T (\boldsymbol{y} - \boldsymbol{p}) \\ &= (\boldsymbol{X}^T \boldsymbol{W} \boldsymbol{X})^{-1} \boldsymbol{X}^T \boldsymbol{W} (\boldsymbol{X} \boldsymbol{\beta}^{\text{old}} + \boldsymbol{W}^{-1} (\boldsymbol{y} - \boldsymbol{p})) \\ &= (\boldsymbol{X}^T \boldsymbol{W} \boldsymbol{X})^{-1} \boldsymbol{X}^T \boldsymbol{W} \end{aligned}$$

这里的第二行或第三行已经对牛顿等式进行了改写，作为一个加权最小二乘等式，其变量为

$$\boldsymbol{z} = \boldsymbol{X} \boldsymbol{\beta}^{\text{old}} + \boldsymbol{W}^{-1} (\boldsymbol{y} - \boldsymbol{p})$$

反复计算这些等式，每改变一次 $\boldsymbol{p}$，$\boldsymbol{W}$ 和 $\boldsymbol{z}$ 就改变一次。这个算法被称为迭代再加权最小二乘法或 IRLS，因为每一次迭代都可以解决加权最小二乘问题：

$$\boldsymbol{\beta}^{\text{new}} \leftarrow \arg\min_{\boldsymbol{\beta}} (\boldsymbol{z} - \boldsymbol{X} \boldsymbol{\beta})^T \boldsymbol{W} (\boldsymbol{z} - \boldsymbol{X} \boldsymbol{\beta})$$

$\beta = 0$ 可以作为循环过程的初始值，虽然这并没有保证收敛性。通常情况下，算法会收敛，因为对数似然函数是凹的。但在极少的情况下，对数似然函数减少，收敛步长将减半。

当分类有多种情况 ($K \geq 3$)，牛顿算法可以由一个迭代加权最小二乘算法表示，但是有 $K-1$ 个响应变量及对每一个观测值都对应一个非对角矩阵。坐标下降法可以有效地计算对数似然最大值，相比而言，比牛顿法也更简单。

4.5.3 线性判别

线性判别这个非常经典的方法可以被认为是线性回归的一种形式。令自变量 $x = (x_1, x_2, \cdots, x_k)$，因变量 $y = 0, 1$，则线性判别函数为

$$y = w_0 + w_1 x_1 + w_2 x_2 + \cdots + w_k x_k \tag{4.78}$$

式中，$w = (w_0, w_1, \cdots, w_k)$ 是参数估计集合。判别函数是一个单一的数，如果 y 大于 0，该样本（即 x）分到一个组里；如果 y 小于或等于 0，则样本被分到另外一个组里。函数值计算方法需要考虑变量 $x = (x_1, x_2, \cdots, x_k)$ 的相关结构，即对成分 x_i，x_j 的相关性进行估计（或由用户定义），然后结合到模型系数估计中。如果两个组的系数结构不一样，则用二次判别函数 (quadratic discriminant function) 来取代。

当数据由两个高斯分布组成，则这个方法被证明可以产生最好的判别（最大分离组）。其目的是找到线或面使得两个组达到最大分开。这个跟线性 SVM 相似。

和一般回归方法一样，它对异常值也十分敏感。对方法进行改良，即把线性判别与所谓的核函数结合，产生强健的核线性判别。这个可以对数据以简单，线性形式来建模，同时降低不和谐观测结果。

轻微偏离原假设（两个正态分布组）可以通过核函数方法来解决，但是另一种有效的假设是其他线性模型也可以很好地进行分组。

给定足够大的数据，存在线性模型使得贝叶斯误差为 0。值得注意的是，这种情况下的线性是数据函数以线性形式结合在一起，这就是所谓的广义可加模型。

4.5.4 贝氏分类器

贝氏分类器（Malley et al., 2011）是一种以选取先验信息为开始的概率学习方法。先验信息是在数据收集前，数据中组员的概率，或不同模型或自然状态的概率。故存在这样一个论点：给定自变量和先验信息，某一特定观测结果的条件概率可以通过古典概率产生。

这个先验信息的概率可以由以前的或临时的数据估计得到。但是，即使直接给出这些先验信息，贝氏分类器还需要进行第二步：给定数据和先验信息，计算组员的后验概率。第二步至关重要，它曾限制贝叶斯方法对任何样本量的数据集的广泛应用。因为计算能力的急速发展，消除了很多纯计算问题。但是，贝氏分类器为了与其他方法达到同一级别的模型精度，需要更多的样本。简而言之，这个困难可以理解为几个步骤结合所带来的困难：先验概率的估计，高维积分的计算。一般的贝叶斯方法在本质上就与所谓的频率学派方法不一样，因此，与其他方法相比，模型的拟合和误差较难得到。

下面介绍变体贝氏分类器，即朴素贝叶斯方法（native Bayes method）。它假设所有的特征在统计意义上是独立的，即特征之间至少是无关的。特别是，任何生物特征之间的相互作用［基因数据，等位基因数据，单核苷酸多态性数据（SNP），临床数据］为 0。通常，这个假设难以理解，但是这个方法却很有效。

给定一组自变量值，限制因变量概率是每个自变量条件概率的乘积。严格来讲，给定一组自变量 $(x_1, x_2, \cdots, x_k)$，假设想得到因变量 y 的概率，则等式为

$$\Pr(y \mid x_1, x_2, \cdots, x_k) = C \times \Pr(y) \times \Pr(x_1 \mid y) \times \Pr(x_2 \mid y) \times \cdots \times \Pr(x_k \mid y)$$

(4.79)

这里常数 C 是自变量取值为 $\{x_1, x_2, \cdots, x_k\}$ 的概率的倒数。乘积中的每一项都是一个条件概率，但是恰好相反：给定 y，计算自变量取 x 的概率。每一个条件概率 $\Pr(x_i \mid y)$ 是通过数据估计得到，并且式（4.79）的乘积公式可以估计 y 的概率。当然，一个完全的贝叶斯分析并不强加约束每个条件概率独立性。一般情况下，特征完全相依（至少相关）的结构为模型假设的一部分或从数据中得到很好的估计。

注意：为了使这个方法计算高效，尤其是有大量自变量时，通常假设自变量为离散值或以某种合理的方式离散化。事实上，数据通常为二元的 $\{0, 1\}$。一般统计推论中，可以通过对自变量范围的划分，把连续预测变量转为离散的或二元的。这样可能会使估计不准确或计算低效。如果数值的选取会极大地影响最终的结论或预测，则一些离散化过程

(binning process)的数值试验(把观测值转为离散值，$1 \leqslant x \leqslant 2$，$2 \leqslant x \leqslant 3$ 等)是有必要的。

4.5.5　Logic 回归

以一个二分类自变量 $\{0, 1\}$ 为开始，通过考虑原始自变量的所有逻辑结合来创建新的二分类自变量(Boolean：布尔逻辑体系)。假设 A 和 B 是两个原始自变量，则新的自变量 P_1，P_2，P_3 的形式如下：

$P_1(A, B) = \{A \text{ or } B\}$，如果 $A = 1$ 或 $B = 1$，则 P_1 为 1，否则 P_1 为 0。

$P_2(A, B) = \{A = 1 \text{ and } B = 1\}$，如果 $A = 1$ 且 $B = 1$，则 P_2 为 1，否则 P_2 为 0。

$P_3(A) = \{\text{not } A\}$，如果 $A = 0$，则 P_3 为 1；如果 $A = 1$，则 P_3 为 0。

这三个自变量可以通过十分复杂的方式结合，产生新的特征。如下：

$$\begin{aligned} f(A,B,C,D) &= \{(A \text{ or } B) \text{ or}(\text{not}(C \text{ and } D))\} \text{ or} (B \text{ and } c) \\ &= \{P_1(A,B) \text{ or}(\text{not } P_2(C,D))\} \text{ or} \{P_2(B,C)\} \\ &= P_1[\{P_1(A,B) \text{ or } P_3(P_2(C,D))\}, P_2(B,C)] \\ &= P_1[\{P_1\{P_1(A,B), P_3(P_2(C,D))\}, P_2(B,C)\}] \end{aligned}$$

前提假设是新的逻辑二分类变量的特征作为预测方法中的一部分，更有可能捕获两个二分类变量之间的相互作用。具体地，假设存在某些基因，它们通过相互促进或调控产生一种与潜在疾病 $\{\text{tumour, not tumour}\}$ 有关的蛋白质，而 SNP1 和 SNP2 与这些基因有关，则一个新的逻辑过程可以如下：

$$\begin{aligned} f(\text{SNP1, SNP2}) &= \{\text{SNP1 and}(\text{not SNP2})\} \text{ or} \{(\text{not SNP1}) \text{ and SNP2}\} \\ &= P_1[P_2\{\text{SNP1}, P_3(\text{SNP2})\}, P_2\{P_3(\text{SNP1}), \text{SNP2}\}] \end{aligned}$$

由上述内容可知，逻辑运算看起来非常复杂，却又非常迅速。然而，逻辑回归算法也没有因为运算的复杂性而很麻烦。这里很重要的一点就是逻辑回归程序以一种受控的方式在运行，这样使用者就不需要发现新的逻辑特征。逻辑回归的一个重要方面是对新的逻辑表达式 $f(A, B)$ 的复杂度没有逻辑上的限制。

4.5.6　k-最近邻法

k-最近邻法(k-NN)是一个非常简单的机器学习方法。它是一种最原始的方法，因此不需要任何统计或概率假设，而且易于理解。并且，某些技术理论表明，这个方法非常有效。

k-最近邻法的基本逻辑是：对某个事物进行分类应该依赖这个事物局部邻域(neighbor)。因此，如果一个数据点被很多"不能幸存"的点包围，则这个点可能也是"不能幸存"的。总而言之，这是一个非常好的方法，但是需要定义邻域，也就是需要对子事物定义距离测量公式。

一个常用的距离，其每一个估计值为特征空间(可能为高维)的一个分量。邻域可以通过搜索与已知例子相似的数据并确认预值 k(相邻最近的个数)得到。通过对比不同的 k，选择最合适的那个。最后，可以完全根据邻域的性质进行分类，也可以使用权值函数来调整分类，因为一个邻域的权值是这个邻域局部距离的函数。当然，当加入新的数据，邻域也会发生改变，因此需要进行新的距离计算和加权。此外，可以基于数据本身，选择适合的距离函数。

接下来讨论，给定距离函数，怎样选择一个合适的 k，即这个局部邻域到底有多"深"。除了依赖数据本身以外，另一个较普遍的情况是，k 值越大，类的边界就越平滑，而这不是一个好现象。选择一个合适的 k 值，需要通过一些参数优化技术。例如，进化和遗传算法或交叉验证。对 k 值选取的深入研究表明，k 应该随数据量的增大而增大，但是速度不能过快。

邻域的另一种定义是定义数据的子集个数，即对所有的数据点进行分区，则每个新事物出现在它属于的那个小邻域内。这是分类回归树方法（classification and regression tree approach），如随机森林（random forest）、随机丛林（random jungle）等的基本思想。事实上，随机森林可以看做最近邻法的一种调整。

由于对新事物进行分类时，需要计算它与其他事物所有可能的距离，因此在计算上比较困难，尤其是数据量很大的时候。但是，总体而言，k-最近邻法更易于实现。

4.5.7 支持向量机

支持向量机（support vector machine，SVM）属于大型核方法（kernel method）。一个主要的思想就是，它可以用一种有序的方式，系统并迅速地生成新的特征。这种方法在原始特征无法用线或面区分的时候非常重要。因此，对特征进行转化后，在转换后的空间中对这些以前不易区分的特征进行区分。

通过所谓的核函数，可以以一种十分系统的方式引入大量关于新特征的函数组。这些函数相当于是对数据点进行的一种新的距离测量。新函数属于与数学有关的函数，如线性、二次函数、多项式或指数函数等。这些函数以多种方式结合在一起产生额外的内核。之所以使用内核函数，一个重要的原因就是计算快。作为都是以一种有序的方式引入新特征的方法，SVM 与布尔逻辑回归方法（Boolean logic regression）存在表面的相似性，SVM 既不需要把原始特征或新特征在结果中变成二分类，也不需要利用二分类变量作为输入变量。

靠近决策边界附近的点非常重要。给定一个核函数，如果它们离边界不远，甚至在错误的另一边，则这些真正关键的点被认为在支持向量规则的边界。给定内核函数的 SVM 可以使这个边界最大化，同时限制模型的预测误差。由于总是在限制误差和边界最大化这两个目标中权衡，可以通过用户输入参数来调节这两个目标。

任何一致的机器学习都是在局部邻域：每一个测试点只需在局部邻域里测试。如上所述，SVM 和所有适合的正则化方法的分类结果都是高度一致的。因此，它们在局部地区也会一致。这种局部性质可以说明这个机器学习的稳健性，并且对数据点远远偏离测试点也不敏感。这个在实际应用中非常有用。

最后，数据点在 SVM 边界上称为支持向量（support vector）。通常，这样的向量比较少，因此也称为稀疏点（sparse）。这是种比较好的情况，因为 SVM 的最终决定函数只与这些点有关。另外一个需要记住的是，这些支持向量——决定边界的点，不一定是典型点（typical point），它们可能与两个分类组的均值相差甚远。另外，稀疏点也可以从其他机器学习中得到。

4.6 高斯图模型

4.6.1 高斯图模型

高斯图模型(Gaussian graphical model, GGM)适用于变量大于样本量的情况,所以可以应用于基因数据的分析,如基因表达预测、基因网络分析等(Wong et al., 2003)。高斯图模型(GGM),又名协方差选择模型(Schäfer and Strimmer, 2004),是一个无向图模型(Dempster, 1972; Whittaker, 1990; Edwards, 1995)。该方法下的观测数据矩阵 X 有 N 行(样本数量)和 G 列(基因个数),且里面的元素假定都是来自多元正态分布 $N_G(\mu, \Sigma)$,其中 $\mu = (\mu_1, \mu_2, \cdots, \mu_n)$,正定协方差矩阵 $\Sigma = (\sigma_{ij})$,$1 \leq i, j \leq G$。通过 $\sigma_{ij} = \rho_{ij}\sigma_i\sigma_j$,协方差矩阵 Σ 可以进一步分解为方差分量 σ_i^2 和布雷瓦斯皮尔逊相关矩阵(Bravais-Pearson correlation matrix)$P = (\rho_{ij})$。

相关系数高意味着两个基因:①直接相互作用;②间接相互作用;③被一个共同基因所调控。但是,对于构建基因相关网络的边只需要两个基因间的直接关系。在高斯图模型框架中,两两之间的直接关系强度通过偏相关矩阵 $\Pi = (\pi_{ij})$ 体现。这些系数表示任意两基因 i 和 j 在所有其他基因下的相关性。标准图模型理论(Edwards, 1995)认为矩阵 Π 是标准相关矩阵 P 的转置,则

$$\Pi = P^{-1} = (\omega_{ij}) \tag{4.80}$$

$$\pi_{ij} = -\omega_{ij} / \sqrt{\omega_{ii}\omega_{jj}} \tag{4.81}$$

注意:式(4.80)的求逆过程,用协方差矩阵 Σ 取代相关矩阵 P 是同样有效的。

因为多元正态分布在边际化和某些条件下是封闭的,偏相关 π_{ij} 是基因 i 和 j 的条件二元分布的相关系数。此外,根据正态性,两个变量在给定其余变量下是条件独立的,当且仅当对应的偏相关为零。同样,联合正态随机变量的条件独立图形由相关矩阵 Ω 的转置中零的位置决定(Whittaker, 1990)。

为了从给定数据中构建 GGM 网络通常需要以下步骤。①相关矩阵 P 的估计,通常通过标准无偏样本协方差矩阵得到,即 $\hat{\Sigma} = (\hat{\sigma}_{ij}) = \frac{1}{N-1}(X - \bar{X})^T(X - \bar{X})$。②偏相关系数估计可以通过式(4.80)和式(4.81)的样本相关矩阵得到。③应用统计检验,决定偏相关矩阵估计中的元素是否显著不为零。最后,得到的相关结构可以用图表示,其中边对应非零偏相关系数。

但是这个算法只适用样本量 N 远大于变量 G 的个数的情况。否则,样本协方差矩阵是一个非正定不可逆矩阵。这样反过来妨碍了偏相关系数的直接计算(Friedman, 1989; Hastie and Tibshirani, 2004)。此外,小样本量使得大多数统计检验对 GGM 失效,因为它通常需要大样本量 N,从而达到渐进有效性。

4.6.2 小样本偏相关估计

为了获得可靠的小样本点偏相关估计系数,这里对标准图形高斯模型框架提出两个简

单而有效的变化。第一,对相关矩阵 P 的估计取逆时采用穆尔-彭罗斯广义逆矩阵(Moore-Penrose gen-eralized inverse matrix);第二,采用引导聚集(bootstrap aggregation)来稳定估计。

穆尔-彭罗斯广义逆矩阵是标准逆矩阵的一种扩展(Penrose,1995),它可以应用到基于奇异值分解(SVD)的奇异矩阵。相关矩阵 P 可以分解成 $P = UDV^T$,其中 D 是一个对角矩阵,且秩 $m \leq \min(N, G)$。伪逆解 P^+ 定义为 $P^+ = VD^{-1}U^T$,这里只需 D 的平凡逆(trivial inversion)。可以证明伪逆解 P^+ 为 $PP^+ = I$ 的最小二乘解,因此可能产生标准逆矩阵。

给定数据集 y,引导聚集是一种简单又通用的方法,用以改善不稳定估计 $\hat{\theta}(y)$。该算法主要步骤如下。

(1) 产生引导样本 y^{*b} 更换原始数据。独立重复这个过程,$b = 1, \cdots, B$(例如,$B = 1000$)。

(2) 对每个数据样本 y^{*b},计算估计值 $\hat{\theta}^{*b}$。

(3) 计算引导均值 $(1/B) \sum_{b=1}^{B} \hat{\theta}^{*b}$,用来得到引导聚集估计。

简而言之,引导聚集本质上是一种方差还原法(variance reduction method)。换而言之,引导聚集估计是一种贝叶斯后验均值估计的近似。

结合这些方法可以构建偏相关矩阵 $\Pi = (\pi_{ij})$ 的小样本估计。这里主要考虑以下三种可能。

(1) $\hat{\Pi}^1$:利用伪逆解对样本相关矩阵 $\hat{P}$ 求逆,从而不需要任何引导形式,得到 Π 的估计。

(2) $\hat{\Pi}^2$:利用引导聚集估计相关矩阵 P,然后利用伪逆解对引导聚集相关矩阵求逆,从而得到 Π 的估计。

(3) $\hat{\Pi}^3$:应用引导聚集得到 $\hat{\Pi}^1$ 的估计。例如,利用伪逆解对每个引导估计 $\hat{P}^{*b}$ 求逆,然后对所有结果取均值。

通过以上构建,三种方法都可以应用于样本量小于变量个数的情形。但是就精度而言,三种方法显著不同。

4.6.3 样本偏相关的原假设

为了解决非零偏相关的统计检验问题:

$$H_0: \pi_{ij} = 0, H_1: \pi_{ij} \neq 0 \tag{4.82}$$

在原假设 $\pi_{ij} = 0$ 下,需要样本分布满足 $\hat{\pi}_{ij} = p_{ij}$。

根据霍特林在1953年的一篇论文(Hotelling,1953),已知样本标准相关系数 $\hat{\rho} = r$ 的分布。当 $\rho = 0$,则

$$f_0(r;k) = (1 - r^2)^{(k-3)/2} \frac{\Gamma(k/2)}{\pi^{1/2} \Gamma[(k-1)/2]} \tag{4.83}$$

式中,k 为自由度。对于标准相关系数,自由度 $k = N - 1$,N 为样本量。$\rho = 0$ 时,r 的方

差等于 k 的倒数，即 $\mathrm{var}(r) = 1/k$。

样本标准偏相关系数 $\hat{\pi} = \rho$ 的分布精度与标准相关系数 $\hat{\rho} = r$ 一样，而 k 会随着变量个数的减少而降低。因此，如果存在 G 个变量[为了计算对偏相关系数(pairwise partial correlation coefficients)，需消除 $G-2$ 个变量]，最终自由度为 $k = N - G + 1$。这就意味着如果 k 为正数，则 N 不能小于 G。

在小样本设置中，不能使用标准偏相关估计 $\hat{\Pi}$，但是可以用其他几种估计，如 $\hat{\Pi}^1$，$\hat{\Pi}^2$，$\hat{\Pi}^3$。一方面，不能通过分析得到这些样本分布的估计。另一方面，它们各自模拟的样本分布仍然具有式(4.83)的形式，即使方差较小，甚至当 $k > 0$ 时，$N < G$。这样自由度 k 不是一个关于 N 和 G 的简单函数，而是从数据中估计得到。

4.6.4 罗宾斯-埃夫隆型推论的经验检验分布

原则上，给定一个合适的 k 值，根据式(4.83)可以计算一个关于偏相关系数估计的 p 值，因此可以对 GGM 网络中的边是否存在进行统计检验。

因为没有反复估计偏相关系数所对应的每一条边，所以估计自由度 k 有点困难。但是，可以利用边检验问题的高度并行结构及生物网络通常是稀疏的这个事实(Yeung et al., 2002)，来对自由度 k 进行估计。在一个网络中，如果有 G 个基因，则可能存在的边为 $E = G(G-1)/2$。但是只有一小部分 η_A 对应真正的边，因此大部分偏相关系数都会为 0。

假设网络中所有边的偏相关系数 p 服从一个混合分布：

$$f(p) = \eta_0 f_0(p;k) + \eta_A f_A(p) \tag{4.84}$$

式中，η_0 和 η_A 分别是原分布 f_0(null distribution)和备择分布 f_A(alternative distribution)的先验，且 $\eta_0 + \eta_A = 1$，$\eta_0 \gg \eta_A$。原分布 f_0 可以由式(4.83)计算得到。简单起见，假设偏相关系数分布中真正存在的边 $f_A \sim U(-1, 1)$。注意，也可以假设 f_A 服从复杂的分布，包括非参估计。

用混合分布拟合已测偏相关系数(通过最优化相应的极大似然函数或 EM 算法)可以推断参数 $\hat{\eta}_0$ 和 $\hat{k}$。然后利用原分布 f_0 和 $\hat{k}$ 作为嵌入式估计量，对网络中每条可能存在的边直接计算双边 p 值。此外，计算

$$\Pr(\text{the edge is not equal to zero} \mid p) = \frac{\hat{\eta}_0 f_A(p)}{f(p;\hat{k})} \tag{4.85}$$

也就是，边的经典后验概率存在。

虽然这个方法在图模型(graphical model)检测边是否存在比较新颖，但是却受检测不同表达基因方法的启发(Sapir and Churchill, 2000; Efron et al., 2001; Efron and Robbins, 2003)。这里假定大多数研究基因没有表达差异，使用混合分布对不同表达基因建模。

这个过程中的关键因素是芯片数据集中大量的基因 G 变成了一个优势：随着 G 的增加，非零边的数量 $\eta_0 E$ 也增加，因此，很容易从数据中估计原分布。利用自由度 $\hat{k}$ 的估计，定义有效样本容量 $N_{\text{eff}} = \hat{k} + G - 1$。它在标准正态偏相关系数下，反映样本容量和 k 之间的关系，也可以扩展到其他估计如 $\hat{\Pi}^1$，$\hat{\Pi}^2$，$\hat{\Pi}^3$。

4.6.5 利用错误发现率多重检验选择高斯图模型

选择一个与数据一致的高斯图模型的简单方法是对网络图中所有潜在边 $E = G(G-1)/2$ 进行检验,如边所对应的偏相关系数显著不为 0(Whittaker,1990;Drton et al.,2004)。过程如下:首先,对每条边计算 p 值 $p_1, p_2, \cdots, p_E$。然后,由于并行检测,应用多重检验。

这里,采用 FDR 多重检验方法(false discovery rate multiple testing),FDR 控制假阳性在总的拒绝个数中的期望比例而不是任意假阳性的概率(Benjamini et al.,1995)。基本算法如下。

(1)构建有序 p 值集合 $p_{(1)}, p_{(2)}, \cdots, p_{(E)}$,且这些集合分别对应 $e_{(1)}, e_{(2)}, \cdots, e_{(E)}$。

(2)令 i_Q 为最大的 i 值,使得 $p_{(i)} \leq (i/E)(Q/\eta_0)$。

(3)在所有边 $e_{(1)}, e_{(2)}, \cdots, e_{(i_Q)}$ 中,拒绝偏相关系数为零的边。

显而易见,这个算法在水平 Q 上控制 FDR(Benjamini and Hochberg,1995;Storey,2002)。此外,FDR 无论对频率学派还是对贝叶斯学派都是适用的(Efron et al.,2001;Efron and Robbins,2003;Storey,2002)。以上的决策规则(decision rule)需要规定偏相关为零的比例 η_0。这个参数可设为 0,也可从数据中灵活估计得到。$\hat{\eta}_0$ 估计可以从式(4.84)拟合得到。

利用多重检验选择 GGM 的优点是对大量基因在实际中具有可操作性并且计算高效。然而,这是一种启发式方法,只能近似搜索所有 GGM。此外,可能的网络拓扑结构随着结点的个数呈超指数增长。随机搜索如 Bayesian MCMC 抽样适用于这种情况。

4.6.6 分析方法及计算机编程

总体而言,由小样本数据构建大 GGM 包含以下步骤。

(1)选择合适的偏相关点估计 $\hat{\Pi}^1, \hat{\Pi}^2, \hat{\Pi}^3$。
(2)对每条可能的边计算偏相关估计。
(3)通过式(4.84)混合分布估计自由度 k。
(4)对每条边计算双边 p 值和后验概率。
(5)利用 FDR 多重检验选择 GGM 中的边。
(6)重新构建网络结构。

参考文献

刘次华. 2008. 随机过程. 4 版. 武汉:华中科技大学出版社:2-15.

Asmussen S, Glynn P W. 2007. Stochastic Simulation. New York:Springer-Verlag.

Benjamini Y, Hochberg Y. 1995. Controlling the false discovery rate:a practicaland powerful approach to multiple testing. J R Statist Soc B, 57:289-300.

Bernard A, Hartemink A. 2005. Informative structure priors:joint learning of dynamic regulatory networks from multiple types of data. Pacific Symposium on Biocomputing, 10:459-470.

Brooks S P. 1998. Markov chain Monte Carlo method and its application. Journal of the Royal Statistical Society, 47(1):69-100.

Christensen R, Johnson W, Branscum A, et al. 2011. Bayesian ideas and data analysis:an introduction for scientists and statisticians. Boca Raton: CRC Press: 164-171.

Davison A C. 1986. Approximate predictive likelihood. Biometrika, 73: 323-332.

Dempster A P. 1972. Covariance selection. Biometrics, 28: 157-175.

Devroye L. 1986. Non-Uniform Random Variate Generation. New York: Springer-Verlag.

Doob J L. 1996. The development of rigor in mathematical probability(1900-1950). Amer Math Monthly, 103: 586-595.

Drton M, Perlman M D. 2004. Model selection for Gaussian concentration graphs. Biometrika, 91: 591-602.

Drummond A J, Rambaut A. 2007. BEAST: Bayesian evolutionary analysis by sampling trees. Bmc Evolutionary Biology, 7(3): 214.

Edwards D. 1995. Introduction to Graphical Modelling. New York: Springer.

Efron B, Tibshirani R, Storey J D, et al. 2001. Empirical Bayes analysis of amicroarray experiment. J Am Statist Assoc, 96: 1151-1160.

Efron B. 2003. Robbins, empirical Bayes, and microarrays. Ann Statist, 31: 366-378.

Friedman J H. 1989. Regularized discriminant analysis. J Am Statist Assoc, 84: 165-175.

Friedman N, Linial M, Nachman I, et al. 2000. Using Bayesian network to analyze expression data. Journal of Computational Biology, 7: 601-620.

Gail M, Samet K J, Tsiatis A, et al. 2005. Statistics Methods in Bioinformatics: An Introduction. New York: Springer: 146-151, 409-422.

Gentleman R, Carey V, Huber W. 2005. Bioinformatics and Computational Biology Solutions using R and Bioconductor. New York: Springer: 292-304.

Granger C W J. 1969. Investigating causal relationships by econometric models and crossspectral methods. Econometrica, 37: 424-438.

Green P J, Silverman B W. 1994. Nonparametric regression and generalized linearmodels. Chapman & Hall, 90: 342-343.

Hastie T, Tibshirani R. 1990. Generalized additive models. Chapman & Hall, 1(42): 587-602.

Hastie T, Tibshirani T. 2004. Efficient quadratic regularization for expressin arrays. Biostatistics, 5: 329-340.

Heckerman D, Geiger D. 1995. Learning Bayesian networks: a unification for discrete and Gaussian domains. In Proceedings of the eleventh conference on uncertainty in artificial intelligenc: 274-284.

Heckerman D. 1998. A tutorial on learning with Bayesian networks. In: Jordan M I. Learning in Graphical Models. Kluwer Academic Publisher.

Horng H, Zhao H. 2011. Handbook of Statistical Bioinformatics. Verlag: Springer: 500-510.

Hotelling H. 1953. New light on the correlation coefficient and its transforms. J R Statist Soc B, 15: 193-232.

Imoto S, Higuchi T, Goto T, et al. 2003. Combining microarrays and biological knowledge for estimating gene networks via Bayesian networks. In Proceedings of the IEEE 2nd computational systems bioinformatics(CSB2003). 104-113.

Imoto S, Higuchi T, Goto T, et al. 2004. Combining microarrays and biological knowledge for estimating gene networks via Bayesian networks. Journal of Bioinformatics and Computational Biology, 2(1): 77-98.

Imoto S, Higuchi T, Goto T, et al. 2006. Error tolerant model for incorporating biological knowledge with expression data in estimating gene networks. Statistical Methodology, 3(1): 1-16.

Isaev A. 2006. Introduction to Mathematical Methods in Bioinformatics. 2nd edtion. New York: Springer: 34-68.

Krogh A, Brown M, Mian I S, et al. 1994. Hidden Markov Models in computational biology: application to protein modeling. J Molec Biol, 235: 1501-1531.

Lee T I, Rinaldi N J, Robert F, et al. 2002. Transcriptional regulatory networks in *Saccharomyces cerevisiae*. Science, 298: 799-804.

Lnza I, Calvo B, Armañanzas R, et al. 2010. Machine Learning: An Indispensable Tools in Bioinformatics. New York: Springer: 25-47.

L'Ecuyer P. 1990. Random numbers for simulation. Communication of the ACM, 33(10): 85-97.

Malley J D, Malley K G, Pajevic S. 2011. Statistical Learning for Biomedical Data. Cambridge: Cambridge Unirersity Press: 42-56.

Penrose R. 1955. A generalized inverse for matrices. Proc Cambridge Phil Soc, 51: 406-413.

Perrier E, Imoto S, Miyano S. 2008. Finding optimal Bayesian network given a superstructure. Journal of Machine Learning Research, 9: 2251-2286.

Ramanathan N. 2006. Applications of Hidden Markov Models. Springer: CMSC 828 J.

Robert C P, Casella G. 2010. Introducing monte carlo methods with R. New York: Springer: 199-206.

Rubinstein R Y, Kroese D P. 2007. Simulation and the Monte Carlo Method. Wiley: 49-69.

Sapir M, Churchill G A. 2000. Estimating the posterior probability of differentialgene expression from microarray data. Poster presentation, Jackson Laboratory, Bar Harbor.

Schäfer J, Strimmer K. 2005. An empirical Bayes approach to inferring large-scale gene association networks. Bioinformatics, 21(6): 754-764.

Sharma K R. Bioinformatics: Sequence Alignment and Markov Models. New York: The McGraw-Hill Companies: 133-146.

Stansfield W D, Carlton M. 2004. Bayesian Statistics for Biological Data: PEDIGREE ANALYSIS. The American Biology Teacher, 66: 177-182.

Storey J D. 2002. A direct approach to false discovery rates. J R Statist Soc B, 64: 479-498.

Tinerey L, Kadane J B. 1996. Accurate approximations for posterior moments and marginal densities. Journal of American Statistical Association, 81: 82-86.

Walsh B. 2004. Markov chain Monte Carlo and gibbs sampling. Notes, 91(8): 497-537.

Whittaker J. 1990. Graphical Models in Applied Multivariate Statistics. New York: Wiley.

Wilkinson D J. 2007. Bayesian methods in bioinformatics and computational systems biology. Briefs in Bioinformatics, 8(2): 109-116.

Wong F, Carter C K, Kohn R. 2003. Efficient estimation of covariance selection models. Biometrika, 90(4): 809-830.

Yeung M K S, Tegnér J, Collins J J. 2002. Reverse engineering gene networksusing singular value decomposition and robust regression. Proc Natl Acad Sci USA, 99: 6163-6168.

Yoon B J. 2009. Hidden Markov Models and their application in biological sequence analysis. Current Genomics, 10(6): 402-415.

生物信息组学技术篇

第5章 第三代基因测序组装算法和软件技术

马占山[①]　叶承羲[①②]

5.1 第三代基因测序及组装技术简介

人类基因组计划（human genome project，HGP）是迄今人类所完成的最大生物医学项目，该项目极大地推动了DNA测序技术的发展（Venter et al.，2001）。在过去的三十余年间，DNA基因测序技术历经三代；目前，正处于由第二代测序技术向第三代测序技术升级的关键转折时期。第三代测序技术着重于进一步降低测序成本并扩大其在生物医药研发及生物技术等领域的应用。然而，高效率基因组装算法的缺乏却成为三代测序技术大范围推广的最大障碍。第三代测序技术 PacBio 测序得到的长读段（5~20kb）的测序错误率达到15%（Koren et al.，2012），NanoPore 测序错误率更是高达40%（Lvaer et al.，2015）。相比于第二代测序数据的组装，第三代测序数据的高错误率极大的增加了组装的复杂度和成本。例如，第三代测序数据首次应用于人类基因组组装时，共耗费了近50万CPU小时，而第二代的 Illumina 测序数据组装仅用了约24CPU小时（Ye et al.，2012）。因此三代测序技术在刚起步时，实际应用仅限于细菌等小型基因组的重测序（Koren et al.，2015）。近年来，三代基因测序组装软件的研发已经取得长足进步（Au et al.，2012；Koren et al.，2012；Ye et al.，2014，2016；Berlin et al.，2015），尤其是针对高测序覆盖度的组装软件。但多数三代测序组装软件仍然需要较长的计算时间，并且不适用于中等测序覆盖度的数据。另外，虽然三代测序技术的价格不断降低，但是仍然高于目前主流的二代测序技术的价格。

基因组装（genome assembly）是指从大量测序短读段（reads）中重建基因组的过程，是完成任何基因组项目所必需的、最重要的基础步骤（Nagarajan et al.，2013；Berlin et al.，2016；Ye et al.，2014，2016）（图5.1）。与重测序（resequencing）项目不同，从头组装（de novo assembly）不依赖于参考基因组（reference genome），而是仅靠测序所获得的数十亿序列读段白手起家，构建测序对象的基因组。正是有了从头组装完成的参考基因组，重测序项目才成为可能。因此，从头组装构建基因组要远比后者困难，而组装精度也显得尤为关键。例如，组装的连续性（continuity）和碱基的准确性对基因测序项目所有对下游分析的成功与否都会有巨大的影响。然而，重复序列（repetitive sequences）增加了基因组装的难度，特别是当重复序列的长度超过测序读段的长度时。第二代高通量测序技术产生的读段仅有数百BP长，而短于大多数的重复序列。因此，依赖二代测序很难组装出高品质的完整基因组（Berlin et al.，2015）。

[①] 中国科学院昆明动物研究所、遗传资源与进化国家重点实验室（计算生物学与医学生态学实验室）。
[②] Department of Computer Science, University of Maryland, USA.

图 5.1 基因测序组装过程中构建的 Best Overlap Graph 示意图(Ye et al., 2016)

最新的第三代单分子测序技术(single molecule sequencing technology),其测序读段长度是第二代测序读段长度的数百倍。特别是 PacBio 公司首次推出的单分子实时测序(single molecule real time, SMRT)技术,采用 DNA 聚合酶锚定的零级波导技术(zero-mode waveguide)可以产生长达 54kb 的读段(Lee et al., 2014)。Oxford NanoPore 公司推出的 MinION 纳米孔测序技术的读段长度也超过 10kb。三代测序技术的超长读段为解析重复序列的难题、进而组装高质量完整性的基因组提供了必要的技术。

然而目前单分子测序技术所产生的读段错误率非常高(PacBio 错误率高达 13% ~ 18%, MinION 的错误率高达 40%)(Berlin et al., 2015; Laver et al., 2015),而目前广泛使用的二代测序技术其错误率通常低于 1%。因此,迫切需要新的算法解决测序错误的问题(Ye et al., 2016)。尽管 SMRT 测序错误率远高于二代技术,但其测序偏倚(sequencing bias)比以前的测序技术低(Ross et al., 2013; Chaisson et al., 2014),并且理论研究表明,随机的测序错误可以通过算法解决(Lam et al., 2014)。叶承曦与马占山等的 DBG2OLC 和 SPARC 算法也确实证实了这一点(Ye et al., 2016; Ye and Ma, 2016)。因此,只要有足够的测序覆盖度(如 50 倍的 PacBio P5C3),SMRT 测序技术完全能够支持准确完整组装基因组的任务,并且能够支持直接组装出大多数细菌和古菌的基因组。而叶承曦与马占山的 DBG2OLC 和 SPARC 软件更是将测序深度的要求降低到了 20% ~ 30%(Ye et al., 2014; Ye and Ma, 2016)。当然测序深度越高,基因组装越容易,但成本也越高,鉴于目前三代测序价格远高于普遍使用的二代技术,DBG2OLC 和 SPARC 软件的优势就更明显了。

三代测序技术所遇到的另外一严峻挑战是其基因组装计算的高度复杂性,最初的三代基因组装软件虽然能成功组装一些简单的基因组,但计算成本极高。例如,用 SMRT 的长读段组装果蝇(*D. melanogaster*)基因组时曾需要 600 000 CPU 小时,这意味着需要在上千个核的计算机集群上计算时间超过 20 天(Berlin et al., 2015)。即使是小型的细菌基因组的组装,用 HGAP 软件组装仍然需要 1 天的时间(Chin et al., 2013)。三代测序基因组装的最大瓶颈是对所有读段的两两比对以确定重叠区。在组装果蝇基因组时,通过两两比对确定重叠区的这一计算步骤耗费了全部组装时间的95%（Berlin et al.，2015）。即使三代测序的精确度得以改善，所有读段两两比对这一计算过程依然会是用于组装长读段的OLC（overlap consensus）算法的最大计算瓶颈（Miller et al.，2010；Berlin et al.，2015）。正是极高的计算成本、测序成本和错误率严重阻碍了第三代单分子测序技术在大型基因组测序中的使用，而使得目前绝大多数的三代测序仅限于基因组大小不超过100Mb的微小生物（Berlin et al.，2015）。

除了前面提到的解决测序错误难题外（从而大幅度降低测序成本），叶承曦与马占山的DBG2OLC也是最先解决了三代测序的计算复杂性。多组测序数据的测试表明，与目前最优秀的其他三代测序组装软件相比（如PacBio2CA，HGAP，ECTools），DBG2OLC在计算时间和内存空间的消耗通常仅为其他软件的1/10。理论上，DBG2OLC在时间和空间的使用上相对其他同类软件可减少达1000倍。例如，在解决前面提到的"两两比对"的计算瓶颈时，采用一组由PacBio提供的人类基因组数据，DBG2OLC使用一台普通PC仅用了6h就完成了。而同样计算，Pacific BioScience所报道的时间为405 000 CPU小时，而且是在谷歌的计算集群上完成的（图5.2）。DBG2OLC在计算效率和降低测序成本方面的优势使其在目前三代基因测序组装软件领域占据了重要地位。与SPARC算法和软件相结合，DBG2OLC有效地解决了目前三代测序技术所面临的计算技术挑战，并能够显著降低对测序深度的要求（从而大幅度节省测序成本）。本章将主要介绍DBG2OLC与SPARC（Ye et al.，2014，2016）。表5.1列出了目前主要的三代基因测序组装软件。

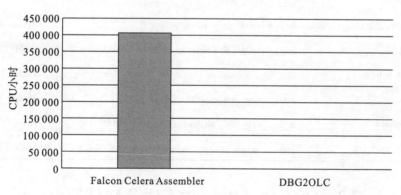

图5.2 比较DBG2OLC与Celera Assembler软件在解决"两两比对"计算瓶颈的差别：DBG2OLC用时仅6CPU小时，而Falcon在google计算集群上用时达405 000CPU小时（Ye et al.，2016，Seminar PPT）

需要指出的是，Berlin等（2015）提出一种新的算法——MHAP（MinHash alignment process）作为Celera组装软件的插件。MHAP能够高效率地检测三代测序长读段之间的重叠区；因此，MHAP算法的目的仍然是"两两比对"计算瓶颈。MHAP利用MinHash的数据结构对测序读段进行压缩。MHAP算法最初被用于检测互联网网页的相似性，MinHash能够将文本字符串转换为一组印记（fingerprints），称为"素描"（sketch）。在应用于基因组装之前，MHAP已经成功应用于计算文本、图片和序列的相似性，以及宏基因组的聚类分析（Berlin et al.，2015）。简单地说，为了创建一个DNA序列的"素描"，需要把所有的k-mer通过多级、随机的哈希函数转换为数字印记。对每一个哈希函数，仅保留数字印记的最小值。数字印记最小值的集合就组成了该序列的素描。这种对碱基位置敏感的哈希函数能够通过计算序列素描之间的海明距离(Hamming Distance),来估计 k-mer 集合之间的 Jaccard 相似性。两个序列的相似性与它们共有的 k-mer 数量强烈相关。由于序列读段的素描比读段本身要短许多,采用计算素描之间距离的方法预测估计读段之间的重叠区自然要比通过序列两两比对计算效率要高。因此,HMAP 作为 Celera 组装软件的插件自然能够大幅度地提高 Celera 的计算效率,有兴趣的读者可参看 Berlin 等(2015)的研究。HMAP 目前仅能应用于检测重叠区的边界,并不能用于进行"间隔性的比对"(gapped alignment)。这一缺陷对于组装 PacBio 读段并不受影响,原因是 Celera 在纠错阶段已经完成了间隔性的比对。但是,如果一个组装软件没有纠错这一步骤,则必须要一种快速的序列比对策略。

表 5.1 第三代基因测序组装软件列表

组装算法(策略)	软件	网址	参考文献
独立组装策略	Abruijn	https://github.com/fenderglass/ABruijn	Lin 等(2016)
	HGAP	http://www.pacbiodevnet.com/HGAP	Chin 等(2013)
	MiniMap/MiniAsm	https://github.com/lh3/minimap	Li(2016)
混合组装策略	DBG2OLC & SPARC, Sparse Assembler	https://sites.google.com/site/dbg2olc https://sourceforge.net/projects/sparc-consensus/ http://adsabs.harvard.edu/cgi-bin/bib_query?arXiv:1108.3556	Ye and Ma(2016) Ye 等(2014, 2016) Ye 等(2011, 2012)
	HybridSPAdes	http://bioinf.spbau.ru/en/spades	Antipov 等(2016)
	AHA	http://rhallpb.github.io/Applications/AHA.html	Bashir 等(2012)
	MaSuRCA	ftp://ftp.genome.umd.edu/pub/MaSuRCA/	Zimin 等(2013)
	Nas	http://www.genoscope.cns.fr/nas	Madoui 等(2015)
	PBcR	http://www.cbcb.umd.edu/software/PBcR/	Koren(2012)
	PacBioToCA	https://github.com/PacificBiosciences/pacBioToCA	Koren 等(2012)

5.2 第三代基因组装算法及软件简介:以 DBG2OLC 和 SPARC 为例

如前文所分析,第三代基因测序算法和软件所面临的挑战包括:①第三代测序的长读段使得序列两两比对的计算极端耗时;②超高的测序错误率;③远高于第二代测序技术的测序成本。叶承曦与马占山等(Ye et al., 2014, 2016; Ye and Ma, 2016)提出一种新的混合组装的策略,即综合利用廉价的第二代测序数据和第三代测序数据,以及在算法方面的创新来解决第三代测序基因组装的难题。混合组装算法在他们开发的软件之前已成功应用于第三代测序的基因组装问题。因此,DBG2OLC 和 SPARC 的成功主要来自于算法的创新。简单讲,第三代基因组装软件通过采用以下三条基本的设计原则并取得其优势:①通过引入压缩读段的算法提高读段比对的计算效率;②忽略碱基水平的错误,而将纠错重点放在检测并纠正结构性错误;③组装并细化修正(polishing)纠错后的第三代序列。利用已经完成组装的第二代测序数据对第三代长读段进行压缩,由此可以将 de Bruijn 图(DBG)算法转换为 OLC(overlap-layout-consensus)算法,这也是我们将软件命名为 DBG2OLC 的原因。

5.2.1 第三代基因组装算法原理简介

基因组装软件的发展受到多种因素的影响,其中最重要的因素为测序读段的长度(Nagarajan and Pop, 2013)。虽然测序读段长度的增加能简化基因组装图(genome assembly graph),但是测序长度也是影响基因组装计算复杂性(computational complexity)的关键因素。计算生物学家历来把基因组装问题转化为图论中图的遍历问题(graph traversal problem)(Pevzner et al., 2001; Meyers, 2005; Nagarajan and Pop, 2013)。在第一代测序技术,基因组装即是从测序序列的重叠图(overlap graph)中找出最大可能的基因组序列。String Graph 算法和 Best Overlap Graph 算则是 OLC(overlap layout consensus)算法的特殊形式,它们均通过简化全局重叠图(global overlap graph)来提高组装的效率(Miller et al., 2008; Simpson and Durbin, 2012; Meyers, 2005)。以读段为基础的组装算法,其目的是高效率地将读段进行排序,在构建 OLC 图时必须进行极端耗时的两两比对计算。在组装第一代测序技术产生的低通量数据时,两两比对耗费的时间还勉强可以接受。但是当两两比对计算在处理大量第二代高通量测序技术产生的短读段时,其耗时则变得难以接受。为了组装第二代测序技术产生的大量短读段(short reads),计算生物学家开发出了 DBG (de Bruijn graph)算法。DBG 算法将读段"打断"成更短的、互相重叠的 k-grams(长度为 k 的碱基序列片段),通常称为 k-mer;这些 k-mer 之间通过重叠序列连接。从 k-mer 图中的线性区域(无分叉)可以提取基因组装的结果(Pevzner et al., 2001)。

基于 OLC 算法的组装软件[例如,Celera Assembler(Venter et al., 2001), AMOS(Treangen et al., 2011), ARACHNE(Batzoglou et al., 2002)]最初是为组装第一代测序技术产生的数据。在 DBG 算法成为第二代数据组装事实上的标准算法之前,OLC 算法也曾用于组装第二代高通量测序数据。最新的第三代测序技术,包括单分子实时测序技术(SMRT)、纳米孔测序技术,产生的读段远长于第二代测序技术的读段长度。第三代测序技术产生的长读段赋予 OLC 算法新的生机,然而第三代测序数据的高错误率又使原来的 OLC 算法难以直接得到应用。同时,高错误率的长读段会大幅度增加 DBG 图中的分支路径,因此 DBG 算法也不适用于组装第三代测序数据。面对这些挑战,第三代测序技术的开发者寄希望于通过纠错技术来产生高质量的长读段(Lee et al., 2014; Hackl et al., 2009; Chin et al., 2013; Au et al., 2012),然后使用第一代测序技术的组装算法。然而,即使是面对小型基因组,长读段的纠错也需要消耗大量的计算资源。另外,目前三代测序技术所需要的测序深度(通常 50~100X)的数据,也使得第三代测序的成本居高不下。DBG2OLC 软件(Ye et al., 2014, 2016)的发布基本解决了目前三代测序技术在组装软件领域所面临的挑战。

一些计算生物学家采用构建 Scaffold 的方法填补高质量组装区域之间的 Gap(低质量区域),这类软件有 AHA (Bashir et al., 2012), PBJelly (English et al., 2012), SSPACE-LongRead(Boetzer and Pirovano, 2014)等。在这些软件的算法中,首先通过把读段比对到 Contig 构建单个 Scaffold,然后利用横跨多个 Contig 的读段构建 Scaffold 图。在 ALLPATHS-LG

(Ribeiro et al., 2012)和 Cerulean (Deshpande et al., 2013)软件中，长读段用于在 de Bruijn graph 中搜寻最佳路径用以填补 Contig 之间的 Gap。尽管上述软件在组装第三代测序数据方面已取得重要的进步，然而错综复杂的序列仍然会导致结构错误。更为严重的是，优先深度的图搜索算法通常具有指数复杂度；高度重复的区域（如简单序列的长重复区域）会增加搜索深度，并且通常无法解决重复序列的问题。另外，对于长读段最具应用潜力的重叠图结构并没有得以充分的开发。这些算法通常依赖于启发式的参数（如 Contig 长度），并且需要大量迭代（Ribeiro et al., 2012）。为了避免混合策略带来的问题，Hierarchical Genome-Assembly Process (HGAP)(Chin et al., 2013)软件采用非混合组装策略（non-hybrid strategy）组装 SMRT 数据，这种方法不需要第二代技术（NGS）产生的短读段数据。HGAP 包含一个共识搜寻算法（consensus algorithm），该共识搜寻算法利用同一文库中的较短读段改正最长读段中的错误，从而能够找出高度准确的重叠序列。这种纠错方法最早用于混合组装策略，目前已经广泛用于组装流程中。然而，HGAP 要得到准确的组装结果，需要较高的测序覆盖度（50~100x），并且需要大量的纠错时间。应该指出的是，以上提到的软件中，多数算法都只能高效率地组装细菌等小型基因组。当应用于哺乳动物或高等植物等大型基因组组装问题时，计算极端费时（需要多达 $10^5 \sim 10^6$ CPU 小时）。这类大规模计算只能在大型计算集群或超级计算机上完成，远超过一般工作站的计算能力。而 DBG2OLC 则可以在普通服务器，甚至普通的工作站完成。

5.2.2 DBG2OLC 组装算法和流程

DBG2OLC 算法能够高效率地组装大型动植物基因组（Ye et al., 2014, 2016）。研究人员发现，对长读段中碱基水平的纠错和长读段的两两比对占用了基因组装的绝大部分计算时间，但是这两个步骤在组装初期阶段都不是必需的，如果所有测序读段的结构都正确（无嵌合体），则可以组装出结构正确的基因组，并在组装最后阶段纠正碱基的错误。根据这个发现，研究人员开发出一个开始阶段无需对碱基纠错的组装流程。不同于以往的方法，该组装流程用第二代测序组装算法降低第三代测序数据比对的计算复杂度，而非仅用于"细微修正"第三代测序序列。这一策略使得 DBG2OLC 算法可以充分利用第二代测序数据成本低的优势，同时避免了前面提及的其他混合组装算法的问题。同时，因为第二代测序数据和第三代测序数据相互独立，在一组数据中的空隙（gap）可能会被另一组数据所覆盖。对第二代测序数据的充分利用也降低了对第三代测序数据测序深度的要求，由此降低了测序成本。因此，DBG2OLC 算法能够取得混合组装方法和非混合组装方法各自的优点。具体地讲，该算法把从第二代测序数据组装得到的 Contig 比对到第三代测序的长读段，并构建长读段的"锚"。每个长读段都被压缩成第二代 Contig 的标记符。因为压缩后的读段远短于原始读段，寻找备选的重复区域成为一个简单的书签问题（bookkeeping problem）。借助 Contig 的标记符，近似比对及重复区域的计算变得极为简单。利用压缩后的读段构建重叠图，提取重叠图中非分支的线性区域，并将其解压还原为原始序列。最后，用共识搜寻算法在碱基水平对基因组"草图"进行"细微修正"，从而完成最终的组装过程。总之，与原有的方法相比，DBG2OLC 算法能够高效组装大型基因组的第三代测序数据，大幅度降低计算时间、所需内存及测序覆盖度，同时降低组装质量对于测序错误的敏感度。另外，其组装流程直接利用读段的重复信息，高效地解决了读段的 threading 问题，而该问题无论在理论上和实践上,甚至对于第二代测序技术,同样极其重要(Pevzner et al.,2001;Chaisson et al.,2009)。

DBG2OLC 算法从 DBG 图中线性非分支区域(linear unambiguous regions)开始,结束于 OLC 图中线性非分支区域。整个算法基于以下 5 个步骤,每个步骤都采用高效率的方法进行。

(1)采用第二代测序数据构建 DBG(de Bruijn graph),并生成 Contig。

(2)将 Contig 映射到长读段并锚定到长读段上。长读段被压缩为 Contig 标签的列表,从而大幅降低长处理长读段的计算代价。

(3)用多重序列比对方法对压缩读段进行修正,去除结构错误(嵌合体)。

(4)用压缩修正后的长读段构建最优重叠图(best overlap graph)。

(5)将长读段解压缩,并对长读段排序,计算一致性,组装出基因组序列。第(2)~(5)步的具体过程简介如下,第(1)步的具体要求可以参见 SparseAssembler 软件(Ye et al.,2012),该软件是研究人员此前为第二代测序技术所开发的基于 DBG 算法的基因组装软件。华大基因 SoapDenovo 的升级版 SoapDenovo-II 即采用了 SparseAssembler 中的核心算法(Sparse k-mer)(Luo et al.,2012)。

5.2.2.1 读段压缩(reads compression)

我们用简单的 k-mer 索引技术对每条 NGS DBG Contig 建立索引,并把 Contig 比对到第三代读段上作为"锚点"。去除出现在多个不同 Contig 中的 k-mer 以避免歧义。根据经验,对 PacBio 测序读段,一般取 $k=17$。对于第三代测序产生的每个长读段,找到其匹配的 Contigs 标签。如果特异性匹配到某个 Contig 的 k-mer 数量超过一定阈值(阈值在设置时要考虑到 Contig 长度),则宣布其为 Contig 标签。设定这个阈值范围是(0.001~0.02)*Contig_Length。这样用户很容易调整阈值从而平衡组装的灵敏性和特异性。对于低测序覆盖度的数据,这个阈值要设得更低以保证更好的灵敏性;设置较高则会产生更高的精确性。在所有的测试实验中,所有的 Contigs 都是由 SparseAssembler 软件(Ye et al.,2012)组装获得。

经过以上处理后,每个第三代测序读段都被转换成排序后的 Contig 标签列表,如 {Contig_a,Contig_b}。这里的 Contig_a 和 Contig_b 表示两个不同的 Contig。同时记录这些 Contig 比对时的方向。这种压缩方式相对于原始的长读段会损失部分信息,而这种转换后的读段被称为压缩读段。每个压缩读段与其反向互补序列等价,相同的压缩读段则被合并。因为 DBG 能高效地将基因组分割成 Contig,这种压缩可以极大地降低测序数据量。而且,压缩后的读段能横跨一些第二代测序数据中低覆盖度,甚至是无覆盖的区域;这些在第二代测序数据中的 Gap 区域,能被第三代测序数据所覆盖。同样,较小的第三代测序数据的 Gap 也可能被第二代测序数据所覆盖。这些测序 Gap 可以在最后一步被填充。将检测相似压缩读段转化为一个简单的书签标记问题,用少量计算机内存就能快速准确地找到压缩读段的重叠区。

5.2.2.2 极速两两比对(ultra-fast pair-wise alignment)

现有的大部分基因组装算法都基于读段与读段之间灵敏精确的匹配计算完成组装。在

DBG2OLC 中，压缩读段远短于原始读段（1/1000～1/10），所以其在比对压缩后的读段方面极其高效。DBG2OLC 采用简单的书签标记策略，并用 Contig 标签建立反向索引。每个标签都指向一组包含这个标签的读段。这个反向索引帮助用户通过共有的 Contig 标签快速搜索潜在的重叠读段，仅对这些备选的压缩读段进行序列比对。用 Smith-Waterman 算法计算比对的评分（Smith and Waterman，1981），对匹配的 Contig 标签加分，对不匹配的 Contig 标签予以罚分。Contig 长度和匹配上的 k-mer 数量决定了匹配或不匹配的得分高低。通过压缩读段，DBG2OLC 算法能用极少的时间完成序列的两两比对。取决于前面提到的压缩率（1/1000～1/10），DBG2OLC 算法一般可以提高计算效率（节省计算时间和内存空间）10～1000 倍。

如前所述，组装流程的优化程度取决于对每个读段碱基水平上纠错算法的计算效率。然而，研究人员的一个重要发现就是：碱基水平的测序精确程度并非是组装 Contig 的"拦路虎"，而真正的拦路虎可能是像嵌合体（chimeras）这样的结构性错误。如果不去除这些嵌合体，重叠关系中会出现许多假阳性读段，进而导致重叠图的混乱。为了解决这一问题，研究人员用多重序列比对算法，将每个压缩读段都与其他备选读段作比对。通过多重比对，能检测出嵌合体及每个读段中假阳性的 Contig 标签。这两种测序错误去除后，每个压缩读段都可以被至少一个其他的读段所确认。剩下的一些微小测序错误（大多数是假阴性）可以被比对算法所容忍。实验表明，DBG2OLC 算法能足够精确地找到重叠区，用以构建基因组装的骨架。

5.2.2.3 读段重叠图（read overlap graph）

目前的混合组装策略都是用长读段连接（link）短读段的 Contig，DBG2OLC 法则迥异：用短读段的 Contig 帮助链接长读段。研究人员运用上述的比对算法构建最优重叠图。在最优重叠图中，每个点表示一个压缩读段。对每个结点（node），通过重叠区的评分寻找最优的重叠结点（Miller et al.，2008），这些结点之间的链接被记录下来。构建最优重叠图需要两轮计算。第一轮，去除所有被包含结点（contained nodes）。例如，如果 {Contig_a, Contig_b, Contig_C} 已存在，{Contig_a, Contig_b} 就可以被去除。这样做可以避免计算重复点和被包含点等不必要的比对。第二轮，计算所有未被包含结点之间的后缀－前缀重叠区。结点通过最优重叠区排序双向链接，然后通过去除 tiny tips 及 merge bubbles 来简化最优重叠图。而无法解决的重复序列会使图产生分支。接下来输出最优重叠图中没有分支的线性区域，这些点之间都是最优重叠。

用压缩读段构建重叠图有以下几个优点：①长读段信息得以充分利用；②长读段的比对能够很容易地通过二代测序数据的 Contig 高效率完成；③我们不再需要图的深度搜索算法（具有指数复杂度），这一方法耗费大量计算资源，是目前许多其他基因组装软件所使用的方法。

5.2.2.4 共识搜寻算法（consensus algorithm）

值得一提的是，只有在组装的最后阶段，压缩读段才被还原为测序序列读段。最优重叠图中线性的非分支区域构成了无歧义的组装序列（unambiguously assembled sequences）。位于这一区域的长读段解压后按照最优重叠方式被链接在一起。二代测序数据的 Contig 可用于填补第三代测序数据出现的 Gap。与每个主干(backbone)相关的读段通过 Contig 标签集合在一起。并把所有的读段比对到主干上并进行"细微修正"。我们用高效率的共识搜寻算法 SPARC 软件(Ye and Ma, 2016)完成这一基因组装的最后步骤。下节简介 SPARC 算法和软件及其应用。

5.2.3 SPARC 算法(软件)简介

共识搜寻算法(consensus algorithm)的重要性主要体现在：①共识搜寻算法是基因组装软件产生高质量基因组所必需的模块，而且通常是计算最耗时的模块；②许多基因组装软件通常都包含纠错模块以提高序列在碱基水平的准确性，而共识搜寻算法可以用于碱基水平的细微修正(纠错)，共识搜寻算法产生的高质量读段可以作为基因组装软件的输入；③共识搜寻算法在其他基因组学分析，如变异分析(variant calling)中起关键作用。图 5.3 示意共识搜寻算法在标准 OLC 算法基因组装流程中的位置。

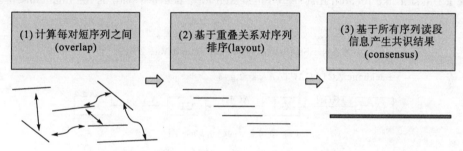

图 5.3 共识搜寻算法在标准 OLC 算法基因组装流程中的位置(Ye and Ma, 2016)

SPARC(sparsity-based consensus algorithm for long erroneous sequencing reads)软件通过高效的线性复杂度共识搜寻算法，将目标基因组区域的序列构建 k-mer 图，帮助基因组从头组装。k-mer 之间的连接得分(即 k-mer 图边的权重)代表连接的可靠性；权重最大的路径最近似于基因组真实序列。SPARC 通过稀疏分解引导的算法对序列图谱不断重新调整权重，从而得到共识序列。SPARC 能够支持同时使用二代(NGS)和三代(3GS)数据，使用测序深度为 $30\times$ 的 PacBio 三代数据，SPARC 可使错误率低于 0.5%；使用更具有挑战性的 Oxford NanoPore 三代数据，SPARC 能够达到和 NGS 数据相似的错误率。与目前主流的共识软件(如 Pbdagcon)相比，SPARC 对于共识序列的计算更加准确，并且节省 80% 的内存和时间。

SPARC 软件的流程由下列步骤组成。①搭建起始 k-mer 图：首先需要构建一个起始位置特异的 k-mer 图，称为 backbone(主干)序列，即靶序列，k-mer 是位置特异的，不同的位置相互独立。将 k-mer 分配到每个位置将会占用大量内存，为了节省内存，SPARC 构建了一个稀疏 k-mer 图，假设每 g 个碱基存储一个 k-mer，从而减少高达 $1/g$ 的内存消耗。②将序列比对到 Backbone，以修正现有的 k-mer 图。③调整图的权重得分，得分最高的路径具有最高的置信度，也就是最接近于真实的序列。然而，直接使用这个结果可能导致错误。一个简单的例子就是长的插入错误，为了避免这种情况的发生，我们将连接得分减去一部分，减去的这部分取决于覆盖率。同时引入参数 b 增加可靠连接的权($b=5\sim10$)。图 5.4 示意 SPARC 算法伪代码。图 5.5 示意建立位置特异的 Sparse k-mer 图的流程，以获得最大权重(最可靠)共识序列路径。通过图遍历搜索找到权重最高(最可靠)的路径即为共识序列，也就是最接近真实的基因组序列。

> SPARC Consensus Algorithm（共识搜寻算法流程）：
> 1. Given the backbone sequence and k, g, build a position specific k-mer graph: sample every g k-mers, and record their location in the backbone sequence.
> 2. Align each query sequence to the existing graph.
>   2.1 If a query region suggests a novel path/variant then create a branch and allocate new k-mer nodes and links between these nodes.
>   2.2 If a query region perfectly aligns to an existing region in the graph then increase the edges weights in the region.
> 3. Reduce all the edge weights in the graph by max(c, t * cov).
> 4. Use a Dijkstra-like breadth first search to search for a heaviest path as the final consensus sequence.

图 5.4　SPARC 算法的代码(Ye and Ma, 2016)

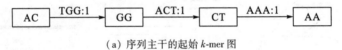

(a) 序列主干的起始 k-mer 图

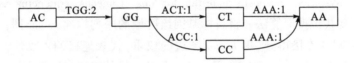

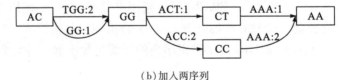

(b) 加入两序列

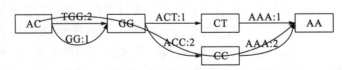

(c) 通过图遍历搜索找到权重最高(最可靠)的路径即为共识序列，也就是最接近真实的基因组序列

图 5.5　示意建立位置特异的 Sparse k-mer 图的流程(Ye and Ma, 2016)

5.3 三代基因组装算法和软件比较

比较 SPARC 和 PBdagcon 两款主要的用于搜索共识序列的软件,采用 Pacbio 和纳米孔测序技术产生的大肠杆菌基因组数据比较两款软件的效果。表 5.2 中 Error1 和 Error2 分别表示第一次运行软件和第二次运行软件后每个碱基的错误率。Sparc 的结果中,当仅使用 10x 的测序数据时,错误率可以低至 0.09%,而 PBdagcon 是 0.64%,而且 Sparc 使用的时间和内存约是 PBdagcon 的六分之一。通过表 5.2 中的比较,无论是 Pacbio 测序数据还是纳米孔测序数据,Sparc 在错误率、计算时间、使用内存方面都远优于 PBdagcon。

表 5.2 SPARC 与 PBdagcon 在寻找最优(可靠)共识序列时的结果比较,比较采用了 PacBio 和牛津纳米孔测序技术所获得的大肠杆菌基因组数据(Ye and Ma, 2016)

Software	Coverage	Time(min)	Memory	Error 1	Error 2
PacBio sequencing					
SPARC	10 × PB	0.5	308 MB	1.95%	1.51%
PBdagcon	10 × PB	3.0	1.10 GB	1.95%	1.52%
SPARC	10 × Hybrid	0.5	237 MB	0.19%	0.09%
PBdagcon	10 × Hybrid	3.0	1.23 GB	1.02%	0.64%
SPARC	30 × PB	1.3	2.30 GB	0.41%	0.16%
PBdagcon	30 × PB	9.3	7.70 GB	0.49%	0.23%
SPARC	30 × Hybrid	1.3	2.14 GB	0.17%	0.02%
PBdagcon	30 × Hybrid	9.7	9.58 GB	0.49%	0.18%
NanoPore sequencing					
SPARC	30 × ON	2.3	1.89 GB	11.96%	7.47%
PBdagcon	30 × ON	10.0	8.38 GB	13.70%	12.86%
SPARC	30 × Hybrid	3.3	1.86 GB	0.72%	0.46%
PBdagcon	30 × Hybrid	13.2	9.56 GB	11.20%	9.96%

表 5.3 中,用酿酒酵母的基因组为例,比较不同测序覆盖度的数据在不同软件下组装效果,其中 MHAP、HGAP、CA、Falcon 等软件仅使用第三代测序数据进行组装,而 PacBioToCA、ECTools、DBG2OLC 等软件使用混合组装的策略。在所有实验中,PacBioToCA 耗时最长,虽然其 N50 的效果并不显著,但是其在组装低覆盖度的数据时,组装精确度最高。DBG2OLC 软件使用时间最少,远少于其他软件。在组装低覆盖度的数据时,其组装精确度仅次于 PacBioToCA,高于其他软件。组装高覆盖度的数据时(40x,80x),使用独立组装策略的软件(MHAP、HGAP、Falcon)在组装时间和效果上占有优势(但是其组装时间仍然高于 DBG2OLC),然而他们难以用于组装低覆盖度的数据。

表 5.3　主要三代测序基因组装软件在组装酿酒酵母基因组时的效果比较（Ye et al.，2016）

Cov.	Assembler	Time /h	NG50	Contigs	NGA50 (454)	Identity (454)	Misassemblies (454)	NGA50 (PacBio)	Identity (PacBio)	Misassemblies (PacBio)	Longest	Sum
10x	MHAP*	–	–	–	–	–	–	–	–	–	–	–
	HGAP*	36.3	–	554	–	99.68%	105	–	99.77%	6	36 942	1 512 911
	CA*	15.1	85 728	289	68 030	97.49%	134	81 451	97.46%	13	448 177	12 285 888
	PacBioToCA	173.5	19 694	898	19 378	99.88%	112	18 689	99.90%	6	221 736	10 741 663
	ECTools	24.5	120 126	169	98 965	99.76%	324	109 640	99.73%	29	525 820	11 785 741
	Falcon*	1.3	–	675	–	99.23%	116	–	99.28%	4	36 616	4 137 485
	DBG2OLC	1.7	475 890	67	168 612	99.70%	408	355 269	99.81%	46	1 174 277	11 899 604
20x	MHAP*	17.1	241 394	87	155 221	99.70%	508	241 260	99.75%	22	490 764	12 123 145
	HGAP*	31.1	8 578	1 210	6 908	99.85%	307	7 619	99.90%	20	86 998	8 624 090
	CA*	42.4	371 115	165	201 649	98.83%	284	329 930	98.82%	21	680 599	13 052 212
	PacBioToCA	400.9	66 974	395	65 171	99.87%	157	65 171	99.91%	7	628 280	11 487 222
	ECTools	34.2	176 663	172	109 931	99.77%	565	150 351	99.74%	46	624 112	12 887 799
	Falcon*	3.5	110 083	180	93 385	99.38%	345	110 438	99.42%	15	281 041	10 583 868
	DBG2OLC	2.6	597 541	47	172 455	99.71%	440	576 287	99.88%	37	1 085 773	12 476 994
40x	MHAP*	36.6	614 363	65	243 012	99.91%	598	589 044	99.94%	24	1 090 578	12 356 826
	HGAP*	36.2	211 631	93	198 387	99.94%	528	348 754	99.99%	30	796 762	12 387 287
	CA*	115.2	365 912	114	160 867	99.66%	358	377 360	99.60%	11	769 189	15 171 228
	PacBioToCA	621.7	96 817	371	96 476	99.87%	178	94 480	99.91%	6	742 046	11 700 172
	ECTools	55.8	255 956	271	166 945	99.79%	891	214 377	99.76%	64	714 196	14 481 947
	Falcon*	11.2	614 509	58	247 745	99.72%	336	555 886	99.74%	10	1 069 920	12 116 235
	DBG2OLC	4.2	672 955	28	238 683	99.87%	431	544 679	99.90%	36	1 086 380	12 149 997
80x	MHAP*	13.5	751 122	43	248 079	99.91%	526	745 563	99.95%	10	1 537 433	12 350 704
	HGAP*	46.5	818 775	33	248 655	99.95%	534	678 552	99.99%	23	1 545 906	12 621 393
	CA*	236.0	430 552	75	201 397	99.80%	319	397 774	99.74%	12	984 295	16 571 250
	PacBioToCA	274.3	64 967	364	63 651	99.88%	45	62 268	99.91%	10	233 799	11 651 218
	ECTools	100.9	247 871	382	154 348	99.79%	1 470	164 839	99.76%	101	881 635	15 925 328
	Falcon*	34.7	810 136	99	247 480	99.81%	437	810 134	99.82%	24	1 537 463	12 681 860
	DBG2OLC	8.1	678 365	29	204 065	99.92%	426	574 476	99.95%	35	1 089 897	12 209 592

*这些组装软件仅使用三代测序数据。

5.4　DBG2OLC 和 SPARC 软件使用简介

DBG2OLC 软件采用混合组装的策略，即综合使用第二代测序数据和第三代测序数据，其流程与名称一致，分为 DBG、OL（overlap and layout）、C（consensus）三部分。DBG 步骤由 SparseAssembler 软件完成。SparseAssembler 是 Ye 等（2011）开发的用于高效组装第二测序数据的软件,其在组装二代测序数据时所需的计算时间和内存均显著低于同期发布的同类软件。华大基因目前的旗舰软件 SoapDenovo-II(Luo et al.,2012)即采用了 SparseAssembler 的核心算法(Sparse k-mer)。最后一步(C)依赖于嵌入 DBG2OLC 软件的 SPARC 共识搜寻算法完成。三款软件可以从下列网站获取:

(1) DBG2OLC

https://sites.google.com/site/dbg2olc/

https://sourceforge.net/projects/dbg2olc/

(2) SPARC

https://sourceforge.net/projects/sparc-consensus/

https://github.com/yechengxi/Sparc

(3) SparseAssembler

https://sites.google.com/site/sparseassembler/

https://sourceforge.net/projects/sparseassembler/

下文列举出了利用 DBG2OLC 完成基因组装三步骤的基本命令。

1. 用 DBG 组装软件组装出精确的 Contig

这一步直接使用 Contig 序列,不能使用填补 Gap 后的 Scaffold 序列,否则影响后续结果。我们用高效率的 DBG 算法软件 SparseAssembler 完成这一步,其主要参数如下:

./SparseAssembler GS [GENOME_SIZE] NodeCovTh [FALSE_KMER_THRESHOLD] EdgeCovTh [FALSE_EDGE_THRESHOLD] k [KMER_SIZE] g [SKIP_SIZE] f [YOUR_FASTA_OR_FASTQ_FILE1] f [YOUR_FASTA_OR_FASTQ_FILE2] f [YOUR_FASTA_OR_FASTQ_FILE3_ETC]

用于组装实验的 S. cer w303 数据下载链接如下:

Illumina 数据:ftp://qb.cshl.edu/schatz/ectools/w303/Illumina_500bp_2x300_R1.fastq.gz

一般用 ~50x 的数据即可生成满意的组装结果,选取参数 NodeCovTh 1 EdgeCovTh 0,组装命令如下:

./SparseAssembler LD 0 k 51 g 15 NodeCovTh 1 EdgeCovTh 0 GS 12000000 f ../Illumina_data/Illumina_50x.fastq

运行结果显示,N50 长度为 29kbp,接下来我们进一步提高组装的质量。对于比较复杂的基因组,第一轮运行结果可能并不令人满意,我们需要在运行第二轮程序,命令如下:

./SparseAssembler LD 1 NodeCovTh 2 EdgeCovTh 1 k 51 g 15 GS 12000000 f ../Illumina_data/Illumina_50x.fastq

运行结果显示,N50 长度增加到 32kbp。运行结果中 Contigs.txt 文件用于下一步 DBG2OLC 的计算。

2. 计算重叠区并输出(Overlap and Layout)

1)相关命令

我们的实验所用的第三代测序数据下载于:ftp://qb.cshl.edu/schatz/ectools/w303/

Pacbio.fasta.gz

DBG2OLC 软件的基本命令为：

./DBG2OLC k［KmerSize］AdaptiveTh［THRESH_VALUE1］KmerCovTh［THRESH_VALUE2］MinOverlap［THRESH_VALUE3］Contigs［NGS_CONTIG_FILE］f［LONG_READS.FASTA］RemoveChimera 1

选取 20x 的 PacBio 测序数据，用 DBG2OLC 组装，命令如下：

./DBG2OLC k 17 AdaptiveTh 0.0001 KmerCovTh 2 MinOverlap 20 RemoveChimera 1 Contigs Contigs.txt f ../Pacbio_data/Pacbio_20x.fasta

2）主要参数

组装的结果显示，N50 长度为 583kbp。这一步影响组装质量的主要有三个参数，其中 M 表示在 Contig 和 PacBio 长读段中匹配的 k-mer 数量。

（1）AdaptiveTh：表示适合匹配的 k-mer 阈值，如果 $M <$ AdaptiveTh $*$ Contig_Length，这里的 Contig 不能用于锚定长读段。

（2）KmerCovTh：表示固定的匹配 k-mer 阈值，如果 $M <$ KmerCovTh，这里的里的 Contig 不能用于锚定长读段。

（3）MinOverlap：表示长读段之间计算重叠区时的最小评分。

用 SparseAssembler 组装时可以设定 LD 1，用于下载压缩读段和锚定读段，为了达到更好的组装效果，以上三个参数建议如下。

10x/20xPacBio 数据：KmerCovTh 2-5，MinOverlap 10-30，AdaptiveTh 0.001~0.01。

50x-100xPacBio 数据：KmerCovTh 2-10，MinOverlap 50-150，AdaptiveTh 0.01-0.02。

3）其他参数

k：表示 k-mer 的长度，k = 17 时效果较好。

Contigs：表示输入的第二代测序数据组装产生的 Contigs 文件。

MinLen：最短的读段长度。

RemoveChimera：去除读段中的嵌合体，如果测序覆盖度大于 10x，建议该参数设置为 1。

4）高测序覆盖度的数据所需的参数

对于高测序覆盖度的数据（100x），另有下面两个参数需要设置。

ChimeraTh：默认参数为 1，覆盖度为 100x 时，将其设置为 2。

ContigTh：默认参数为 1，覆盖度为 100x 时，将其设置为 2。

上述两个参数用于去除错误读段和假阳性锚定的 Contig。

3. 组装一致性（Call Consensus）

这一步使用 Blasr，我们采用 Sparc 和 PBdagcon 模块，其输入文件如下。

（1）第二步 DBG2OLC 生成的 backbone_raw.fasta。

（2）第二步 DBG2OLC 生成的 DBG2OLC_Consensus_info.txt。

（3）第一步 SparseAssembler 生成的 Contig 文件（Fasta 格式）。

（4）第三代 PacBio 数据（Fasta 格式）。

Consensus 这一步的过程如下。

(1) 合并 Contigs 和第三代测序长读段数据:

cat Contigs. txt pb_ reads. fasta > ctg_ pb. fasta

(2) 运行 Consensus 程序:

sh ./split_ and_ run_ sparc. shbackbone_ raw. fasta DBG2OLC_ Consensus_ info. txt ctg _ reads. fasta ./consensus_ dir 2 > cns_ log. txt

参 考 文 献

Antipov D, Korobeynikov A, McLean J S, et al. 2016. HybridSPAdes: an algorithm for hybrid assembly of short and long reads. Bioinformatics, 32(7): 1009-1015.

Au K F, Underwood J G, Lee L, et al. 2012. Improving PacBio long read accuracy by short read alignment. PLoS One, 7: e46679.

Bashir A, Klammer A A, Robins W P, et al. 2012. A hybrid approach for the automated finishing of bacterial genomes. Nature Biotechnology, 30: 701-707.

Batzoglou S, Jaffe D B, Stanley K, et al. 2002. ARACHNE: a whole-genome shotgun assembler. Genome Research, 12: 177-189.

Berlin K, Koren S, Chin C S, et al. 2015. Assembling large genomes with single-molecule sequencing and locality-sensitive hashing. Nature Biotechnology, 33(6): 623-630.

Boetzer M, Pirovano W. 2014. SSPACE-LongRead: scaffolding bacterial draft genomes using long read sequence information. BMC Bioinformatics, 15: 211.

Chaisson M J, Brinza D, Pevzner P A. 2009. De novo fragment assembly with short mate-paired reads: Does the read length matter?. Genome Research, 19 (2): 336-46.

Chaisson M J, Huddleston J, Dennis M Y, et al. 2014. Resolving the complexity of the human genome using single- molecule sequencing. Nature, 517: 608-611.

Chin C S, Alexander D H, Marks P, et al. 2013. Nonhybrid, finished microbial genome assemblies from long-read SMRT sequencing data. Nature Methods, 10: 563-569.

Deshpande V, Fung E K, Pham S, et al. 2013. In Algorithms in Bioinformatics 8126 Lecture Notes in Computer Science. Darling A, Stoye J. Berlin Heidelberg: Springer: 349-363.

English A C, Richards S, Han Y, et al. 2012. Mind the gap: upgrading genomes with Pacific Biosciences RS long-read sequencing technology. PLoS One, 7: e47768.

Hackl T, Hedrich R, Schultz J, et al. 2014. Proovread: large-scale high-accuracy PacBio correction through iterative short read consensus. Bioinformatics, 30(21): 3004-3011.

Koren S, Phillippy A M. 2015. One chromosome, one contig: complete microbial genomes from long-read sequencing and assembly. Current Opinion in Microbiology, 23: 110-120.

Koren S, Schatz M C, Walenz B P, et al. 2012. Hybrid error correction and de novo assembly of single-molecule sequencing reads. Nature Biotechnology, 30: 693-700.

Lam K K, Khalak A, Tse D. 2014. Near-optimal assembly for shotgun sequencing with noisy reads. BMC Bioinformatics, 15 (Suppl. 9): S4.

Laver T, Harrison J, O'Neill P A, et al. 2015. Assessing the performance of the Oxford NanoPore Technologies MinION. Biomolecular Detection and Quantification, 3: 1-8.

Lee H, Gurtowski J, Yoo S, et al. 2014. Error correction and assembly complexity of single molecule sequencing reads. BioRxiv, 006395, doi: 10. 1101/006395.

Li H. 2016. Minimap and miniasm: fast mapping and *de novo* assembly for noisy long sequences. Bioinformatics, 32(14): 2103-2110.

Lin Y, Yuan J, Kolmogorov M, et al. 2016. Assembly of Long Error-Prone Reads Using de Bruijn Graphs. http://dx.doi.org/10.1101/048413[2016-10-25].

Luo R, Liu B, Xie Y, et al. 2012. SOAPdenovo2: an empirically improved memory-efficient short-read de novo assembler. GigaScience, 1: 18.

Madoui M, Engelen S, Cruaud C, et al. 2015. Genome assembly using NanoPore-guided long and error-free DNA reads. BMC Genomics, 16: 327.

Miller J R, Delcher A L, Koren S, et al. 2008. Aggressive assembly of pyrosequencing reads with mates. Bioinformatics, 24: 2818-2824.

Miller J R, Koren S, Sutton G. 2010. Assembly algorithms for next-generation sequencing data. Genomics, 95: 315-327.

Myers E W. 2005. The fragment assembly string graph. Bioinformatics, 21(Suppl 2): ii79-85.

Myers G. 2014. Efficient local alignment discovery amongst noisy long reads. Algorithms in Bioinformatics, 8701: 52-67.

Nagarajan N, Pop M. 2013. Sequence assembly demystified. Natature Reviews Genetics, 14: 157-167

PacBio. 2014. Data Release: Preliminary de novo Haploid and Diploid Assemblies ofDrosophila melanogaster. http://blog.pacificbiosciences.com/2014/01/data-release-preliminary-de-novo.html[2016-9-28].

Pevzner P A, Tang H, Waterman M S. 2001. An Eulerian path approach to DNA fragment assembly. Proceedings of the National Academy of Sciences, 98: 9748-9753.

Ribeiro F J, Przybylski D, Yin S, et al. 2012. Finished bacterial genomes from shotgun sequence data. Genome Research, 22: 2270-2277.

Ross M G, Russ C, Costello M, et al. 2013. Characterizing and measuring bias in sequence data. Genome Biology, 14: R51.

Simpson J T, Durbin R. 2012. Efficient de novo assembly of large genomes using compressed data structures. Genome Research, 22: 549-556.

Smith T F, Waterman M S. 1981. Identification of common molecular subsequences. Journal of Molecular Biology, 147: 195-197.

Treangen T J, Sommer D D, Angly F E, et al. 2011. Next generation sequence assembly with AMOS. Current Protocols in Bioinformatics, doi: 10.1002/0471250953.bi1108s33.

Venter J C, Adams M D, Myers E W, et al. 2011. The sequence of the human genome. Science, 291: 1304-1351.

Ye C X, Cannon C H, Ma Z S, et al. 2011. SparseAssembler2: Sparse k-mer Graph for Memory Efficient Genome Assembly. http://adsabs.harvard.edu/cgi-bin/bib_query?arXiv:1108.3556[2016-10-7].

Ye C X, Hill C, Ruan J, et al. 2014. DBG2OLC: efficient assembly of large genomes using the compressed overlap graph. Preprint: http://adsabs.harvard.edu/cgi-bin/bib_query?arXiv:1410.2801[2016-10-5].

Ye C X, Hill C, Wu S J, et al. 2016. DBG2OLC: efficient assembly of large genomes using long erroneous reads of the third generation sequencing technologies. Scientific Reports, doi: 10.1038/srep31900

Ye C X, Ma Z S, Cannon C H, et al. 2012. Exploiting sparseness in de novo genome assembly. BMC Bioinformatics, 13(Suppl.6): S1.

Ye C X, Ma Z S. 2016. Sparc: a sparsity-based consensus algorithm for long erroneous sequencing reads. Peer J, 4: e2016.

Zimin A V, Marcais G, Puiu D, et al. 2013. The MaSuRCA genome assembler. Bioinformatics, 29(21): 2669-2677.

第6章 基因组第二代测序数据的生物信息学分析

李连伟 马占山[①]

6.1 基因测序技术简介

基因测序是基因组研究的核心技术，同时也是现代生物学和生物医学研究的关键。自20世纪70年代第一代测序技术诞生，到2001年完成首个人类基因组测序，DNA测序技术已经取得飞速发展（Venter et al.，2001）。测序技术的创新不仅推动了人类基因组研究计划成果进一步的深化和发展（如个性化基因组、罕见变异体的发现及癌症基因组研究的兴起），更带动了整个生物科学、技术和工程的发展。DNA测序技术对于生物学的贡献完全可以与17世纪显微镜技术的发明相媲美。

近代以来，测序技术取得了长足的发展，也为生命科学研究作出了重要的贡献。早在1954年，Whitfeld等开始用化学降解的方法测定多聚核糖核苷酸序列。1977年，Sanger等发明的双脱氧核苷酸末端终止法及Maxam和Gilbert等发明的化学降解法，标志着第一代测序技术的诞生。1987年由美国ABI公司制造的世界上第一台自动化测序仪诞生，自此第一代测序技术完成了从噬菌体基因组到人类基因组草图的测序工作，但由于测序通量低、成本高、速度慢等方面的不足，渐渐不能满足日益增多的数据需求，因此其并不是最理想的测序方法。经过不断地开发和测试，出现了第二代测序技术，包括Roche公司的454技术、Illumina公司的Solexa技术和ABI公司的SOLiD技术。第二代测序技术避免了Sanger测序法中烦琐的克隆过程，大大提高了效率。近期随着测序技术的不断发展，Pacific Biosciences公司的单分子实时（single molecule real time，SMRT）测序技术和Oxford Nanopore Technologies公司研究的纳米孔单分子测序技术（nanopore single molecular sequencing）被认为是第三代测序技术。测序技术正在向着高通量、低成本、长读取的方向发展。三代测序技术的比较见表6.1。

第二代测序技术高通量低成本的优势使其成为目前生命科学研究的基本技术。第二代测序采用PCR技术进行样本扩增（Mardis，2008a，2008b；Metzker，2010）。但是PCR技术在序列扩增时会导致碱基序列发生变化。目前，在第一代和第二代测序技术基础上，诞生了以单分子实时测序技术为标志的第三代测序技术（Pareek et al.，2011）。第三代单分子测序是继第二代高通量测序后测序技术的又一次飞跃发展，它既具备第二代测序技术通量高的优点，又极大地增加了测序读段的长度。第三代测序技术直接测定单个DNA分子序列，因而避免了PCR技术可能带来的扩增偏倚。单分子测序采用纳米级的样品，在DNA合成过程中直接检测单个核苷酸，能快速准确地确定DNA序列，避免PCR技术带来的弊端，

[①] 中国科学院昆明动物研究所、遗传资源与进化国家重点实验室（计算生物学与医学生态学实验室）。

在第三代测序技术兴起之初，许多测序公司相继开发出多种技术（Schadt et al., 2010），而目前真正意义上投入使用的只有 Pacific Bioscience 公司的单分子实时测序技术和 Oxford Nanopore Technologies 公司的纳米孔单分子测序技术。第三代测序技术采用单分子读取技术，提高了数据读取速度，有着巨大的应用潜能。本节主要介绍单分子实时测序技术和纳米孔单分子测序技术。

表 6.1　三代测序技术平台的特点比较

分类	测序平台	测序方法	最长读段/bp	优点	缺点
第一代	Sanger3730xL（ABI/Life）	Sanger	900	读段长；准确率高	通量低；成本高
第二代	Genome Sequencer FLX + System(Roche/454)	emulsionPCR 或焦磷酸测序	500~600	读段长；通量高；DNA 量 1~5μg	测序仪价格高；错误率高
	HiSeq 2000（Illumina）	合成测序法（不可切除终止测序法）	101~151	通量极高；DNA 量<1μg	读段短；测序设备价格高；成本高；错误率高
	MiSeq（Illumina）	合成测序法（不可切除终止测序法）	25~300	通量高；读段比 HiSeq 长	测序成本比 HiSeq 高
	5500x1 SOLiD System（ABI/SOLiD）	Base Ligation	85	通量极高；错误率低；DNA 量 2~20μg	测序设备价格高；读段短；成本高
第三代	PacBio RS（Pacific Biosciences）	单分子实时测序	2 500~23 000，平均 2 246	通量较第二代测序方法高；读段更长；实时检测	测序设备价格高；错误率高
	OxfordNanoPore Technologies	纳米孔进行核酸扫描	<10kb	非常迅速(1bp/10ns)成本低；人体全基因组测序仅需 15min	测序设备价格高；错误率高

6.1.1　单分子实时测序技术

SMRT 技术由 Pacific Bioscience 公司研发，该技术以 SMRT 芯片为测序载体进行测序（http://www.pacificbiosciences.com/），同样是基于边合成边测序的原理。SMRT 芯片是一种厚度为 100nm 的纳米金属片，带有很多零级波导（zero-model waveguides，ZMW）。零级波导是一种直径为纳米级的小孔，小孔的直径小于激光单个波长，激光在此处会发生衍射，形成荧光信号检测区。SMRT 测序技术所用的 4 种脱氧核糖核苷酸（dNTP）的 γ-磷酸上标记有不同的可发射光谱的荧光基团，将 DNA 聚合酶、待测序列和不同荧光标记的 dNTP 放入 ZMW 孔的底部，进行 DNA 片段的测序反应。当 DNA 聚合酶催化 dNTP 加入到合成链中时，它会进入 ZMW 孔的荧光信号检测区并在激光束的激发下发出荧光，根据荧光的种类就可以判定 dNTP 的种类。此外由于 dNTP 在荧光信号检测区停留的时间相对较长（毫秒级），因此信号强度较强。在下一个 dNTP 被添加到合成链之前，这个 dNTP 的磷酸基团会被氟聚合物（fluoropolymer）切割并释放，荧光分子离开荧光信号检测区，其他未参与合成的 dNTP 则由于没进入荧光型号检测区而不会发出荧光。

Pacific Biosciences 公司推出的第一代单分子实时测序仪能够得到平均长度 1300bp 的读段。该公司在 2013 年 5 月推出的第二代单分子实时测序仪其测序平均长度达到 4000bp，最长读段可达 30 000bp。

454 测序和 Illumina 测序平台错误率较低，但是其错误率随着测序长度的增加而增加，并且对 GC 含量高的基因组序列,错误率会提高。相比于第二代测序技术,单分子实时测序技术产生的测序错误是随机的,其错误率不会随着测序长度的增加而增加。这种错误可以通过增加测序覆盖度而去除(Fichot and Norman,2013)。

6.1.2 纳米孔单分子测序技术

纳米孔单分子测序技术是 Oxford NanoPore Technologies 公司开发的第三代测序平台。其测序原理完全不同于传统测序方法。纳米孔单分子测序技术的基本原理是:不同的 DNA 碱基通过人工纳米孔时的移位不同。这种纳米孔是一个与环糊精(cyclodextrin)分子(核苷酸的结合位点)共价相连的 α-hemolysin 孔。使用纳米孔单分子测序仪进行单分子测序,无需对核苷酸进行标记,测序过程依赖于核苷酸通过纳米孔时电信号的转换。通过纳米孔的离子电流会被核苷酸阻断,被阻断的时间因碱基而异,从而鉴定出碱基的类型。当一个 DNA 分子穿过纳米孔时,被核苷酸阻断的离子电流会发生变化,通过电流的变化得到分子的特性和相关参数(直径、长度、结构),确定此时位于纳米孔的碱基类型,待测的 DNA 分子完全通过纳米孔后即可得到 DNA 分子序列(Clark et al.,2009)。

纳米孔测序技术最大的优势在于其无需对核苷酸进行荧光标记,极大地降低了测序成本。理论上,该测序技术理论上可以测出任意长度的读段。

6.1.3 第三代单分子测序技术的应用

与第二代测序技术相比,第三代测序技术通量更高、测序周期更短、产生的读段更长,其测序前准备过程更简单,真正地实现了单分子测序。除此之外,第二代测序技术与单分子测序技术主要区别在于测序过程和后续的数据分析。454 测序和 Illumina 测序平台错误率较低,但是其错误率随着测序长度的增加而增加,并且对 GC 含量高的基因组序列,错误率会提高。而单分子测序技术虽然错误率较高,但是其错误是随机出现的,可以通过增加测序覆盖度对错误加以纠正。

第二代测序技术用 PCR 成倍扩增待测 DNA 链,并将得到的 DNA 链固定于某些固体表面(薄板或小磁珠),随后在待测 DNA 链边合成边测序,逐步检测核苷酸信号。而第三代测序技术可直接读取单分子 DNA 序列,克服了由 PCR 扩增带来的偏倚,尤其是高 GC 含量的基因组序列,第三代高通量测序技术产生的无扩增偏倚的长读段避免 PCR 扩增带来的弊端。第二代测序技术需要洗脱和扫描大量的 DNA 分子拷贝,而第三代测序技术直接对 DNA 分子进行扫描并能实时解析;在进行 RNA 测序时,第二代测序技术只能对 cDNA 测序,所以需要制备 cDNA 文库,而第三代测序技术能直接进行 RNA 测序。

第二代测序技术的主要问题是读段长度短,尤其是基因中比读段长的重复序列(repeat)对基因精确组装是一个巨大的挑战,这会使基因组装和比对算法异常复杂。而如前文所述,第三代单分子测序技术产生的读段远远长于第二代测序技术产生的读段,所以它能解决更多的重复序列问题,所有比读段短的重复序列不会对组装结果造成影响。第三代测序技术的优点决定了它的应用范围更为广泛,主要集中在以下几个方面。

(1)基因从头测序和重测序。Pushkarev 等(2009)用单分子测序技术对人的基因组进行测序,通过单分子测序技术,Pushkarev 等确定了大约 280 万个 SNP 核苷酸,其错误率低于 1%。Rasko 等(2011)用第三代单分子实时测序技术对大肠杆菌基因组的测序,可追踪到在德国引发溶血性尿毒症的大肠杆菌菌株的起源。

（2）微生物研究。单分子测序技术用于鉴定微生物的进化关系，目前主要是用454测序平台对16S rRNA基因进行测序。单分子测序技术可以产生比454测序平台更长的读段，且成本更低，更适用于对微生物进化关系的研究。在疫苗研发中，大多数病毒由于结构简单，因此极易发生变异，在研发相应的疫苗时，很难找到其特异性。使用第二代测序技术能快速测得病毒的基因序列，从而解析出病毒进化的模式，同时对宿主进行测序，分析宿主对于病毒进化作出的反应（Luciani et al.，2012）。Timothy 等用单分子测序技术对 M13 病毒进行测序，由于单分子测序技术不需要对样品 PCR 扩增，避免了扩增过程中产生的错误，这种错误不会对识别突变基因造成影响，因此单分子测序对突变基因的敏感性更高。他们对 M13 病毒高突变基因进行研究，并统计出各种基因突变方式发生的频率（Harris et al.，2008）。

（3）转录组测序。细胞在特定时期所有的 RNA 构成了转录组，转录组能够反映基因的表达水平，应用第二代测序技术已经能够评估基因和异构体的表达水平。但是转录组必须构建 cDNA 文库才能进行测序，而且第二代测序所产生的组装错误会影响对表达异构体的识别，这会直接干扰对表达异构体的评估结果。第三代测序技术能够直接对 RNA 单链进行测序，不需要将其反转录成双链结构，而且它不需要对待测样品进行扩增，这进一步降低了扩增倍数对表达量评估的影响，对异构体的识别更加准确。由于第三代测序技术产生的读段更长，可以测通完整的 RNA 分子，因此组装结果更精确，产生的表达异构体可信度更高（Sharon et al.，2013）。

（4）表观遗传学的研究。DNA 测序技术主要集中于 4 种基本的核苷酸及 5-甲基胞嘧啶核苷酸等 5 种核苷酸的检测。除此之外，还有很多其他的碱基修饰方式，如甲基化、羧基化等。这些碱基的修饰能够调控基因功能，并且与疾病的发生密切相关（Korlach and Turner，2012）。因此对这些被特定修饰的核苷酸的检测同样是对测序技术的主要应用方面。这些修饰通常存在于特定的细胞中，对基因调控起到关键作用。单分子测序技术能够直接检测甲基化的基因，无需通过亚硫酸氢钠的转化。基因的甲基化通常会调控基因表达，通常与疾病甚至癌症有紧密联系。而且基因甲基化的检测无需对样品进行额外的处理，在测序过程中同时进行。基因甲基化对使得核苷酸聚合酶的动力学发生变化，进而在单分子测序过程中被检测到。它通过 DNA 聚合酶的动力学特征来识别甲基化的位点，从而确定甲基化的核苷酸。Fang 等通过对致病性大肠杆菌的基因组序列进行检测，找到 49 311 个 6－甲基－腺嘌呤核苷酸和 1407 个 5－甲基胞嘧啶核苷酸位点，从而定量化地描述大肠杆菌甲基化位点的信息。其研究发现，在致病性大肠杆菌基因组中，特定基序的基因甲基化影响了基因组功能（Fang et al.，2013）。此外第三代单分子测序技术还能检测出损伤的 DNA 碱基，更精确地反映 DNA 序列的信息。

单分子测序技术的出现将基因组学和系统生物学研究推向了更高的层次。该技术继承了第二代测序技术高通量测序的优点，通过增加荧光的信号强度及提高仪器的灵敏度等方法，降低了 PCR 扩增所造成的偏差，缩短了测序周期，提高了读段的长度，降低了测序后拼接工作的难度。

6.2 基因组装技术

目前，即使是测序读段最长的第三代测序技术（读段长度可达 4000bp）也无法将整个基因组完全测通。由于目前测序技术对测序长度的限制，基因组测序前需要将基因组打断成短读段（read），测序完成后再将测序得到的短读段组装成基因组序列，这个过程即为基因组装（genome assembly）。基因组装按照是否有参考序列可以分为两类：①从头组装（de novo assembly）；②基于参考序列基因组装。从头组装无需参考序列，通过读段之间的重叠序列（overlap）等将短读段拼接成长序列。基于参考序列的基因组装需要使用参考序列，这里的参考序列可以是本物种或相似物种的基因组序列，使用参考序列后能极大地降低组装过程的复杂度，降低测序成本，适用于大规模的重测序实验。本节主要介绍两种组装方法的算法和使用的主要软件。

6.2.1 NGS *De Novo* 基因组装算法——DBG 图论模型

如前所述，使用基于参考序列的基因组装方法，能极大地降低组装复杂度。但是，当对一个新物种的基因组第一次测序时，无法找到合适的参考序列，只能采用从头组装的方法。从头组装的算法主要有三种：①贪婪算法（greedy）；②OLC（overlap-layout-consensus）算法；③DBG（de Bruijn graph）算法。贪婪算法在组装时首先选取一个初始的读段，每次总是选取与当前序列重叠程度最高的读段，延伸当前序列。为了选取最优的读段，需要比较任意两条读段之间的重叠程度，用局部最优的策略达到整体最优的目的。以贪婪算法策略开发的组装软件主要是 SSAKE、VCAKE、SHARCGS 等。OLC 算法首先也是比较任意两条读段之间的重叠信息，并把这些读段作为点，如果两条读段之间具有重叠区，则在这两个点之间有一条边，构建读段重叠图。在图中寻找合适的路径将图中的点连接起来，完成组装。但是贪婪算法和 OLC 算法都不适用于第二代的测序数据组装。

与第一代测序技术产生的数据相比，目前主要使用的第二代测序技术产生的读段更短（最短为 35bp），通量更高。例如，Illumina 公司的 HiSeq 2500 测序仪最高可在 6 天时间内测序产生 1T 的数据量，这组数据序列长度约为 125bp，有多达 40 亿条读段，读段数量远超过第一代测序数据。对于如此多的读段，用于第一代测序数据组装的贪婪算法和 OLC 算法不再适合。它们都需要对所有读段进行两两比对，对于第二代测序数据产生的海量读段，这一步很难解决。随着第二代测序技术的飞速发展，新的组装算法——DBG 被用于开发第二代测序数据的组装软件（Pevzner et al.，2001）。下面我们主要介绍 DBG 算法。

在 DBG 算法中，首先把测序读段按照长度 k 分割成不同的短片段 k-mer，将长度为 L 的读段拆成 $L-k+1$ 个 k-mer，并将这些 k-mer 存入哈希表（Hash table），每一种 k-mer 在哈希表中只存储一次，哈希表便于 k-mer 的存储和查找。然后将 k-mer 作为点，构建 de Bruijn 图。当 de Bruijn 图中两个点（k-mer）有 $k-1$ 长度的重叠序列时，这两个点之间具有一条边。de Bruijn 图构建完成后，读段是图中的路径，Pevzner 等（2001）在 de Bruijn 图中寻找欧拉路径，所寻找的欧拉路径连接的点（k-mer 序列）构成 Contig。再通过 Mate-pair 文库或 Pair-end 文库帮助确定 Contig 之间的位置和距离，指导 Contig 形成构架（Scaffold）（Li et al.，2010）。

长度为 n 的读段打断成长度为 k 的 k-mer 时,共产生(n-k+1)种 k-mer,应用 de Bruijn 图将 k-merx 组装回读段可看作上述打断过程的相反过程。用 Σ 表示集合 {A, T, G, C},s 表示长度为 $|s|$ 的字符串,$s[i, j]$ 表示 s 字符串中从 $i\sim j$ 的子字符串,V_* 表示 de Bruijn 图中的点,点是由 A、T、G、C 构成的字符串。E_* 表示图中的有向边(Conway and Bromage,2011)。de Bruijn 图可描述为

$G_* = <V_*, E_*>$

$V_* = \{s \mid s \in \Sigma^k, \mid s \mid = k\}$

$E_* = \{<n_f, n_g> \mid n_f, n_g \in V_*, n_f[1, k) = n_g[0, k-1)\}$

k-mer 中长度为 k 的序列作为图形中的点,根据序列长度为 $k-1$ 的前缀和长度为 $k-1$ 的后缀是否相同(Zhang and Waterman,2004){前文数学描述中提到的 $n_f[1, k) = n_g[0, k-1)$},用有向边连接。有向边的指向为:当且仅当 $n_f[1, k) = n_g[0, k-1)$ 时,有 $n_f \to n_g$。

这样产生的每一个点代表一个 k-mer,每一条边代表长度为 $k+1$ 的序列。最后在形成的 de Bruijn 图中寻找欧拉回路或路径,把 k-mer 连接成 Contig。同理,如果这些 k-mer 包含了测序的所有序列,那么欧拉回路或者欧拉路径能够组装成测序前所有的 DNA 链(Pevzner et al.,2001)。

在组装过程中,k-mer 值的大小决定了 de Bruijn 图的复杂程度。k-mer 值越小,读段被打断成的 k-mer 越多,de Bruijn 图中点和有向边就越多,图形越复杂,这样组装的精确度也越高,反之,k-mer 值越大,图形越简单,但是组装精确度也会随之降低,同时也会影响组装过程中需要的空间和时间。

NGS 能够产生几百 GB 的测序结果,要组装如此庞大数据的基因序列,将上百万的 k-mer 组成 de Bruijn 图,需要较大的存储空间,组装过程也要花费大量时间。Ye 等(2012)在 de Bruijn 图的基础上对组装方法进行改进,使用一种更为精简的数据结构,生成一个稀疏的 k-mer 图(Sparse k-mer)结构,来减少存储空间和组装需要的时间。这种数据形式并没有使用所有的 k-mer,而是省略中间部分的 k-mer(图 6.1),引入参数 g,g 是指存储 k-mer 时跳过的 k-mer 数目。所以稀疏 k-mer 图存储的 k-mer 数量是传统 de Bruijn 图 k-mer 数量的 $1/g$,那么原本存储 N 个长度为 k 的 k-mer 需要 $(2k+8)N$ 位的空间,现

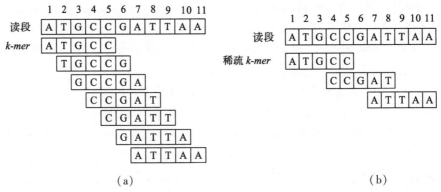

图 6.1 图(a)中,将长度为 11 的读段打断成 k-mer,相邻的 k-mer 具有长度为 $k-1$ 的重复序列,长度为 11 的读段共产生长度为 5 的 k-mer 11 − 5 + 1 = 7 个。图(b)中,稀疏 k-mer 图在存储 k-mer 时可以只存储部分 k-mer,例如,同样长度为 11 的读段,利用稀疏 k-mer 仅需存储 3 个 k-mer

在只需要$(2k+8)N/g$位的空间。稀疏k-mer图能减少存储空间，当$g=25$时，可以节省90%的存储空间，而且存储空间的减少并不会影响组装结果的精确度。随着g值的增加，k-mer数量减少，基因的组装质量会得到改进。

6.2.2 NGS De Novo 基因组装算法软件

随着测序技术的发展，测序数据的特点也不断发生变化，由此开发出适应测序数据特点的组装软件。第二代测序技术高通量的特点决定了相应的组装软件需要高效率地处理海量数据。Velvet、ABySS、SOAPdenovo等软件都采用相应算法快速处理海量数据，其中最为重要的步骤是错误纠正(error correction)，去除或纠正测序错误的读段。另外，de Bruijn图的构建和路径搜索在计算海量读段时也会耗费大量时间。Ye等(2012)开发的SparseAssembler软件采用稀疏k-mer图的方法极大地提高了基因组装的效率。压缩图算法、Bloom filter等方法都能提高计算和构建de Bruijn图效率。基因组装软件的不断改进使得对大型基因组、宏基因组测序数据的组装成为可能。

基因组装软件除了要快速处理海量读段外，还需解决基因序列中重复序列的问题，目前主要利用长的Mate-pair测序读段的信息解决重复序列的问题。这种长的Mate-pair信息不仅能解决重复序列的问题，而且被用于确定Contig之间的位置关系，把Contig连接构成Scaffolds，并且能够检测基因组序列的结构变异(structure variation)。下面介绍部分组装软件，用于第二代测序数据组装的软件汇总见表6.2。

表6.2 第二代和第三代测序数据组装软件汇总

	组装算法(策略)	软件	网址
第二代测序技术	贪婪算法	SSAKE	http://www.bcgsc.ca/platform/bioinfo/software/ssake
		VCAKE	https://sourceforge.net/projects/vcake/
		SHARCGS	http://sharcgs.molgen.mpg.de/
	OLC	Celera Assembler	http://wgs-assembler.cvs.sourceforge.net/wgs-assembler/
		Phrap	http://www.phrap.org/phredphrapconsed.html
		Newbler	http://wiki.genomequest.com/index.php/Newbler_Assembler
		SGA	https://github.com/jts/sga
第二代测序技术	de Bruijn 图	ABySS	http://www.bcgsc.ca/platform/bioinfo/software/abyss
		ALLPATHS	http://www.broadinstitute.org/science/programs/genome-biology/crd
		BCALM	https://github.com/GATB/bcalm
		Euler	http://cseweb.ucsd.edu/~ppevzner/software.html#EULER-short
		LightAssembler	https://github.com/SaraEl-Metwally/LightAssembler
		Minia	http://minia.genouest.org/
		Velvet	https://www.msi.umn.edu/sw/velvet
		SOAPdenovo	http://soap.genomics.org.cn/soapdenovo.html
		SparseAssembler	http://sites.google.com/site/sparseassembler/

组装算法(策略)		软件	网址
第三代测序技术	独立组装策略	Abruijn	https://github.com/fenderglass/ABruijn
		Allora	http://rhallpb.github.io/Applications/ALLORA.html
		HGAP	http://www.pacbiodevnet.com/HGAP
		MiniMap/Miniasm	https://github.com/lh3/minimap
	混合组装策略	DBG2OLC	https://sites.google.com/site/dbg2olc
		HybridSPAdes	http://bioinf.spbau.ru/en/spades
		MaSuRCA	ftp://ftp.genome.umd.edu/pub/MaSuRCA/
		Nas	http://www.genoscope.cns.fr/nas
		PBcR	http://www.cbcb.umd.edu/software/PBcR/

Euler 系列软件是首次使用 de Bruijn 图算法的软件，它将组装问题转换成一个从 de Bruijn 图中寻找欧拉路径的问题。该软件可以组装由 Solexa 测序平台产生的双尾末端的短读段，以及 Sanger 法产生的测序数据。该软件在构建 de Bruijn 图之前首先对数据进行过滤，去除低丰度的 k-mer 和错误序列，以此降低计算的复杂度（Pevzner et al., 2001; Chaisson and Pevzener, 2008）。

ALLPATHS 及其改进版 ALLPATHS-LG 软件用于组装全基因组测序产生的高质量短读段，该软件可作并行计算，因此可以组装大型的基因组（如哺乳动物基因组）。ALLPATHS-LG 能够解决部分重复序列问题，并对测序读段进行错误纠正（Gnerre et al., 2010）。

ABySS（assembly by short sequences）的特点是可以对双端测序的短读段进行并行组装，de Bruijn 图可以被分布式存储，该软件也采用了压缩存储 k-mer 的策略，以此提高组装效率（Simpson et al., 2009）。

BCALM 是一款并行计算的软件，它通过压缩 de Bruijn 图的方法，减少内存的使用。BCALM 2 在组装人体基因组时，用 3G 的内存在 76min 内完成对 de Bruijn 图的压缩。对于 20Gb 的白云杉的基因组，BCALM 2 用 40G 的内存在 2 天时间内完成对 k-mer 的统计和 de Bruijn 图的压缩（Chikhi et al., 2016）。

SOAPdenovo 是目前使用较为广泛的基因组装工具，它可以用于人类基因组测序数据的从头组装。该软件是一个命令驱动程序，用预先设定的 k-mer 值来修正 reads 并构建 de Bruijn 图。与 Velvet 和 Euler 相比，SOAPdenovo 建立的 de Bruijn 图效率更高，它主要用于组装 Illumina 公司的测序仪产生的测序数据（Li et al., 2010）。

SparseAssembler 也是基于 de Bruijn 图的组装软件，它采用稀疏 k-mer 构建 de Bruijn 图，极大地降低了内存使用（Ye et al., 2012），经过测试，SparseAssembler 降低了 90% 的内存使用。

SGA（string graph assembler）是基于 OLC 算法的基因组装软件，它采用 String 图，对读段进行压缩，减少内存的占用，提高组装的效率（Simpson and Durbin, 2012; Simpson, 2014）。

如前所述，随着第三代测序技术的发展，相应研发出使用于第三代测序数据的组装算法和软件。第三代测序数据具有读段长、错误率高的特点。这种高错误率可以通过提高测序覆盖度的方法消除，然而如果为了消除错误率而提高测序覆盖度，则大大提高了测序成本，与第二代测序技术相比失去应有的优势，因而成为该技术广泛推广的主要障碍。为解决这一问题，研究人员开发出了一种新的混合组装的策略，即采用高精度的第二代测序技术的数据对第三代测序数据纠错，从而发挥第三代测序数据读段长的优势，避免高覆盖度带来的高测序成本。例如，DBG2OLC 就是最新推出的一款使用混合组装策略组装第三代测序数据的软件，并且综合使用 OLC 算法和 de Bruijn 图算法，该软件减少内存使用并极大地减少组装时间，能够组装大型哺乳动物的基因组。下面介绍几款用于第三代测序数据组装的软件，组装软件汇总见表 6.2。

HGAP(hierarchical genome assembly process)是用于第三代测序数据的组装软件，它通过自身的多层次运算进行纠错，它对测序数据的测序深度要求较高，即只适用于高测序深度的测序数据（Chin et al., 2013）。

DBG2OLC 是一款使用混合组装策略组装第三代测序数据的软件，并且综合使用 OLC 算法和 de Bruijn 图算法，该软件减少内存使用并极大地减少组装时间，能够组装大型哺乳动物的基因组（Ye et al., 2016）。

HybridSPAdes 能够混合组装短读段和长读段，使用混合组装的策略组装第三代单分子测序技术产生的长读段（Antipov et al., 2016）。

Nas(nanopore synthetic-long)采用混合策略组装纳米孔测序技术的数据，它综合使用第二代的 Illumina 测序数据和第三代的纳米孔测序数据（Madoui et al., 2015）。

PBcR(PacBio corrected reads)采用混合组装的策略，使用高质量的第二代测序短读段比对到第三代单分子测序数据，对其进行纠错，然后使用 Celera Assembler 组装纠错后的数据（Koren et al., 2012）。

6.2.3 基于参考序列的基因组装算法和软件

基于参考序列的基因组装是以参考序列为基础的。当待测序物种或其近亲物种有参考序列时，以参考序列为基础的基因组装能极大地降低组装的复杂度。目前许多重测序项目都采用参考序列为基础的组装方法。通过把读段比对到参考序列，不仅能组装读段，而且可以找出序列的单核苷酸多态性(SNP)、甲基化模式、新的非编码 RNA 等。目前已开发出多款软件用于将海量的第二代测序数据比对到参考序列。对海量的第二代测序数据的比对，主要需要协调比对速度和准确程度的关系。比对的精确度受到测序错误，序列的插入、缺失等影响。用于比对的软件主要有：MAQ、SOAP、Bowtie、MUMmer、BLAT 等，更多的比对软件见 6.3.2 节内容。

MAQ(mapping and assembly with quality)用于精确比对海量的短读段，并对读段的比对质量作出评估。根据比对的质量评估，能够检索出 SNP 位点。MAQ 对读段建立索引，因此其内存的使用与输入的读段的量有关。MAQ 允许比对时出现错配，但是无法检测出序列删除和缺失。对于比对到多个位点读段，MAQ 会把读段随机分配给一个高质量的比对位点，另外它可以使用 Mate-pair 的文库信息解决这种比对到多个位点的问题。

SOAP(short oligonucleotide alignment program)对参考序列建立索引，而不是对输入读段作索引，因此 SOAP 使用的内存大小固定，不受输入读段量的影响。SOAP 能够检测出短的缺失序列。SOAP 也可以检索 SNP，并且它可以去除低质量的测序读段。

Bowtie 是第一个采用 BWT 压缩算法的软件，该软件计算速度快并且使用内存少，通常对参考序列建立压缩索引。Bowtie 在一个小时内能向人体基因组中比对超过 2000 万短读段。与其他的软件不同，Bowtie 软件在计算前先对参考序列建立压缩索引，因此能快速检索，并且仅用 1GB 左右的空间就能存储整个人类基因组参考序列。

MUMmer 和 BLAT 软件是用于比对 Sanger 或 454 测序产生的较长的读段。

6.3 外显子基因突变检测

外显子组（exome）是基因组中的编码蛋白质的区域，它只占人体全部基因组的 1%～2%。但是由于外显子直接编码蛋白质，它的变异与人体疾病息息相关。目前已经发展成熟的第二代测序技术通量高、成本低，在研究人体疾病方面展现出巨大的优势。因此，相比于全基因组测序，对外显子区域的测序分析更为高效、经济。本节主要阐述通过外显子组的数据分析，通过测序数据预处理、与参考序列比对、检验突变等过程，寻找与人体疾病相关的突变位点。

6.3.1 测序数据预处理

基因测序数据的标准格式为 FASTA 和 FASTQ，在 FASTA 数据格式中保存的主要信息是序列的名称和核苷酸序列，而在 FASTQ 格式中，除具体的核苷酸序列和名称外，还保存有每个核苷酸对应的测序质量分数，测序质量分数用于衡量核苷序列的可靠性，测序数据预处理主要以测序质量分数为标准去除测序质量比较低的核苷酸序列。用于测序数据质量控制的软件主要是 FastQC、NGS QC Toolkit 等。FastQC 是用 Java 语言编写的程序，用于统计测序质量分数的分布、GC 含量的分布、测序长度的分布等信息。这些信息为下一步去除低质量核苷酸序列提供参考。NGS QC Toolkit 是用 Perl 语言编写的用于去除低质量核苷酸序列的程序，它可以处理 Illumina 测序数据和 454 测序数据，采用多种标准去除测序质量低、歧义序列等。

6.3.2 序列比对及后续分析

对测序数据进行质量控制后，要把测序读段准确高效地比对到参考序列。人体外显子数据比对用的参考序列主要有两个来源：UCSC（University of Santa Cruz）和 GRC（Genome Reference Consortium，http://www.ncbi.nlm.nih.gov/projects/genome/assembly/grc/）。用第二代测序技术得到的数据比对属于短读段比对，短读段的比对算法有 Burrows-Wheeler Transformation（BWT）及 Smith-Waterman（SW）动态算法。对外显子数据的比对与前文所述的基于参考序列组装时的比对相同，同样需要处理海量读段比对速度的问题，它们使用相同的组装软件。

经过序列比对后，需要做一些后续处理以保证下一步正确检测出基因突变位点，并提高基因突变检测的效率。这些处理包括去除重复读段（read duplicate removal）、插入和缺失序列比对定位（indels realignment）、碱基纠错（base quality score recalibration，BOSR）。重复读段是比对到参考序列同一区域的读段，这些读段包括原 DNA 序列及 PCR 扩增的序列,因此需要去除PCR扩增序列,避免PCR扩增偏倚导致的错误,并提高后续分析的效率。软件Picard MarkDuplicates和SAMtools都能通过识别PCR扩增的相同的5′端序列,标记出PCR扩增序列。插入和缺失序列在比对到参考序列时更易受到噪声序列的影响。Indel在比对时由于序列或碱基的插入或缺失,这些读段难以比对到参考序列。在比对结束后对可能的插入或缺失读段重新进行定位,GATK软件中的SRMA和IndelRealigner模块可以用于实现对Indel的重新定位。另外一项比对后处理为碱基纠错(BOSR),通过比对到参考序列上的读段与参考序列的比较,可以认为读段与参考序列之间碱基的差异是由测序错误造成。通过此原则对读段纠错,极大地提高了突变检测的精确程度,并降低了扩增偏倚对突变的影响。

6.3.3 基因突变检测

基因突变主要包括单核苷酸突变(single nucleotide variants,SNV)、插入缺失(indel)、CNV(copy number variation),另外在癌症致病基因的研究中,还需区分出遗传突变和体细胞突变,遗传突变与遗传疾病的发生相关,而体细胞突变则出现于特殊的组织或器官(如肿瘤组织)。对遗传突变和体细胞突变的检测应用不同的算法和软件,下面简要介绍几款主要使用的检测软件(更多的软件见表6.3)。

表6.3 外显子组测序数据分析常用软件汇总

分析过程	软件汇总
质量控制	FastQC、Galaxy、FASTX-Toolkit、NGSQC、QC3
序列比对	Bowtie、BWA、BWA-SW、MAQ、SOAP2、SOAP3、SSAHA2
遗传突变检测	Atlas 2、Bambino、FreeBayes、GATK、IMPUTE 2、SAMtools、SNVer、SOAPindel、SOAPsnp
体细胞突变检测	GATK(SomaticIndelDetector)、SAMtools、SomaticCall、SomaticSniper
CNV检测	CNAseq、CNVer、CNVnator、CNV-seq
SV检测	APOLLOH、BreakDancer、BreakPointer、Hydra-sv、SVDetect、Pindel
突变注释	Align-GVGD、ANNOVAR、AnnTools、CandiSNPer、dbNSFP、VEP、FANS、FastSNP、FESD、Human Splicing Finder、MAPP、SIFT、SNP Function、SNP Hunter
突变可视化	ABrowse、Bambino、BamView、GenomeView、GenoViewer、Integrative Genomics Viewer (IGV)、NGSView、SAMSCOPE、UCSCGenome Browser、Circos、Gremlin

GATK包含UnifiedGenotyper和HaplotypeCaller两个子程序用于检测SNV、插入删除的核苷酸序列。SAMtools对SAM/BAM格式的读段进行操作,它包含一个子程序BCFtools,这个程序能够检测SNV和短的Indel,而且SAMtools能识别出体细胞突变。FreeBayes是用于检验多态性的软件,这个软件基于贝叶斯统计的方法,能检测SNV、Indel、多位点碱基错配及CNV。如前文所述,癌症研究中,最重要的步骤是从众多突变中寻找出体细胞突变,但是测序错误、低覆盖度及遗传突变都会影响体细胞突变的检测。GATK、SAMtools、deepSNV、Strelka、MutationSeq、MutTect、QuadGT、Seurat都能检测出体细胞突变。

6.3.4 突变注释

检测到基因突变后,需要将检测到的突变进行注释,以确定突变基因的特征、基因名称、外显子功能区、编码序列等。大多数研究都集中于外显子区域的基因突变,如 SNV、Indel 等,孟德尔遗传疾病中约 85% 都与外显子编码区的基因突变相关。

基因突变注释的软件有 ANNOVAR,它综合了 dbSNP、1000Genomes、ESP6500、NCI-60、LJB23、CADD、GERP、COSMIC、ClinVar 等数据库。另外一个软件 SeattleSeq 是在线的基因突变注释系统,它允许用户上传突变数据,用公共数据库 dbSNP、PolyPhen 等作比对,另外它还整合了 KEGG Pathway、CpG island 等数据库。

通过对基因突变注释,找出大量的基因突变位点,这些突变位点仍需进一步筛选。首先去除低测序质量、低覆盖度或者比对序列比对结果不可靠的突变,这一步骤能减少测序错误造成的"突变",提高后续分析的精确度。然后选取种群中低频率的突变,这些突变与疾病相关程度更高。这里基于一个假设,即种群中高频率的突变与疾病相关程度低。根据种群中各个等位基因的频率,判断其与疾病的相关程度,过滤掉大部分的遗传突变。这一过程不会对体细胞突变的筛选产生大的影响,因为体细胞突变大多是新突变并且在种群中属于低频率突变,与疾病高度相关。这也是从遗传突变中筛选出体细胞突变的策略之一。最后优先选取与疾病相关程度最高的突变,例如,在 SNV 突变中,通过突变位点在编码区域的位置判断其优先程度,通常 SNV 造成的无义突变位点比错义突变位点更易引起疾病,因此无义突变与疾病的相关程度更高。又如,在 Indel 中,其引起疾病的优先程度根据插入或删除的序列是否会导致移码突变来确定,能够导致移码突变的位点引起疾病的可能性更高。突变与疾病的相关程度可以根据突变在患病人群中出现的频率确定,在患病人群中的高频率突变无疑与疾病相关程度更高。

6.4 单细胞测序数据的基因组装

细胞是生物有机体的基本结构和功能单元,每个细胞都含有一个有机体全部的遗传信息。但由于基因的选择性表达,每个细胞都有其特异的结构和功能。检测生物体内不同类型细胞的 DNA、RNA、蛋白质和代谢物,追踪细胞的全局变化对研究生物细胞的结构功能非常重要。研究单细胞的基因组、转录组、蛋白质组和代谢组能够清晰地描绘出细胞的生理功能(Wang and Bodovitz, 2010)。复杂生物系统,如胚胎、肿瘤,通常都涉及单个细胞的行为、异质性及细胞之间的相互作用的问题。同基因群体(每个细胞具有相同的基因组成)的细胞异质性对细胞的生长、进化及生命的复杂性有显著的影响。在基因完全相同的情况下,多细胞生物可以通过细胞分化产生功能不同的细胞和组织。单细胞生物(如细菌)则通过产生不同的表型来快速适应变化的环境(Huang and Zhou, 2012)。单细胞基因组学(single cell genomics, SCG)从生物组织的最基本层面上揭示遗传信息的本质,是测序技术的全新应用。单细胞分析(single-cell resolution)能够准确测定一个单细胞核中基因拷贝数,可以有效地分析细胞的异质性,从而为一些复杂生物医学问题(如癌症个性化精准诊断)的研究提供了强有力的工具。单细胞测序技术由单细胞分离、扩增、测序,以及生物信息分析等步骤完成(Yilmaz and Singh, 2012)。本章仅涉及单细胞测序数据的分析。

单细胞测序产生的读段同样需要进行基因组装,目前使用最广泛的单细胞测序基因组装软件包括 HyDA(Movahedi et al., 2016)、IDBA-UD(Peng et al., 2012)、SPAdes(Nagarajan and Pop, 2013)及 Velvet-SC(Chitsaz et al., 2011)。应用第二代测序技术对单细胞进

行测序前,要对待测基因进行扩增,这种扩增对基因来说是不均一的。这是由于扩增引物对基因的偏好不同,基因扩增倍数不完全相同,产生的测序深度也不相同,那么在组装时会产生错误。

IDBA-UD 是基于 de Bruijn 图(DBG)针对单细胞测序后组装的软件(Peng et al.,2012)。IDBA-UD 能够解决扩增偏倚的问题,与其他软件不同的是它采用多重的 k-mer 来定义"低频率"错误。IDBA-UD 采用迭代的算法,取一系列的 k 值来纠错并构建 de Bruijn 图。在组装单细胞基因组测序读段时,从设定的最小 k 值开始构图,然后逐步递增,在构图的同时,利用较长的 k-mer 来解决 DBG 图中的泡状结构、重复序列等问题。用相对测序深度来处理测序深度不均一的问题。

SPAdes 是另外一广泛应用于单细胞测序组装的软件(Bankevich et al.,2012),其同样需要解决单细胞测序基因测序深度不均一的问题,其组装步骤与其他软件有所不同。SPAdes 的主要组装步骤如下。

(1)构建 DBG 图,与其他软件不同的是,SPAdes 用到的是多级 DBG 图。能够在不同深度下进行除错,除去 Bubble 和 Tip。

(2)对 k-mer 进行调整,得出其最优化值。

(3)利用 SPAdes 特有的成对 DBG 图构建成对组装图(paired assembly graph)。

(4)构建叠连群(contig),然后将读段映射到叠连群上。并进一步对组装路径进行修正、简化。

Movahedi 等(2016)采用混合从头组装(hybrid *de nove* assembler,HyDA)的策略组装单细胞测序数据,极大地改进了组装的质量。HyDA 采用彩色 de Bruijn 图算法(colored de Bruijn graph),该算法最初用于检测基因的结构变异及基因型,Movahedi 等将该算法调整后用于组装测序深度不均一的单细胞测序数据。通过对同一种细胞的多次单细胞测序的数据分析发现,在每次的单细胞测序中,基因组低覆盖度区域各不相同。例如,在第一次测序中基因 A 的测序深度较低,而在第二次测序中基因 A 的测序深度可能比较高,反而基因 B 的测序深度较低(基因 B 在第一次测序中测序深度较高)。因此采用多次测序数据,测序深度较低的区域可以互补。HyDA 即输入多组测序数据,用以解决单细胞测序覆盖度不均一的问题。

Chitsaz 等(2011)利用 EULER + Velvet-SC 策略组装单细胞数据。Velvet-SC 软件用不同的测序深度对数据过滤,首先从最低的测序深度开始过滤,过滤掉最低的测序覆盖度,随后对过滤后的数据进行组装。然后逐渐提高过滤所用的测序深度的阈值,这样组装后的结果既包含低测序深度的数据,又包含高测序深度的数据。Velvet-SC 也是针对单细胞基因组装开发的软件,与 Velvet 不同的是,它在处理 k-mer 频率时使用了不同的 Cutoff 值。

以上用于单细胞测序的组装软件共同的特点是都能解决测序深度不均一的问题,这是其他组装软件所不具备的能力,这也是单细胞测序与全基因组测序的区别所在。

随着单细胞基因组测序量的增加,专门用于解决单细胞基因组问题的算法也不断涌现。例如,SmashCell 可以自动对单细胞基因组进行基因组装、预测和注释。它利用序列相似性和 k-mer-based 工具来辨识污染物;使用自定义脚本降低对 SAG 过量区域取样;使用 STRING 数据库来计算单拷贝直系同源种群,进而可以评价基因组测序质量(Harrington et al.,2010)。

单细胞测序数据分析不仅仅限于对基因组的数据分析，单细胞转录组分析、单细胞蛋白质组分析、单细胞甲基化分析等方面的软件和技术也在不断开发中。

参 考 文 献

Antipov D, Korobeynikov A, McLean J S, et al. 2016. HybridSPAdes: an algorithm for hybrid assembly of shrot and long reads. Bioinformatics, 32: 1009-1015.

Chaisson M J, Pevzner P A. 2008. Short read fragment assembly of bacterial genomes. Genome Research, 18(2): 324-330.

Chikhi R, Limasset A, Medvedev P. 2016. Compacting de Bruijn graphs from sequencing data quickly and in low memory. Bioinformatics, 32(12): 201-208.

Chin C S, Alexander D H, Marks P, et al. 2013. Nonhybrid, finished microbial genome assemblies from long-read SMRT sequencing data. Nature Methods, 10(6): 563-569.

Chitsaz H, Yee-Greenbaum J L, Tesler G, et al. 2011. Efficient de novo assembly of single-cell bacterial genomes from shrot-read data sets. Nature Biotechnology, 29: 915-921.

Clark J, Wu H, Jayasinghe L, et al. 2009. Continuous base identification for single-molecule nanopore DNA sequencing. Nature Nanotechnology, 4(4): 265-270.

Conway T C, Bromage A J. 2011. Succinct data structures for assembling large genomes. Bioinformatics, 27(4): 479-486.

Fang G, Munera D, Friedman D, et al. 2013. Genome-wide mapping of methylated adenine residues in pathogenic Escherichia coli using single-molecule real-time sequencing. Nature Biotechnology, 30(12): 1232-1239.

Gnerre S, MacCallum I, Przybylski D, et al. 2010. High-quality draft assemblies of mammalian genomes from massively parallel sequence data. Proceedings of the National Academy of Sciences, 108(4): 1513-1518.

Harrington E D, Arumugam M, Raes J, et al. 2010. SmashCell: a software framework for the analysis of single-cell amplified genome sequences. Bioinformatics, 26(23): 2979-2980.

Harris T D, Buzby P R, Babcock H, et al. 2008. Single-Molecule DNA sequencing of a viral genome. Science, 320(4): 106-109.

Huang W E, Zhou J. 2012. When single cell technology meets omics, the new toolbox of analytical biotechnology is emerging. Curr Opin Biotechnol, 23(1): 1

Korlach J, Turner S W. 2012. Going beyond five bases in DNA sequencing. Current Opinion in Structural Biology, 22(3): 251-261.

Koren S, Schaiz M C, Walenz B P, et al. 2012. Hybrid error correction and de novo assembly of single-molecule sequencing reads. Nature Biotechnology, 30(7): 693-700.

Li R, Zhu H, Ruan J, et al. 2010. De novo assembly of human genomes with massively parallel short read sequencing. Genome Research, 20(2): 265-272.

Luciani F, Bull R A, Lloyd A R. 2012. Next generation deep sequencing and vaccine design: today and tomorrow. Cell, 30(9): 443-452.

Madoui M, Engelen S, Cruaud C, et al. 2015. Genome assembly using NanoPore-guided long and error-free DNA reads. BMC Genomics, 16(1): 327.

Mardis E R. 2008a. Next-generation DNA sequencing methods. Annual Review of Genomics and Human Genetics, 9(9): 387-402.

Mardis E R. 2008b. The impact of next-gene ration sequencing technology on genetics. Trends in Genetics, 24(3): 133-141.

Metzker M L. 2010. Sequencing technologies-the next generation. Nature Reviews Genetics, 11(1): 31-46.

Movahedi N S, Embree M, Nagarajan H, et al. 2016. Efficient synergistic single-cell genome assembly. Frontiers in Bioengineering and Biotechnology, 4: 42.

Pareek C S, Smoczynski R, Tretyn A. 2011. Sequencing technologies and genome sequencing. Journal of Applied Genetics, 52(4): 413-435.

Peng Y, Leung H C, Yiu S M, et al. 2012. I D B A-UD: a de novo assembler for single-cell and metagenomic sequencing data with highly uneven depth. Bioinformatics, 28(11): 1420-1428.

Pushkarev D, Neff N F, Quake S R. 2009. Single-molecule sequencing of an individual human genome. Nature, 27(9): 847-850.

Rasko D A, Webster D R, Sahl J W, et al. 2011. Origins of the *E. coli* strain causing an outbreak of hemolytic-uremic syndrome in Germany. New England Journal of Medicine, 365(8): 709-717.

Schadt E E, Turner S, Kasarskis A. 2010. A window into third-generation sequencing. Human Molecular Genetics, 19(R2): 227-240.

Sharon D, Tilgner H, Grubert F, et al. 2013. A single-molecule long-read survey of the human transcriptome. Nature, 31(11): 1009-1014.

Simpson J T, Wong K, Jackman S D, et al. 2009. ABySS: a parallel assembler for short read sequence data. Genome Research, 19(6): 1117-1123.

Simpson J. 2014. Exploring genome characteristics and sequence quality without a reference. Bioinformatics, 30(9): 1228-1235.

Simpson J, Durbin P. 2012. Efficient de novo assembly of large genome using compressed data structures. Genome Research, 22(3): 549-556.

Venter J C, Adams M D, Myers E W, et al. 2001. The sequence of the human genome. Science, 291(5507): 1304-1351.

Ye C X, Ma Z S, Cannon C H, et al. 2012. Exploiting sparseness in de novo genome assembly. BMC Bioinformatics, 13(Suppl. 6): 1-8.

Ye C, Hill C M, Wu S, et al. 2016. DBG2OLC: efficient assembly of large genomes using long erroneous reads of the third generation sequencing technologies. Scientific Reports, 6: 31009.

Yilmaz S, Singh A K. 2012. Single cell genome sequencing. Current Opinion in Biotechnology, 23(3): 437-443.

Pevzner P A, Tang H X, Waterman M S. 2001. An Eulerian path approach to DNA fragment assembly. Proceedings of the National Academy of Sciences, 98(17): 9748-9753.

Zhang Y, Waterman M S. 2004. An Eulerian path approach to local multiple alignment for DNA sequences. Proceedings of the National Academy of Sciences, 102(5): 1285-1290.

Wang D, Bodovitz S. 2010. Single cell analysis: the new frontier in 'omics'. Trends in Biotechnology, 28(6): 281-290.

Bankevich A, Nurk S, Antipov D. 2012. S P Ades: a new genome assembly algorithm and its applications to single-cell sequencing. Journal of Computational Biology, 19(5): 455-477.

Nagarajan N, Pop M. 2013. Sequence assembly demystified. Nature Reviews Genetics, 14(3): 157-167.

Fichot E B, Norman R S. 2013. Microbial phylogenetic profiling with the Pacific Biosciences sequencing platform. Microbiome, 1(1): 10.

第7章 转录组数据的生物信息学分析

邵 永 徐海波 叶凌群 吴东东[①]

7.1 转录组技术的发展

转录组是指生物体特定发育时期或生理状态下细胞内所有转录本的总和，代表了特定情况下基因组序列的有效读出。对转录组的解析促进了人类对基因组功能元件（如蛋白质编码基因、调控元件和非编码 RNA 基因），以及发育、疾病等复杂性状更深层次的理解。转录组是指某一时期生物体内单个细胞或者特定组织中所有转录的 RNA 的总和。相对于基因组来说，转录组具有动态性，不同生理状态或不同环境条件下转录组都存在很大差异。转录组的相关研究对了解生物体的分子组成及基因表达调控的差异机制有着重要贡献，其研究内容包括：对所有的转录本进行分类；检测基因的转录结构差异（剪接模式、转录起始终止位点等转录后修饰）；基因表达水平定量检测（生理、疾病、胁迫条件等）等。

基于转录组学研究的需求，人们开发了各种技术，譬如传统的基因表达序列标签法（EST）、微阵列芯片技术（microarray）等。基于传统的 Sanger 测序的 EST 或 cDNA 法能够单碱基水平检测转录本，但是其有通量低、价格贵并且只能检测到部分的转录本等缺点。基于杂交技术的微阵列芯片技术解决了上述问题，利用分子标记的标本和设计的 DNA 微阵列进行杂交，通过检测杂交信号的强弱从而获得不同标本中特定基因的表达和差异水平，是探索基因组功能的强有力手段。相比 EST，微阵列芯片技术通量高、成本低且速度快，可以在转录水平上大规模测定获得生物体特定发育时间或特定组织细胞的基因的表达情况和基因序列。但是设计芯片时只能考虑已知的序列，杂交过程带来了较高的背景噪声，微阵列芯片测得的基因的覆盖范围较窄，并且不同实验之间表达数据难以比较。上述这些缺点都制约了基因组时代转录组的大规模研究。21 世纪初，高通量 DNA 测序技术的发展给我们带来了新技术——RNA-sequencing（简称 RNA-seq）。高通量转录组测序技术的诞生为研究真核生物的转录组提供了前所未有的机遇。作为一种相对廉价、高效的研究手段，这一技术使得我们对真核生物转录组的复杂性有了空前的了解。

7.1.1 高通量测序简述

1977 年，Sanger 测序法引领我们进入基因组学研究的大门，并作为 DNA 测序的标准沿用超过 30 年。通过该方法人们完成了人类基因组等许多模式物种的测序工作，但是测序成本高、通量低等缺点导致大规模基因组、转录组研究的当下，Sanger 测序法很难满足

---

① 中国科学院昆明动物研究所遗传资源与进化国家重点实验室

我们的需求。2005 年，454 公司推出了革命性的基于焦磷酸测序法的超高通量基因组测序系统；2006 年，Illumina 公司推出的聚合酶合成 Solexa 测序技术；2007 年，ABI 公司推出的 SOLiD 连接酶测序技术，这些技术的出现标志了新一代测序技术的诞生。这些技术的特点是单次运行产生的数据量高、时间短、成本低，这给基因组学、转录组学的研究带来新的变革和机遇，并极大地推动生命科学研究不断深入。这三种测序技术各有其特点，其中 Illumina Hiseq 以单次运行成本低、数据量高著称，SOLiD 的测序准确率最高，Roche 454 的有效读段最长，各个平台的测序原理、测序读段长度的差异决定了不同测序仪器有着不同的应用侧重。

7.1.2 RNA-seq 原理

RNA-seq 是利用 DNA 高通量测序仪对 RNA 进行测序的一种方法。现以最广泛使用的 Illumina/Solexa 测序平台对 RNA-seq 进行介绍。该测序平台拥有核心专利技术即"DNA 簇"和"可逆性末端终结"，采用边合成边测序原理（Bentley et al.，2008）。进行 RNA 测序时，首先需要将组织样本中的 RNA 反转录合成 cDNA，然后再将 cDNA 随机打断并在每一片段两侧加上接头序列来构建文库；每一个包含接头的序列片段和测序通道表面的接头引物随机地结合并锚定下来，通过桥式扩增反应（bridge amplification）形成单克隆 DNA 簇从而增强后期的荧光强度；随后将 4 色荧光标记的 dNTP 加入测序仪中，由于每个碱基末端都存在保护基团导致末端活性被封闭，单次反应测序只能添加一个碱基，通过显微扫描读取该次反应的荧光颜色，去除保护基团，进行下一次反应，如此反复从而得出碱基的序列。最后所得到的短序列通过有参考基因组或无参考基因组（de novo）拼装，从而得到全基因组范围的转录谱。随着 Illumina 测序技术的发展，其开发出双末端测序技术，增加了测序的物理覆盖度。该技术是将 DNA 或 cDNA 打断并筛选一定长度的随机片段后从两端进行测序，这样从单个片段获得了距离已知的两条序列信息。在转录组测序中，双末端测序对可变剪接、融合基因等研究领域有更好的帮助，提供了更多的序列结构信息。

7.1.3 RNA-seq 的应用

RNA-seq 的巨大优势与潜力促使其在转录组学相关分析中得到越来越广泛的运用，如低丰度转录本挖掘、转录本结构差异分析、基因表达水平研究、非编码转录本功能研究、RNA 编辑等领域，并且在这些方向都取得很大的研究成果和突破。RNA-seq，其深度高、覆盖度高、无背景噪声、单碱基分辨率等特点也使得我们能够得到转录本更多的细节信息。

在挖掘低丰度转录本方面，RNA-seq 的使用使得人们了解到即使是在已经很好注释了的基因组中仍存在大量新的转录区域，存在大量新拼装的转录本与已知的基因位置没有重叠。例如，在人、小鼠、拟南芥、酵母等这些我们研究很久的模式生物中依然检测到许多未知的新的转录区。2008 年 Wilhelm 等利用高通量转录组测序发现在酿酒酵母中 90% 以上的基因组都发生了转录，另外还检测到 487 个新的转录本，然而这当中有一半是用芯片技术无法检测出来的（Wilhelm et al.，2008）。2010 年，Zhang 等对栽培水稻进行高通量测序，他们检测到了 7232 个之前未检测到的新的转录区域，这些新的转录区域的转录本表达水平大多数都低于通过 cDNA 获得的已知基因（Zhang et al.，2010）。大量研究已经表明

RNA-seq 在检测新转录本方面有着很高的敏感性，已用于发现和注释 lncRNA(long noncoding RNA)基因。

在转录本结构研究中，RNA-seq 也显示了极大的威力，使得我们对真核生物转录本的结构全貌有了更深的认识。2008 年，Mortazavi 等对小鼠的多个组织器官进行了高通量测序，虽然超过90%的短序列都比对到已知的外显子上，但是对比对到其他位置的序列进行分析，发现绝大多数都是存在于已知基因的启动子区、3′端 UTR 区域、新的外显子区及可能的小 RNA 前体中(Mortazavi et al.，2008)。这使得我们对小鼠的转录组有了深层次的了解，这也是微阵列或 SAGE 所不能企及的。2010 年，Zhang 等对水稻的研究中还发现了 10 595 个新的外显子和 29 751 个新的或者延长的 5′、3′UTR 边界。RNA-seq 使得我们发现了 UTR 区的极大多样性，尤其是 3′UTR，为我们了解 mRNA 如何进行细胞亚结构定位和降解提供了初步认识(Zhang et al.，2010)。

生物从低等到高等，基因的总数没有太大的悬殊，但是物种的多样性却有巨大的不同，蛋白质的种类数量也有极大的不同，其中很大原因是可变剪接机制的结果。2008 年 Wang 等利用 RNA-seq 研究人的转录组，发现92%～94%的人类基因都存在可变剪接，即表达多个转录本亚型，这些可变剪接具有组织特异性(Wang et al.，2008)。同年 Sultan 等在人类细胞系中通过高通量测序发现了 4096 个全新的可变剪接位点。这些数字远高于我们之前对人类可变剪接水平的认知(Sultan et al.，2008)。通过 RNA-seq，Liu 等(2010)发现水稻中至少48%的基因经历了可变剪接，也远高于先前通过 EST/cDNA 得到的数据分析结果(20%～30%)(Campbell et al.，2006；Wang and Brendel，2006)，他们发现大多数的亚体中都包含提前终止密码子，很可能是发挥无意调节 mRNA 降解(NMD)来调控基因表达。Zhang 等(2010)对水稻的研究还发现了 234 个转录融合事件(fusion)，包含染色体内部及染色体之间两种类型，这可能是通过反式剪接形成的。2012 年，Marquez 等对拟南芥进行分析，发现61%的多外显子基因发生了可变剪接，并且其中40%的可变剪接是通过内含子保留方式产生的(Marquez et al.，2012)。通过深入的研究对比发现，不同可变剪接类型在不同的物种中有着不同的偏好使用，如在植物中更偏好发生内含子保留的类型，而在高等动物中外显子跳跃却是更普遍的一种形式，同时在不同物种中可变剪接发生的水平也不一样。

单碱基水平改变会使得编码蛋白质种类发生改变或使得翻译提前终止，也可能改变基因的调控。2009 年，Chepelev 等对几种 T 细胞进行外显子测序，检测到了一万多个单碱基变异位点(Chepelev et al.，2009)。2012 年，通过设计更加严谨的信息学算法，Peng 等(2012)对汉族男性进行了高通量测序，发现人类的转录组中的确存在大量的 RNA 编辑，识别出 22 688 个 RNA 编辑事件。大量 RNA 编辑事件的发现为了解 RNA 编辑的作用提供了数据支持。

在基因的表达差异研究中，RNA-seq 也显示了极高的灵敏度。这方面的研究也是数不胜数。例如，2008 年 Marioni 等比较了基因芯片技术和高通量测序技术在检测基因表达的差异。发现在 FDR(false detection rate)相同的情况下，高通量测序技术能多检测到30%的差异表达基因(Marioni et al.，2008)。这表明了 RNA-seq 具有很高的灵敏度。2012 年，Marquez 等对三类乳腺癌十几个样本进行转录本高通量测序，发现了大量新的基因/转录本，获得了乳腺癌的完整表达谱，通过差异表达基因分析得到一系列有关乳腺癌的调控因子信息(Marquez et al.，2012)。

上述 RNA-seq 技术主要是应用在参考基因组的物种中。但是有参考基因组的物种仅仅占生命之树的一小部分，相比较芯片技术而言，RNA-seq 并不局限于有参考基因组物种转录本的检测，也广泛应用于非模式物种转录本的从头拼装、注释及复杂表型性状的解析，例如，高原林蛙(*Rana kukunoris*)(Yang et al.，2012)和裂腹鱼(*Gymnodiptychus pachycheilus*)(Yang et al.，2015)适应低氧及蝮蛇适应热辐射感应(Gracheva et al.，2010)等遗传机制的解析。目前，从 RNA-seq 角度出发探究非模式生物复杂表型背后的遗传规律已经成为生命科学领域的重点和热点(表 7.1)。

表 7.1 转录组数据研究适应性进化代表实例

物种名	测序组织	应用平台	揭示机制	参考文献
蛇(*Crotalus atrox*)	颊窝	Illumina/Solexa	感受红外-转化红外信号为神经信号	Gracheva et al.，2010
银狐(*Vulpes vulpes*)	前额叶皮层	Roche/454	揭示驯化机制	Kukekova et al.，2011
鼹鼠(*Spalax galil*)	肌肉、脑	Sanger + Roche/454	地下低氧适应	Malik et al.，2011
更格卢鼠(*Dipodomys spectabilis*)	肾脏、肝脏	Roche/454	沙漠适应(节水等)	Marra et al.，2012
新西兰高山竹节虫(*Alpine micrarchus*)	头、触角、前胸等	Roche/454	耐受寒冷	Dunning et al.，2013
楔齿蜥(*Sphenodon punctatus*)	胚胎	Illumina/Solexa	免疫、依赖温度决定性别机制	Miller et al.，2012
豆荚草盲蝽(*Lygus hesperus*)	羽化后的成体	Roche/454	适应环境温度变化机制	Hull et al.，2013
北极衣藻(*Arctic chlamydomon*)	细胞	Roche/454	适应极低寒冷环境	Kim et al.，2013
瓦氏雅罗鱼(*Leuciscus waleckii*)	肌肉皮肤等 12 个组织	Illumina/Solexa	适应高盐碱性水湖环境	Xu et al.，2013
短鳍花鳉(*Poecilia mexicana*)	鳃	Illumina/Solexa	适应高硫化氢和洞穴环境	Kelley et al.，2012

7.2 RNA-seq 数据的质量控制

根据 RNA-seq 技术的基本原理[主要包括：RNA 反转录为 cDNA、cDNA 片段化、读段(reads)的 3′和 5′端加测序接头、上机测序等]，在二代测序技术中，测序接头(sequencing adapter)的引入将直接影响转录组从头拼装、SNP calling 及其他下游分析的质量，因此，准确地移除测序接头是数据分析的第一步。目前，针对移除测序接头的程序已经有很多，比较常用的软件有 AdapterRemoval、Cutadapt、Trimmomatic、Skewer 等(Bolger et al.，2014；Jiang et al.，2014；Lindgreen，2012；Martin，2011)，它们都有强的移除测序接头的能力，其中应用最广泛的是 Cutadapter 软件，这里我们比较推荐使用 Skewer 进行接头修剪，相比于其他接头修剪软件，无论是针对单端还是双末端读段，Skewer 都能保证低的假阳性率和高的阳性率(图 7.1 和图 7.2)。

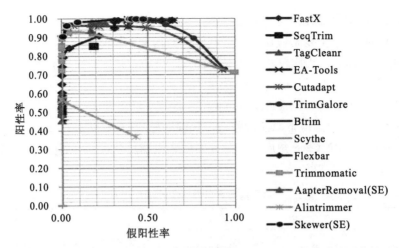

图 7.1 不同测序接头移除软件假阳性率及阳性率的比较(针对单端测序情况)

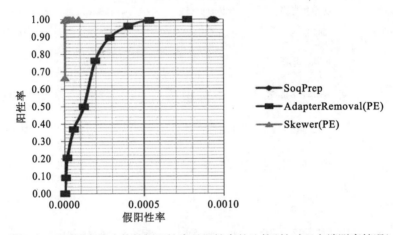

图 7.2 不同测序接头软件假阳性率及阳性率的比较(针对双末端测序情况)

在去除接头序列之后,对读段序列进行质量控制(如读段的长度、质量分数、Ns 的数量等)也是转录组从头拼装的重要环节。例如,基于 Bit-vector 算法的 btrim 软件就是一款比较经典的质控软件,不仅能过滤低质量分数的碱基也能过滤测序接头序列(Kong,2011)。获得的高质量读段数据便可用于转录组的从头拼装,该数据也可使用 fastQC 软件(Andrews, 2010)作进一步质量评估,在数据评估合格之后,再进行从头组装,一般认为数据量达到转录本覆盖度 100X 之后才能用于从头拼装。

7.3 基于参考基因组的转录组分析

大规模高通量转录组测序使得我们对真核生物转录组有了更深层次的理解,也彻底地改变了我们对转录组的研究方法。RNA-seq 给我们带来了机遇的同时也带来了许多的挑战,促使我们需要开发相应复杂强有力的算法来应对。而目前最基本的几个挑战是:短序列比对、转录本构建及表达定量。

7.3.1 读段定位到基因组

获得高通量数据后,如何将测序读段定位到基因组上是整个转录组分析的基础和关键。读段数量庞大、测序错误率相对较高、读段序列较短、跨内含子、基因组序列的复杂性等,这些都对读段的比对带来了巨大的挑战,这就需要我们开发更加高效准确的比对软件。目前短序列比对软件分为 unspliced aligner 和 spliced aligner 两种(Garber et al.,2011)。其中 unspliced aligner 比对时不允许存在较大的 gap,其算法主要有 seed 算法 [SHRPiMP 软件(David et al.,2011)、Stampy 软件(Lunter and Goodson,2011)、MAQ 软件(Li et al.,2008)]及 Burrows-Wheeler Transform 算法[BWA 软件(Li and Durbin,2009)、Bowtie 软件(Langmead,2011)、SOAP2 软件(Li et al.,2009)]。seed 算法要求所建立的种子能完美比对到基因组上,然后再进行扩展匹配。BWT 算法通过将基因组压缩建立索引,然后将短序列比对到每个索引上。上述不同软件其速度,比对精确度等都不一样,目前 BWT 算法相对速度更快(Garber et al.,2011)。由于可变剪接的普遍存在,reads 序列可能是来自跨外显子内含子接合位置,这对正确将这些 reads 比对到参考基因组上带来了挑战,然而 unspliced aligner 无法将这部分序列映射到基因组上。为了解决这个问题,生物信息学研究者开发了检测剪接位点的 spliced aligner,如基于 Exon-first 算法的 MapSplice (Wang et al.,2010)、SpliceMap(Wu and Nacu,2010)、Tophat 及基于 seed-extend 算法的 GSNAP 和 QPALMA 等。Exon-first 算法将没有比对到基因组上的序列切割成小段,然后再分别比对到基因组上,最后再找比对区域附近的可能的剪接位点进行判断该 reads 是否跨越 junction 位置。目前 spliced aligner 软件中运用最多的是 Tophat(Kim et al.,2011;Trapnell et al.,2009)软件,其调用 Bowtie 软件并基于已知的 GT-AG/GC-AG/AT-AC 内含子模式进行短序列比对,该软件比对速度更快,消耗 CPU 资源也较少。由于测序存在固有错误及基因组中存在 SNP,因此所有的比对软件通常都允许一定的错配,其次基因组中存在重复及高度相似的片段,这会导致某些 reads 会比对到基因组多个位置上。上述这些都影响了最终 reads 的定位质量,因此在后续分析之前,针对分析目的的不同采取过滤或多重分配等方式进行处理。

7.3.2 转录组拼装

要想获得一个样本内所表达的全部转录本的图谱,我们需要将比对到基因组上的短序列组装成一个完整的转录本或片段。短的 reads 可能来自任何一个转录本亚体或 RNA 前体中,这使得拼装尤其困难。转录组重构有两种策略。第一种是将短序列比对到基因组上,然后根据比对信息将这些短序列组装成转录本。基于这种策略的软件主要有 Cufflinks (Trapnell et al.,2010)和 Scripture(Guttman et al.,2010)。其组装的过程不太相同,Scripture 主要基于最大敏感性,计算出所有的可能的转录本结构;而 Cufflinks 主要基于最大精确度,结合覆盖度输出最少的可能转录本。根据 Kim 等(2011)所述,两款软件对高表达量的转录本区域构建情况相似,但是 Cufflinks 能发掘更多的低表达量转录区域;而单个 locus 位点,Scripture 能拼装出更多的转录本,灵敏度很高但是假阳性偏高。目前运用最多的拼装软件是 Cufflinks,其与 Tophat 配合使用有着较高的准确性。不过软件拼装过程还是存在一些错误,如低丰度转录本构建可信度不是特别高,以及一些复杂的转录本无法拼装出来。由于上述的方法依赖于高质量的参考基因组,而目前大部分的物种是没有基因组的,这就需要第二种直接基于短序列进行组装,如 Velvet、Trinity、TransABySS 等,对短 reads 序列的 k-mers 进行建模并解析 de Bruijn 图,最终拼装出一个个重叠群。采用上述哪种策略依赖于我们实际分析的目标和物种是有高质量的参考基因组。

7.3.3 表达定量

使用短序列的数量来估算基因的表达量存在两个问题:①不同长度的转录本产生不同数量的短序列;②不同的样品建库时产生的短序列的数量也不一样。这使得我们利用短序列数量进行表达量计算时得先标准化。目前一般使用最多的是 FPKM/RPKM 法,即每百万数量的比对到基因组上的片段或短序列落入到转录本一千碱基范围内的数量。每一个基因有许多不同的转录本,而每一个转录本都有共同的外显子,这使得我们对转录本进行表达定量分析带来了难度。目前对转录本进行定量分析的软件主要有 Alexa-seq、Cufflinks、MISO 等。Alexa-seq 是利用唯一能比对到每一个转录本上的 reads 数量进行表达水平评估的,Cufflinks 与 MISO 利用最大似然值模型进行评估。每一种方法都有其优缺点,而且如果一个基因中存在不可信的转录本时,这会干扰其他亚型的表达量计算,因而有时候有必要在计算表达量之前将拼装得到的不可信的转录本去除。有时候我们也需要对不同样本之间进行基因或亚型的表达水平的变化评估。但是不同的 RNA-seq 样本之间,测序深度、基因长度、reads 分布等都不一样,这对最终的检测结果有直接的影响,因此我们在最终判断不同测序样本之间某些基因发生差异表达之前得考虑到 RNA-seq 带来的偏倚。目前相应的策略有皮尔逊型分布、负二项分布等。其中皮尔逊型分布无法处理多样本之间的生物学差异问题,其他的如基于负二项分布的 EdgeR、DESeq 等及使用多种不同参数的 Cuffdiff 对此做了比较好的处理。

7.3.4 长链非编码 RNA 注释

长片段非编码 RNA(long noncoding RNA, lncRNA)通常是指长度大于 200 个核苷酸之间的非蛋白质编码 RNA 分子。主要分为 lincRNA(large intergenic non-coding RNA)、启动子相关 lncRNA(promoter-associated lncRNA)、内含子非编码 RNA、反义长非编码 RNA(antisense lncRNA)、非翻译区 lncRNA(UTR-associated lncRNA)等。许多研究表明,lncRNA 是一种受发育调节的功能性分子而非转录噪声。具有细胞表达特异性,分布于特定的亚细胞中;可促进或抑制邻近基因的表达;调节 RNA 结合蛋白的活性与定位(如作为转录调节因子的辅助因子);作为小分子 RNA(如 miRNA、piRNA 等)的前体分子;影响其他 RNA 的加工处理(如影响它们转化为 small RNA 的过程或改变其 pre-mRNA 的剪接模式);同时也能作为一种维持组织、细胞骨架及纺锤体等的结构 RNA 分子。目前仍只有极少部分的 lncRNA 的功能得到了阐述,而且对已被证明的 lncRNA 是否还具有其他的生物学功能还有待进一步的研究,故不断发掘新的 lncRNA 并探究其生物学活性对完善各种生物的基因组注释具有十分重要的意义。

首先我们将获得的最终注释中的新拼装基因的注释信息提取出来,然后使用 Cufflinks 软件包中的 gffread 程序提取所有转录本的 RNA 序列。再利用 CPC 软件对这些转录本序列的编码能力进行预测。CPC 会寻找可读框并搜索已知的蛋白质编码库,得到 6 个分类特征，进行向量机训练，构建分类模型并打分。如果 Score 值大于等于 0 则我们视该转录本为编码转录本，Score 值介于 -1~0 视为弱的非编码转录本，Score 值小于 -1 则视为非编码转录本。如果一个基因 locus 中所有的转录本都小于 -1，则我们可将这个区域的基因称为 lncRNA 基因。进一步可以根据 lncRNA 与已知蛋白质编码基因的相对位置对这些非编码基因进行分类，如果一个基因完全落入已知蛋白质编码基因内含子内部则判断为 sense intronic lncRNA，如果该基因与已知蛋白质编码基因的反义链有交集则判断为 antisense exonic lncRNA，如果一个非编码基因与已知的蛋白质编码基因没有交集则判断为 intergenic lncRNA，再利用这些不同种类的 RNA 进行后续的分析。

7.3.5 可变剪接类型判断及可变剪接水平分析

通过可变剪接，真核生物 mRNA 前体产生不同的亚型，从而行使多种不同的功能，可变剪接是转录后调节基因表达和产生蛋白质多样性的一个重要的机制。可变剪接也是真核生物转录组分析的一个重要部分。目前大多数研究主要将可变剪接类型分为 7 种基本类型：外显子跳跃(SE)、内含子保留(RI)、选择 5′端剪接(A5SS)、选择 3′端剪接(A3SS)、外显子互斥(MXE)、选择第一外显子(AFE)、选择最后外显子(ALE)。我们在进行真核生物外显子进化的研究中，需要判别每个外显子经历了何种可变剪接事件。

基于表达量 FPKM 值计算每一种可变剪接事件的外显子的剪接水平，即经历某种可变剪接事件的外显子在该基因中的内含率，即 PSI(percent spliced in, Ψ)。Wang 等在 2008 年对该值进行过描述：某一段区域里内含的 reads 的密度与该区域内含 reads 及排除的 reads 的总和的比值。其用 reads 数量进行计算。在此我们基于 FPKM 进行计算，先通过 Cuffdiff 程序计算获得注释文件中的每一个转录本的表达值，通过某种可变剪接的外显子的边界信息得到包含该种类型外显子所处的转录本信息，然后再计算 PSI 值，即 Ψ = FPKMon/(FPKMon + FPKMoff)，FPKMon 表示包含某一外显子的所有的转录本的表达值，FPKMoff 表示不包含这个外显子的所有转录本的表达值，这样我们可以得到样本中经历某种可变剪接事件的外显子的相对表达量。多样本之间比较时使用 $\Delta_{ij} = |\Psi_i - \Psi_j|$ 观察组织间可变剪接差异。

7.3.6 Tophat-Cufflinks-Cuffdiff 流程

RNA-seq 在真核生物转录组分析中得到越来越广泛的应用，相应的生物信息学手段和流程也逐渐成熟。对于常规有参考基因组的转录组分析，我们最需要做的是将测序获得的短读段比对到基因组上，然后再行拼装获得样本中的全部转录本，最后进行基因差异表达分析。针对这部分内容，Trapnell 等(2012)开发了 Tuxedo Suite Pipline。如图 7.3 所示，首先通过 Tophat 将测序获得的短读段比对到基因组上；然后利用 Cufflinks 将比对到基因组上的短序列拼装成完整的转录本；再利用 Cuffcompare/Cuffmerge 程序将多个样本中所拼装的转录本合并，获得最终的注释；最后利用 Cuffdiff 获得各个组织中的基因/转录本的表达量并分析获得差异表达的基因。

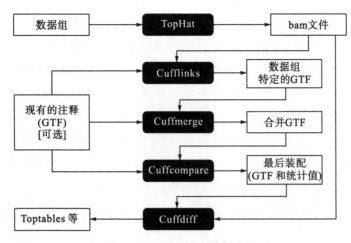

图 7.3 Tuxedo Suite 分析流程

（1）在使用 Tophat 软件比对之前，我们通常会对短读段进行质量控制，去除 reads 两端的低质量碱基，从而提高比对到基因组上的总的读段数量。大多数 reads 通过质量控制之后都会变得更短，因此很可能由于基因组上某些区域的序列的相似性和软件允许的一定错配导致软件将处理后的片段比对到基因组的多个位置，从而带来了偏倚。同时测序得到的庞大数据中会有一部分读段可能来自转录本末端，含 poly A 尾巴的 RNA 片段在建库时也可能被加上接头，随后被测出来，因为这些读段包含了额外的 poly A 尾巴，导致其无法比对到基因组上，这就可能会影响转录组拼装的最终长度。而目前所有的碱基处理程序都没有针对这部分序列进行 poly A 尾巴处理，而只考虑碱基的质量。

（2）使用 Cuffcompare 对多样本转录本进行合并时，该软件认为来自所有样本中有着相同内含子结构的转录本是同一个转录本，然后选取不同样本中这些有着相同内含子结构的转录本中最长的一个作为最终拼装出来的转录本。但是可能这些转录本的最 5′端及 3′端不一定相同，最后选取的转录本也不一定同时包含了该转录本的最 5′端及 3′端信息，因此不一定能反映这个转录本的完整结构。同时通过 Cuffcompare 软件获得的最终注释中的 GENE ID 是以 locus 为单位的，认为外显子存在 overlap 的两个转录本来自于同一个基因，然后将所有相互有外显子交集的转录本全部归集到一起，赋予同一个 GENE ID。这种策略会导致已注释的几个不同的基因因为存在外显子交集而变成了一个基因。这对最后的表达量计算及基因结构分析产生了干扰。

7.3.7 RNA 编辑检测

RNA 编辑中，有一种是将双链 RNA 上的腺嘌呤（A）转换成次黄嘌呤（I），即 A-to-I 编辑（Bass and Weintraub, 1988）。这种 RNA 编辑是由作用于 RNA 的腺苷脱氨酶（ADAR）来介导的。ADAR 酶能够识别双链 RNA，将双链 RNA 上的部分腺苷酸（A）脱氨而形成次黄嘌呤（I）（Bass, 2002）。次黄嘌呤（I）将被生物体的碱基配对，翻译过程识别成鸟嘌呤（G）（Nishikura, 2010）。

ADAR 酶目前只在动物中检测到（Jin et al., 2009）。ADAR 酶介导的 A-to-I 编辑在脑中最多（Paul and Bass, 1998）。ADAR 酶的变异或缺失会引起动物的神经或者行为的异常，且人和其他动物相比,具有更多的 RNA 编辑位点,推测 RNA 的 A-to-I 编辑在脑的进化中起了一个推动作用(Li and Church, 2013)。

自从 RNA 的 A-to-I 编辑发现以来,很多 ADAR 酶的特性和 RNA 编辑的位点被发现,但是无法得到整个基因组水平的所有位点。

二代测序的技术出现,使得检测整个转录组的编辑位点成为了可能,但在由于技术和分析手段的限制,得到的位点的错误率比较高(Bass et al., 2012)。目前,检测 A-to-I RNA editing 需要很多的筛选步骤。如图 7.4 所示。

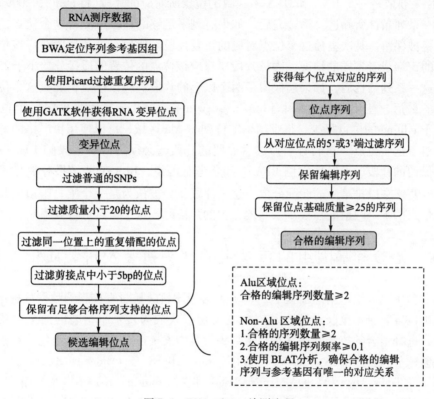

图 7.4 RNA editing 检测流程

首先,用 BWA 将 RNA 的双末端片段(paired-end read)映射到参考基因组上(Li and Durbin, 2009)。在映射双末端片段时,同时也考虑了双末端片段的配对信息,因为这些配对信息同样能够提高映射的准确度,尤其是对于基因组中的重复元件。只保留了测序片段中的能够唯一映射到基因组的部分,并用 picard MarkDuplicates 工具来标记这些重复映射的片段[http://picard.sourceforge.net]。随后,使用 GATK 工具来找到映射时 RNA 和 DNA 不一致的位点(DePristo et al., 2011),GATK 的 RealignerTargetCreator 参数设置了-filterNoBases-filterRNC-filterMBQ,而 BaseRecalibrator 使用物种的共有 SNP 来作位点的质量分数校对,另外,UnifiedGenotyper 的参数为 - stand_ call_ conf 0 - stand_ emit_ conf 0。

对找到的所有这些 RNA 和 DNA 不一致的位点,可以使用以下一些步骤作筛选,以找到候选的 RNA editing 位点。

(1)当不一致的位点在物种的 SNP 位点中能找到时,这些位点将被筛除。

(2)当位点的质量分数小于20时,也将被筛除。这样的话,该位点确实为不一致位点的可靠性能够≥99%。

(3)当不一致位点在同一位点表现为超出多出一种碱基时,这个位点将被筛除。

(4)当位点位于剪切位点的5bp范围内时,这个位点将被筛除。

(5)最后,只有当位点能被足够多的、满足条件的、映射到这个位点的片段所支持时,这个位点才会被保留。

对于第5步,看位点对应的片段是否满足条件,可以进一步使用以下步骤。首先,使用samtools来获取每一个RNA和DNA不一致的位点所对应的片段(Li et al.,2009)。这些片段将被一系列条件所筛选,筛选完后,如果有剩下足够的片段来支持这个位点的话,这个位点才将被保留。其次去掉这个位点对应的重复片段。然后,去掉片段对应该位点的位置在片段的5′端或者3′端的情况。去掉片段所对应该位点的位置的质量分数小于25%的情况。经过这一系列筛选后,如果还保留了两个以上的片段对应该位点,那么这个位点就是候选位点。最后,使用RepeatMask[http://www.repeatmasker.org]来确定每个位点的区域。如位于editing的位点很少,很难精确定位到非Alu区域,可以使用更严格的标准进一步筛选。对于这些位点,它们对于筛选后保留的片段,必须占所有片段的10%以上。而且,对着保留的片段,可以把它们BLAST到参考基因组,BLAST的结果分数排第二的匹配的分数<95%乘以排第一的匹配分数,这个片段就会被认为是一个唯一映射的片段。当一个候选位点的唯一映射的片段小于其他保留的片段时,这个位点也将被筛除。

7.4 无参考基因组的转录组的从头拼装及拼装质量评估

在没有参考基因组序列的前提下,*de novo* 转录本拼装质量直接影响数据分析结论的可靠性,准确恢复转录本全长及还原基因可变剪切形式成为转录组拼装的两个主要限制因素,因此,选择适合的拼装软件在转录组从头拼装中发挥了至关重要的角色。目前主流的转录组拼装软件包括ABySS、Oases、Trinity、trans-ABySS、SOAPdenovo-Trans等,其中AbySS、Oases、Trans-AbySS及SOAPdenovo-Trans都支持multiple K-mer拼装策略,高K-mer值有利于高表达基因转录本的拼装,而低K-mer长度有利于低表达基因转录本的拼装,multiple K-mer拼装策略可以帮助还原一个广泛的转录本表达范围(Zhao et al.,2011),同时也可能带来更多的转录本冗余,因此,在使用multiple K-mer拼装策略时,有必要对不同k-mer条件下拼装的转录本merge和去冗余。Trinity软件无疑是single K-mer拼装策略软件中最优的一款,无论是针对二代测序产生的小数据还是大数据集,它都展现了强大的组装性能,也是目前应用最广泛的一款转录组拼装软件(Grabherr et al.,2011;Zhao et al.,2011)。SOAPdenovo-Trans是BGI综合error-removal model和heuristic graph traversal method两种算法研发出来的转录组拼装软件,相比于Trinity和Oases拼装软件来说,SOAPdenovo-trans在mouse和rice的转录组拼装中展现了强大的拼装性能(Xie et al.,2014)。综上所述,在评估转录组拼装性能的过程中,不同的研究人员使用的物种并不一致,这为客观评价哪些软件更优带来了困惑,针对不同转录复杂度的物种,不同的拼装软件有不同的拼装效率,因此,这里我们建议采用不同的软件进行转录组组装,从中挑选出最适合自身数据的拼装结果进行下游分析。在原始拼装结果中,往往含有较多的冗余转录本，一般可以采用 cd-hit-est 及 CAP3 移除转录本冗余和拼接短的转录本（Huang and Madan，1999；Li and Godzik，2006），获得非冗余的 Unigene 集合，进一步可以通过 ContigN50、ContigN90 及平均转录本长度粗略地评估转录组的拼装质量，有些学者也开发出了专业的算法评估 de novo 转录组的拼装质量，如 DETONATE（Li et al.，2014）等。

7.4.1 转录本注释、表达谱聚类

一般地，针对转录本的注释，有3种可行策略：①把转录本比对（BLASTX）到已知基因组的近缘物种蛋白质库（protein databases）进行注释，这些注释物种的蛋白质库可以从 ensembl 等数据库中下载，不选择核酸库进行注释是因为蛋白质比核酸更加保守，对于比对的阈值的控制，一般设定 e-value 为 1e−6，且选择 best hit，或者可以根据自身数据分析的情况作出适当的调整。②把转录本直接比对到 ncbi 非冗余蛋白质库（NR）或者 swissprot 蛋白质数据库进行注释。③先用近缘物种的蛋白质库注释，注释不了的转录本再使用 NR 或者 swissprot 进行注释，这种注释既可以保证获得比较全面的转录本注释结果，也方便获得比较通用的基因 ID 或者基因 symbol 进行后续基因功能、GO（gene ontology）或者 pathway 富集分析，因此，我们更倾向于推荐使用第三种策略进行转录本的注释。根据较为严格的注释结果，我们可以确定哪些注释基因包括哪些转录本（可能包含少数转录本被旁系同源基因注释的情况，可以忽略不计），这为基因表达量的计算奠定了基础。相比于经典的 tophat 转录组比对工具，Rsem 是一款更为友好的转录组量化工具，它不仅能处理有参考基因组的 RNA-seq 的比对情况，也能处理无参考基因情况下 RNA-seq 数据的 mapping，因此，其实际应用能力十分广泛。我们可以使用 rsem-prepare-reference 来构建转录组 reference 索引，然后利用 rsem-calculate-expression 计算基因及转录本的表达量，通过校正之后注释基因的表达量聚类，我们可以区分哪些样品可能存在污染或者属于离群样本，需在后续分析、讨论中移除。

7.4.2 差异表达基因分析

差异表达基因分析是 de novo 转录组分析的核心环节。例如，不同物种同一组织间差异表达基因的筛选，如洞穴鱼类与其非洞穴近亲的比较转录组学分析（Meng et al.，2013），它们是通过差异表达基因的筛选及功能分析来解释某一生命现象或者遗传机制的。目前，有关差异表达分析的软件有很多，比较经典的有 EdgeR（Robinson et al.，2010）、Deseq（Anders and Huber，2012）、DEseq2（Love et al.，2014）等，它们可以对不同的测序库进行标准化处理。对于下游分析，我们可以通过表达量聚类对筛选出来的差异表达基因进行分类，从而探索它们的功能，也可对差异表达基因直接进行 GO 富集、通路分析及蛋白质相互作用网络分析，从而探索它们可能牵涉的功能。目前，有关基因富集和信号通路分析的软件较多，其中比较经典的分析软件有 David（Dennis et al.，2003）、blast2go（Conesa et al.，2005）、g：Profiler（Reimand et al.，2007）、Wego（Ye et al.，2006）、metacore（Ekins et al.，2006）等，可以根据自己的目的酌情选择功能富集软件进行下游分析。

许多非模式生物拥有矛盾/高的基因组杂合度（如大鲵——giant salamander，基因组大小≈50Gb，http://www.genomesize.com/），严重阻碍了进化基因组学的发展。de novo 转录组学的迅速崛起，为我们从序列角度探讨非模式物种的适应性进化机制提供了可能，这些

研究已经成为进化生物学领域的重点和热点。例如，高原鼢鼠（Shao et al.，2015）、高原林蛙（Yang et al.，2012）、高原裂腹鱼（Yang et al.，2015）、红尾沙蜥（Yang et al.，2014）等适应高原低氧环境的研究。我们可以通过 inparanoid（Sonnhammer and Ostlund，2015）或者 orthomcl（Li et al.，2003）等软件预测不同物种间的同源序列，进行一系列与适应性相关的比较基因组学分析，筛选出一些可能在适应中扮演重要角色的候选基因进行功能验证。

参 考 文 献

Anders S, Huber W. 2012. Differential expression of RNA-Seq data at the gene level-the DESeq package. Heidelberg, Germany: European Molecular Biology Laboratory(EMBL).

Andrews S. 2010. FastQC: A quality control tool for high throughput sequence data. Reference Source.

Bentley D R, Balasubramanian S, Swerdlow H P, et al. 2008. Accurate whole human genome sequencing using reversible terminator chemistry. Nature, 456: 53-59.

Bolger A M, Lohse M, Usadel B. 2014. Trimmomatic: a flexible trimmer for Illumina sequence data. Bioinformatics, 30(15): 2114-2120.

Campbell M A, Haas B J, Hamilton J P, et al. 2006. Comprehensive analysis of alternative splicing in rice and comparative analyses with *Arabidopsis*. BMC Genomics, 7: 1-17.

Chepelev I, Wei G, Tang Q, et al. 2009. Detection of single nucleotide variations in expressed exons of the human genome using RNA-Seq. Nucleic Acids Res, 37: e106.

David M, Dzamba M, Lister D, et al. 2011. SHRiMP2: sensitive yet practical short read mapping. Bioinformatics, 27: 1011-1012.

Dunning L T, Dennis A B, Park D, et al. 2013. Identification of cold-responsive genes in a New Zealand alpine stick insect using RNA-Seq. Comp Biochem Physiol Part D Genomics Proteomics, 8: 24-31.

Garber M, Grabherr M G, Guttman M, et al. 2011. Computational methods for transcriptome annotation and quantification using RNA-seq. Nature Methods, 8: 469-477.

Grabherr M G, Haas B J, Yassour M, et al. 2011. Full-length transcriptome assembly from RNA-Seq data without a reference genome. Nat Biotech, 29: 644-652.

Gracheva E O, Ingolia N T, Kelly Y M, et al. 2010. Molecular basis of infrared detection by snakes. Nature, 464: 1006-1011.

Guttman M, Garber M, Levin J Z, et al. 2010. *Ab initio* reconstruction of cell type-specific transcriptomes in mouse reveals the conserved multi-exonic structure of lincRNAs. Nat Biotech, 28: 503-510.

Huang X, Madan A. 1999. CAP3: A DNA sequence assembly program. Genome Res, 9: 868-877.

Hull J J, Geib S M, Fabrick J A, et al. 2013. Sequencing and de novo assembly of the western tarnished plant bug(*Lygus hesperus*) transcriptome. PLoS One, 8: e55105.

Jiang H, Lei R, Ding S W, et al. 2014. Skewer: a fast and accurate adapter trimmer for next-generation sequencing paired-end reads. BMC bioinformatics, 15: 1.

Kelley J L, Passow C N, Plath M, et al. 2012. Genomic resources for a model in adaptation and speciation research: characterization of the *Poecilia mexicana* transcriptome. BMC Genomics, 13: 652.

Kim D, Pertea G, Trapnell C, et al. 2011. TopHat2: accurate alignment of transcriptomes in the presence of insertions, deletions and gene fusions. Genome Res, 14: R36.

Kim S, Kim M J, Jung M G, et al. 2013. *De novo* transcriptome analysis of an Arctic microalga, *Chlamydomonas* sp. Genes & Genomics, 35: 215-223.

Kong Y. 2011. Btrim: a fast, lightweight adapter and quality trimming program for next-generation sequencing technologies. Genomics, 98: 152-153.

Kukekova A V, Johnson J L, Teiling C, et al. 2011. Sequence comparison of prefrontal cortical brain transcriptome from a tame and an aggressive silver fox(*Vulpes vulpes*). BMC Genomics, 12: 1.

Langmead B. 2010. Aligning short sequencing reads with Bowtie. Curr Protoc Bioinformatics: 11.17. 11-11.17. 14.

Li B, Fillmore N, Bai Y, et al. 2014. Evaluation of *de novo* transcriptome assemblies from RNA-Seq data. Genome Biol, 15: 553.

Li H, Durbin R. 2009. Fast and accurate short read alignment with Burrows-Wheeler transform. Bioinformatics, 25: 1754-1760.

Li H, Ruan J, Durbin R. 2008. Mapping short DNA sequencing reads and calling variants using mapping quality scores. Genome Res, 18: 1851-1858.

Li R, Yu C, Li Y, et al. 2009. SOAP2: an improved ultrafast tool for short read alignment. Bioinformatics, 25: 1966-1967.

Li W, Godzik A. 2006. Cd-hit: a fast program for clustering and comparing large sets of protein or nucleotide sequences. Bioinformatics, 22: 1658-1659.

Lindgreen S. 2012. AdapterRemoval: easy cleaning of next-generation sequencing reads. BMC Research Notes, 5: 337.

Love M I, Huber W, Anders S. 2014. Moderated estimation of fold change and dispersion for RNA-seq data with DESeq2. Genome Biol, 15: 1-21.

Lu T, Lu G, Fan D, et al. 2010. Function annotation of the rice transcriptome at single-nucleotide resolution by RNA-seq. Genome Res, 20: 1238-1249.

Lunter G, Goodson M. 2011. Stampy: a statistical algorithm for sensitive and fast mapping of Illumina sequence reads. Genome Res, 21: 936-939.

Malik A, Korol A, Hübner S, et al. 2011. Transcriptome sequencing of the blind subterranean mole rat, *Spalax galili*: utility and potential for the discovery of novel evolutionary patterns. PLoS One, 6: e21227.

Marioni J C, Mason C E, Mane S M, et al. 2008. RNA-seq: An assessment of technical reproducibility and comparison with gene expression arrays. Genome Res, 18: 1509-1517.

Marquez Y, Brown J W S, Simpson C, et al. 2012. Transcriptome survey reveals increased complexity of the alternative splicing landscape in *Arabidopsis*. Genome Res, 22: 1184-1195.

Marra N J, Eo S H, Hale M C, et al. 2012. A priori and a posteriori approaches for finding genes of evolutionary interest in non-model species: osmoregulatory genes in the kidney transcriptome of the desert rodent *Dipodomys spectabilis* (banner-tailed kangaroo rat). Comp Biochem Physiol Part D Genomics Proteomics, 7: 328-339.

Martin M. 2011. Cutadapt removes adapter sequences from high-throughput sequencing reads. EMBnet Journal, 17: 10-12.

Meng F, Braasch I, Phillips J B, et al. 2013. Evolution of the eye transcriptome under constant darkness in *Sinocyclocheilus cavefish*. Mol Biol Evol, 30: 1527-1543.

Miller H C, Biggs P J, Voelckel C, et al. 2012. De novo sequence assembly and characterisation of a partial transcriptome for an evolutionarily distinct reptile, the tuatara (*Sphenodon punctatus*). BMC Genomics, 13: 1.

Mortazavi A, Williams B A, McCue K, et al. 2008. Mapping and quantifying mammalian transcriptomes by RNA-Seq. Nature Methods, 5: 621-628.

Peng Z, Cheng Y, Tan B C M, et al. 2012. Comprehensive analysis of RNA-Seq data reveals extensive RNA editing in a human transcriptome. Nat Biotech, 30: 253-260.

Robinson M D, McCarthy D J, Smyth G K. 2010. edgeR: a Bioconductor package for differential expression analysis of digital gene expression data. Bioinformatics, 26: 139-140.

Shao Y, Li J X, Ge R L, et al. 2015. Genetic adaptations of the plateau zokor in high-elevation burrows. Sci Rep, 5: 17262.

Sultan M, Schulz M H, Richard H, et al. 2008. A global view of gene activity and alternative splicing by deep sequencing of the human transcriptome. Science, 321: 956-960.

Trapnell C, Pachter L, Salzberg S L. 2009. TopHat: discovering splice junctions with RNA-Seq. Bioinformatics, 25: 1105-1111.

Trapnell C, Roberts A, Goff L, et al. 2012. Differential gene and transcript expression analysis of RNA-seq experiments with TopHat and Cufflinks. Nat Protoc, 7: 562-578.

Trapnell C, Williams B A, Pertea G, et al. 2010. Transcript assembly and quantification by RNA-Seq reveals unannotated transcripts and isoform switching during cell differentiation. Nat Biotech, 28: 511-515.

Wang B B, Brendel V. 2006. Genomewide comparative analysis of alternative splicing in plants. PNAS, 103: 7175-7180.

Wang E T, Sandberg R, Luo S, et al. 2008. Alternative isoform regulation in human tissue transcriptomes. Nature, 456: 470-476.

Wang K, Singh D, Zeng Z, et al. 2010. MapSplice: accurate mapping of RNA-seq reads for splice junction discovery. Nucleic Acids Res, 38: e178-e178.

Wilhelm B T, Marguerat S, Watt S, et al. 2008. Dynamic repertoire of a eukaryotic transcriptome surveyed at single-nucleotide resolution. Nature, 453: 1239-1243.

Wu T D, Nacu S. 2010. Fast and SNP-tolerant detection of complex variants and splicing in short reads. Bioinformatics, 26: 873-881.

Xie Y, Wu G, Tang J, et al. 2014. SOAPdenovo-Trans: *de novo* transcriptome assembly with short RNA-Seq reads. Bioinformatics, 30: 1660-1666.

Xu J, Ji P, Wang B, et al. 2013. Transcriptome sequencing and analysis of wild Amur Ide(*Leuciscus waleckii*) inhabiting an extreme alkaline-saline lake reveals insights into stress adaptation. PLoS One, 8: e59703.

Yang L, Wang Y, Zhang Z, et al. 2015. Comprehensive transcriptome analysis reveals accelerated genic evolution in a Tibet fish, *Gymnodiptychus pachycheilus*. Genome Biol Evol, 7: 251-261.

Yang W, Qi Y, Bi K, et al. 2012. Toward understanding the genetic basis of adaptation to high-elevation life in poikilothermic species: a comparative transcriptomic analysis of two ranid frogs, *Rana chensinensis* and *R. kukunoris*. BMC Genomics, 13: 1.

Yang W, Qi Y, Fu J. 2014. Exploring the genetic basis of adaptation to high elevations in reptiles: a comparative transcriptome analysis of two toad-headed agamas(genus *Phrynocephalus*). PLoS One, 9: e112218.

Zhang G, Guo G, Hu X, Y. et al. 2010. Deep RNA sequencing at single base-pair resolution reveals high complexity of the rice transcriptome. Genome Res, 20: 646-654.

Zhao Q Y, Wang Y, Kong Y M, et al. 2011. Optimizing *de novo* transcriptome assembly from short-read RNA-Seq data: a comparative study. BMC Genomics, 12: S2.

第8章 非编码RNA研究常用数据库及软件

李 菁 陈 雯 和桃梅 刘长宁[①]

8.1 非编码RNA概述

在高等哺乳动物的基因组中不编码蛋白质的"非编码区"占到基因组序列的大部分,如人类基因组和小鼠基因组中的编码蛋白质的序列只占3%~5%,其余95%~97%为非编码区。这些巨大的非编码区一度被认为是没有任何功能的"垃圾DNA"(junk DNA)。但从生物进化的观点来看,从单细胞生物酿酒酵母(*Saccharomyces cerevisiae*),到多细胞的秀丽隐杆线虫(*Caenorhabditis elegans*)和更高级的哺乳动物人类,各个物种的基因组上编码蛋白质的基因数目并没有显著增长(例如,秀丽隐杆线虫有编码蛋白质基因约20 447个,人类有编码蛋白质基因约20 313个),而基因组非编码区序列所占百分比却随着生物体功能的完善和复杂化呈现明显增加的趋势(图8.1),这说明非编码区序列必定具有重要的生物功能。随着大规模转录组的相关研究日益深入,大量的实验数据表明基因组非编码区不但包含大量的转录调控元件参与转录调控,而且能转录出数目众多的"非编码RNA"(non-coding RNA,ncRNA),它们无需翻译成蛋白质而直接以核糖核酸形式行使多种生物功能。近年来对非编码RNA的研究持续升温。从1999年开始,非编码领域的重要发现

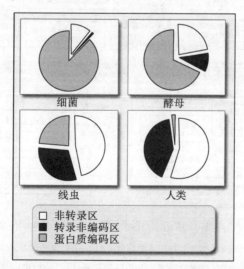

图8.1 各物种(细菌、酵母、线虫、人类)基因组非编码区域比例比较

注:图片来源于 Non-coding RNAs: Junk or Critical Regulators in Health and Disease? http://ocw.mit.edu

---

[①] 中国科学院西双版纳热带植物园,中国科学院热带植物资源可持续利用重点实验室。

多次被美国《科学》(Science)杂志列入年度十大科学发现。特别是2010年《科学》杂志将非编码领域列为进入21世纪后第一个10年的十大科学突破首位。对非编码RNA的研究已成为实验生物学和生物信息学领域的重点和热点问题，是后基因组时代的重要科学前沿。

针对非编码RNA的研究历史可以追溯到20世纪70年代早期（图8.2）。在经典的分子生物学中心法则中，DNA转录为mRNA，然后进一步翻译成蛋白质。传统意义的RNA包括mRNA、tRNA、rRNA等，它们的功能主要是将基因组上的遗传信息（DNA）通过转录、翻译等途径传递给蛋白质，后者进而参与机体各种复杂的生物功能。在1970年以后，各种类型的来自非编码DNA序列的转录本被陆续发现：如不均一核RNA（heterogeneous

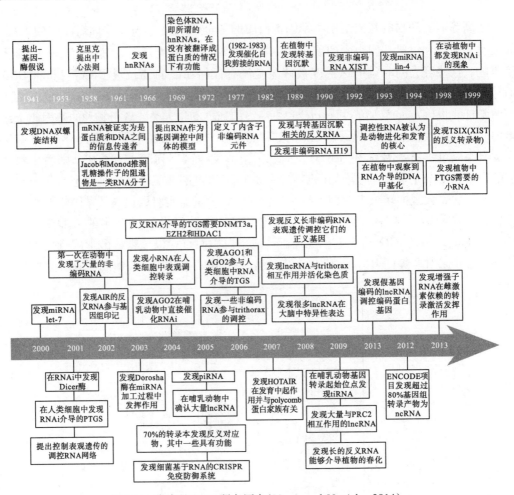

图8.2 非编码RNA研究历史（Morris and Mattick, 2014）

AGO. Argonaute蛋白，RNA诱导沉默复合物的主要成员；AIR. IGF2R反义非编码RNA；CRISPR. 成簇的规律间隔性短回文重复序列；DNMT3A. DNA（胞嘧啶-5）-甲基转移酶3A；ENCODE. DNA元件百科全书，国际科学合作项目，其目的是探究人类基因组的功能元件；EZH2. Zeste 2的增强子；H19. H19印迹的母系表达的转录本；HDAC1. 组蛋白去乙酰化酶1；hnRNA. 不均一核RNA；HOTAIR. HOX反义RNA；lncRNA. 长非编码RNA；miRNA. 微RNA；ncRNA. 非编码RNA；piRNA. PIWI蛋白相互作用RNA；PRC2. Polycomb抑制复合物2；PTGS. 转录后基因沉默；RNAi. RNA干扰；TGS. 转录基因沉默；tiRNA. 转录起始RNA；XIST. X染色体失活特异转录本

nuclear RNA，hnRNA），小核 RNA(small nuclear RNA，snRNA)和小核仁 RNA(small nucleolar RNA，snoRNA)。进入 20 世纪 90 年代，一批有代表性的具有重要功能非编码 RNA 分子，如 H19，XIST，lin-4 miRNA 和 TSIX，在真核生物中被陆续发现，非编码 RNA 的重要性逐渐得到关注。此后，随着"人类基因组计划"、"哺乳动物基因组功能注释国际协作计划(FANTOM)"等大型国际合作项目的启动，以及多种全基因组技术如基因芯片技术，高通量测序技术的发展，对于非编码 RNA 的研究得以全面展开。由美国国家人类基因研究所提出的"人类 DNA 元件百科全书计划"(ENCyclopedia of DNA element，ENCODE)就发现人类基因组中大约 80% 的 DNA 序列均发生转录，数目巨大、种类繁多的非编码 RNA 占细胞总 RNA 的绝大部分。这其中位于非编码 RNA 长度分布中的两极的"微小 RNA"(microRNA，miRNA)和"长非编码 RNA"(long non-coding RNA，lncRNA)由于它们功能的重要性，已经成为当前非编码 RNA 研究中的两个热点领域。

miRNA 首先成为非编码 RNA 研究的一个热点领域。miRNA 成熟体约 22 个核苷酸，主要在转录后水平通过碱基互补配对靶向 mRNA，从而抑制 mRNA 的翻译或者直接降解 mRNA(图 8.3)。早在 20 世纪 90 年代，第一个 miRNA lin-4 就在对秀丽隐杆线虫发育过程的研究中被发现。随着针对 miRNA 的分子克隆建库、基因芯片和高通量测序技术的

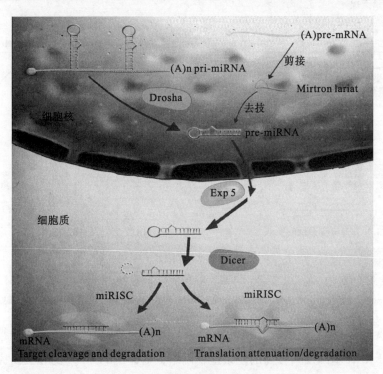

图 8.3　miRNA 生物合成通路示意图(Mendes et al.，2009)

大部分定位于基因间区的 miRNA 基因由 RNA 聚合酶 II 转录生成 miRNA 初级转录本(pri-miRNA)。pri-miRNA 在细胞核内经核糖核酸酶III Drosha 加工，切割生成 60~70nt 呈发卡结构的 miRNA 前体(pre-miRNA)。部分定位于蛋白质编码基因内含子(mirtron)中的 miRNA 经剪接和去枝后生成 pre-miRNA。进一步 pre-miRNA 通过 Exportin-5 转运至细胞质，经核糖核酸酶III Dicer 切割成 22nt 的 miRNA 双链，即 miRNA(红色)/miRNA*(黄色)。成熟的 miRNA 与 AGO 家族蛋白组装形成 miRNA 诱导沉默复合体(miRNA-induced silencing complexes，miRISC)，然后通过碱基配对引导 miRISC 同靶基因 mRNA 结合，抑制靶 mRNA 的翻译或直接降解靶 mRNA。而另一条链 miRNA* 通常被降解

发展，miRNA 陆续在人类、果蝇、拟南芥、水稻等多种真核生物中被大量发现。目前在 miRNA 权威数据库 miRBase Release 21 中收录的 miRNA 已经达到 28 645 条。研究表明 miRNA 序列较为保守，表达具有很强的时序特异性和组织特异性，能够选择性地调控多种靶标 mRNA，在生长发育、细胞分化、细胞凋亡等多种生物学过程中发挥重要的调控作用。非编码 RNA 研究的另一个热点领域是长度超过 200 个核苷酸的长非编码 RNA。2003 年，FANTOM 计划在克隆分析小鼠全长 cDNA 文库研究中发现超过 4000 条全长 cDNA 是缺乏蛋白质编码读框的长非编码 RNA。2005 年，Affymetrix 公司在运用高密度的覆瓦式微阵列芯片(tiling array)对 10 条人类染色体的转录组研究中也证实了大量的长非编码 RNA 基因的存在。近年来，随着新一代测序技术的成熟，更大量的长非编码 RNA，特别是多种新类型的长非编码 RNA(如增强子 RNA，环形 RNA)在多种模式生物中被发现。虽然经历了是否为"转录噪声"的大辩论，长非编码 RNA 的重要性逐渐得到了肯定。功能研究表明这些长非编码 RNA 参与了包括染色体表观遗传修饰、mRNA 转录和降解、蛋白质运输和加工在内的多个重要环节，在生命体的生长发育过程中具有重要的作用(图 8.4)。

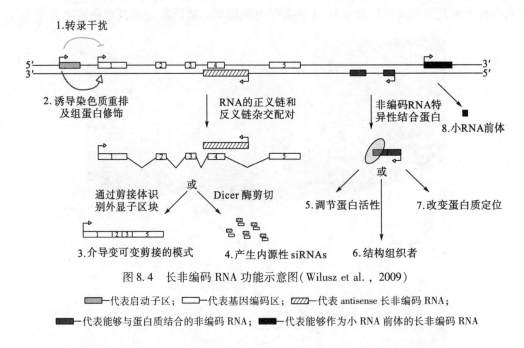

图 8.4 长非编码 RNA 功能示意图(Wilusz et al., 2009)

计算 RNA 组学(computational RNomics)通过整合生物信息学、系统生物学等多学科方法研究非编码 RNA 基因及其参与的复杂生物网络，对非编码 RNA 的相关研究起到了巨大的推动作用。其主要研究内容包括非编码 RNA 相关数据库的构建和非编码 RNA 预测分析软件及流程的开发。非编码 RNA 相关数据库的构建是计算 RNA 组学的数据基础。从综合性的非编码 RNA 通用数据库，到专门针对某一类型数据的非编码 RNA 专门数据库，以及收集人类疾病相关非编码 RNA 数据的非编码 RNA 疾病相关数据库，大量非编码 RNA 数据的积累为研究人员查询及使用提供了方便，也为进一步的非编码 RNA 预测和分析软件流程的开发提供了宝贵的数据资源。非编码 RNA 相关软件的开发是计算 RNA 组学研究的核心。从 RNA 二级结构预测和比较软件如 Mfold、ViennaRNA Package，到非编码 RNA 分类预测软件如 miRscan、CPC，以及非编码 RNA 靶标识别与功能预测软件如 miRanda、LncTar、ncFANs，各种非编码 RNA 预测和分析软件为非编码 RNA 的序列和结构特征分析、分类预测及靶标识别与功能预测提供了多方位的支持。系统生物学认为生命体可以表示为一个复杂的动态变化的网络，而非编码 RNA 的出现大大增加了这个网络的复杂性。随着高通量测序技术的成熟及新的分子生物学实验技术的不断发展，非编码 RNA 与蛋白质和 DNA 相互作用的高通量实验筛选技术已经逐渐成熟。将非编码 RNA 引入生物复杂网络，进而研究非编码 RNA 对于复杂网络的影响，以及基于网络研究非编码 RNA 功能已经成为可能。我们相信随着各项技术的发展，对于非编码 RNA 的研究将更加广泛和深入，对于非编码 RNA 及其参与的生物复杂网络的认识将日新月异。

8.2 非编码 RNA 常用数据库

非编码 RNA 相关数据库的构建是非编码 RNA 相关研究的数据基础，大量非编码 RNA 数据的积累为研究人员查询及使用提供了方便，也为进一步的非编码 RNA 预测和分析软件流程的开发提供了宝贵的数据资源。目前常用的非编码 RNA 数据库大致可以分为三大类型(表 8.1)：①非编码 RNA 通用数据库；②非编码 RNA 专门数据库；③非编码 RNA 疾病相关数据库。其中非编码 RNA 通用数据库属于综合性数据库，收集的非编码 RNA 种类及相关信息都较为全面；非编码 RNA 专门数据库所收集数据专门针对某一类型(如 miRNA)或某一物种(如专门针对植物)或某一数据来源(如大规模测序数据)的非编码 RNA；非编码 RNA 疾病相关数据库收集疾病相关的非编码 RNA 及疾病关联数据。

表 8.1 非编码 RNA 常用数据库及其网址

类型	数据库	网址
通用数据库	ncRNAdb	http://biobases.ibch.poznan.pl/ncRNA
	NONCODE	http://www.noncode.org
	Rfam	http://rfam.xfam.org
专门数据库	CANTATAdb	http://cantata.amu.edu.pl
	ChIPBase	http://deepbase.sysu.edu.cn/chipbase
	deepBase	http://biocenter.sysu.edu.cn/deepBase
	DIANA-LncBase	http://carolina.imis.athena-innovation.gr/index.php?r=lncbasev2
	LNCipedia	http://www.lncipedia.org
	lncRNAdb	http://lncrnadb.org
	lncRNASNP	http://bioinfo.life.hust.edu.cn/lncRNASNP
	miRBase	http://www.mirbase.org
	NPInter	http://www.bioinfo.org/NPInter

续表

类型	数据库	网址
专门数据库	NRED	http://nred.matticklab.com/cgi-bin/ncrnadb.pl
	PLncDB	http://chualab.rockefeller.edu/gbrowse2/homepage.html
	PNRD	http://structuralbiology.cau.edu.cn/PNRD
	starBase	http://starbase.sysu.edu.cn
	TarBase	http://diana.imis.athena-innovation.gr/DianaTools/index.php?r=tarbase
疾病相关数据库	HMDD	http://www.cuilab.cn/hmdd
	LincSNP	http://bioinfo.hrbmu.edu.cn/LincSNP
	LncRNADisease	http://www.cuilab.cn/lncrnadisease
	miREnvironment	http://www.cuilab.cn/miren
	oncomiRDB	http://bioinfo.au.tsinghua.edu.cn/member/jgu/oncomirdb
	PhenomiR	http://mips.helmholtz-muenchen.de/phenomir
	SM2miR	http://bioinfo.hrbmu.edu.cn/SM2miR

8.2.1 非编码 RNA 通用数据库

8.2.1.1 NONCODE 数据库

NONCODE 数据库是非编码 RNA 基因综合型数据库(图 8.5),由中国科学院计算技术研究所和中国科学院生物物理研究所共同开发并维护。该数据库收集了除 tRNA,rRNA 之外的几乎所有种类非编码 RNA,几乎涵盖了从病毒到真核生物的所有物种。NONCODE 所收集数据主要来源包括:从 Pubmed 文献中手工挖掘、从 GenBank 数据库中自动获取并通过人工检查和整理、来自其他非编码 RNA 数据库的数据。从 NONCODE v3.0 开始,数据库对长非编码 RNA 数据一直保持特别的关注,新增了从高通量数据源获取的长非编码 RNA 数据,并且提供了长非编码 RNA 的表达谱、相关 SNP、GO 功能注释、序列保守性等相关信息。在最新版本的 NONCODE 2016 中共收集了来自人类(*Homo sapiens*),小鼠(*Mus musculus*),牛(*Bos taurus*),大鼠(*Rattus norvegicus*),黑猩猩(*Pan troglodytes*),大猩猩(*Gorilla gorilla*),猩猩(*Pongo pygmaeus*)恒河猴(*Macaca mulatta*),负鼠(*Monodelphis domestica*),鸭嘴兽(*Ornithorhynchus anatinus*),鸡(*Gallus gallus*),斑马鱼(*Danio rerio*),黑腹果蝇(*Drosophila melanogaster*),秀丽隐杆线虫(*Caenorhabditis elegans*),面包酵母(*Saccharomyces cerevisiae*)及拟南芥(*Arabidopsis thaliana*)共 16 个物种的 527 336 条长非编码 RNA。除了提供常见的浏览、查询和数据下载服务以外,NONCODE 数据库还提供了 BLAST 搜索、UCSC 基因组浏览器、长非编码 RNA 鉴定等多项服务。

图 8.5　非编码 RNA 数据库 NONCODE 界面(图片来源于 http://www.noncode.org)

8.2.1.2　Rfam 数据库

Rfam 数据库由桑格研究院(Wellcome Trust Sanger Institute)和詹宁斯农场研究院(Janelia Farm)合作发起建设和维护，目前由欧洲生物信息研究所(European Bioinformatics Institute)负责管理。类似于它的姐妹数据库——蛋白质家族数据库 Pfam(http://pfam.xfam.org/)，Rfam 数据库收集了大量以 RNA 家族(RNA family)为单元归类的非编码 RNA 和结构性的 RNA 功能元件。每一个 RNA 家族都有其对应的代表性种子序列集合，以及这些种子序列的多序列比对结果、一致性二级结构及相应的协变模型(covariance model，CM)。不同于蛋白质序列，通常 RNA 家族的二级结构比一级序列要更加保守。因此，CM 模型采用上下文无关文法(stochastic context-free grammar，SCFG)来整合 RNA 二级结构和一级序列的多序列比对信息，比 Pfam 中描述蛋白质家族所采用的隐马尔可夫模型(hidden Markov model，HMM)更为复杂。目前 Rfam 12.0 收集了 2450 个 RNA 家族，用户可以通过浏览器对每一个 RNA 家族的多序列比对、二级结构、系统发育树等相关信息进行浏览，也可以通过 FTP(ftp://ftp.ebi.ac.uk/pub/databases/Rfam/CURRENT)打包下载所有 RNA 家族的相关信息。Rfam 数据库还可以配合 INFERNAL 软件包(http://eddylab.org/infernal)使用，用于鉴定 DNA 序列(包括全基因组序列)上具有保守 RNA 二级结构和一级序列的已知 RNA 家族的同源物。

8.2.2　非编码 RNA 专门数据库

8.2.2.1　miRBase 数据库

miRBase 数据库是专门针对 miRNA 建立的非编码 RNA 专门数据库(图 8.6)，是目前存储 miRNA 信息最权威的公共数据库之一。目前 miRBase(Release 21)已经收集了涵盖 223 个物种的约 28 645 条 miRNA 前体(precursor miRNA)，对应 35 828 条 miRNA 成熟体(mature miRNA)，所有数据可以通过 FTP(ftp://mirbase.org/pub/mirbase/)下载。所收集

信息包括 miRNA 前体和成熟体序列、miRNA 前体二级结构、基因组定位信息、所对应 miRNA 家族信息、高通量测序数据支持、对应靶基因、相关注释和文献及与其他数据库的链接等。另外，根据 miRNA 对应的高通量测序数据信息，miRBase 还对 miRNA 是否真实存在的可靠性进行了评估。除了提供 miRNA 数据的存储、查询和浏览等服务，miRBase 还对 miRNA 的系统命名法则进行了规范，并提供了针对新发现 miRNA 的命名服务。

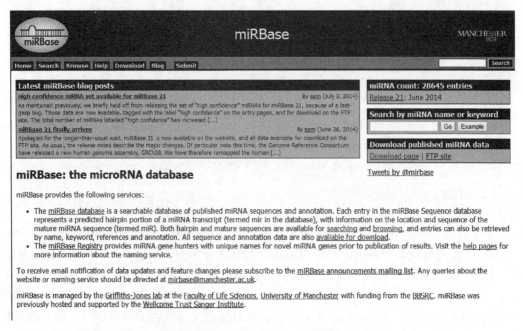

图 8.6 非编码 RNA 数据库 miRBase 界面（图片来源于 http://www.mirbase.org/）

8.2.2.2 PNRD 数据库

PNRD 数据库（plant non-coding RNA database）是专门针对植物非编码 RNA 建立的非编码 RNA 专门数据库，其前身是植物 miRNA 数据库 PMRD（plant microRNA database, http://bioinformatics.cau.edu.cn/PMRD/）。目前 PNRD 数据库收集了包括长非编码 RNA、tRNA、rRNA、tasiRNA、snRNA 和 snoRNA 等多种类非编码 RNA 共 25 739 条，涵盖拟南芥（*Arabidopsis thaliana*）、玉米（*Zea mays*）、水稻（*Oryza sativa*）等约 150 个物种。所有数据可以按照物种或非编码 RNA 类型进行分类浏览和下载。另外，数据库还提供了包括关键词搜索、文献相关搜索、miRNA 靶基因搜索等在内的多种搜索功能，以及 miRNA 预测、蛋白质编码潜力预测、BLAST 序列比对、UCSC genome browser 浏览等多种在线服务。

8.2.2.3 deepBase 数据库

deepBase 数据库是专门针对非编码 RNA 转录组高通量测序数据建立的非编码 RNA 专门数据库。通过整合分析现有的转录本测序数据（图 8.7），deepBase 发现和注释了大量的小非编码 RNA（small ncRNA）和长非编码 RNA。目前 deepBase 数据库（deepBase v2.0）收集了约 50 万条非编码 RNA，涵盖人类、小鼠、牛、斑马鱼等近 20 个物种。除了常规的数据浏览、查询和下载服务，deepBase 还提供了一系列有用的工具用于研究和展示所收录非编码 RNA 数据的进化保守性和表达谱，如基于共表达网络的长非编码 RNA 功能预测工具 LncFunction，基于 RNA-seq 数据分析的长非编码 RNA 鉴定工具 LncSeeker 等。

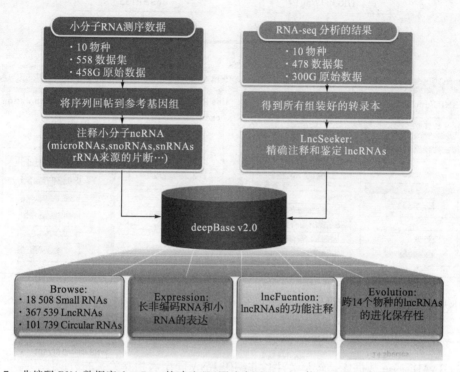

图 8.7　非编码 RNA 数据库 deepBase 构建流程（图片来源于 http://biocenter.sysu.edu.cn/deepBase/）

8.2.3　非编码 RNA 疾病相关数据库

8.2.3.1　LincSNP 数据库

　　LincSNP 数据库主要关注人类表型/疾病相关 SNP（单核苷酸多态性，single nucleotide polymorphisms）同长非编码 RNA 之间的联系（图 8.8），对于研究长非编码 RNA 相关的遗传变异同人类疾病之间的关系具有重要意义。根据 SNP 和长非编码 RNA 的基因组定位信息或基因组连锁不平衡信息，目前 LincSNP 数据库已收集了约 14 万个表型/疾病相关 SNP（或连锁不平衡 SNP），同约 5000 条人类长非编码 RNA 相关。其中人类表型/疾病相关 SNP 数据主要来源包括 GWAS catalog（http://www.genome.gov/gwastudies）、GWAS Central（http://www.gwascentral.org）、dbGAP（http://www.ncbi.nlm.nih.gov/gap）、Genetic Association Database（http://geneticassociationdb.nih.gov）等，长非编码 RNA 数据主要来自 ENSEMBL（http://asia.ensembl.org/Homo_sapiens/Info/Index）。另外，LincSNP 数据库还收集了有实验支持的 SNP-长非编码 RNA-疾病相互关系或疾病相关的长非编码 RNA。

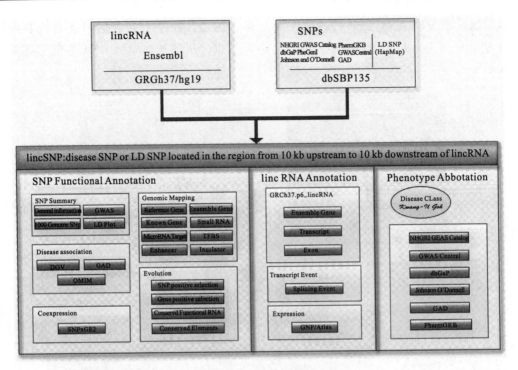

图 8.8 非编码 RNA 数据库 LincSNP 构建流程（图片来源于 http://bioinfo.hrbmu.edu.cn/LincSNP）

8.2.3.2 LncRNADisease 数据库

LncRNADisease 数据库是较早关注长非编码 RNA 同疾病相互关系的数据库，主要收集实验验证的疾病相关长非编码 RNA 数据。除了疾病相关长非编码 RNA 数据，LncRNADisease 数据库还收录了长非编码 RNA 同蛋白质、RNA、miRNA 及 DNA 相互作用的数据。目前，LncRNADisease 数据库已收录了超过 1000 条长非编码 RNA 同疾病的相互关系数据，以及约 475 条长非编码 RNA 相互作用数据，包括约 321 条长非编码 RNA 和 221 种疾病，涉及约 500 篇研究论文。另外，LncRNADisease 数据库还收录了大量通过预测（基于基因组定位或共表达网络）得到的长非编码 RNA 同疾病相互关系数据。除了常规的数据浏览、查询和下载服务，LncRNADisease 数据库还提供了基于长非编码 RNA 基因组定位的长非编码 RNA 和疾病相互关系的预测工具，以及疾病相关长非编码 RNA 数据提交服务。

8.3 非编码 RNA 研究常用软件

非编码 RNA 研究软件整合利用生物信息学和系统生物学等多学科研究方法解析非编码 RNA 的结构与功能，为非编码 RNA 的相关研究提供了多方位的支持。目前常用的非编码 RNA 相关软件大致可以分为三大类型（表 8.2）：①RNA 序列和结构特征分析比较相关软件，如 RNA 二级结构预测和比较软件 Mfold、ViennaRNA Package 等；②非编码 RNA 分类预测软件，如 miRNA 预测软件 miRscan，长非编码 RNA 蛋白质编码潜力预测软件 CPC 等；③非编码 RNA 靶标识别与功能预测软件，如 miRNA 靶基因预测软件 miRanda，长非编码 RNA 靶基因预测软件 LncTar，长非编码 RNA 功能注释软件 ncFANs 等。

表 8.2 非编码 RNA 研究常用软件列表

类型	软件	网址
序列和结构特征分析	Carnac	http://bioinfo.lifl.fr/RNA/carnac
	Mfold	http://unafold.rna.albany.edu/?q=mfold
	Pfold	http://www.daimi.au.dk/~compbio/rnafold
	RNAstructure	http://rna.urmc.rochester.edu/RNAstructure.html
	ViennaRNA	http://rna.tbi.univie.ac.at
非编码 RNA 分类预测	AlifoldZ	http://www.tbi.univie.ac.at/papers/SUPPLEMENTS/Alifoldz
	incRNA	http://archive.gersteinlab.org/proj/incrna
	QRNA	http://eddylab.org/software.html
	RNAz	https://www.tbi.univie.ac.at/~wash/RNAz
	miRAlign	http://bioinfo.au.tsinghua.edu.cn/miralign
	miRanalyzer	http://bioinfo5.ugr.es/miRanalyzer/miRanalyzer.php
	miRDeep	https://www.mdc-berlin.de/8551903/en
	miRDeep-star	https://sourceforge.net/projects/mirdeepstar
	miRFinder	http://www.bioinformatics.org/mirfinder
	MiRscan	http://genes.mit.edu/mirscan
	ProMiR	https://bi.snu.ac.kr/Research/ProMiR/ProMiR.html
	triplet-SVM	http://bioinfo.au.tsinghua.edu.cn/mirnasvm
	CNCI	https://github.com/www-bioinfo-org/CNCI
	CPC	http://cpc.cbi.pku.edu.cn
	phyloCSF	https://github.com/mlin/PhyloCSF/wiki
非编码 RNA 靶标识别与功能预测	DIANA-microT	http://diana.imis.athena-innovation.gr/DianaTools/index.php
	GenMiR++	http://www.psi.toronto.edu/genmir
	Hoctar	http://hoctar.tigem.it
	MiRanda	http://www.microrna.org
	miRTarCLIP	http://mirtarclip.mbc.nctu.edu.tw
	PARalyzer	https://ohlerlab.mdc-berlin.de/software/PARalyzer_85
	PARma	https://www.bio.ifi.lmu.de/en/PARma

续表

类型	软件	网址
非编码 RNA 靶标识别与功能预测	PicTar	http://pictar.mdc-berlin.de
	PITA	http://genie.weizmann.ac.il/pubs/mir07/mir07_prediction.html
	RNAhybrid	http://bibiserv.techfak.uni-bielefeld.de/rnahybrid
	RNA22	https://cm.jefferson.edu/rna22
	STarMir	http://sfold.wadsworth.org/starmir.html
	TargetScan(s)	http://www.targetscan.org
	TargetScore	https://www.bioconductor.org/packages/release/bioc/html/TargetScore.html
	catRAPID	http://service.tartaglialab.com/page/catrapid_group
	lncPro	http://bioinfo.bjmu.edu.cn/lncpro
	LncRNA2Function	http://mlg.hit.edu.cn/lncrna2function
	LncTar	http://www.cuilab.cn/lnctar
	ncFANs	http://www.bioinfo.org/ncfans/index.php

8.3.1 RNA序列和结构特征分析软件

在经典的分子生物学中心法则中，DNA 转录为 mRNA，然后进一步翻译成蛋白质。RNA 的功能主要是作为线性的信息存储介质，将基因组上的遗传信息通过转录、翻译等途径传递给蛋白质。随着科学研究的深入，各种类型的来自非编码 DNA 序列的转录本被陆续发现，非编码 RNA 的重要性逐渐得到关注。非编码 RNA 不需要翻译成蛋白质，而是通过碱基配对形成特定的结构直接以 RNA 形式行使生物功能，其特定功能结构元件的保守性往往比碱基序列的保守性更高。因此对非编码 RNA 的序列和结构特征的分析就非常重要，是进一步研究非编码 RNA 功能，开发分类预测和靶基因预测软件的基础。

8.3.1.1 RNA序列和结构特征

区别于 DNA 分子，RNA 分子一般为单链长分子，不形成双螺旋结构。在组成成分上 RNA 是核糖核酸(ribonucleic acid)，由核糖核苷酸经磷酸双酯键缩合而成，而 DNA 是脱氧核糖核酸(deoxyribonucleic acid)。核糖核苷酸分子由磷酸、核糖和含氮碱基构成。RNA 的碱基主要有 4 种，即腺嘌呤(A)、鸟嘌呤(G)、胞嘧啶(C)和尿嘧啶(U)，用尿嘧啶 U 取代了 DNA 中的胸腺嘧啶 T，U 比 T 少了一个甲基($-CH_3$)。

RNA 自身由于序列内部的碱基之间发生配对，会自折叠形成一定的二级结构乃至三级结构。RNA 的碱基配对规则和 DNA 的配对规则不同，除了经典的沃森-克里克碱基对(Watson-Crick base pair) A:U、G:C 之外，还存在摇摆碱基对(wobble base pair) G:U（图 8.9）。摇摆碱基对 G:U 在热力学稳定性和晶型方面与沃森-克里克碱基对类似，同时又具有其特有的化学、结构、动力学及配体结合特性，是 RNA 二级结构的基础。

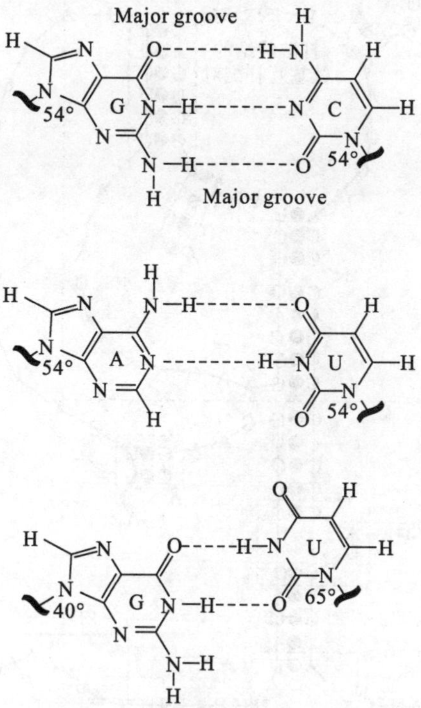

图 8.9 RNA 碱基配对原则(Varani and McClain,2000)

G:C 和 A:U 为沃森-克里克碱基对(Watson-Crick base pair),G:U 是摇摆碱基对(wobble base pair)

RNA 的结构通常可以分为 4 个水平:一级(primary structure)、二级(secondary structure)、三级(tertiary structure)和四级(quaternary structure)。其中 RNA 一级结构是指组成 RNA 的核糖核苷酸的线性序列;RNA 二级结构是指 RNA 由于自身序列内部的碱基配对而形成的特定平面结构;RNA 的三级结构是指由 RNA 二级结构元件进一步相互作用形成的三维空间结构;RNA 四级结构是指多个 RNA 分子或者 RNA 分子与其他分子通过相互作用而形成的复杂空间结构。目前,在 RNA 的四级结构中,计算预测研究主要集中在二级结构的水平。

RNA 二级结构包括多种元件:茎(stem)和环(loop)(图 8.10)。茎的定义是一个或多个连续的碱基配对。环又包括:①发夹环(hairpin loop),处于一个茎的末端的一对配对碱基及其之间的多个未配对碱基;②内环(internal loop),处于两个茎的末端的两对配对碱基及其之间的多个未配对碱基(每一侧至少一个);③凸环(bulge loop),内环之变种,未配对碱基全部位于一侧;④多分支环(multi-loop),处于 3 个或 3 个以上的茎的末端的多对配对碱基及其之间的多个未配对碱基。

另外,在 RNA 结构预测相关研究中还经常出现假结(pseudoknot)。假结属于三级结构元件,包括 3 种类型(图 8.11),分别是:①I 类型假结,指一内环(internal loop)上的碱基同一单链区域碱基配对;②B 类型假结,指一凸环(bulge loop)上的碱基同一单链区域碱基配对;③H 类型假结,指一发夹环(hairpin loop)上的碱基同一单链区域碱基配对。目前结构预测方面研究最深入的是 H 类型假结。

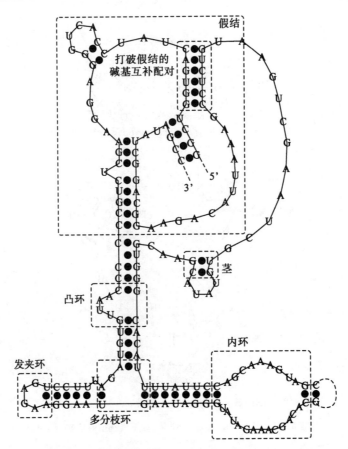

图 8.10　RNA 常见二级结构元件示意图,以 RNase P RNA 分子为例(Andronescu et al., 2008)

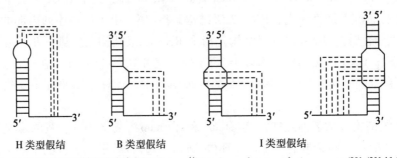

图 8.11　3 种类型的假结(图片来源于 http://bioinfosu.okstate.edu/pve_rcn/N1/N1414.html)

8.3.1.2　RNA 二级结构预测

RNA 二级结构是由 RNA 一级序列内部的碱基配对形成。因此预测 RNA 二级结构就是要找出其一级序列的各个碱基之间的配对关系。由于对于一个给定的 RNA 序列存在多种碱基配对的组合方式,研究 RNA 二级结构预测就是要确定两个问题:①如何对一个给定的 RNA 序列的任意一种碱基配对的组合方式进行打分,并且保证此打分系统能够给真实的 RNA 二级结构,或者接近真实的 RNA 二级结构高分;②如何设计一种高效的搜索策略,能够在 RNA 可能二级结构搜索空间中,即在对一个给定的 RNA 序列的所有碱基配对的组合方式中,快速找到最优解。

对于没有任何先验知识,只给定了一条 RNA 一级序列的二级结构从头预测,Tinoco 等于 20 世纪 70 年代提出的最小自由能模型(minimal free energy,MFE)是目前广泛应用的打分系统(Tinoco et al.,1973)。在 RNA 折叠过程中,配对的碱基使 RNA 自由能降低,结构趋向稳定。最小自由能模型假定真实的 RNA 倾向于折叠成一个具有最小自由能的最稳定二级结构。针对 Tinoco 模型,Zuker 等于 20 世纪 80 年代给出了基于动态规划的高效搜索策略寻找最优结构,其时间复杂度为 $O(n^3)$,空间复杂度为 $O(n^2)$(Zuker and Stiegler,1981)。Zuker 的动态规划算法将模体分类为茎、发夹环、内环、凸环和多分支环等基本元件,并给不同元件不同自由能权重。算法假定各个元件之间的自由能相互独立,而 RNA 分子的整体自由能等于各个元件自由能之和,可用递推公式来计算[式(8.1),式(8.2)]。

$$W(i,j) = \min \begin{cases} W(i+1,j) \\ W(i,j-1) \\ V(i,j) \\ \min_{i<k<j}\{W(i,k) + W(k+1,j)\} \end{cases} \tag{8.1}$$

$$V(i,j) = \min \begin{cases} eh(i,j) \\ es(i,j) + V(i+1,j-1) \\ ebi(i,j) \\ em(i,j) \end{cases} \tag{8.2}$$

式中,$W(i,j)$ 表示碱基序列 $x_i,\ldots,x_j(i<j)$ 的最小自由能。$V(i,j)$ 表示在碱基 x_i,x_j 配对情况下碱基序列 $x_i,\ldots,x_j(i<j)$ 的最小自由能。式(8.1)分别考虑了 4 种递推可能:① x_i 未配对;② x_j 未配对;③ x_i,x_j 互相配对;④ x_i,x_j 可能配对,但不是自身互相配对。式(8.2)考虑了 x_i,x_j 互相配对后的 4 种可能情况:①碱基对位于发夹环;②碱基对位于茎内部;③碱基对位于凸环或内环;④碱基对位于多分支环。

基于最小自由能模型的 RNA 二级结构预测软件目前应用较为广泛的包括 mfold 和 RNAfold(属于 ViennaRNA Package)等。对于 700nt 以下的 RNA,已知的碱基对中有约 70% 可以被基于最小自由能方法正确预测,对于更长的 RNA 序列,准确率会下降到 20%~60%,效果不能说非常令人满意。但进一步的调整和优化 Tinoco 模型的能量参数并不能明显提高预测准确率。原因在于 Tinoco 模型假设所预测 RNA 二级结构符合层次化的树状模型,即不存在假结等跨越多茎环的高级结构。然而大部分的真实 RNA 结构中都可能含有一个到多个假结。扩展 Tinoco 模型使其能够兼容假结的算法改进会大大增加搜索空间,带来巨大的时间和空间消耗。例如,Rivas 和 Eddy(1999)提出的可以预测假结的动态规划算法时间复杂度为 $O(n^6)$,空间复杂度为 $O(n^4)$,因此只能用于较短 RNA 序列的二级结构预测。

除了基于最小自由能的从头预测方法,RNA 二级结构预测的另一种思路是比较序列分析方法。比较序列分析方法假设 RNA 二级结构的保守性大于一级序列的保守性,并通过比较分析一组同源 RNA 分子序列的多序列比对结果(multiple sequence alignment)来寻找它们的一致性二级结构。以 ViennaRNA Package 中的比较序列分析方法 RNAalifold 为例（Bernhart et al.，2008），RNAalifold 从同源 RNA 分子序列的多序列比对结果中寻找那些有结构保守性支持信息的碱基配对，并给它们更高的权重，然后计算整个多序列比对的序列簇的加权自由能并进行筛选。这其中最强的支持信息被称为补偿性突变（compensatory mutations）。如图 8.12 所示，7 条同源 RNA 序列都可折叠成发夹环二级结构。其中橙色标出的第 1、14 列和第 3、12 列碱基序列为补偿性突变。当其中一列碱基发生突变后，另一列碱基会补偿性地发生突变，以此保持碱基互补配对状态。补偿性突变碱基配对的 RNA 二级结构保守性大于一级序列的保守性，说明其配对的重要性，因而在计算自由能时得到更高的权重。

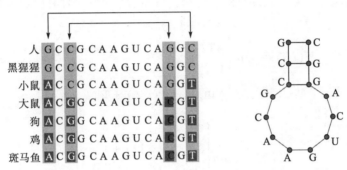

图 8.12　RNA 补偿性突变示例(Wan et al.，2011)

基于比较序列分析的 RNA 二级结构预测软件目前应用较为广泛的包括 Carnac 和 RNAalifold（属于 ViennaRNA Package）等。研究和大量实验表明，比较序列分析方法预测的 RNA 二级结构准确率相比基于最小自由能的从头预测方法更高。但是比较序列分析方法自身也存在一些限制：它需要输入一定数量的同源 RNA 序列，对单一序列预测不适用；对结构保守性较差的序列集合的预测结果基本上不会优于基于最小自由能的从头预测方法；计算过程依赖于输入序列的多序列比对结果，而多序列比对本身又属于一个方法和参数选择都较为复杂的问题。由于这些限制，相比基于最小自由能的从头预测方法，基于比较序列分析的 RNA 二级结构预测方法虽然准确率更高，却很难得到更广泛的使用。

近年来，随着高通量测序技术的普及及新的分子生物学实验技术的不断发展，基于高通量测序的 RNA 二级结构预测方法逐渐成熟。例如，Wan 等（2011）建立的 PARS 方法（parallel analysis of RNA structure）（图 8.13），使用 RNase V1（倾向于降解双链）和 S1 nuclease（倾向于切断单链）处理酵母转录组并测序，第一次在全转录组层面对 RNA 二级结构进行了实验测定。类似的方法还有 Frag-Seq 方法及 SHAPE-Seq 方法等。通过有效整合这样的高通量数据，Ouyang 等（2013）提出了全新的 RNA 二级结构计算预测方法 SeqFold。同基于最小自由能的从头预测方法相比，SeqFold 方法的预测结果更加接近实验检测到的真实 RNA 结构，敏感性和特异性都有显著提高。我们相信随着 RNA 二级结构高通量测定方法及相应的数据整合预测算法的进一步成熟，这种高通量实验与计算预测相结合的 RNA 二级结构预测方法肯定是 RNA 二级结构预测研究的主要方向。

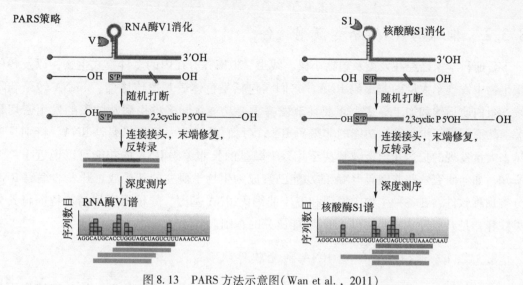

图 8.13　PARS 方法示意图(Wan et al.，2011)

分别使用 RNase V1(倾向于降解双链)和 S1 nuclease(倾向于切断单链)处理酵母转录组并测序分析

8.3.1.3　RNA 二级结构预测软件介绍

1. mfold 介绍

mfold 算法基于最小自由能模型，由 Zuker 等于 20 世纪 80 年代提出，是目前应用最广泛的 RNA 二级结构动态规划预测算法(Zuker, 2003)。包括 RNAfold(属于 Vienna RNA Package)、RNAStructure 等很多 RNA 二级结构预测软件都采用了类似 mfold 的核心算法。在预测 RNA 二级结构时，mfold 可以指定多种限制条件，包括限定哪一些区域的碱基必须保持单链或双链，以及限定哪一些区域的碱基对必须配对或不配对等。mfold 也提供在线预测服务。mfold 在线 web 服务是计算生物学领域最早的 web 服务之一，从 1995 年开始上线，持续服务至今。mfold 在线预测服务提供对 RNA、DNA 的二级结构预测服务，以及二级结构在线作图服务等。

2. ViennaRNA Package 介绍

ViennaRNA Package 是维也纳大学 Theoretical Biochemistry Group 开发的 RNA 二级结构计算相关的软件包，提供了对 RNA 的二级结构进行预测、比较分析、画图等一系列的解决方案(Lorenz et al., 2011)。该软件包中的主要软件有：RNAalifold，基于比较序列分析方法计算一组比对过的 RNA 的二级结构；RNAdistance，计算多个 RNA 二级结构之间的距离；RNAeval，计算给定 RNA 二级结构的能量值；RNAfold，基于最小自由能方法计算 RNA 的二级结构；RNAheat，计算一个 RNA 序列的熔解曲线；RNAinverse，寻找符合给定二级结构的 RNA 序列；RNALalifold，计算一组比对过的 RNA 的局部稳定二级结构；RNALfold，计算 RNA 的局部稳定二级结构；RNAplot，绘制 RNA 二级结构图形；RNAsubopt，计算 RNA 的一组次优二级结构。

8.3.2 非编码 RNA 分类预测软件

目前科学家已经在人类及包括小鼠、线虫、拟南芥等在内的多种模式生物,以及各种微生物中发现了大量的非编码 RNA。它们在包括染色体表观遗传修饰、mRNA 转录和降解、蛋白质运输和加工等多个重要环节发挥重要功能,同多种疾病及肿瘤的发生密切相关。然而相对于少数已知功能的非编码 RNA,我们对于绝大部分非编码 RNA,特别是近年来大量发现的长达几千个碱基甚至几万个碱基的长非编码 RNA 的功能可以说近乎一无所知,如何研究这些非编码 RNA 的功能已经成为生物学研究的新挑战。开发非编码 RNA 分类预测软件,在各种生物中发现和鉴定非编码 RNA 基因,并根据序列结构特征将其分类注释,是开展进一步非编码 RNA 功能研究的基础。

8.3.2.1 通用型非编码 RNA 预测软件

在早期研究工作中,由于缺少转录组高通量测序这样的表达信息支持,直接扫描基因组序列来预测非编码 RNA 基因非常困难。相比预测编码蛋白质基因,预测非编码 RNA 基因的主要难点在于非编码 RNA 一级序列不存在类似编码 RNA 序列同蛋白质之间的一种对应关系,因而没有如可读框、起始密码子、终止密码子及三联体密码子等具有统计显著性的明确序列特征。由于大部分非编码 RNA 都是通过某种特定二级结构来行使功能,因此早期的非编码 RNA 基因预测算法大多是基于:①稳定二级结构,即非编码 RNA 基因相对于随机序列(保持相同碱基比例)更可能折叠形成稳定的二级结构;②二级结构保守性,即非编码 RNA 的二级结构的保守性大于一级序列的保守性,这两个假设来建立的。

维也纳大学 Theoretical Biochemistry Group 开发的 AlifoldZ 软件是基于二级结构稳定性和保守性预测非编码 RNA 的典型代表(Washietl and Hofacker, 2004)。AlifoldZ 假设非编码 RNA 的折叠自由能要比随机序列显著低,并用 tRNA 数据集最小自由能的 z-score 分布对此假设进行检验[式(8.3)]。结果发现大部分非编码 RNA 的二级结构(由 RNAfold 计算)并没有显著性地比随机背景更稳定,AlifoldZ 的预测敏感性只有 2.1%(图 8.14,$N=1$,z-score 阈值为 -4)。AlifoldZ 进一步假设非编码 RNA 的二级结构保守性,计算一组非编码 RNA 的一致性二级结构及此一致性二级结构的最小自由能(由 RNAalifold 计算),并进一步计算 z-score。在同时考虑二级结构稳定性和保守性之后,AlifoldZ 的预测效果得到了显著提升,当考虑两条非编码 RNA 的一致性二级结构后($N=2$),预测敏感性即从 2.1% 提升到 71.1%(图 8.14,$N=2\sim4$,z-score 阈值为 -4)。

$$z = (m - \mu)/\sigma \tag{8.3}$$

式中,m 为非编码 RNA 最小自由能,μ 和 σ 为保持相同碱基比例随机序列集合的最小自由能的均值和标准差。z-score 越小非编码 RNA 相对于随机背景越稳定。

基于二级结构稳定性和保守性预测非编码 RNA 的预测软件包括 AlifoldZ、QRNA、RNAz 等。由于在预测算法中没有引入任何特定类别非编码 RNA 的一级序列或二级结构具体特征，它们对各种非编码 RNA 都能进行预测，属于通用型非编码 RNA 预测软件。当然，这些算法也存在不足，由于仅考虑了 RNA 二级结构的稳定性和保守性，此类方法的预测结果往往存在较高的假阳性和假阴性情况，也不能对非编码 RNA 进一步具体分类。

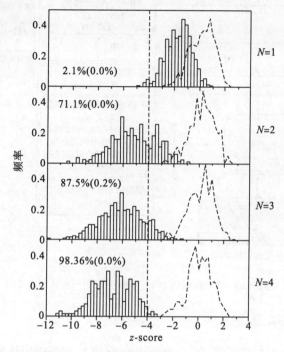

图 8.14　AlifoldZ 软件测试，测试数据集为 tRNA（Washietl and Hofacker，2004）

柱状图为真实 tRNA z-score 分布，线图为相应的随机序列 z-score 分布。N 为参加序列比对的序列数目。各图中数值分别为敏感性（z-score 低于阈值 -4 的真实 tRNA 百分数）和特异性（z-score 低于阈值 -4 的随机序列百分数）

近年来，新一代高通量芯片和测序技术快速发展，高通量转录组数据为非编码 RNA 基因预测算法提供了新的也是最重要的特征。另外，随着非编码 RNA 研究的深入，大量非编码 RNA 数据的积累为开发基于机器学习和多数据源整合的非编码 RNA 基因预测算法提供了宝贵的训练集和测试集。incRNA（integrated ncRNA finder）方法是基于机器学习和多数据源整合非编码 RNA 基因预测方法的典型代表（图 8.15）（Lu et al.，2011）。incRNA 方法整合了包括 4 种不同发育阶段的芯片和测序数据（poly A + RNA-seq，small RNA-seq，RNA tiling arrays，poly A + RNA tiling arrays），3 种序列特征（GC 含量、DNA 序列保守性、翻译蛋白质序列保守性），以及 2 种二级结构特征（最小自由能、二级结构保守性）在内的 9 种特征。通过分析线虫比较基因组（*C. elegans* 和 *C. briggsae*）和 Wormbase 基因组注释数据（http：//www.wormbase.org），incRNA 分别建立了已知非编码 RNA、UTR 和 CDS 等黄金数据集作为机器学习的训练和测试集合。通过训练支持向量机（SVM）和随机森林（random forest）机器学习模型，incRNA 可以识别大部分测试集中的非编码 RNA 基因，相比早期的通用型非编码 RNA 预测软件如 RNAz 等具有更高的敏感性和特异性。

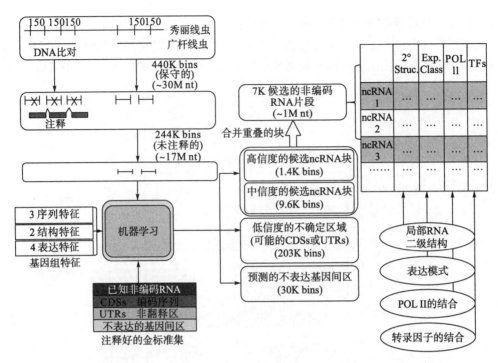

图 8.15 incRNA 非编码 RNA 预测流程图（Lu et al., 2011）

8.3.2.2 miRNA 预测软件

通用型非编码 RNA 预测软件基于二级结构、保守性及基因表达等非编码 RNA 基因的共性来预测非编码 RNA，具有通用性强的优势。但同时对于一些研究非常清楚，具有特殊一级序列和二级结构特征的非编码 RNA 类型，通用性则会变成劣势。为了提高预测的敏感性和特异性，针对各种特殊类型的非编码 RNA，研究者开发出了专用的预测软件。因为 miRNA 在非编码 RNA 研究领域的特殊地位，存在各种基于不同假设和模型的 miRNA 预测软件，我们将分类进行介绍。

1. 基于序列和结构特征的 miRNA 预测方法

miRNA 是一类内源性的单链非编码小 RNA，它的成熟体只有 22 个核苷酸左右。而 miRNA 前体(pre-miRNA)是长度为 70~90 个碱基的单链 RNA 分子，其二级结构为一端折回形成的不完全互补配对，称为"发卡结构"。因此基于序列和结构特征的 miRNA 预测方法主要针对 miRNA 前体的发卡结构进行特征提取和建模，部分方法在数据预处理过程中还会加入对候选发卡结构序列的跨物种保守性要求以减少假阳性。基于序列和结构特征的 miRNA 预测方法的核心思想在于寻找那些在特征上相比于随机背景更倾向于已知 miR-NA 的那些发卡结构，代表性软件包括 MiRscan 和 triplet-SVM。

MiRscan 是最早的 miRNA 预测方法之一(Lim et al., 2003)，它的目标是在 2 个或多个近缘物种基因组上(此处为线虫 *Caenorhabditis elegans* 和 *Caenorhabditis briggsae*)寻找同已知 miRNA 具有相似特征且序列保守的 miRNA 候选基因。MiRscan 方法在数据的预处理部分搜索所有基因间区(即非编码区域)符合：①能折叠形成发卡结构；②满足一定最小自由能阈值($\Delta G \leqslant -25\text{kcal/mole}$);③具有一定的序列保守性(BLAST $E<1.8$)的所有约100nt长度的发卡结构。进一步 MiRscan 对这些发卡结构进行了特征提取(图8.16),包括:①miRNA 成熟体区域碱基配对数;②茎延展区域碱基配对数;③miRNA 成熟体 5′端保守碱基数;④miRNA 成熟体 3′端保守碱基数;⑤茎区双链凸环对称性;⑥发卡结构顶端 loop 区长度;⑦miRNA 成熟体 5′端前 5 个碱基的序列特征。然后根据这些特征在已知 miRNA 和随机背景上的不同分布对所有发卡结构进行打分[式(8.4)]。最后依据已知 miRNA 的打分情况设定阈值,得到 miRNA 候选基因。

$$S = \sum_{i=1\sim7} \log_2\left(\frac{f_i(x_i)}{g_i(x_i)}\right) \tag{8.4}$$

对于每个发卡结构,$f_i(x_i)$为特征 i 取值 x_i 在已知 miRNA 中的出现频率,$g_i(x_i)$为特征 i 取值 x_i 在随机背景中的出现频率,总分 S 越高表明发卡结构在所提取特征上更倾向于已知 miRNA,不同于随机背景。

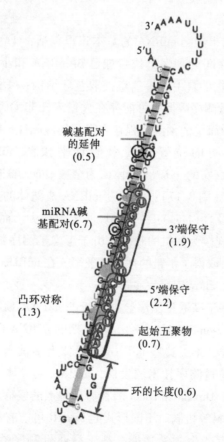

图 8.16 MiRscan 特征提取示意图(Lim et al., 2003)

相比 MiRscan 方法,triplet-SVM 方法在数据预处理阶段没有考虑序列的跨物种保守性,因此可以用来预测不保守或者物种特异的 miRNA(Xue et al., 2005)。triplet-SVM 在特征提取上没有考虑具体二级结构的茎环位置及 miRNA 成熟体位置等信息,而是通过扫描述待预测发卡结构的茎区得到一个 32 维的特征向量。其中每一维由一个表示碱基配对结构的三联体(即 3 个碱基在二级结构中分别为配对或不配对碱基的组合共 $2^3 = 8$ 次)和一个中心位置具体碱基(AUGC 共 4 种)组成。训练集以真实的 miRNA 为正集合,蛋白质 CDS 区提取的发卡结构为负集合。通过训练支持向量机(SVM)模型,triplet-SVM 可以识别大部分测试集中的真实 miRNA,并同时保持了很高的特异性。

2. 基于高通量测序数据分析的 miRNA 预测方法

生物实验结合计算预测的方法能够显著地提高预测结果的可靠性。然而由于 miRNA 表达具有组织特异性和时空特异性,另外早期的小 RNA 克隆加测序方法存在耗时、噪声大(可能存在较多长 RNA 的降解片段)、灵敏度不够(无法检测低表达量 miRNA)等问题,因此早期的 miRNA 预测工作还是主要以计算方法为主。随着高通量测序技术的发展,对于 miRNA 的高通量测序成为可能。许多新的 miRNA 计算预测方法开始利用高通量测序数据寻找 miRNA,取得了初步成效。常用的基于高通量测序数据分析的 miRNA 预测软件包括 miRDeep 和 miRanalyzer 等。

最初利用大规模测序结果预测 miRNA 的基本流程包括:①测序数据(读段,reads)预处理后匹配基因组;②去除匹配到多个位置或已知 mRNA 和小 RNA(如 tRNA、snoRNA 等)的数据;③根据二级结构的自由能等信息提取茎环结构;④进一步基于序列和结构特征预测 miRNA。由于高通量测序数据中可能存在大量未知非编码 RNA 转录本或转录噪声折叠形成的茎环结构,这种简单的预测流程存在很高的假阳性。为此 miRDeep 方法提出利用测序数据匹配茎环结构的位置和频率信息来预测 miRNA(Friedlander et al., 2008)。miRDeep 方法认为真实的 miRNA 前体因为会被 Dicer 酶进一步剪切成 miRNA 成熟体,所以具有两个重要特征(图 8.17):①对应 miRNA 成熟体的茎区域一侧链具有很高的 reads 匹配量;②另一侧链及环(loop)上的 reads 匹配数很少。而在非 Dicer 酶处理的茎环结构上,reads 匹配应该呈现较为随机的状态。由于考虑了测序数据和 miRNA 形成机制上的对应规律,miRDeep 方法取得了不错的预测准确率。在 miRDeep 之后,类似思路的 miRNA 预测方法还有 miRDeep2 和 miRDeep-star 等。

除了提高预测效果,基于高通量测序数据分析的 miRNA 预测方法的另外一个重要应用就是发现 miRNA 变异体 isomiR(图 8.18)。在早期的 miRNA 研究中已经发现 miRNA 成熟体存在长度甚至碱基变异,不过这些 miRNA 变异体大多被当作测序错误等假象被丢弃而没有深入研究。随着高通量测序技术的发展,miRNA 变异体 isomiR 逐渐得到认可。目前认为,isomiR 主要来源于 Drosha 和 Dicer 酶在剪切位点的偏移、3′和 5′端的核苷酸添加、单核苷酸多态性及 RNA 编辑等机制。不同形式的 isomiR 可能有利于 miRNA 对基因表达进行更精细的调节,具有特有的生物学功能。基于高通量测序数据分析的 miRNA 预测软件 miRanalyzer 在预测 miRNA 的同时加入了检测 isomiR 的功能(Hackenberg et al., 2011)。通过比对 miRBase 中的标准 miRNA 成熟体,miRanalyzer 可以检测已知 miRNA 的多种类型的变异体。除此之外,miRanalyzer 还提供了检测差异表达 miRNA 和预测 miRNA 靶基因等功能。

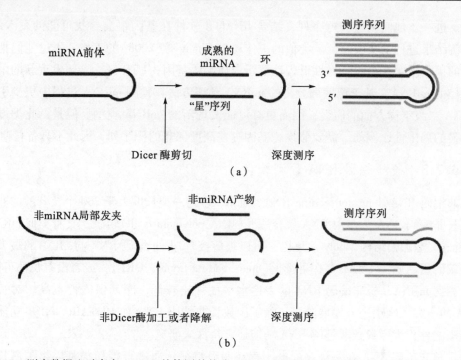

图 8.17 测序数据比对真实 miRNA 前体同其他非 miRNA 茎环结构示意图（Friedlander et al.，2008）

(a) 对于真实 miRNA 前体，由于存在 Dicer 酶的特异性剪切，以及 miRNA 成熟体较强的稳定性，测序数据特异性地富集在 miRNA 前体的 miRNA 成熟体对应区域；(b) 对于其他非 miRNA 茎环结构，由于不存在 Dicer 酶的特异性剪切，测序数据不会出现对应 Dicer 酶剪切机制的特异性富集现象

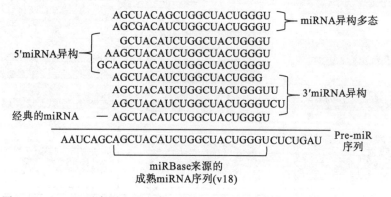

图 8.18 isomiR 示意图，以人类 miRNA miR-222 为例（Neilsen et al.，2012）

3. 基于靶序列分析的 miRNA 预测方法

相比于前述两种 miRNA 预测方法，基于靶序列分析的 miRNA 预测方法采用了完全不同的预测思路。基于靶序列分析的 miRNA 预测方法所基于的假设是在 mRNA 的 3′ UTR 上保守的序列片段可能是待发现的未知 miRNA 的结合位点。因此此类工作的重点是寻找 mRNA 的 3′ UTR 上的保守序列片段。然后根据这些保守序列片段反推可能的 miRNA 序列。2005 年，Xie 等第一次尝试了这种反向预测 miRNA 的方法（Xie et al.，2005）。他们在蛋白编码基因的 3′ UTR 区域寻找高度保守的短序列，作为潜在的 miRNA 转录后调控结

合位点。进一步他们用这些短序列,结合 RNAfold 软件在基因组上寻找可能的发卡结构,并对预测结果进行了实验验证。类似的工作还有 Chang 等(2008)的工作,不过他们把保守靶序列的预测限定在组织特异性低表达的蛋白质编码基因 3′UTR 区,希望发现新的组织特异性调控的 miRNA。基于靶序列分析的 miRNA 预测方法在预测 miRNA 过程中更少引入关于 miRNA 二级结构方面的假设,因而更有可能发现新的 miRNA 类型。但是,此类方法也存在明显的局限性,例如,需要假设靶基因存在高度保守的靶序列,因此不具备普遍性。

8.3.2.3 长非编码 RNA 预测软件

长非编码 RNA(long non-coding RNA,lncRNA)是一类长度大于 200 个核苷酸的非编码 RNA。长非编码 RNA 大多由 RNA 聚合酶Ⅱ(RNA polymerase Ⅱ)转录,具有类似 mRNA 的结构特征(5′端加帽结构,poly A 尾巴,可以被剪接)。长非编码 RNA 与 mRNA 的最大区别在于不编码蛋白质,一般不存在可读框(open reading frame,ORF),或者没有长的可读框。另外,相比 mRNA,长非编码 RNA 的表达水平往往比较低,序列保守性不高。对长非编码 RNA 的研究才刚刚进入发展阶段,除了少数长非编码 RNA 如 HOTAIR、XIST 功能研究较为清晰之外,大多数长非编码 RNA 功能还有待深入研究。

由于长非编码 RNA 在一级序列上不存在明显特征,通过直接扫描基因组预测长非编码 RNA 较为困难。预测长非编码 RNA 一般以转录组的高通量测序数据为起点,常见的分析流程包括以下步骤(图 8.19)。

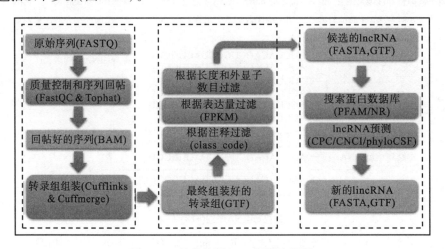

图 8.19 长非编码 RNA 预测流程图

第一阶段是有参考基因组的转录组高通量测序数据处理常规步骤,主要包括:测序数据的质量鉴定(QC)、测序数据回贴基因组(mapping),常用的软件包括 FastQC 和 Tophat;有参考基因组和转录组的转录组拼装(assembling),以及多个转录组数据的整合(merge),常用的软件包括 Cufflinks 和 Cuffmerge。第一阶段整合分析转录组高通量测序数据和参考转录组之后建立的新的转录组包含蛋白质编码基因和非编码 RNA 基因的所有转录信息。

第二阶段的主要工作是根据已有转录组注释信息和所构建的转录本信息筛选长非编码 RNA 候选基因。筛选的目标是:①去除已知的蛋白质编码基因(根据注释文件);②去除可能的随机转录噪声（根据 Fragments Per Kilobase of transcript per Million mapped reads——FPKM 选取表达水平较高的转录本）；③选取可能的长非编码 RNA（长度超过 200nt，有多个外显子，或单外显子但 FPKM 高）。

第三阶段是从这些长非编码 RNA 候选基因中进一步去除可能的蛋白质编码基因。第二阶段去除的蛋白质编码基因主要是相同物种的已知蛋白质编码基因。而第三阶段去除的是和其他物种蛋白质同源的蛋白质编码基因，以及符合蛋白质编码特征的全新的蛋白质编码基因。常用的方法包括基于蛋白质数据库（PFAM 数据库，GenBank NR 库）的同源搜索，以及 RNA 编码-非编码鉴定软件如 CPC，CNCI 及 PhyloCSF。

鉴定 RNA 的编码能力是整个长非编码 RNA 预测流程中的核心问题。长非编码 RNA 因为不编码蛋白质，所以一般不存在可读框，或者没有长的可读框，也不存在三联体密码子等序列特征。针对这些特点，CPC，CNCI 及 PhyloCSF 采用了不同的策略来鉴定 RNA 的编码能力。

1. CPC 方法

CPC（coding potential calculator）软件由北京大学生命科学学院开发（Kong et al.，2007），主要依靠预测基因的可读框，以及和已知蛋白库的相似性等信息来判定一条核酸序列为编码基因还是非编码基因。如果一条核酸序列上存在可读框或者序列和已知蛋白质相似，则这条核酸序列就很可能是来自于编码基因，反之则是来自非编码基因。CPC 将鉴定 RNA 的编码能力看作一个分类问题，采用支持向量机训练建模分类。正集合为采集自 Swiss-Prot 蛋白质数据库去除冗余后的约 5600 条 cDNA，负集合为采集自 NONCODE、RFam 和 RNAdb 的非编码 RNA。

针对每条核酸序列，CPC 一共提取 6 个特征，前 3 个特征和基因的可读框预测相关，后 3 个特征和已知蛋白库的相似性相关。首先 CPC 使用 Framefinder 软件检测核酸序列上的最长可读框，并提取了 3 个参数（log-odds score，coverage of the predicted orf，integrity of the predicted orf）分别表示预测可读框的质量、覆盖度和完整度。CPC 还会用核酸序列搜索（BLASTX）已知的蛋白质数据库 UniProt Reference Clusters（UniRef90），并根据比对结果提取剩余的 3 个参数（number of hits，hit score，frame score）分别表示成功比对的数目（E-value cutoff 1×10^{-10}）、比对得分（参考比对的 E-value）及比对结果和蛋白质可读框的一致性]。然后 CPC 将这 6 个分类特征放到支持向量机（SVM）中进行训练，来构建分类模型。

CPC 有着相当不错的分类效果，被广泛使用。它的优点是所提取特征的生物意义明确，可解释性强，因此分类结果很好理解。在分类结果的详细说明中，CPC 会明确给出对分类结果的支持证据，包括可读框位置，BLASTX 比对位置，以及对应的蛋白质相关信息等。CPC 可以提供本地 linux 上运行的代码，也开通了便捷的 web 服务（图 8.20），用户可以登录该网址 http://cpc.cbi.pku.edu.cn，并按照其提示信息上传待测的转录本序列，并且查询输出结果。

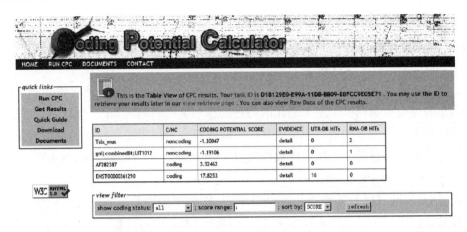

图 8.20 CPC 网络预测服务界面(图片来源于 http://cpc.cbi.pku.edu.cn/)

2. CNCI 方法

CNCI(coding-non-coding index)软件由中国科学院计算技术研究所开发(Sun et al., 2013),主要依靠分析待鉴定核酸序列的每对相邻的核苷酸三聚体(adjoining nucleotide triplets,ANT)频率来判定一条核酸序列为编码基因还是非编码基因。同 CPC 一样,CNCI 也采用支持向量机训练建模,做编码基因还是非编码基因的二分类问题。不同的是 CNCI 提取分类特征不是通过可读框预测软件或者搜索蛋白质数据库,而是利用一个 64×64 的相邻核苷酸三聚体倾向性矩阵搜索得到最可能编码蛋白质的区域来进一步提取的。

CNCI 方法假设由于 tRNA 在核糖体上的成对出现时的偏好性,在漫长的进化过程中,在 mRNA 的 CDS 区域的密码子为了适应与 tRNA 对的最高效匹配,在选择压力下也进化出了非随机的、有偏的相邻核苷酸三聚体倾向性。在对小鼠和人类编码基因,以及非编码基因数据的统计中我们可以清晰地看到这种倾向性(图 8.21)。矩阵上每一个点都代表某一对相邻出现的三联体密码子,共 64×64 种密码子对。颜色越趋近于红色就说明这一对相邻出现的三联体密码子越喜欢在编码区域出现,反之越趋近于黑色就越喜欢在非编码区域出现。因此我们可以利用这个矩阵在待鉴定核酸序列上搜索得到最可能编码蛋白质的区域,并进一步提取这一区域的长度、密码子频率等信息作为分类特征提交 SVM 建模。

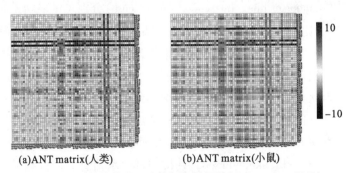

(a)ANT matrix(人类)   (b)ANT matrix(小鼠)

图 8.21 相邻核苷酸三聚体倾向性矩阵(Sun et al., 2013)

CNCI 分类非常准确,而且由于不需要运行 BLAST 搜索,在运行速度方面也有很大优势。另外,由于不需要依赖于可读框预测软件或者搜索已知蛋白质数据库,CNCI 方法对于非全长 RNA 转录本及非模式生物转录组的非编码 RNA 鉴定有独特的优势。需要注意的是由于相邻核苷酸三聚体倾向性矩阵具有一定的进化特异性，在运行 CNCI 时需要根据物种选择不同的参数（"ve"脊椎动物，"pl"植物）。

3. PhyloCSF 方法

PhyloCSF（phylogenetic codon substitution frequencies）软件由麻省理工大学计算机与人工智能实验室开发（Lin et al., 2011）。如同软件的名字，PhyloCSF 算法基于进化（Phylo-）和三联体密码子替换频率（CSF），主要依靠分析待鉴定核酸序列的密码子替换频率来判定其为编码基因还是非编码基因。

PhyloCSF 利用 12 种果蝇的编码区域和非编码区域的多序列比对信息，分别计算出编码区域和非编码区域的密码子替换频率（即多序列比对中同一纵列位置三联体密码子替换成其他三联体密码子的频率），然后构建了编码或者非编码两个密码子替换评价矩阵（图 8.22）。12 种果蝇的多序列比对结果显示编码区域的密码子替换多是同义替换，而非编码区域的多是非同义替换，相应的编码或者非编码密码子替换评价矩阵也存在很大差异。因此可以利用这两个评价矩阵对待鉴定核酸序列进行评估。PhyloCSF 采用的方法是分别利用这两个矩阵计算核酸序列来自编码或者非编码的可能性，并给出对数似然比作为评估标准。

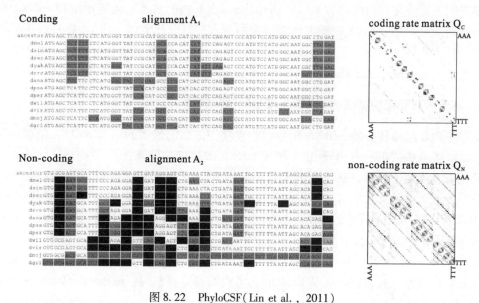

图 8.22　PhyloCSF（Lin et al., 2011）

12 种果蝇的编码区域和非编码区域多序列比对示意图（左），以及编码或者非编码密码子替换评价矩阵（右）。无颜色标注，完全保守区域；绿色，同义替换的密码子；其他颜色，非同义替换的密码子

PhyloCSF 针对果蝇、酵母及哺乳动物分别进行了测试，取得了不错的分类效果。不过由于 PhyloCSF 鉴定非编码 RNA 需要针对待鉴定核酸序列的物种信息提前建立包含多个进化相关物种的编码和非编码密码子替换评价矩阵，另外还需要提前构建待鉴定核酸序列在这些物种上的多序列比对数据，PhyloCSF 方法在具体操作的便捷度上要逊色于前述的 CPC 和 CNCI 方法。

8.3.3 非编码RNA靶标识别与功能预测软件

目前对非编码 RNA 的研究正在从大规模预测鉴定非编码 RNA 向深入研究非编码 RNA 靶基因及非编码 RNA 功能进一步展开。由于非编码 RNA 基因在序列、结构和表达调控上的特殊性和多样性，在一级序列上不保守，在空间结构上难以预测和鉴定，在表达水平上表现出很强的组织特异性，在调控上存在 RNA 与 RNA、RNA 与蛋白质等多种模式，单纯依靠传统生物学手段研究非编码 RNA 功能存在很多困难。另外，随着生物信息学技术和高通量测序技术的迅猛发展，涌现了大量的非编码 RNA 靶标识别与功能预测算法和软件，用以寻找与非编码 RNA 相互作用的靶标分子，进而对其功能及调控网络进行有效的预测，为非编码 RNA 研究提供了有效的技术手段。

8.3.3.1 miRNA靶基因预测软件

miRNA 广泛参与细胞增殖、分化、发育、凋亡等多种生物过程，并对多种疾病的发生发展有重要影响。据推测人类有超过 30% 的基因受到 miRNA 调控。miRNA 通过与靶基因 mRNA 互补配对的方式对靶基因表达行转录后调控。根据 miRNA 与其靶基因 mRNA 间的互补程度不同，抑制其翻译或直接降解靶基因 mRNA。另外，miRNA 与靶标的结合机制在动植物中有较大的不同。在植物中 miRNA 与 mRNA 多采用完全互补的配对方式，而在动物中多采用不完全互补的配对方式。因而动物 miRNA 的靶基因预测要比植物 miRNA 靶基因预测更加困难，是 miRNA 靶基因预测研究的重点。目前已有的 miRNA 靶基因预测软件数目庞大，预测算法亦各不相同，大致可以分为：①基于序列和结构特征、②基于表达信息；③基于高通量测序 3 个类型。

1. 基于序列和结构特征的 miRNA 靶基因预测软件

基于序列和结构特征的 miRNA 靶基因预测软件是目前最多的一类 miRNA 靶基因预测方法。这一类方法从正向解析 miRNA 靶向 mRNA 的可能机制和序列结构特征入手，优点是思路比较直观便于理解，缺点是由于我们对 miRNA 靶向机制复杂性的理解还处于较为初级阶段，因此各种方法引入了不同的假设，不同方法预测结果的相互支持并不理想。

2003 年，Enright 等开发的 miRanda 算法是最早提出的基于序列和结构特征的 miRNA 靶基因预测算法(Enright et al.，2003)。miRanda 算法流程分为 3 个阶段(图 8.23)。第一阶段是考察 miRNA 与 3′UTR 序列的互补匹配。miRanda 采用一种类似于 Smith-Waterman 的算法来对序列匹配打分(Smith-Waterman 是考察碱基是否相同，miRanda 是考察碱基是否互补)。打分规则允许 G:U 错配，A:U 和 G:C 为 +5，G:U 为 +2，其他错配方式为 -3，空位罚分为 -8，空位延伸罚分为 -2。为了强调 miRNA 5′端的重要性，miRanda 软件设定了 scale 参数(scale = 2)，对 5′端的碱基匹配 2 倍的奖励性权重。另外，miRanda 还加入了一些对于特定位置错配数的经验性规则。第二阶段是考察 miRNA 与靶基因 RNA 形成二聚体分子的热力学稳定性。miRanda 利用 ViennaRNA package 中的 RNAlib 计算二聚体分子的最小自由能。第三阶段是考察靶位点的保守性，即靶位点在多物种同源 UTR 序列的相同位置具有的相同碱基数目。miRanda 对 3 个阶段分别设定阈值，阈值的选取根据已知 miRNA 靶基因数据调整。在随后的算法评测中，miRanda 对线虫 miRNA lin-4、let-7 及果蝇的 miRNA bantam 的靶基因预测取得了不错的结果。

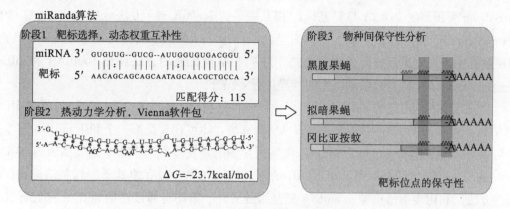

图 8.23　miRanda 算法 3 阶段示意图(Enright et al.，2003)

在 miRanda 之后又出现了很多基于序列和结构特征的 miRNA 靶基因预测算法，如 PI-TA、PicTar、RNAhybrid、TargetScan 等。类似 miRanda 算法流程的 3 个阶段，这些预测软件也大多考察 3 个指标：①miRNA 与 mRNA 序列的互补性；②miRNA 与 mRNA 相互结合的自由能；③靶位点的物种间保守特性。具体到不同软件，在这 3 个指标的具体应用和侧重上又有区别。例如，序列互补性，在早期的预测软件 Miranda 中考察的序列是整条 miRNA 和 3′UTR 匹配的情况，对于 miRNA 5′端的碱基匹配有奖励性加权。而到了预测软件 TargetScan，首次提出了种子匹配的概念(Lewis et al.，2005)，认为 miRNA 5′端的 2~8 位碱基(种子区)的序列互补性对于靶标识别至关重要。对于自由能，大多数软件都主要考察 miRNA 与 mRNA 相互结合双体(miRNA/mRNA duplex)的稳定性，即自由能最小。而在 PITA 软件中首次提出了靶位点可结合性的概念(Kertesz et al.，2007)，加入了对作为靶标的 mRNA 序列的原有二级结构打开所需能量的考察，认为 mRNA 3′UTR 上的局部二级结构的稳定性将显著影响 miRNA 靶位点的选择。所有类似这样的具体变化反映了 miRNA 靶基因预测研究的复杂性，也说明了我们对 miRNA 靶向机制理解的不断深入。

2. 基于表达信息的 miRNA 靶基因预测软件

随着 miRNA 基因芯片及 RNA-seq 技术的成熟和普及，大规模地检测 miRNA 和 mRNA 的表达水平成为可能。大量表达数据的积累为研究基于表达信息的 miRNA 靶基因预测软件提供了数据基础。基于表达信息预测 miRNA 靶基因的基本思想是寻找 miRNA 和其靶基因 mRNA 表达水平的负相关性。由于 miRNA 与其靶基因之间存在多对多的调控关系，即一个 miRNA 可能调控多个靶基因，同时一个靶基因也可能被多个 miRNA 调控，这种负相关性并不是显而易见的。

Huang 等(2007)开发的 GenMiR++(generative model of miRNA regulation)是第一个利用 miRNA 和 mRNA 的表达信息来系统预测 miRNA 靶基因的软件。GenMiR++考虑到 miRNA 与其靶基因之间的多对多调控关系，构建了一个线性回归模型。其中 miRNA 和 mRNA 的表达水平分别为自变量和响应变量。然后利用变分贝叶斯期望最大化方法(variational Bayes expectation maximization，VBEM)近似求解线性回归模型参数。为了减小问题的复杂度,在线性回归模型中 GenMiR + + 只考虑了基于序列和结构特征预测软件 TargetScan 所预测的 miRNA 与靶基因的相互关系。GenMiR + + 方法分别在小鼠(17 个组织,78 个 miRNA,1770 个 mRNA)和人类(88 个组织,151 个 miRNA,16 063 个 mRNA)大规模数据中得到应用。结果表明,与基于序列和结构特征的方法相比,miRNA 和 mRNA 表达数据的引入让靶基因预测结果的特异性显著提升。

其他基于表达信息的 miRNA 靶基因预测软件还包括 Gennarino 等(2009)开发的 HOCTAR(host gene oppositely correlated target)预测算法。HOCTAR 是第一个利用 miRNA 宿主基因与 mRNA 的表达相关信息对 miRNA 靶基因预测的算法。在对 178 个人类基因内 miRNA (intragenic miRNA)的分析中,HOCTAR 的预测准确性优于已有的基于序列和结构特征的预测方法。利用表达信息寻找 miRNA 靶基因的另外一策略是通过转染 miRNA 来特异性高表达特定 miRNA,然后检测其潜在靶基因 mRNA 表达水平变化。Li 等(2014)开发的 TargetScore 软件通过整合分析此类 miRNA 过表达数据,以及序列特征和保守性信息来寻找 miRNA 靶基因,取得了不错的预测效果。不过由于 miRNA 转染对细胞系影响的不确定性,转染细胞中的靶基因预测结果是否和正常生理状态下不同还有待考察。

3. 基于高通量测序的 miRNA 靶基因预测软件

近年来一些新的生化方法和高通量测序技术的结合为我们观察 miRNA:mRNA 靶向关系提供了新的手段。例如,Chi 等(2009)采用的 HITS-CLIP 技术(high-throughput sequencing of RNA isolated by crosslinking immunoprecipitation),通过紫外交联固定 miRISC 成员蛋白 Ago 和 miRISC 内的 miRNA:mRNA,再用免疫共沉淀特异性获得 Ago 蛋白与 miRNA:mRNA 复合物,最后采用高通量测序对小鼠大脑组织中的 miRNA-mRNA 直接相互作用进行高通量检测。而更新的 PAR-CLIP 技术(photoactivatable ribonucleoside-enhanced crosslinking and immunoprecipitation)具有更高效的紫外线交联,重获 RNA 的能力比 HITS-CLIP 可以高出 1000 倍。并且能够更加精确地定位 RNA 和蛋白质的结合位点。

通过分析 HITS-CLIP/PAR-CLIP 数据,更多的 miRNA 靶标识别新规律被发现。例如,miRNA 种子序列更多地属于 6 碱基长种子,而不是通常计算预测中采用的 7 或 8 个碱基长。另外,HITS-CLIP/PAR-CLIP 数据中发现的 miRNA 作用位点有约 40% 在非保守区域,提示我们已有的利用保守性的 miRNA 靶基因预测软件可能会丢失很多 miRNA 靶基因。这些新规律的发现将为我们更好地预测 miRNA 靶基因提供帮助。一些新的基于高通量测序的 miRNA 靶基因预测软件也被开发出来,用于 HITS-CLIP/PAR-CLIP 数据的处理分析,以及 miRNA 靶基因预测,如 miRTarCLIP、PARalyzer、PARma 等。基于 HITS-CLIP/PAR-CLIP 数据的 miRNA 靶基因预测通常包括高通量测序数据预处理和回贴全基因组(或所有 3′UTR,如 miRTarCLIP)、Reads cluster 鉴定、miRNA 靶位点及对应 miRNA 鉴定等步骤(图 8.24)。由于实验技术的复杂性,目前 HITS-CLIP/PAR-CLIP 数据还不是很多,我们相信随着相关实验技术的进一步成熟,基于高通量测序的 miRNA 靶基因预测将帮助我们更好地理解 miRNA 靶标识别相关机制。

第8章 非编码RNA研究常用数据库及软件

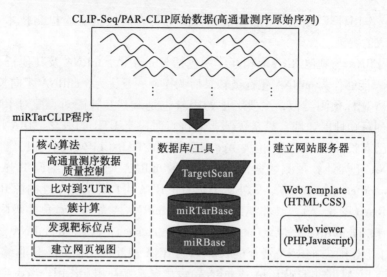

图8.24 miRTarCLIP系统流程图(Chou et al., 2013)

8.3.3.2 长非编码RNA靶标识别与功能预测软件

长非编码RNA是一大类非编码RNA的统称,它的定义非常简单,即长度大于200个核苷酸的非编码RNA。其中长度为200nt的定义也并无严格的生物意义,仅仅是为了便于和各种小非编码RNA(如snoRNA,miRNA)区分。已发现的长非编码RNA可以和蛋白质、DNA、RNA相互作用,在生物功能上多种多样,在作用机制上也各有不同,包括顺式作用,例如,长非编码RNA AIR、Kcnq1ot、Xist等可以募集染色质修饰复合物来沉默其临近位点;反式作用,例如,长非编码RNA HOTAIR能够结合组蛋白修饰复合体调控靶基因染色体的表观遗传修饰;竞争性内源RNA(competing endogenous RNAs,ceRNA),例如,长非编码RNA PTENP1通过竞争结合以PTEN mRNA为靶标的miRNA来正向调控PTEN基因的蛋白质水平,发挥肿瘤抑制功能。因此相比miRNA研究,对于长非编码RNA靶标识别与功能预测更加困难,很多研究还处于较为初级的阶段。

1. 长非编码RNA靶基因预测软件

已有长非编码RNA和蛋白质相互作用研究主要根据RNA和蛋白质的二级结构、氢键和分子间作用力来评估两者之间相互作用的趋势。主要预测软件包括catRAPID和lncPro等。它们虽然在针对一些已知RNA蛋白质复合物的测试中取得了还不错的效果,但正如lncPro开发者所言,目前长非编码RNA和蛋白质相互作用计算预测还存在一些实际的困难(Lu et al., 2013)。首先是很难收集到足够数量和覆盖广度的测试数据集。catRAPID和lncPro都使用了来自PDB(protein data bank)和NPInter数据库的数据。但是PDB数据库所收集的RNA蛋白质复合物数据中大多数RNA的长度都在200nt以下。而NPInter数据库所收集长非编码RNA和蛋白质相互作用数据主要是针对少数几个蛋白质的高通量数据,缺乏足够的代表性。另外,考虑到RNA二级结构预测本身的限制,对于700nt以上RNA准确率会下降到20%~60%,对于较长的RNA(>5kb)甚至无法计算,涉及RNA二级结构计算的长非编码RNA和蛋白质相互作用预测的可靠性并不令人满意。未来长非编码RNA

和蛋白质相互作用计算预测的发展可能还需要等待在高通量实验检测技术(如 RIP-seq, ChIRP)方面大的突破。

长非编码 RNA 与其他 RNA 的相互作用包括与 miRNA, mRNA 及其他长非编码 RNA。长非编码 RNA 能够作为 miRNA 靶标被转录后调控。一般认为, miRNA 靶向长非编码 RNA 与常规 miRNA 靶标预测类似, 主要考虑的因素也是碱基互补配对、配对 RNA 双体自由能、RNA 序列跨物种保守性, 只是预测靶向位点时没有 UTR 的概念。DIANA-LncBase 通过整合分析已有长非编码 RNA 相关 Ago HITS-CLIP/PAR-CLIP 数据, 以及针对长非编码 RNA 的 miRNA 靶标计算预测数据, 收集了大量 miRNA 靶向长非编码 RNA 的相互作用 (Paraskevopoulou et al., 2013)。另外, 长非编码 RNA 可以作为竞争性内源 RNA 同 mRNA 竞争结合 miRNA(图 8.25)。长非编码 RNA 如同 miRNA "海绵"竞争性吸附游离 miRNA 分子, 同含有相同 miRNA 靶位点(miRNA response element, MRE)的 mRNA 之间形成正调控关系。除了上述围绕 miRNA 展开的长非编码 RNA 相互作用研究, 长非编码 RNA 也可能同其他长链 RNA(长非编码 RNA 或 mRNA)发生碱基互补相互作用。考虑到长链 RNA 可能的复杂空间结构, 以及目前 RNA 二级结构预测的技术限制, 计算预测长非编码 RNA 同其他长链 RNA 分子间直接相互作用非常复杂。最近 Li 等(2015)开发的 LncTar 软件利用滑动窗口结合最小自由能的办法预测长链 RNA 间的相互作用, 是目前少数较为成功的尝试。不过类似长非编码 RNA 和蛋白质相互作用预测问题, 由于缺少足够的测试数据集, LncTar 的预测可靠性仍有待深入研究。

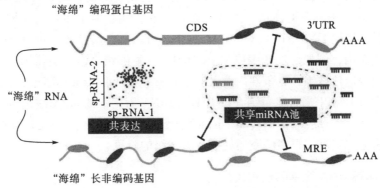

图 8.25　长非编码 RNA 作为 miRNA "海绵"同共有 MRE mRNA 之间的正调控关系示意图(Du et al., 2016)

sp-RNA: Sponge RNA, "海绵"RNA; CDS: coding sequence, 编码序列; 3′UTR: 3′ Untranslated Regions, 3 端非翻译区; MRE: miRNA regulate element, miRNA 调控元件

2. 长非编码 RNA 功能预测软件

通过高通量测序结合生物信息学预测等方法, 我们已经发现了大量的长非编码 RNA (NONCODE 目前收录长非编码 RNA 已超过 50 万条), 但对其中绝大部分长非编码 RNA 的具体生物功能和作用机制仍一无所知。同编码基因相比, 长非编码 RNA 在一级序列上保守性不强, 也缺少类似蛋白质功能 domain 那样的明确功能结构, 直接研究其功能非常困难。目前长非编码 RNA 功能预测一般是通过研究长非编码 RNA 与已知功能的编码基因间的相互关系来得到的。例如, 已有研究发现, 长非编码 RNA 顺式调控邻近蛋白编码基因是一种广泛存在的基因表达调控模式。因此人们可以根据长非编码 RNA 与已知功能编码

基因间的这种染色体定位上的邻居关系来预测其功能。

利用高通量的基因芯片和测序数据构建长非编码 RNA 参与的编码基因-非编码基因共表达混合网络,进而通过网络中长非编码 RNA 与已知功能的编码基因间的相互关系预测长非编码 RNA 功能是目前大规模预测长非编码 RNA 功能的有效途径。基于基因共表达网络预测未知基因功能在编码基因研究中已经有很广泛的应用,其基本思想是 GBA(guilt-by-association),即根据与功能未知基因有关联(如有直接相互作用)的那些功能已知基因的基因功能来推测功能未知基因的功能(如直接投票)。GBA 的思想和已知的生物知识也是一致的,倾向于共同表达的基因很可能参与同一功能 pathway 或是属于同一复合物,因而很可能具有相同或相关的生物功能。

构建长非编码 RNA 参与的编码基因-非编码基因共表达混合网络同构建编码基因共表达网络一样,也遵循一些公认的准则。例如,计算共表达关系一般应该有 15 套或以上的基因表达数据样本;在数据量足够时将不同来源数据分组分别建网再集成要优于不分组直接建网等。基因间共表达关系一般用皮尔逊相关系数(Pearson's correlation coefficient)或斯皮尔曼等级相关系数(Spearman's rank correlation coefficient)来衡量[式(8.5),式(8.6)]。基于相关系数值、p-value 或是排序选定阈值后即得到共表达网络。对于网络中的长非编码RNA 功能预测通常可以通过邻居投票或者模块投票的办法。邻居是指在网络中有直接相互作用的结点。模块是指在网络中紧密相连的结点,在不同模块预测方法中具体定义会有所不同。投票的核心思想是找到一个功能已知基因的集合(如所有功能已知的邻居,或是模块内所有功能已知的成员),然后看这个集合中的基因更倾向于哪些生物功能。常用方法是根据基于超几何分布的功能富集 p-value 来判定[式(8.7)],当然也可以直接投票计数。

$$r_p(x,y) = \frac{\sum_{i=1}^{n}(x_i - \bar{x})(y_i - \bar{y})}{\sqrt{\sum_{i=1}^{n}(x_i - \bar{x})^2}\sqrt{\sum_{i=1}^{n}(y_i - \bar{y})^2}} \tag{8.5}$$

$$r_s(x,y) = r_p(\text{Rank}(x), \text{Rank}(y)) \tag{8.6}$$

式中,r_p 为基因对 x,y 的皮尔逊相关系数,r_s 为基因对 x,y 的斯皮尔曼等级相关系数。$x = (x_1, x_2, \cdots, x_n)$,$y = (y_1, y_2, \cdots, y_n)$ 分别为基因 x,y 在 n 个样本上的表达数据。$\bar{x}$,$\bar{y}$ 为平均值。Rank 为排名函数。

$$p = 1 - \sum_{i=0}^{k-1} \frac{\binom{M}{i}\binom{N-M}{n-i}}{\binom{N}{n}} \tag{8.7}$$

式中,N 为所有基因数,M 为所有基因中某一特定功能基因数,n 为选定子集基因数,k 为选定子集中有某一特定功能基因数,p 为选定子集中特异性富集某一特定功能基因的 p-value。

目前常用的基于高通量基因芯片和测序数据共表达分析的长非编码 RNA 功能预测软件/服务包括 ncFANs、LncRNA2Function 等。其中 Liao 等(2011)开发的 ncFANs(non-coding RNA function ANnotation server)是国际上最早的大规模预测人类和小鼠长非编码 RNA 功能的在线服务之一。利用高通量的基因芯片和测序数据,ncFANs 提供了两种针对长非编码

RNA 的服务：第一种是基于编码基因-非编码基因共表达混合网络的长非编码 RNA 功能注释；第二种是差异表达长非编码 RNA 的预测。在长非编码 RNA 功能注释方面，ncFANs 提供了 3 种功能预测方法，分别是：①基于共表达和染色体共定位的功能注释；②基于邻居投票的功能注释；③基于模块投票的功能注释。

参 考 文 献

Andronescu M, Bereg V, Hoos H H, et al. 2008. RNA STRAND: the RNA secondary structure and statistical analysis database. BMC Bioinformatics, (9): 340.

Bernhart S H, Hofacker I L, Will S, et al. 2008. RNAalifold: improved consensus structure prediction for RNA alignments. BMC Bioinformatics, (9): 474.

Chang Y M, Juan H F, Lee T Y, et al. 2008. Prediction of human miRNAs using tissue-selective motifs in 3′UTRs. Proceedings of the National Academy of Sciences of the United States of America, 105(44): 17061-17066.

Chi S W, Zang J B, Mele A, et al. 2009. Argonaute HITS-CLIP decodes microRNA-mRNA interaction maps. Nature, 460 (7254): 479-486.

Chou C H, Lin F M, Chou M T, et al. 2013. A computational approach for identifying microRNA-target interactions using high-throughput CLIP and PAR-CLIP sequencing. BMC Genomics, 14 Suppl(1): S2.

Du Z, Sun T, Hacisuleyman E, et al. 2016. Integrative analyses reveal a long noncoding RNA-mediated sponge regulatory network in prostate cancer. Nature Communications, (7): 10982.

Enright A J, John B, Gaul U, et al. 2003. MicroRNA targets in *Drosophila*. Genome Biology, 5(1): R1.

Friedlander M R, Chen W, Adamidi C, et al. 2008. Discovering microRNAs from deep sequencing data using miRDeep. Nature Biotechnology, 26(4): 407-415.

Gennarino V A, Sardiello M, Avellino R, et al. 2009. MicroRNA target prediction by expression analysis of host genes. Genome Research, 19(3): 481-490.

Hackenberg M, Rodriguez-Ezpeleta N, Aransay A M. 2011. miRanalyzer: an update on the detection and analysis of microRNAs in high-throughput sequencing experiments. Nucleic Acids Research, 39(Web Server issue): W132-138.

Huang J C, Babak T, Corson T W, et al. 2007. Using expression profiling data to identify human microRNA targets. Nature Methods, 4(12): 1045-1049.

Kertesz M, Iovino N, Unnerstall U, et al. 2007. The role of site accessibility in microRNA target recognition. Nature Genetics, 39(10): 1278-1284.

Kong L, Zhang Y, Ye Z Q, et al. 2007. CPC: assess the protein-coding potential of transcripts using sequence features and support vector machine. Nucleic Acids Resarch, 35(Web Server issue): W345-349.

Lewis B P, Burge C B, Bartel D P. 2005. Conserved seed pairing, often flanked by adenosines, indicates that thousands of human genes are microRNA targets. Cell, 120(1): 15-20.

Li J, Ma W, Zeng P, et al. 2015. LncTar: a tool for predicting the RNA targets of long noncoding RNAs. Briefings in Bioinformatics, 16(5): 806-812.

Li Y, Goldenberg A, Wong K C, et al. 2014. A probabilistic approach to explore human miRNA targetome by integrating miRNA-overexpression data and sequence information. Bioinformatics, 30(5): 621-628.

Liao Q, Xiao H, Bu D, et al. 2011. ncFANs: a web server for functional annotation of long non-coding RNAs. Nucleic Acids Research, 39(Web Server issue): W118-124.

Lim L P, Lau N C, Weinstein E G, et al. 2003. The microRNAs of *Caenorhabditis elegans*. Genes & Development, 17(8): 991-1008.

Lin M F, Jungreis I, Kellis M. 2011. PhyloCSF: a comparative genomics method to distinguish protein coding and non-coding regions. Bioinformatics, 27(13): i275-282.

Lorenz R, Bernhart S H, Honer Zu Siederdissen C, et al. 2011. ViennaRNA Package 2.0. Algorithms for Molecular Biology, (6): 26.

Lu Q, Ren S, Lu M, et al. 2013. Computational prediction of associations between long non-coding RNAs and proteins. BMC Genomics, (14): 651.

Lu Z J, Yip K Y, Wang G, et al. 2011. Prediction and characterization of noncoding RNAs in *C. elegans* by integrating conservation, secondary structure, and high-throughput sequencing and array data. Genome Research, 21(2): 276-285.

Mendes N D, Freitas A T, Sagot M F. 2009. Current tools for the identification of miRNA genes and their targets. Nucleic Acids Research, 37(8): 2419-2433.

Morris K V, Mattick J S. 2014. The rise of regulatory RNA. Nature Reviews Genetics, 15(6): 423-437.

Neilsen C T, Goodall G J, Bracken C P. 2012. IsomiRs—the overlooked repertoire in the dynamic microRNAome. Trends in Genetics, 28(11): 544-549.

Ouyang Z, Snyder M P, Chang H Y. 2013. SeqFold: genome-scale reconstruction of RNA secondary structure integrating high-throughput sequencing data. Genome Research, 23(2): 377-387.

Paraskevopoulou M D, Georgakilas G, Kostoulas N, et al. 2013. DIANA-LncBase: experimentally verified and computationally predicted microRNA targets on long non-coding RNAs. Nucleic Acids Research, 41(Database issue): D239-245.

Rivas E, Eddy S R. 1999. A dynamic programming algorithm for RNA structure prediction including pseudoknots. Journal of Molecular Biology, 285(5): 2053-2068.

Sun L, Luo H, Bu D, et al. 2013. Utilizing sequence intrinsic composition to classify protein-coding and long non-coding transcripts. Nucleic Acids Research, 41(17): e166.

Tinoco I Jr., Borer P N, Dengler B, et al. 1973. Improved estimation of secondary structure in ribonucleic acids. Nature New Biology, 246(150): 40-41.

Varani G, McClain W H. 2000. The G × U wobble base pair. A fundamental building block of RNA structure crucial to RNA function in diverse biological systems. EMBO Reports, 1(1): 18-23.

Wan Y, Kertesz M, Spitale R C, et al. 2011. Understanding the transcriptome through RNA structure. Nature Reviews Genetics, 12(9): 641-655.

Washietl S, Hofacker I L. 2004. Consensus folding of aligned sequences as a new measure for the detection of functional RNAs by comparative genomics. Journal of Molecular Biology, 342(1): 19-30.

Wilusz J E, Sunwoo H, Spector D L. 2009. Long noncoding RNAs: functional surprises from the RNA world. Genes & Development, 23(13): 1494-1504.

Xie X, Lu J, Kulbokas E J, et al. 2005. Systematic discovery of regulatory motifs in human promoters and 3′UTRs by comparison of several mammals. Nature, 434(7031): 338-345.

Xue C, Li F, He T, et al. 2005. Classification of real and pseudo microRNA precursors using local structure-sequence features and support vector machine. BMC Bioinformatics, (6): 310.

Zuker M. 2003. Mfold web server for nucleic acid folding and hybridization prediction. Nucleic Acids Research, 31(13): 3406-3415.

Zuker M, Stiegler P. 1981. Optimal computer folding of large RNA sequences using thermodynamics and auxiliary information. Nucleic Acids Research, 9(1): 133-148.

第9章 蛋白质组学研究常用软件简介

赵勇山[①] 李 慧[②]

9.1 蛋白质组学简介

蛋白质组学(proteomics)一词,源于蛋白质(protein)与基因组学(genomics)两个词的组合,意指"一种基因组所表达的全套蛋白质",即包括一种细胞乃至一种生物所表达的全部蛋白质。蛋白质组本质上指的是在大规模水平上研究蛋白质的特征,包括蛋白质的表达水平,翻译后的修饰,蛋白质与蛋白质相互作用等,由此获得蛋白质水平上关于疾病发生,细胞代谢等过程的整体而全面的认识。蛋白质组学是研究一种生物体、器官或细胞器中所有蛋白质的特性、含量、结构、生化与细胞功能,以及它们与空间、时间和生理状态的变化,它是继基因组学之后在分子水平上了解生命过程逻辑性的第二步,是后基因组时代生命科学研究的核心内容之一。由于蛋白质比基因更靠近功能一步,因此,对蛋白质的研究可直接导致生物学的新发现。随着后基因组时代的到来,蛋白质组学的深入研究将带来巨大的经济和社会效益。

国际上蛋白质组研究进展十分迅速,不论基础理论还是技术方法,都在不断进步和完善。多种细胞的蛋白质组数据库已经建立,相应的国际互联网站也层出不穷。1996年,澳大利亚建立了世界上第一个蛋白质组研究中心:Australian Proteome Analysis Facility (APAF)。丹麦、加拿大、日本也先后成立了蛋白质组研究中心。在美国,各大药厂和公司在巨大财力的支持下,也纷纷加入了蛋白质组的研究阵容。瑞士 GeneProt 公司,是由以蛋白质组数据库"SWISSPROT"著称的蛋白质组研究人员成立的,以应用蛋白质组技术开发新药物靶标为目的。而当年提出 Human Protein Index 的美国科学家 Normsn G. Anderson 也成立了蛋白质组学公司,继续其多年未实现的梦想。2001年4月,在美国成立了国际人类蛋白质组研究组织(Human Proteome Organization,HUPO),随后欧洲、亚太地区都成立了区域性蛋白质组研究组织,试图通过合作的方式,融合各方面的力量,完成人类蛋白质组计划(human proteome project,HPP)。

9.1.1 蛋白质组学的研究背景及发展现状

1990年启动的人类基因组计划,到目前为止已经取得了巨大的成就,而且多个低等模式生物的基因组序列测定已经完成,生命科学已经进入了后基因组时代。但是,人们揭示基因组精细结构的同时,也凸显出基因组的静态性和基因数量的有限性,以及蛋白质种

[①] 沈阳药科大学。
[②] 中国科学院沈阳应用生态研究所。

类、功能的动态性和复杂性。例如，通过基因组测序所发现的新基因，单从它的序列很难推断出基因功能。基因组学虽然在基因活性和疾病的相关性方面为人类提供了有力依据，但事实上大部分疾病并非是基因改变所致。因此，只了解基因组结构是远远不够的，深入进行蛋白质结构和功能的研究将是一项比基因组学研究更为艰巨、更为宏大的任务。生命科学的研究重点将从揭示生命的所有遗传信息转移到对其功能的研究，即从基因组学转移到蛋白质组学。蛋白质组学是功能基因组学的发展和延伸，它以细胞内全部蛋白质的存在及其活动方式为研究对象，可望在有机体的整体水平上阐明生命现象的本质和活动规律。

蛋白质组学从一开始就呈现出基础研究与应用研究并驾齐驱的趋势。在基础研究方面：蛋白质组研究技术已被应用到各种生命科学领域，如细胞生物学、神经生物学等。在研究对象上，覆盖了原核微生物、真核微生物、植物和动物等范围，涉及各种重要的生物学现象，如信号转导、细胞分化、蛋白质折叠等。在未来的发展中，蛋白质组学的研究领域将更加广泛。在应用研究方面：蛋白质组学将成为寻找疾病分子标记和药物靶标最有效的方法之一。在对癌症、早老性痴呆等人类重大疾病的临床诊断和治疗方面蛋白质组技术也有十分诱人的前景，目前国际上许多大型药物公司正投入大量的人力和物力进行蛋白质组学方面的应用性研究。在技术发展方面：蛋白质组学的研究方法将出现多种技术并存，各有优势和局限的特点。另外，蛋白质组学与其他学科的交叉也将日益显著和重要，这种交叉是新技术新方法的活水之源，特别是蛋白质组学产生的大量蛋白质组的种属、结构、功能及其遗传等信息，需要借助生物医学、计算机科学、统计学、数学和信息学的相关知识和技术进行生物信息的归纳、整理、分析比对以发现其内在规律，从而构成了蛋白质组学研究领域中一个不可或缺的组成部分——计算蛋白质组学，其也将成为未来生命科学最令人激动的新前沿。

9.1.2 计算蛋白质组学的研究内容

计算蛋白质组学是伴随着基因组测序完成后，经过蛋白质大量的遗传信息、结构信息、相互作用的网络信息、功能信息及蛋白质的种属特异性、组织特异性等信息的不断涌现而产生与发展起来的。计算蛋白质组学是生物信息学的核心和重要的研究分支。

计算蛋白质组学的主要研究内容可以分为蛋白质序列与结构信息学、蛋白质相互作用信息学、功能蛋白质组信息学等几大研究领域。当然，不同的领域对计算蛋白质组学的要求必定有差异，例如，从生物信息学的角度，可将计算蛋白质组学的研究内容分为蛋白质的序列比对与结构预测、基于结构的药物设计、分子进化与比较蛋白质组学、蛋白质组信息学的技术与方法等方面。

9.1.2.1 基因表达数据及网络分析

虽然目前对很多基因的功能与特性研究比较明确，但是基因网络包含成百上千的基因，彼此相互作用。这些网络被用来响应细胞中分子浓度的改变、细胞的状态或外界刺激。基因之间的复杂关系决定了在特定时刻哪个基因被激活哪个基因被抑制。在不同类型的细胞和细胞形成的不同阶段中，每种基因表达的水平都有可能发生变化。由于不同细胞的 DNA 序列是一样的，将遗传信息从 DNA 中转变到不同类型的细胞器中是调控基因表达水平的过程。此外多细胞组织如何控制不同活性谱和不同功能的各种细胞，现在仍不明确。但是，细胞中分子含量改变引起的渐进结果影响了相邻细胞的基因表达水平。从实验数据中推断基因之间的相互关系及其作用网络是计算蛋白质组学的研究内容，更重要的是可作为理解某种疾病的遗传因素的工具。例如，当控制细胞分裂的基因发生改变，细胞开始分裂失控，那么就会生成肿瘤。然而，我们对该网络知之甚少。因此，指明哪种基因触发某种疾病充满了挑战。

9.1.2.2 蛋白质序列与结构分析

蛋白质序列与结构信息学是蛋白质组信息学的基础，也是蛋白质组信息学研究的出发点。其基本策略是通过对生物体内蛋白质组大规模的分离与鉴定，获得蛋白质的序列信息，利用蛋白质相关数据库，通过序列比对，获得相应蛋白质的结构信息，进而鉴定其是否为蛋白质家族的新成员或者推测其功能等。蛋白质序列与结构信息学的研究首先要对已有的蛋白质序列及结构信息进行搜集、分类、归纳与整理，建立不同类型的蛋白质组序列与结构数据库。同时，根据最新的研究成果，及时补充、更新蛋白质的序列与结构信息。在此基础上，才能对不同种属、不同组织或不同细胞的蛋白质组的序列、结构进行分析比对，快速确定新蛋白的结构与功能信息。借助计算机技术通过分子模拟和同源模建的方法对蛋白质的序列进行分析、比对，并预测其结构和功能，是蛋白质序列与结构信息学的核心内容。

9.1.2.3 蛋白质相互作用分析

蛋白质相互作用几乎参与了所有的生命活动过程，从遗传物质的复制，基因的表达调控到细胞的代谢过程，细胞的信号转导，记忆小泡细胞之间的短程、远程通讯等，蛋白质相互作用都在其中扮演着重要的角色。蛋白质组相互作用的研究内容主要包括蛋白质相互作用网络的研究、蛋白质相互作用方法学的研究、蛋白质相互作用模拟模型的研究等。通过蛋白质相互作用网络数据库，可以预测蛋白质相互作用伙伴，发现蛋白质相互作用新成员，揭示与生命活动密切相关的蛋白质信号转导途径及其相互间的关系，尤其是与代谢途径及其正常生理功能的联系。另外分子间的相互作用也发生在蛋白质和脂质之间。例如，膜蛋白如受体几乎都位于由脂质构成的生物膜上。它们是细胞内外小分子信号转导和运输的重要功能单位。另外一种类型的相互作用是蛋白质和多糖间，例如，细胞壁的合成或破坏过程。传统上，蛋白质之间的相互作用通过常规的实验方法如免疫共沉淀等获得。在过去的十年中，高通量技术包括酵母双杂交系统和串联亲和纯化结合质谱使研究人员能够检测到组学规模的相互作用。海量的新数据引发了大量的研究，分析蛋白质相互作用网络并搜索不同的子网络、配合物和规则的模式。这些相互作用对药物设计具有重要的指导意义。

9.1.2.4 功能蛋白质组分析

功能蛋白质组分析是计算蛋白质组学的核心体现。一方面研究蛋白质结构，有助于了解蛋白质的作用，了解蛋白质如何行使其生物功能，认识蛋白质与蛋白质（或其他分子）之间的相互作用，无论是对于生物学还是对于医学和药学，都是非常重要的。对于未知功能或者新发现的蛋白质分子，通过结构分析，可以进行功能注释，指导设计进行功能确认的生物学实验。因此基于结构基础上的功能蛋白质组学研究，通过分析蛋白质的结构，确认功能单位或者结构域，可以为遗传操作提供目标，为设计新的蛋白质或改造已有蛋白质提供可靠的依据，同时为新的药物分子设计提供合理的靶分子结构。另一方面，各种蛋白分子被"编译"进入到复杂的信号通路里，构成了复杂的生物体。一组通路的集合和它们之间的相互串扰，使细胞成为一个能够自我控制的高精度地调节能力个体。数年来数以百计的通路被详细研究。这些通路被记录到公共的数据库如 MetaCyc 和 KEGG 等。蛋白通路研究的目标是绘制每个生物体复杂的信号通路网，通过研究力图将蛋白质组以绘图通路的方式提高和扩展到现有的数据库中，在不同的生物体间识别突变的通路及发现新的通路。

9.1.3 临床蛋白质组学

临床蛋白质组学（clinical proteomics）是蛋白质组学新近出现的一个分支学科，它侧重于蛋白质组学技术在临床医学领域的应用研究，并围绕着疾病的预防、早期诊断和治疗等方面开展研究，主要包括以下几个方面：疾病动物模型的蛋白质组学研究、寻找疾病的生物标志物和药物治疗靶点开发。

临床疾病中，恶性肿瘤由于其发病率不断增高，对社会危害大而成为临床蛋白质组学研究的重点领域。肿瘤通常被认为是遗传性疾病，是由一系列癌基因的激活与抑癌基因失活而导致的。但从基因产物的角度考虑，肿瘤是一种蛋白质组学疾病，正是由于一组蛋白质发生改变导致整个信号通路出现异常而最终导致肿瘤的发生。因此，肿瘤既是临床蛋白质组学研究的良好疾病模型，同时也是临床蛋白质组学的一个热点研究领域。其中，寻找肿瘤早期检测的生物标志物、开发新的肿瘤药物治疗靶点，具有重大的实用价值和经济效益，成为临床蛋白质组学的一个主攻方向。

肿瘤生物标志物（biomarker）对早期诊断具有重要价值，一直以来是临床研究的重点领域。受以往少数几种肿瘤中较为成功的标志物影响，如肝癌中的甲脂蛋白（alpha-fetoprotein，AFP）、前列腺癌中的前列腺特异抗原等（prostate specific antigen，PSA），研究往往集中在单一肿瘤标志物上，例如，寻找单一的过表达、低表达蛋白质或疾病过程中释放入血液的某种蛋白质。但是肿瘤是一种蛋白质组学疾病，单一肿瘤标志物的改变几乎不可能特征性地反映肿瘤的整体变化特征。事实上，多年来寻找单一肿瘤标志物进展缓慢也说明了单一肿瘤标志物对于绝大多数肿瘤无法作为有效的判断依据。因此，通过临床蛋白质组学，寻找多分子肿瘤生物标志物是目前的研究趋势，其实质是采用多个肿瘤标志物联用并据此来反映肿瘤的整体特征，显然这一方法优于单一肿瘤标志物。

从蛋白质组学研究的技术流程来看，可分为蛋白质分离技术、蛋白质鉴定技术和蛋白质组信息学三大部分。就蛋白质的分离而言，又可分为基于凝胶系统的分离技术、基于非胶系统的分离技术和先用凝胶粗分再辅以非胶技术细分的"杂合"分离技术。其中基于凝胶系统的蛋白质组学技术中，传统的二维电泳技术依然是临床蛋白质组学研究中寻找生物标志物的一种重要工具。Zoom 胶、极窄胶及差异凝胶电泳技术（differential in gel electrophoresis，DIGE）等一系列新技术有效地提高了二维电泳技术的分辨率与灵敏度，使得低丰度的差异蛋白质更容易被发现，并在多种肿瘤中得到应用。基于非胶系统的蛋白质组学技术，常见的有液相分离技术、蛋白质芯片技术、亲和质谱技术及同位素亲和标签技术等，这些技术能克服与弥补二维电泳技术的一些缺陷与不足。表面增强激光解析飞行时间质谱

(surface-enhanced laser desorption/ionization time of flight-MS，SELDITOF-MS)是亲和质谱技术的一种，同时也是一种广义上的芯片。SELDI 芯片表面为诸如离子交换树脂之类的色谱介质，具有某种特殊的亲和力，能捕获具有相关理化性状的特定蛋白质，然后用 TOF-MS 对滞留蛋白质进行分析。与二维电泳技术相比，SELDI-MS 具有快速、高通量、高灵敏度、适合于低分子质量蛋白质(2~20ku)检测、样本用量少及容易用于临床等优点。

血清蛋白质组学分析方法(serum proteomics analysis，SERPA)是二维电泳和免疫印迹技术相结合的一种蛋白质组分析方法。从肿瘤免疫学的观点看，肿瘤细胞是"非己细胞"，它或多或少表达区别于正常细胞的肿瘤抗原，因而在患者血清中极有可能存在其相应的抗体，所以可分别采用肿瘤患者与正常人的血清作为一抗筛选肿瘤组织中的差异蛋白质即肿瘤抗原。由于 SERPA 技术具有可结合蛋白质组学能分离肿瘤细胞内成千上万个蛋白质的优势及抗原抗体反应高度特异性的特点，从而能够快速筛选出与肿瘤密切相关的蛋白质，进而识别出肿瘤的分子标志物。

蛋白质微阵列(protein microarray)技术是一种新型蛋白质分析技术，包括正相蛋白质微阵列和反相蛋白质微阵列两种，具有集成化、高通量化、微量化和自动化等分析优势。它可以直接分析微量的生理或生物样品，如血清、细胞裂解液等，同时检测、识别和纯化不同的生物分子和研究分子间相互作用，是研究信号转导通路中分子靶的有力工具。

在蛋白质鉴定技术方面，自 20 世纪 90 年代逐渐发展起来的生物质谱(mass spectrometry，MS)技术已扮演起主要的角色，其优点在于 MS 技术的高通量、高灵敏度和高准确性。计算蛋白质组学是蛋白质组学研究的又一个重要支撑，其研究与应用已深入到蛋白质组学的各个领域，包括获取各种蛋白质组学分离、鉴定技术得到的实验结果并将之输入到计算机中，再对其进行存储、加工、分析、处理，最终得到其中含有生物学意义的信息。典型的多维蛋白质鉴定技术(multidimensional protein identification technology，MudPIT)通常生成远大于样品的数据。许多技术已经应用于临床蛋白质组学数据分析，如支持向量机(support vector machines，SVM)、人工神经网络(artificial neural network，ANN)、最小二乘法(partial least squares，PLS)、主成分回归(principal component regression，PCR)、主成分分析(principal component analysis，PCA)等。其中许多基于机器学习的分类算法并不基于概率模型，其对于新数据集并没有置信关联。产生的原因很多，如不适当的模型分类器、不足或冗余的特征、过多或过少的模型参数、训练不足或代码错误、高非线性关系的存在、噪声、系统性偏差等。为了解决这些问题，许多方法如 k 折交叉验证(k-fold cross-validation)、bootstrapping 被应用。对分类器性能评价的最常用度量是混淆矩阵(confusion matrix)和接收工作特性(receiver operating characteristic，ROC)曲线来表征。

为了进一步可视化和分析生物网络，一些生物信息学工具已经开发出来，如 Cytoscape、VisANT、Pathway Studio、PATIKA、Osprey 和 ProViz 等。其中 Cytoscape 是 Java 程序，源代码基于次要通用公共许可协议(LGPL)，是最著名的开源软件平台。该软件的其他特性可通过插件使用基于 Java 的开放 API 获得。一些插件如下。

- CentiScape，通过计算特定核心参数来描绘网络拓扑。
- MCODE，寻找簇或高度关联的区域。
- BioNetBuilder，提供了用户友好的界面来使用数据库如 BIND、BioGRID、DIP、HPRD、KEGG、IntAct、MINT、MPPI、Prolinks 来创建生物网络。

临床蛋白质组学是一个非常年轻而活跃的领域，因其直接面向临床应用而有着良好的开发应用前景。可以预见，随着肿瘤标志物研究的深入，今后不再是依靠单一的蛋白质分子作为肿瘤标志物，而是通过一组或一群蛋白质协同作用共同作为肿瘤的生物标志物。血清中低分子质量蛋白质因其能反映血清中蛋白质的全貌而必将成为挖掘肿瘤分子标志物的一座金矿。对蛋白质-蛋白质相互作用网络理解的深入，更多的分子靶标将会被发现，这将为个体化治疗提供坚实的理论基础，并且针对肿瘤多个分子靶的药物联合运用将在提高疗效的同时显著降低药物的毒性作用。并且随着多种工作模式的展开，将会建立起一批标准化的临床蛋白质组样本库和临床蛋白质组研究网络。

9.2 计算蛋白质组学的应用

9.2.1 预测蛋白质的三维空间结构

蛋白质的结构与功能有着密切的关系，尤其是蛋白质的三维结构，通过研究蛋白质三维结构可以决定蛋白质的生物学功能。现在，虽有些实验方法可用来研究蛋白质分子的结构，如X射线晶体衍射结构分析，多维核磁共振波谱分析和电子显微镜二维晶体三维重构等物理方法获得蛋白质的三维结构，但都有一定的技术局限性。另外一种方法便是通过生物信息学对蛋白质结构进行预测。

目前，对单一序列的二级结构预测的准确率较高，通过多序列比对可以显著提高预测的效能，如PHDsec程序。对蛋白质三级结构的预测由于蛋白质折叠过程的复杂性变得更难，目前，在利用生物信息学对蛋白质三维空间结构预测方面的主要方法有同源模建、折叠识别和从头预测3种方法。其中同源模建是目前应用最为成功的一种方法。其主要的理论依据是，蛋白质根据序列同源性可以分成不同的家族，一般认为序列一致性达到30%以上的蛋白质可能由同一祖先进化而来，称为同源蛋白质。同源蛋白质具有相似的结构和功能。所以可以利用结构已知的同源蛋白建立目标蛋白的结构模型，然后用理论计算的方法对其进行结构优化。一般来说，当目标蛋白的序列与模板蛋白的序列一致性与相似性越高，所模建出来的结构的准确性和可信性也就越高。现在已有大量的同源模建的软件和基于WEB的免费服务器可以使用。例如，在业界非常著名的由加利福尼亚大学开发的Modeller软件和Acceryls公司开发的图形界面版本的Homology modeler模块，瑞士生物信息研究所开发的基于WEB的免费服务器SWISS-MODEL，英国癌症研究中心的3DJigsaw，丹麦技术大学生物序列分析中心的CPHmodels和比利时拿摩大学开发的ESyPred3D等。

9.2.1.1 SWISS-MODEL服务器进行蛋白质结构同源模建操作实例

SWISS-MODEL是使用最广泛的网络模建服务器，它是一个自动化的、对学术团体免费的蛋白质结构模拟环境，任何人都可以登录网站进行蛋白质结构的同源模建。本节以毛滴虫乳酸脱氢酶(TvLDH)的结构模建为例说明如何利用SWISS-MODEL服务器来进行蛋白质的三维结构模建。

1. 登录服务器，输入目标序列

可以通过 http://swissmodel.expasy.org 访问 SWISS-MODEL 服务器的 web 界面，有 3 种模建方法，分别介绍如下。

自动模式(Automated Mode)：建模的氨基酸序列输入方式可以是 UniProt 登录号(accession)，也可以直接输入氨基酸序列。用户可以选择指定模板结构，模板可以来自于 PDB 数据库的 ID，也可以上传模板的 PDB 格式的坐标文件。

比对模式(Alignment Mode)：这个模式需要多序列比对的结果，比对的序列中需要包括目标序列的模板。用户需要指明比对文件中哪一条序列是目标序列，哪一条作为模板。服务器会基于比对结果建模。

项目模式(Project Mode)：这种模式允许用户向服务器提交经过手工优化的请求。DeepView 被用来建立一个项目文件，它包含了模板结构，以及目标序列与模板的比对结果。这个结果也要上传到服务器。这种方式提供对模建过程中细节的控制，例如，选择不同的模板，手工编辑目标序列和模板的比对结果，以便正确地确定插入和删除的位置。项目模式还能够用于重复改进 Automated Mode 的结果。

在本实例中，选择 Automated Mode(自动模式)，点击 Automated Mode 之后，就会进入自动模建模式页面(图 9.1)。需要在 Provide a protein sequence or a UniProt AC Code 对话框填入需要预测结构的蛋白质序列，序列可以填入 FASTA 格式，也可以是该序列在 UnitProt 数据库中的登录号。

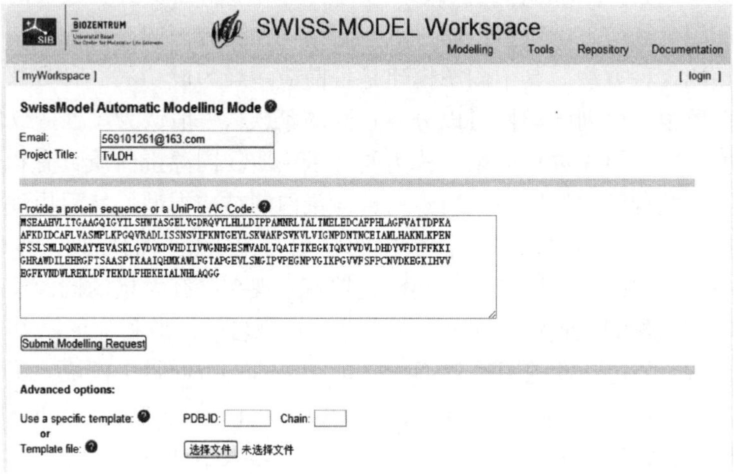

图 9.1 SWISS-MODEL 服务器命令界面

在本实例中，把 TvLDH 的氨基酸序列复制粘贴在序列提交对话框中；使用者的电子信箱可以不填写，如果填写使用者的电子信箱，提交任务后，会收到邮件提示。项目名称(Project Title)为了便于记录模建的相关信息，可以不用填写。填写完模建相关信息之后，点击 Submit Modelling Request 键，即可向模建服务器提交模建任务。提交任务后，模建页面会显示任务提交成功。同时，如果填写了 email 地址，相应的信箱中会收到提交任务成功的邮件。

2. 模建结果与分析

提交任务大约几分钟之后，SWISS-MODEL 服务器页面会自动更新，显示模建结果，同时邮箱也会收到模建任务已完成的邮件。在本实例中，模建的是 TvLDH 的三维结构，结果中模建的氨基酸范围是 1~331，采用的模板分辨率是 1.65Å，目标序列与模板序列的相似性是 43.07%。模建获得的结构模型可以通过点击 DeepView 查看，另外也可以点击 download 键下载为 PDB 格式的文件。此外可以通过模建结果网页中的 Print/Save this page as 将结果文件保存在一个 PDF 文件中。

在弹出的模建结果网页中，还有目标蛋白序列与模板结构的序列比对信息，对模建结构的合理性评估信息。SWISS-MODEL 服务器结构合理性评估有 3 种方式，分别是原子间经验平均力势函数 Anolea、Gromos 分子动力学及 Qmean 评估。Anolea：原子经验力势用来评估模建模型的质量。这个程序执行蛋白链上的能量计算，评估模型中每个重原子的非本地环境（NLE）。图像中 Y 轴数值代表蛋白链中每个氨基酸的能量。对于一个给定的氨基酸绿色的负值能量代表有利的能量环境，相对地红色正值表示不利的能量环境。Gromos：图像中的 Y 轴数值代表 Gromos 经验计算的蛋白链中每个氨基酸的力场能量。对于一个给定的氨基酸绿色的负值能量代表有利的能量环境，相对地红色正值表示不利的能量环境。Qmean：沿蛋白质序列残基评估误差的模型能量剖面图。在模建结果中可以通过点击评估方式后面的 on 及 off 键来决定选择哪种评估方式。此外，还有模建产生的日志文件，主要介绍模板搜索的过程说明等信息，读者可以直接通过 SWISS-MODEL 服务器预测之后仔细查看。如果提交的序列没有搜索到合适的模板（与目标序列的序列相似性大于 25%），服务器也会显示搜索不到模板的提示。

3. SWISS-MODEL 的局限性

利用 SWISS-MODEL 执行蛋白质结构的同源模拟，操作方便容易，但是仍然有一定的局限性。①优化不足，SWISS-MODEL 执行结构模建时，为了避免因为得到最低的总能量而使结构的改变太大，因而在进行能量最小化过程时，可能会使能量最小化的步数（step）减少，因此相应的结构可能尚未达到能量稳定的状态；②目标序列与模板之间序列的一致性必须达到 25% 以上，如果达不到此要求时，模建任务无法进行；③搭建的目标序列的最终结构长度会受限于模板结构的长度，目标序列比模板序列中多的氨基酸片段的结构不会自动模建。

9.2.1.2 利用 Modeller 程序进行同源模建操作实例

Modeller 软件是基于 Windows/linux 系统、面向生命科学领域的非常著名的蛋白质三维结构模拟软件，由加利福尼亚大学生物制药与药物化学学院维护与开发。目前 Modeller 已成为学术上使用非常广泛、预测较为准确的同源模建工具之一。本节以 TvLDH 为例，展示如何使用 Modeller 自动构建蛋白质的空间结构，并对所构建的模型进行评估。

1. 模板的识别

点击网址 https://www.ncbi.nlm.nih.gov/进入 NCBI 网页首页，点击右侧 BLAST 键或

者直接点击网址 http://blast.ncbi.nlm.nih.gov/Blast.cgi,选择单击 protein blast 后,在 Enter Query Sequence 下拉对话框中输入 TvLDH 序列,在 Database 下拉菜单中选择 Protein Data Bank proteins(PDB),Algorihtm 的选项中选择 BLASTP(protein-protein BLAST),最后单击 BLAST,运行 PDB 数据搜索,查找合适的模建模板。

查看 BLASTP 搜索结果页面,从下拉界面可看到序列比对与 TvLDH 同源性最高的两个模板为 4MDH_A 和 1BMD_A。由于 1BMD_A 晶体结构分辨率比 4MDH_A 分辨率高,故选择 1BMD_A(苹果酸脱氢酶)为模板对 TvLDH 进行模建。

2. 序列比对

进入 PDB 数据库 http://www.rcsb.org/pdb/home/home.do,下载 1BMD 的晶体结构文件,采用 1BDM_A 为模板,进行构建 TvLDH 的三维空间结构(脚本文件"align2d.py",命令 Modeller9v7 align2d.py),见图 9.2。

```
from modeller import *

env = environ()
aln = alignment(env)
mdl = model(env, file='1bdm', model_segment=('FIRST:A','LAST:A'))
aln.append_model(mdl, align_codes='1bdmA', atom_files='1bdm.pdb')
aln.append(file='TvLDH.ali', align_codes='TvLDH')
aln.align2d()
aln.write(file='TvLDH-1bdmA.ali', alignment_format='PIR')
aln.write(file='TvLDH-1bdmA.pap', alignment_format='PAP')
```

图 9.2 align2d.py 脚本文件

在这个脚本中,1bdm 是从 PDB 数据库中下载的晶体文件,append_model()的命令作用是将这个 1bdm.pdb 序列顺序传输到比对文件中,并且命名为"1bdmA"。append()命令将文件"TvLDH.seq"中的"TvLDH"序列顺序添加到比对文件中。最后,比对文件结果以 PIR("TvLDH-1bdmA.ali")和 PAP("TvLDH-1bdmA.pap")两种文件格式输出。PIR 格式是被 Modeller 用在随后的模型建立阶段,而 PAP 格式的比对文件更易于直观地查看。由于模板的高度相似性,在比对结果中仅有几个缺口。在 PAP 文件中,所有一致的位置都用"*"来标记(文件"TvLDH-1bdmA.pap")。

3. 模型的建立

一旦目标-模板比对结果结束,Modeller 就会利用 automodel 方法自动地构建 TvLDH 的三维结构。以 1bdm.pdb 为结构模板和输出文件"TvLDH-1bdmA.ali"中的比对结果,利用图 9.3 所示的脚本将会产生 5 个相似的 TvLDH 模型(脚本文件"model-single.py",命令 Modeller9v7 model-single.py)。

```
from modeller import *
from modeller.automodel import *

env = environ()
a = automodel(env, alnfile='TvLDH-1bdmA.ali',
              knowns='1bdmA', sequence='TvLDH',
              assess_methods=(assess.DOPE, assess.GA341))
a.starting_model = 1
a.ending_model = 5
a.make()
```

图 9.3 model-single.py 脚本文件

脚本中 Alnfile 定义包含 PIR 格式的目标－模板比对结果文件。knows 定义在 alnfile（"TvLDH-1bdmA. ali"）中已知的模板结构。sequence 定义在 alnfile 中目标序列的名字。assess_ methods 指定一个或更多的评估手段。starting_ model 和 ending_ model 定义要计算构建的模型数量（脚本的顺序是从 1 到 5，意指最终的模型构建数量是 5 个）。文件最后一行是 make 方法，用于准确地计算模型。

此外最重要的输出文件是 log 文件，它报告警告、错误和其他一些有用的信息。log 文件中对建立的所有模型作出了一个评价。对于每一个模型，都列出了一个包含模型坐标的 PDB 格式的文件。这些模型可以用任何阅读 PDB 格式的程序观察，如 Pymol。Log 文件也展示了每个模型的得分，这将在下文作进一步讨论。

4. 模型的评价

本例中构建得到了 5 个 TvLDH 的三维结构模型，需要对多个模型进行评价，从而挑选最佳的结构模型作进一步的研究。例如，可以通过 Modeller 目标函数或 DOPE 评价分数的最低值，或者 GA341 的最高值来选择结构模型，log 文件中都有报告这些值。molpdf 和 DOPE 得分不是绝对的，而 GA341 在从"坏"的模型中区分出"好"的模型上不如 DOPE。因此最终的模型选择，可以通过很多方法进一步分析评估，如 profile3D，PROCHECK 等。

9.1.2 蛋白质与分子识别

9.2.2.1 AutoDock 简介

1. AutoDock

AutoDock 是 The Scripps Research Institute 的 OIson 科研小组使用 C 语言开发的分子对接软件包，目前最新的版本为 4.2。AutoDock 其实是一个软件包，其中主要包含 AutoGrid 和 AutoDock 两个程序。其中 AutoGrid 主要负责格点中相关能量的计算，而 AutoDock 则负责构象搜索及评价。

AutoDock 目前的版本只能实现单个配体和受体分子之间的对接，程序本身还没有提供虚拟筛选功能（virtual screening），但是可以使用 Linux/Unix 中的 Shell 及 Python 语言实现此功能。同时 AutoDock 程序包所包含的 AutoDock 及 AutoGrid 程序是完全在命令符下操作的软件，没有图形界面，但是如果使用 AutoDock Tools 程序，就可以在几乎完全图形化的界面中完成分子对接及结果分析等工作，下面我们就介绍一下 AutoDock Tools。

2. AutoDock Tools

AutoDock Tools（以下简称 ADT）是 The Scripps Research Institute，Molecular Graphics Laboratory（MGL）在 Python Molecular Viewer（以下简称 PMV，Python 语言开发）基础上开发的针对 AutoGrid 和 AutoDock 程序开发的图形化的分子可视化及对接辅助软件。它的主界面主要包含以下几个部分（图 9.4）。①PMV 菜单：主要通过使用菜单命令对分子进行相关的操作，以及进行可视化设置。②PMV 工具栏：PMV 菜单中一些常用命令的快捷按钮。③ADT 菜单：AutoGrid 和 AutoDock 的图形化操作菜单。④分子显示窗口：3D 模型分子的显示和操作窗口。⑤仪表板窗口部件：快速查看及设置分子的显示模型及着色方式。⑥信息栏：显示相关操作信息。

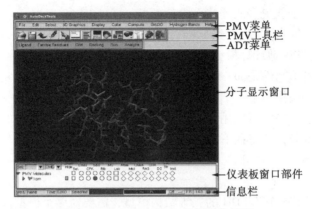

图 9.4　AutoDock Tools 的图形化界面

9.2.2.2　AutoDock 操作

AutoDock 的操作流程可以分为 4 个步骤：准备配体/受体文件（PDBQT）→生成 GPF、DPF 文件→AutoGrid 计算格点能→用 AutoDock 进行分子对接。在这 4 个步骤中，第一个步骤尤为重要，因为输入文件的正确与否直接关系到下面步骤运算的准确性。

在这一部分中我们将采用 MDM2 及与 P53 结合的抑制剂（PDB ID：1RV1）来作为例子对 AutoDock 的整个操作分析过程作一个详细的讲解。

1. 获取 Receptor（受体）及 Ligand（配体）结构文件和设置工作目录及工作环境

可以从 www.pdb.org 网站上下载"1RV1.pdb"文件，运用 ADT、VMD、PyMol，以及 Discovery Studio 之类的常用分子显示及编辑软件来将"1RV1.pdb"中的蛋白质受体和小分子配体分离开来，保存成两个单独的文件以备后面使用。另外，对于配体文件也可以通过 ChemDraw 等软件自行构建。

在本实例中采用 Discovery Studio 对 1RV1.pdb 进行处理，去除结晶水、氢原子等，将配体和受体拆分开。配体文件保存为 lig.pdb，受体文件保存为 rec.pdb。

2. 新建工作文件夹"Nutlin-2"

将预编译好的"autogrid4，autodock4"程序及"rec.pdb, lig.pdb"两个 PDB 文件拷贝到此文件夹下。打开控制台，切换目录到该文件夹下，运行 ADT，这样 ADT 的默认路径就是"Nutlin-2"文件夹，此后所有输入/输出文件的默认路径都是 Nutlin-2。

注意：由于 ADT 不能识别中文字符，因此不要把任何要用 ADT 处理的文件放到含有中文的文件夹或路径中。

3. 准备配体/受体文件（PDBQT）

1）配体文件的准备

（1）读入配体文件启动 ADT，PMV 菜单：File → Read Molecule 在弹出的 Read Molecule 对话框中选择"lig.pdb",单击 OK 读入配体文件。

（2）配体加氢读入配体文件后,PMV 菜单:|Edit| → |Hydrogens| → |Add|在弹出的 Add Hydrogens 对话框中选择 All Hydrogens、noBondOrders、yes。

（3）生成配体 PDBQT 文件。ADT 菜单中:|Ligand| → |Input| → |Choose|在弹出的 Choose Molecule for AutoDock 对话框中选择加过 H 配体分子"lig",单击 Select Molecule for AutoDock。

在打开 Ligand 分子时 ADT 会对该分子进行初始化,初始化包含一系列操作。

- ADT 检测 Ligand 分子是否已经加了电荷,如果没有,则自动加上 Gasteiger 电荷。需要注意的是:如果要使 Gasteiger 计算正确,就必须将 Ligand 上的所有 H 加上,包括极性的及非极性的。如果电荷全部为 0,则 ADT 会试图加上电荷。同时还将检测每个残基上的总电荷是否为整数。
- ADT 检测并合并非极性的 H。
- ADT 将 Ligand 中的每个原子指派为"AutoDock 原子类型"。

以上初始化后,会弹出一个 Summary for ligand_ filename(配体文件名)的对话框,包含了以上操作的统计信息,点击 OK 关闭。

（4）设置根原子。ADT 菜单:Ligand → Torsion Tree → Detect Root… ADT 自动确定配体分子的 Root。Root 在 3D 界面窗口上用绿色圆球表示。

（5）保存生成的配体 PDBQT 文件。ADT 菜单:|Ligand| → |Output| → |Save as PDBQT…|将准备好的配体分子保存为"lig.pdbqt"文件。

2）受体文件的准备

（1）读入受体文件。PMV 菜单:|File| → |Read Molecule|在弹出的 Read Molecule 对话框中选择"rec.pdb",单击 OK 读入受体文件。

（2）受体分子加氢读入配体文件后,PMV 菜单:|Edit| → |Hydrogens| → |Add|在弹出的 Add Hydrogens 对话框中选择 All Hydrogens、noBondOrders、yes。

（3）生成并保存受体 PDBQT 文件。ADT 菜单:|Grid| → |Macromolecule| → |Choose…|在弹出的 Choose Macromolecule 对话框中选择受体文件并确定。经过运算,会弹出一个警告对话框,显示程序在输入的受体文件中发现了 576 个非极性氢原子,并已将它们融合到其母原子上。点击 OK,在弹出的 Modified AutoDock4 Macromolecule File 中保存受体的 PDBQT 文件。

4. 准备 AutoGrid 参数文件 GPF

在运行 AutoGrid 计算之前,必须生成其输入文件 Grid Parameter File(GPF),GPF 中包含了所有 AutoGrid 所需的信息,例如,要计算格点能的受体、配体及格点中心、范围等。AutoGrid 会为配体当中的一种原子类型计算出一个 map。这些 map 相当于能量参数库,用 AutoDock 进行分子对接运算时用到的任何配体-受体之间的相互作用能都可以从这些能量库中通过查表的方式获得,从而大大地节省了计算时间。GPF 实际上是一个文本文档,生成的 GPF 可以用 ADT 或者任意一款文本编辑器打开进行修改。

（1）读入受体 PDBQT 文件。ADT 菜单:|Grid| → |Macromolecule| → |Open/Choose…|打开

或选择之前处理好并保存的"rec.pdbqt"，弹出对话框询问是否保留之前已经加上的电荷以代替 ADT 自动加上 Gasteiger 电荷，点击 yes，再点击 OK 关闭弹出的警告窗口。

(2) 读入配体 PDBQT 文件。ADT 菜单：Grid → Set Map Types → Choose Ligand…选择之前准备好的 Ligand 分子"lig"，如果之前删除了该分子则通过 ADT 菜单：Grid → Set Map Types → Open Ligand… 在弹出的对话框中选择"lig.pdbqt"文件。

(3) 设置 Grid Box。ADT 菜单：Grid → Grid Box…打开 Grid Options 工具，对每个方向(x、y、z)上的格点数目、盒子的中心及格点间距进行调节。盒子的大小有各个方向上格点数目和格点间距共同决定。一般来说，盒子的大小要至少能使得欲对接的配体分子即使在其最延展的状态下也能在盒子内自由转动。盒子中心一般选择在活性中心。格点间距一般不用修改。设置完成后点击 Grid Options 菜单中：File → Close saving current 保存并关闭对话框。

(4) 保存 GPF 文件。ADT 菜单：Grid → Output → Save GPF…将刚才设置好的 Grid 参数保存成 GPF 文件(Grid Parameter File，格子参数文件)"rec-lig.gpf"。

5. 准备 AutoDock 参数文件 DPF

Dock Parameter File(DPF)中包含了 AutoDock 所需要的一切信息，如在对接中需要用到的 map、对接中用到的配体、受体所在的文件名，以及位置、各种控制 AutoDock 运算时间与性能的参数等。和 GPF 一样，DPF 也是一个文本文件。

在 AutoDock 中有 4 种不同的对接算法，分别是蒙特卡罗模拟退火法(Monte Carlo simulated annealing，SA)、达尔文遗传算法(Darwinian genetic algorithm，GA)、局部搜索算法(local search，LS)、GA 和 LS 的组合算法(GALS)，拉马克遗传算法(Larmarckian genetic algorithm，LGA)。每一种算法都有自己的一套参数，一般情况下不需要修改。

(1) 读入受体文件。ADT 菜单：Docking → Macromolecule → Set Rigid Filename…在弹出的对话框中选择受体分子"rec.dbqt"。

(2) 读入配体文件。ADT 菜单：Docking → Ligand → Choose…在弹出的对话框中选择配体文件"lig.pdbqt"。

(3) 设置对接参数。ADT 菜单：Docking → Search Parameters… → Genetic Algorithm…调出 Genetic Algorithm Parameters 编辑窗口(也可以根据自己的需要选择其他算法)。可以自由编辑 Genetic Algorithm Parameters 中的参数，Number of GA Runs 表示要执行的对接运算次数，每一次完成对接运算都会得到一个结合模式；Maximum Number of evals 表示在一次对接中最大的运算次数。在实际应用中，这两个参数有时需要做些调整。例如，为了得到比较合理的聚类分析，Number of GA Runs 通常设置为 100 或者更大；而 Maximum Number of evals 则要根据之前定义的柔性键的数目作相应的调整，柔性键越多，值越大。

(4) 保存 DPF。ADT 菜单：Docking → Output → Lamarckian GA…输出拉马克遗传算法对接参数文件"rec-lig.dpf"(如果要使用之前提到的其他算法进行计算，那么在设置好相应的参数后，需要在 Output 菜单中选择输出成相应算法的参数文件才能进行计算)。

6. 运行 AutoGrid

由于 GPF 中参数不能包含路径，因此在运行 AutoGrid 之前，必须确保配体、受体的 PDBQT 文件、GPF 文件在同一个文件夹下。

ADT 菜单：Run → Run AutoGrid⋯启动 AutoGrid 图形界面；Host Name（主机名）如果不是在远程计算机上运行程序则无需修改，Program Pathname（程序路径及名称）、Parameter File（参数文件，上一步骤准备好的 AutoGrid 参数文件）及 Log File（程序运行记录文件）程序一般情况都能自动设置好，如需修改点击相应的 Browse 按钮选择正确的文件即可。

点击 Launch 按钮，运行程序进行计算，同时弹出 AutoDock Process Manager（AutoDock 进程管理器），显示进程编号、运行时间及状态，还可以随时 Kill 该 autogrid4 进程，运行完毕后该对话框会自动关闭。

7. 运行 AutoDock

与运行 AutoGrid 一样，由于 DPF 中参数不包含路径，因此在运行 AutoDock 之前，必须确保配体、受体的 PDBQT 文件、GPF 文件在同一个文件夹下。

ADT 菜单：Run → Run AutoDock⋯启动运行 AutoDock 图形界面。Program Pathname，Parameter File 及 Log File 程序一般情况都能自动设置好，如需修改，点击相应的 Browse 按钮选择正确的文件即可。

点击 Launch 按钮，与运行 AutoGrid 相似，运行程序进行计算，同时弹出过程管理器，显示进程编号、运行时间及状态，还可以随时 Kill 该 autodock4 进程，运行完毕后该对话框会自动关闭。

9.2.2.3 结果分析

1. 评价对接结果的原则

评价对接结果一般有 3 个原则，分别是打分（score）、聚类（clustering）及化学合理性（chemical reasonableness）。

（1）打分是对对接优劣最简单、最直接的评价。在 AutoDock 中，对接结果给出的结合自由能越低，对接得到的复合物的结合模式越牢固。一般来说，打分较高的构象比打分较低的构象更有说服力。打分评价标准只有在两种构象的打分相差较大的情况下才有意义。此外，由于结合自由能最低模式未必就是天然状态下的结合模式，因此，即使得到一个能量明显优于其他结合模式的结果，也不能确定它就是正确的结合模式。因此，仅仅依靠对接打分来评价对接结果显然是不够的。

（2）聚类是指在一定阈值（cutoff）下，将对接结果按照结构和能量上的差异进行归类的一种统计学方法。在 AutoDock 聚类分析中，程序首先会按结合自由能从低到高将对接结果排序，然后再按照给定的均方根偏差（RMSD）阈值来对排序好的对接结果进行分类。一种占优势的结合模式在分子对接计算中被发现的概率要远大于那些非优势结合模式。因此，所要寻找的结合模式应该位于那些聚类元素较多的类当中。在一次成功对接中，其聚类的数目不应过多，否则会使每一类中的元素数目较少；此外，位于能量较低类的元素数目应明显多于位于能量较高类的元素数目。一般来说，如果能够找到一种结合模式，其能量较低、聚类又很好的话，那么该结合模式就可能是正确的结合模式。

（3）化学合理性。化学合理性原则是指在各种原子模拟软件的帮助下，依靠个人的化学直觉对通过上面两种标准选择出来的结合模式进行细致的观察、分析。一般需要检查的细节有：氢键的数目与形成的位置、疏水性基团之间的相互作用、盐桥等。如果在对接前就通过阅读文献或实验结果已经知道了部分结合模式的信息，如配体的整体走向，那么必须把这些信息当作判断结合模式的首要标准。

2. 用 ADT 分析 AutoDock 对接结果

（1）读入 DLG 文件。ADT 菜单：Analyze → Dockings → Open… 打开对接记录文件"rec-lig.dlg"，弹出信息窗口，显示此文件中包含对接结果的分子构象数目及文件名，这与我们之前设置的对接参数是一致的，同时告诉用户可以用 Analyze → Conformations → Play… 菜单来观察每一种结合模式，点击确定，关闭该对话框。

（2）获得每种对接模式的基本信息可以通过文本版编辑器打开 DLG 文件，然后自己去搜索每一种结合模式的各种信息。也可以用 ADT 提供的一种可视化手段来分析每一种结合模式的各种信息。

ADT 菜单：Analyze → Conformations → Load… 弹出 Conformation Chooser 窗体，该窗体包含上下两部分，下半部分列出所有结合模式的聚类及结合能信息，而上半部分则列出了相应结合模式的详细信息，如打分排序(rank)、结合自由能(binding energy)等各种能量、常温下结合常数、与参考构象的 RMSD(RefRMS)、与本类中能量最构象的 RMSD (Cluster RMS)等。这个工具除了可以显示不同构象的详细信息之外，还可以在下边列表中通过双击任意一行的方式，在图形窗口显示其相应的 3D 结构。为了方便分析，通常还需要通过 Analyze → Macromolecule → Open… 把受体分子也显示在 3D 窗口中。

（3）获得聚类信息。ADT 菜单：Analyze → Clusterings → Show… 会弹出一个显示 2.0 clustering 交互式柱状图。通过该图，不仅可以清楚地获得聚类信息，而且可以通过单击柱状图上相应的条带，在 3D 窗口中显示相应的分子构象。在点击了一类之后，会出现一个播放控制对话框，用它可以将选定类中所有构象依次显示在 3D 窗口中。也可以通过 Analyze → Conformations → Play… 打开播放控制对话框，显示并播放对接分子构象，可以通过不同的前进/后退按钮选择不同的分子构象，还可以将所有对接构象按动画方式播放。

在 AutoDock4 中，聚类分析的阈值默认为 2。对于一般小分子配体来说，这个阈值是比较合适的，但是对于较大或较小，亦或是柔性键较多的分子来说，这个阈值就需要调整，否则可能会得到非常不合理的聚类信息。一般来说，对于较大的或柔性键较多的配体,需要将聚类阈值设置大些,如 2.5~3;而对于较小的配体,一般来说要将聚类阈值设置小些,如 1~1.5。聚类分析其实在运行 AutoDock 的时候就已经被执行了。但是 ADT 提供了一种工具,它可以对 DLG 文件中含有的数据在不同的阈值下重新进行聚类分析,从而得到新的聚类信息。

ADT 菜单：$\boxed{\text{Analyze}}$ → $\boxed{\text{Clusterings}}$ → $\boxed{\text{Recluster}\cdots}$ 调出 Cluster Conformations 窗体,将 tolerance(RMS 值公差)设为 1.0、2.0 和 3.0,输入输出文件名称,点击 OK 重新聚类。

（4）检查结合模式 在通过考察结合自由能及聚类信息后,一般就已经选定了一些可能的结合模式。接下来是对选定的结合模式进行更进一步的分析,如氢键、疏水、静电等相互作用是否合理。

9.2.3 应用 ZDOCK 研究蛋白质-蛋白质的相互识别

ZDOCK 是一个基于 fast fourier transform correlation technique 的蛋白质刚体对接算法。它用于展示蛋白质-蛋白质的旋转和平动空间。在 ZDOCK 结果中,ZRANK 可以使用一个基于实验能量的方程用于评价 ZDOCK 的输出,并根据接口残基的 RMSD 给出最好的结果。RDOCK 是一个基于 CHARMm 能量最小化用于修饰和结合位点打分程序。

牛 β-胰蛋白酶可以与胰蛋白酶抑制剂 CMTI-I 相互作用,而且这两个蛋白质的结构已经通过实验证实了(胰蛋白酶 PDB ID 2ptn、胰蛋白酶抑制剂 PDB ID 2sta)。在下面这个实例中,我们使用 Discovery Studio(简称 DS)软件中的 ZDOCK 程序,预测 β-胰蛋白酶和 CMTI-I 的相互作用模式。此外牛 β-胰蛋白酶和抑制剂 CMTI-I 蛋白复合体的 X 衍射结晶结构已经解析。在本实例最后,我们将使用 X 射线结果同预测结果进行比较。

这个教程包括：运行 ZDOCK、分析 ZDOCK 结果、使用 RDOCK 修饰对接位点、使用 RMSD 分析对接残基。

9.2.3.1 运行 ZDOCK

1. 在 DS 一个窗口中打开受体和配体

打开 2ptn.pdb 文件,再将 2sta.pdb 拖到同一个窗口即可。

2. 打开 ZDOCK protocol 并修改参数

打开 Protocols explorer | Protein Modeling | Dock Proteins,参数设置如图 9.5 所示。

在 Parameter 界面中,点击 Input Receptor Protein 参数,选择 2ptn：2ptn；点击 Input Ligand Protein 参数,选择 2ptn：2sta；点击 Angular Step Size 参数,选择 15。

注意：ZDOCK 计算过程中可以采用两种欧拉角度进行结合构型的采样：6°和15°。采样角度为6°时,预测结果更为准确,因为它的最终样本数包括54 000个结合构型。尽管采样角度为15°时的结果准确性有所下降（因为它的采样数只有3600个）,但时间更短。

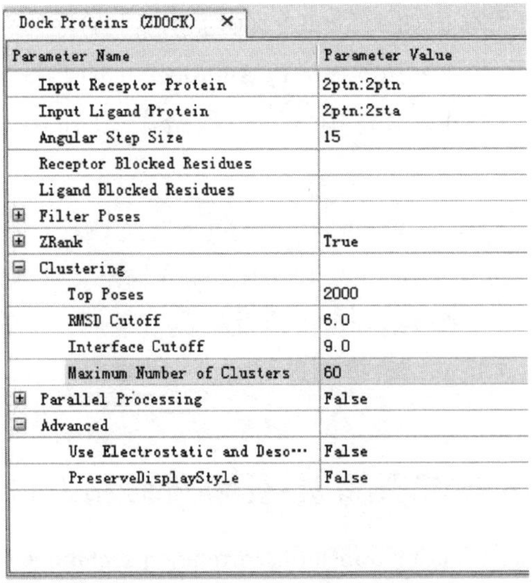

Dock Proteins (ZDOCK)	
Parameter Name	Parameter Value
Input Receptor Protein	2ptn:2ptn
Input Ligand Protein	2ptn:2sta
Angular Step Size	15
Receptor Blocked Residues	
Ligand Blocked Residues	
⊞ Filter Poses	
⊞ ZRank	True
⊟ Clustering	
Top Poses	2000
RMSD Cutoff	6.0
Interface Cutoff	9.0
Maximum Number of Clusters	60
⊞ Parallel Processing	False
⊟ Advanced	
Use Electrostatic and Deso…	False
PreserveDisplayStyle	False

图 9.5　ZDOCK 参数设置

展开 Clustering 参数组，点击 RMSD Cutoff 参数，将该值设置为 6；点击 Interface Cutoff 参数，将该值设置为 9；点击 Maximum Number of Clusters 参数，将该值设置为 60。

本实例中使用的配体抑制剂较小，对于这样小的体系，将 RMSD Cutoff 设置为 6Å 的 cluster 半径并同时将 Interface Cutoff 设置为 9Å 能够产生更好的 cluster 结果。本实例中的 ZDOCK 运算，不会滤除非结合位点的氨基酸。

如果有数据表明某些氨基酸残基不可能出现在蛋白质-蛋白质的作用界面，那么在受体蛋白中选中这些残基，然后设定 Receptor Blocked Residues 参数为 Create New Group from selection。同样地，也可以通过设置 Ligand Blocked Residues 参数来指定配体蛋白中不可能出现在界面上的残基。

如果有数据表明，某些氨基酸一定会出现在蛋白质-蛋白质相互作用界面上，那么选中它们。然后展开 Filter Pose 参数组，设置 Receptor Binding Site Residues 参数和 Ligand Binding Site Residues 参数为 Create New Group from selection。Filter Pose 功能也可以在 ZDOCK 计算完后单独运行，使用 Process Poses(ZDOCK) protocol 即可。

3. 运行计算并浏览结果

在 protocol 中，点击 ▶ 运行，等待结果完成，也可以直接按 F5 进行运行。计算费时约 11min。计算结束时，DS 会出现 Job Completed 对话框。在 Job 中，双击完成的计算任务。DS 将新打开一个 Report.htm 文件。

在 Output Files 部分，点击 ZDockResults.dsv 链接，显示 ZDOCK 结果。

ZDockResults.dsv 文件包含了输入蛋白的关于靶点密度和靶点的信息，其中小球表示每个聚合的中心并且根据 ZRANK 得分来表示（红色最好，蓝色最差）。每个聚合中的靶点都使用小球来表示，但是在默认条件下是隐藏的。蛋白质表面的颜色也是根据作用靶点的密度来表示的。

9.2.3.2　ZDOCK 结果分析

1. 浏览靶点聚合

在 Hierarchy View 展开 Docked Poses 和 Clusters。Cluster_ 1 是最大的一个 Cluster，紧随其后的 Cluster 依次减小。那些 60 以后的 Cluster 都列入了 unasigned 组。

在 Data Table 中，点击 ProteinPose 选项，展示 ZDOCK 运行后产生的有关数据(图9.6)。

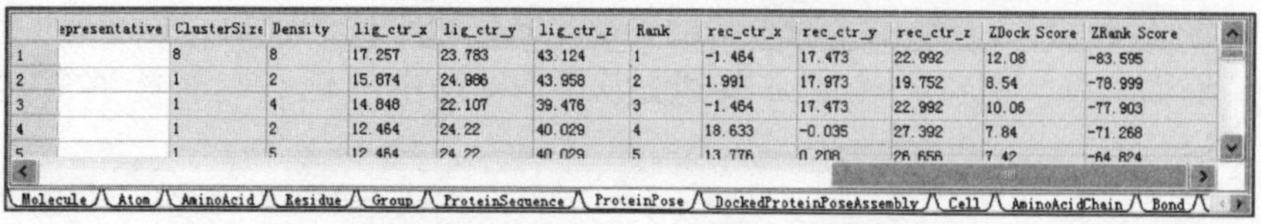

	epresentative	ClusterSize	Density	lig_ctr_x	lig_ctr_y	lig_ctr_z	Rank	rec_ctr_x	rec_ctr_y	rec_ctr_z	ZDock Score	ZRank Score
1		8	8	17.257	23.783	43.124	1	-1.464	17.473	22.992	12.08	-83.595
2		1	2	15.874	24.986	43.958	2	1.991	17.973	19.752	8.54	-78.999
3		1	4	14.848	22.107	39.476	3	-1.464	17.473	22.992	10.06	-77.903
4		1	2	12.464	24.22	40.029	4	18.633	-0.035	27.392	7.84	-71.268
5		1	5	12.464	24.22	40.029	5	13.776	0.208	26.658	7.42	-64.824

图9.6　ZDOCK 运行后产生的有关数据

ZDock Score——包括每一个靶点的得分；ZRank Score——包含每一个靶点的 ZRank-Score 得分，第一个靶点的得分最低(最好)；Rank——根据 ZRank Score 得到靶点等级排布序列，如果没有执行 ZRank，就根据 ZDOCK score 来排列；如果这些靶点排名在60 以外就会被安排到 2001cluster 当中；ClusterSize 显示了每个 cluster 的靶点数目；Density 代表在 cluster 中相邻靶点的数目。

通过 Tools Explorer | Analyze Docked Proteins | Display | Show Full Docked Complex 和 Tools Explorer | Analyze Docked Proteins | Clustering | Show Cluster Center 这两个操作，可以切换显示所有靶点或者中心靶点。

2. 绘制得分和靶点聚合的图谱

在 Hierarchy View | Cluster 中，选择 Cluster 1 ~ Cluster 60，并点击 Data Table | Protein Pose，打开 Chart | Point Plot，选择 cluster 为 *X* 轴，ZRank Score 为 *Y* 轴。然后单击 OK。可以得到 point plot 图示。得分最低(最好)的是 cluster 2，这个第二大的 Cluster 用于最低的能量。但是事实上这个得分最好的 cluster 经常可能不是最好的预测。可以利用同样的方法，把 ZDock Score 作为 *Y* 轴，可以看出 Cluster 2 得分最高。事实上这两种得分并没有太大的区别。

3. 展示结合蛋白靶点的复合体

打开 ZDockResults-3D Window 窗口，选择 Hierarchy View | Cluster 2，点击 Tools Explorer | Analyze Docked Proteins | Show Full Docked Complex，这样在窗口处便可以看到整个靶点对接复合物。点击 Tools Explorer | Analyze Docked Proteins | Show Next Docked Complex 展示下一个对接复合物。同样也可以利用 Show Previous Docked Complex 显示上一个对接复合物。

4. 计算选中的靶点的 RMSD

点击 Hierarchy View | Pose1_ 2ptn，点击 Tools Explorer | Analyze Docked Proteins |

RMSD | Identify Binding Interface，选中对接面上的残基，点击 Define RMSD Reference，这样就在 Hierarchy View 中建立了一个称为 Pose1 POSE_ RMSD_ REFRERENCE 的 Group。这个 Group 将用于计算这个靶点 RMSD。

点击 Calculate Binding Site RMSD(ZDOCK)，就在 Data Table | Pose 1 POSE_ RMSD_ REFRERENCE | Protein Pose 添加了 RMSD 一栏。

9.2.3.3 使用 RDOCK 进行对接靶点修饰

RDOCK 主要是通过 CHARMm 能量最小化对结合表面进行修饰并且可以对最小化后的靶点进行重新打分。它主要提供了两个功能，一个是优化对接复合物，将一些明显的错误从刚体对接表面移走。另外一个是那些通过 ZRANK 选中的靶点是否能够通过 RDOCK 检验。

1. 运行 RDOCK

关闭 ZDockResults-Point Plot 窗口，打开 ZDockResults-3D Window。

打开 Tooles Explorer，Field Force 对话框里依次选择 CHARM$_m$ Poler H→Apply Forlefield；打开 Protooles Explorer，依次选择 Protein Modeling→Refine Docked Proteins(RDOCK)。

本例中，将选用排名前 6 位的对接构型中的一些来进行 RDOCK 优化。考虑到晶体结构中，抑制剂蛋白 CMTI-I 的结合 loop 中的 N 端的 Arg505 是主要的锚定氨基酸，观察前 6 位的对接构型，发现只有 pose1、pose2、pose3 和 pose6 满足上面的要求。所以采用这 4 个 pose 来进行优化。

在 Hierarchy View 中的 Docked Pose 组中，按住 CTRL 键，点击选中 pose1、pose2、pose3 和 pose6。在 Parameter Explore 中，点击 Input Poses 在下拉菜单中选择 Creat new Group from selection……。

注意：保持介电常数 Dielectric Constant 设置为 4.0。在 RDOCK CHARMm 能量最小化计算中这个数值将作为介电率被使用。

2. 结果分析

打开 ViewResults.pl 文件。修饰过的靶点会列在一个表格里，且会列出它们通过 RDOCK 计算得到的能量(图 9.7)。

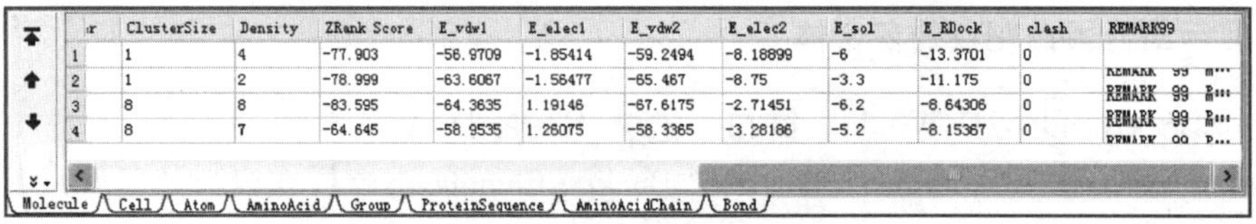

r	ClusterSize	Density	ZRank Score	E_vdw1	E_elec1	E_vdw2	E_elec2	E_sol	E_RDock	clash	REMARK99
1	1	4	-77.903	-56.9709	-1.85414	-59.2494	-8.18899	-6	-13.3701	0	REMARK 99 ...
2	1	2	-78.999	-63.6067	-1.56477	-65.467	-8.75	-3.3	-11.175	0	REMARK 99 ...
3	8	8	-83.595	-64.3635	1.19146	-67.6175	-2.71451	-6.2	-8.64306	0	REMARK 99 ...
4	8	7	-64.645	-58.9535	1.26075	-58.3365	-3.28186	-5.2	-8.15367	0	REMARK 99 ...

图 9.7 RDOCK 运行后得到的各个能量图

E_ elec1 和 E_ elec2 是蛋白质复合物第一次和第二次能量最小化得到的电势能；E_ vdw1 和 E_ vdw2 是蛋白质复合物第一次和第二次能量最小化得到的范德华(非键)能；E_ sol 是通过 ACE 算法计算得到的蛋白质去溶剂化能；E_ RDock = E_ sol + beta * E_ elec2，为 RDOCK score。在第一次能量最小化之后，那些具有较高的范德华能的(E-vdw1

>10）的复合体由于有冲突被认为不是最合适的复合体，也不具有好的靶点。

Chart | 3D Point Plot，在对话框中选择，设定 X、Y、Z 分别为 Cluster，E_ vdw1，E_ RDock，然后根据 ZDock Score 标记颜色，即产生一个 3D Point Plot。

浏览修饰后的结构：在第一栏（first cell）右击，在快捷菜单中选择 Show structure in 3D Window，打开 Hierarchy View，在 Table Brower 中点击 pose number，添加这些靶点到 Graphic View。

注意：可以在 Hierarchy View 中选择是否在 Graphic View 显示这些蛋白质结构。

3. 选择结合表面的残基

可以使用分析 ZDOCK 结果相同的方法来鉴别结合表面。在 Hierarchy View 中，展开一个 Pose，选择 <AminoAcidChain>。Tools Explorer | Analyze Docked Proteins，先 Define Receptor，然后 Identify Binding Interface

9.2.3.4 使用 RMSD 分析结合面的残基

1. 将 1ppe 插入到 Graphics View To insert PDB 1ppe into the Graphics View

File | Insert From | URL 对话框中 PDB ID 中输入 1ppe，点击 Open；在 Hierarchy View 中，展开 <cell>，删除 water；Sequence | Show Sequence 打开 Sequence Window。

2. 将受体同 1ppe 重叠

在进行 RMSD 计算之前，我们必须将 1ppe 和蛋白质受体进行重叠。在 Hierarchy View 中选择 E 链。Edit | Preference 点击 Superimposition 页面，选择 Selected reference residues only，点击 OK；Structure | Superimpose | By Sequence Alignment 在对话框中，在 the molecules to superimpose list 选择 poses，点击 OK。

在 Poses-Table Browse 中，选择 1ppe E 链。点击 Tools Explorer | Analyze Docked Proteins | Identify Binding Interface，这样就选择了结合表面的残基了。

3. 计算结合表面残基的 RMSD

在 Structure | RMSD | By Sequence Alignment… 对话框中，点击 Reference，molecule 为 1ppe，点击 Selected residues，清空 Report at residue level 复选框，点击 OK，然后就会出现 RMSD Report-Html Window。这样就可以同 RDOCK 计算得到的 RMSD 进行比较。

9.2.3.5 利用 ZDOCK 服务器进行蛋白质-蛋白质的对接研究

在 google 网页中输入 ZDOCK 进行搜索，即可在页面首页看到 ZDOCK Server：An automatic protein docking server。点击进入即可看到如下界面，之后输入要对接蛋白分子的 PDB ID，同时输入一个学术邮箱。本例输入的两个蛋白质的 PDB ID 分别为 2ptn 和 2sta，点击 Submit 进行提交，得到如图 9.8 所示的界面。

图 9.8　提交后出现两个蛋白质结构和序列的界面图

将鼠标移至 Jmol 图形那里，右键单击可以对动画进行设置，如视图、样式、颜色、表面、缩放、旋转等。此次对接我们未限定作用面，即作全对接，如果作限制区域对接可在 Select Residues to Block from the Binding Site 选择需要限定的氨基酸即可。

点击 Submit 提交任务，点击 OK，页面提示将会收到两份邮件，一份是提交的内容，一份是对接结果。同时对接结果也会链接到一新页面。点击进入如图 9.9 的界面。结果可以下载下来，也可以点击页面中的 Links 来看结果。

图 9.9　ZDOCK SERVER 对接结果信息界面

9.3　计算蛋白质组学算法与数据库

9.3.1　串联质谱算法与软件

现代质谱分析技术是蛋白质组学研究的基本实验技术，基于质谱技术的蛋白质组学研究的核心问题就是根据质谱谱图解析蛋白质序列。串联质谱技术是高通量蛋白质组学研究不可或缺的实验技术，利用串联质谱分析鉴定肽段序列，再推断样品中包含的蛋白质，是目前蛋白质鉴定中最基础也是最核心的问题之一。根据计算蛋白质组学算法的设计思路，在计算策略上可以以下分为 3 类。

数据库搜索算法：目前广泛采用的方法，该类方法是针对实验图谱，确定数据库中与之匹配的肽段。此算法的核心技术是串联质谱与多肽序列的匹配打分算法。目前分为两类，一类是串联质谱与理论谱的向量内积方法，通常表示串联质谱与理论谱中匹配的离子位点的个数或匹配的离子位点所对应的离子峰的总强度。另一类为基于概率的匹配打分算法，通常计算理论谱和串联质谱随机匹配的概率。基于向量内积的数据库搜索算法有 pFind、SEQUEST 和 X! TANDEM 等。基于概率的打分算法有 Mascot、SCOPE 和 Sherenga 等。

从头测序算法：该类算法不利用任何数据库，是对于数据库中没有，目前尚无法得到鉴定蛋白质的唯一鉴别途径。然而，该类方法通常对串联质谱数据的质量要求很高。目前主要有以下几种算法模型。①枚举模型：根据母离子质量列举出所有可能的候选肽段，从中找到理论质谱与待测实验质谱匹配最好的序列作为鉴定结果。此算法只适用于比较短的多肽序列的鉴定。②谱图模型：首先利用串联质谱构造一个质谱图，进而通过打分函数对候选肽段进行排序和输出。谱图模型的优点是将从头测序问题转化为谱图的优化求解问题。但是，谱图模型不能有效地分辨图谱中的某些信号模糊区，从而增加了结果的假阳性。其次，其求解的计算复杂度高。③动态规划算法模型：利用动态规划从多肽的 N 端和 C 端逐步地构造求解多肽的氨基酸序列。目前从头测序算法对数据质量的依赖程度很大，正确率仍有待于提高。目前从头预测算法软件包括 PepNovo 和 PEAKS 等。

基于标签的算法：基于多肽序列标签的数据库搜索算法是从头预测方法和数据库搜索算法的结合。首先，利用算法推导序列标签信息，进而查询序列标签蛋白质数据库，得到蛋白质的全序列，由于搜索的数据库范围缩小，因此精度得到提高。基于多肽序列标签的数据库搜索软件有 GutenTag、PepNovo、SPIDER 和 PSP 等。

9.3.2 蛋白质组学数据存储库

蛋白质组学实验技术的不断发展，产生了大量的组学数据，但是由于蛋白质组学数据产生的实验方式不同，以及不同的数据分析方法、生物信息学工具和策略，相关的统计分析手段，造成了存储蛋白质组学数据库的多样性。目前主要的蛋白质组学数据存储库包括 Global Proteome Machine Database(GPMDB)、PeptideAtlas 和 PRIDE 等。此外，一些具有特殊数据的数据库被开发出来，包括 ProteomicsDB、MassIVE、MOPED、PASSEL 和 HPM 等。需要明确的是，由于蛋白质组数据的复杂性，因此单一的数据库并不能完全满足数据检索的要求。GPMDB(http://gpmdb.thegpm.org)是目前公认的蛋白质组学数据库，基于 X! Tandem 算法软件产生的串联质谱开源数据，多肽和蛋白质的鉴定以通用的 XML 格式存储，检索库以 MySQL 数据库格式检索。PRIDE 数据库(http://www.ebi.ac.uk/prode/)由欧洲生物信息学中心建立，存储多肽蛋白鉴定与表达，经由分析的质谱数据及相关的生物元数据。在 PRIDE 数据库中，数据以研究分析得到的原始数据作为其存储形式。PeptideAtlas 数据库(http://www.peptideatlas.org)是最大的蛋白质表达数据资源数据库，能够提供特定的检索服务。例如，可以基于检测评分进行蛋白质表型方面的数据分析。

9.3.3 蛋白质模式模体数据库 PROSITE

PROSITE 数据库收集了生物学有显著意义的蛋白质位点和序列模式，并能根据这些位点和模式快速和可靠地鉴别一个未知功能的蛋白质序列应该属于哪一个蛋白质家族。PROSITE 数据库是第一个蛋白质序列二次数据库，20 世纪 90 年代初期开始构建，现由瑞士生物学信息学研究所 SIB 维护(Hofmann et al., 1999)。PROSITE 数据库是基于对蛋白质家族中同源序列多重序列比对得到的保守性区域,这样区域通常与生物学功能有关,例如,酶的活性位点,配体或金属结合位点等。因此,PROSITE 数据库实际上是蛋白质序列功能位点数据库,通过对 PROSITE 数据库的搜索,可判断该序列包含什么样的功能位点,从而推测其可能属于哪一个蛋白质家族。PROSITE 数据库实际上包括两个数据库文件,一个为数据文件即 PROSITE,该文件给出了能进行匹配的序列及序列的详细信息。另一个为说明文件 PROSITEDoc,PROSITEDoc 说明文件中给出该序列模式的生物学功能及其文献资料来源 PROSITE 数据库使用正则表达式来表示序列模式。例如,[GSK]-F-x(2)-[LIVMMF]-x(4)-[RKEQA]-x(2)-[RST]-x-[GA]-x-[KN]-P-x-T。这里,方括号中为可选残基,如第一个方括号[GSK]中 3 个残基中甘氨酸 G、丝氨酸 S 和赖氨酸 L 中的任意一个均可出现,x(2)表示可以有两个任意残基。因此,序列片段 GFxxLxxxxRxxRxGxKPxT 是其中一种可能的模式。PROSITE 数据库基于多序列比较得到的单一保守序列片段,或称序列模体。PROSITE 的网址:http://www.expasy.ch/prosite/。

9.3.4 蛋白质结构分类数据库 SCOP

具有相似结构的蛋白质很可能具有共同的祖先。几乎对于任何一个蛋白质都能找到与其他一些具有相似结构的蛋白质,其中的一些蛋白质拥有一个共同的进化原始结构。这种关系对于了解蛋白质的进化和发展是非常关键的,同样对于分析基因组序列数据也是非常重要的。为了分析蛋白质序列与结构之间的关系,认识不同折叠结构的进化过程,需要研究蛋白质结构分类的方法,并建立结构分类数据库。

SCOP 数据库(structural classification of proteins, http://scop.mrc-lmb.cam.ac.uk/scop/)就是一个蛋白质结构分类数据库。SCOP 的目标是提供关于已知结构蛋白质之间的结构和进化关系的信息,所涉及的蛋白质包括结构数据库 PDB 中的所有条目。SCOP 数据库除了提供蛋白质结构和进化关系信息外,对于每一个蛋白质还包括下述信息:到 PDB 的链接、序列、参考文献、结构的图像等。从目前的技术来看,很难借助于自动的序列和结构比较工具发现蛋白质之间的结构和进化关系,因此,SCOP 的结构分类主要是通过人工来完成的,通过图形显示器观察和比较蛋白质结构,并借助于一些软件工具进行分析,如同源序列搜索工具。

SCOP 首先从总体上将蛋白质进行分类,例如,全 α 型、全 β 型,以平行折叠为主的 α/β 型,以反平行折叠为主的 α+β 型。然后,再将属于同一结构类型的蛋白质按照折叠、超家族、家族层次组织起来。例如,SCOP 1.65 版本有 46 456 个全 α 型蛋白质,该结构类型下有 179 个折叠类。在这 179 个折叠类中的第一个超家族是类球蛋白:类球蛋白又包含 4 个家族,其中第一个家族又包含 5 个结构域,每个结构域下面有很多蛋白质成员。

9.3.5 蛋白质互作网络数据库

蛋白质相互作用网络数据库常见的有:DIP(database of interacting protein, http://dip.doe-mbi.ucla.edu/)与 BIND(http://www.bind.ca)。DIP 可以用基因的名字等关键词查询,使用上较方便。查询的结果列出结点(node)与连接(link)两项。结点是叙述所查询的蛋白质的特性,包括蛋白质的功能域(domain)、指纹(fingerprint)等,若有酶的代码或出现在细胞中的位置，也会一并批注。连接指的是可能产生的相互作用，DIP 对每一个相互作用都会说明证据（实验的方法）与提供文献，此外，也记录除巨量分析外，支持此相互作用的实验数量。DIP 还可以用序列相似性（使用 BLAST）、模式（pattern）等查询。

BIND 所收录的资料较少，不过其呈现的信息方式比 DIP 要实用，除了记录相互作用条目外，还特别区分出其中的一些复合物及其反应路径。在 BIND 中所记录的内容与 DIP 相似，包括蛋白质的功能域、在细胞中表达的位置等。对于蛋白质间的相互作用，以文字叙述的方式呈现证据，并提供文献的链接。BIND 这种区分出复合物与路径的做法，让使用者能节省许多解读数据的精力；在查询接口上，除了可以用关键词、序列相似性等搜寻外，还允许使用者浏览数据库中所有的资料。BIND 在收录资料时主要是利用文献。使用者可用 PreBind 浏览他们正在处理的一些可能的交互作用及所提供的文献链接，让使用者可自行判断所寻求的相互作用是否为真。

PubGeneTM 是一个文献数据库，收录可能有关的基因或其蛋白质产物。它利用的假设是：两个基因的名字若出现在同一篇文章内，就可能代表它们相关，因此计算同时出现某两个基因名字的文章篇数，可作为其收录的准则。这个数据库分别收录了人类、小鼠、大鼠中，已知基因的所有两两组合。虽然这样的做法，无法精确地区分两个基因是出现在基因组上的邻近位置，或是有相似的基因表达模式，或是蛋白质间可能有的相互作用，却可有助于使用者研究感兴趣但在 DIP、BIND 中找不到的蛋白质。

9.3.6　蛋白质功能信息学数据库

蛋白质功能信息学数据库，如 KEGG（kyoto encyclopedia of genes and genomes，http://www.genome.ad.jp/kegg），是一类与信号通路或代谢途径相关的蛋白质组信息数据库。KEGG 将基因组信息和高一级的功能信息有机地结合起来，通过对细胞内已知生物学过程的计算机化处理和将现有的基因功能解释标准化，对基因的功能进行系统化的分析。KEGG 的另一个任务是将基因组中的一系列基因用一个细胞内的分子相互作用的网络连接起来的过程，如一个通路或是一个复合物，通过它们来展现更高一级的生物学功能。

KEGG 现在由 7 个各自独立的数据库组成，分别是基因数据库（GENES database）、通路数据库（PATHWAY database）、配体化学反应数据库（NGAND database）、序列相似性数据库（SSDB）、基因表达数据库（EXPRESSION）、蛋白质分子相互关系数据库（BRITE）及相关疾病（KEGG DISEASE）和药物数据库（KEGG DRUG）。KEGG 提供了 Java 的图形工具用于浏览基因组图谱，比较两个基因组图谱，操作表达图谱，还可作为比较序列、图表、通路的计算工具。

KEGG 需要各种各样的计算工具用来维护基因数据库（GENES database），尤其是从 GenBank 中提取信息和对基因功能的系统化解释。网络注释工具和其他计算机工具一起用来分配 EC 号，Ortholog 识别符，合并文献中的新的实验证据，并且对以通路结构为基础的推断作出解释。Ortholog 识别符可以作为查找工具，自动比较通路基因组和基因产物的基因。

GENES 的主要检索系统是 DBGET/LinkDB 系统，另外也有其他进入数据库的办法。包括 Java 虚拟的基因组图谱浏览器和文件分层浏览器（用于将基因目录进行功能性分层）。表达浏览器是 Java 图形浏览器中的一种，它可以分析从 cDNA 微序列或寡核苷酸序列实验中得到的基因表达文件。从这样的功能性基因组实验中得到的大量数据将对基因组序列进行补充,这样有助于理解更高一级的细胞的生物学功能。利用与 KEGG 的通路数据和基因组图谱数据相连接的一个表达图谱浏览器的预备版本,用户可以检查一组共同调节的基因是否在通路上也有相互联系或是否有染色体上的一群基因编码。

参 考 文 献

菲格斯 D. 2007. 工业蛋白质组学在生物技术和制药中的应用. 北京:科学出版社.

哈马驰 M. 2008. 药物研究中的蛋白质组学. 北京:科学出版社.

何华勤. 2011. 高等院校生命科学类十二五规划教材:简明蛋白质组学. 北京:中国林业出版社.

理查德 J. 辛普森,何大澄. 2006. 蛋白质与蛋白质组学实验指南. 北京:化学工业出版社.

王玉飞. 2010. 蛋白质相互作用实验指南. 北京:化学工业出版社.

魏开华. 2010. 蛋白质组学实验技术精编. 北京:化学工业出版社.

岳俊杰,梁龙,冯华. 2010. 蛋白质结构预测实验指南. 北京:化学工业出版社.

Andrew R J, Simon J H. 2010. An introduction to proteome bioinformatics. Proteome Bioinformatics: Methods in Molecular Biology, 604: 1-5.

Arnold K, Bordoli L, Kopp J, et al. 2006. The SWISS-MODEL workspace: a web-based environment for protein structure homology modeling. Bioinformatics, 22: 195-201.

Beuming T, Sherman W. 2012. Current assessment of docking into GPCR crystal structures and homology models: successes, challenges, and guidelines. Journal of Chemical Information & Modeling, 52: 3263-3277.

Bordoil L, Schwede T. 2012. Automated protein structure modeling with SWISS-MODEL workspace and the protein model portal. Methods in Molecular Biology, 857: 107-136.

Bordoli L, Kiefer F, Arnold K, et al. 2009. Protein structure homology modeling using SWISS-MODEL workspace. Nature Protocols, 4: 1-13.

Chen R, Li L, Weng Z. 2003. ZDOCK: an initial-stage protein-docking algorithm. Proteins, 52: 80-87.

Chen R, Weng Z. 2002. Docking unbound proteins using shape complementarity, desolvation, and electrostatics. Proteins, 47: 281-294.

Chen R, Weng Z. 2003. A novel shape complementarity scoring function for protein-protein docking. Proteins, 51: 397-408.

Cosconati S, Forli S, Perryman A L, et al. 2010. Virtual screening with AutoDock: theory and practice. Expert Opinion on Drug Discovery, 5: 597-607.

Della-Longa S, Arcovito A. 2013. Structural and functional insights on folate receptor α(FRα) by homology modeling, ligand docking and molecular dynamics. Journal of Molecular Graphics & Modelling, 44: 197-207.

Dhanik A, McMurray J S, Kavrak L E. 2013. DINC: A new AutoDock-based protocol for docking large ligands. BMC Structural Biology, 13: S11.

Discovery Studio 3.5(DS 3.5, Accelrys Software Inc., San Diego, CA)

Eswar N, Eramian D, Webb B, et al. 2008. Protein structure modeling with MODELLER. Structural Proteomics, 426: 145-159.

FiserA, Šali A. 2003. Modeller: generation and refinement of homology-based protein structure models. Methods Enzymol, 374: 461-491.

Friedrich L. 2009. Introduction to proteomics. Proteomics: Methods in Molecular Biology, 564: 3-10.

Guex N, Peitsch M C. 1997. SWISS-MODEL and the Swiss-Pdb viewer: an environment for comparative protein modeling. Electrophoresis, 18: 2714-2723.

Huey R, Morris G M, Olson A J, et al. 2007. A semiempirical free energy force field with charge-based desolvation. Journal of Computational Chemistry, 28: 1145-1152.

Hwang H, Pierce B G, Mintseris J, et al. 2008. Protein-protein docking benchmark version 3.0. Proteins, 73: 705-709.

Hwang H, Vreven T, Pierce B G, et al. 2010. Performance of ZDOCK and ZRANK in CAPRI rounds 13-19. Proteins, 78:

3104-3110.

Hwang H, Vreven T, Weng Z. 2014. Binding interface prediction by combining protein-protein docking results. Proteins, 82: 57-66.

Jan E, David F. 2010. Modeling experimental design for proteomics. Computational Biology: Methods in Molecular Biology, 67: 223-230.

Junaid M, Muhseen Z T, Ullah A, et al. 2014. Molecular modeling and molecular dynamics simulation study of the human Rab9 and RhoBTB3 C-terminus complex. Bioinformation, 10: 757-763.

Kuntal B K, Aparoy P, Reddanna P. 2010. EasyModeller: a graphical interface to MODELLER. BMC Research Notes, 3: 226.

Morris G M, Goodsell D S, Halliday R S, et al. 1999. Automated docking using a Lamarckian genetic algorithm and an empirical binding free energy function. Journal of Computational Chemistry, 19: 1639-1662.

Morris G M, Huey R, Lindstrom W, et al. 2009. Autodock4 and AutoDockTools4: automated docking with selective receptor flexiblity. Journal of Computational Chemistry 30: 2785-2791.

Ni H, Zeng S, Qin X, et al. 2015. Molecular docking and site-directed mutagenesis of a Bacillus thuringiensis chitinase to improve chitinolytic, synergistic lepidopteran-larvicidal and nematicidal activities. International Journal of Biological Sciences, 11: 304-15.

Norgan A P, Coffman P K, Kocher J P A, et al. 2011. Multilevel parallelization of AutoDock 4.2. Journal of Cheminformatics, 3: 12.

Oliva R, Vangone A, Cavallo L. 2013. Ranking multiple docking solutions based on the conservation of inter-residue contacts. Proteins, 81: 1571-1584.

Pierce B G, Hourai Y, Weng Z. 2011. Accelerating protein docking in ZDOCK using an advanced 3D convolution library. PLoS ONE, 6: e24657.

Pons C, Solernou A, Perez-Cano L, et al. 2010. Optimization of pyDock for the new CAPRI challenges Docking of homology-based models, domain-domain assembly and protein-RNA binding. Proteins: Structure, Function, and Bioinformatics, 15: 3182-3188.

Reddy K K, Singh S K. 2015. Insight into the binding mode between N-methyl pyrimidones and prototype foamy virus integrase-DNA complex by QM-polarized ligand docking and molecular dynamics simulations. Current Topics in Medicinal Chemistry, 15: 43-49.

Rodrigues J P, Melquiond A S, Karaca E, et al. 2013. Defining the limits of homology modeling in information-driven protein docking. Proteins, 81: 2119-2128.

Schwede T, Kopp J, Guex N, et al. 2003. SWISS-MODEL: an automated protein homology-modeling server. Nucleic Acids Research, 31: 3381-3385.

Seeliger D, de Groot B L. 2010. Ligand docking and binding site analysis with PyMOL and Autodock/Vina. Journal of Computer-aided Molecular Design, 24: 417-422.

Starling M P. 2013. Evaluation of Autodock Vina for use in fragment-based drug discovery.

Trott O, Olson A J. 2010. AutoDock Vina: improving the speed and accuracy of docking with a new scoring function, efficient optimization, and multithreading. Journal of Computational Chemistry, 31: 455-461.

Vanholme R, Cesarino I, Rataj K. 2013. Caffeoyl shikimate esterase(CSE) is an enzyme in the lignin biosynthetic pathway in *Arabidopsis*. Science, 341: 1103-1106.

Vivien M. 2013. Biology: the big challenges of big data. Nature, 498: 255-260.

Vreven T, Hwang H, Weng Z. 2011. Integrating atom-based and residue-based scoring functions for protein-protein docking. Protein Science, 20: 1576-1586.

Zhong B, Zhen Y, Qin G, et al. 2014. Progress in studies of structure, mechanism and antagonists interaction of GPCR co-receptors for HIV. Current Pharmaceutical Biotechnology, 15: 938-950.

Österberg F, Morris G M, Sanner M F, et al. 2002. Automated docking to multiple target structures: incorporation of protein mobility and structural water heterogeneity in AutoDock. Proteins Structure Fuction & Bioinformatics, 46(1): 34-40.

第 10 章　新药物发现中的生物信息学软件简介

王　健　宋永波[①]

从 20 世纪 90 年代开始，随着生物化学、分子生物学、遗传学、信息学及计算化学等学科的发展，药物化学家逐渐开始针对这些基础研究中的酶、受体、离子通道及核酸等靶点，并参考其他内源性配体或活性天然产物的化学结构特征来发现和优化先导化合物，以开发作用于某种靶点的新药，逐渐形成了计算机辅助药物设计（computer-aided drug design, CADD）方法，这是目前新药发现的主要方向之一（Matthews et al., 2013；Shortridge and Varani, 2015；Petrey et al., 2015；Deller and Rupp, 2015）。

CADD 方法在药物研发的多个环节都有应用（图 10.1）。在基于配体的药物设计方面，可以通过对前期制备的大量化合物进行定量构效关系分析，提供先导化合物优化方案，以及总结基于配体的药效图模型，并用于化合物数据库的筛选；在基于受体的药物设计方面，可从晶体结构出发，或者对未知结构的受体进行预测，分析受体活性位点的性质及受体与配体的作用方式，构建基于受体的药效图模型并用于虚拟筛选，或采用从头药物设计方法，以及基于分子对接的虚拟筛选方法来发现先导化合物（Ma et al., 2013；Tautermann et al., 2014；Persch et al., 2015；Kuhnert et al., 2015）。

随着分子模拟技术的完善和计算机性能的提升，药物设计领域不断有新的软件被开发并发布（Liao et al., 2011；Rosales-Hernández and Correa-Basurto, 2015；Xu et al., 2015）。很多软件在研发之初，都是对现有算法进行改进，或对新算法进行尝试，在经过用户使用并被业界认可后，一些程序依旧保持开源 [如同源模建程序 Modeller（http：//salilab.org/modeller/）、分子对接程序 UCSF DOCK（http：//dock.com pbio.ucsf.edu/）、AutoDock（http：//autodock.scripps.edu/），以及格式转化程序 Openbabel（O'Boyle et al., 2011）等]，还有一些程序逐步开发为商业软件 [如密度泛函程序 ADF（http：//www.scm.com/）、分子对接程序 Surflex-Dock（http：//www.tripos.com/）、ZDOCK（Pierce et al., 2011）和分子视图程序 Pymol（http：//pymol.org/educational/）等]。药物分子结构的复杂性和多样性，使得药物设计需要通过多种方法结合使用，来设计一个新的结构。例如，药物化学家在通过计算方法发现先导化合物的过程中，往往会结合药效团和分子对接两种方法对化合物库进行虚拟筛选，并在其中加入对化合物理化性质的考察。另外，药物化学家在进行先导化合物的结构修饰时，除了根据化合物的药效团进行结构修饰，还会结合活性数据来总结化合物的构效关系。此外，通过分子对接来预测所设计化合物的活性也是常用的方法，通过分子对接方法可以分析小分子与靶点的相互作用模式，为先导化合物优化提供信息。

[①] 沈阳药科大学。

第10章 新药物发现中的生物信息学软件简介

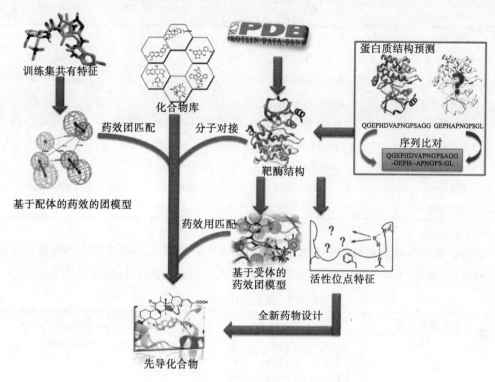

图 10.1 基于结构的先导化合物发现流程

10.1 大型药物设计平台

目前功能最完善与强大的软件包有 Accelrys 公司的 Discovery Studio，Tripos 公司的 Sybyl，Schrodinger 公司的 Schrodinger 软件包，以及 Chemical Computing Group 公司的 MOE 软件包等（表10.1）。这些软件包整合了大部分的药物设计功能，可以实现几乎所有药物设计操作，在易用性方面也很人性化，在计算过程中准备输入文件、运算与计算结果后处理都做到了一体化。相比于完善的功能，价格也居高不下，可根据需要有选择地购买其中的模块更为经济合理。

表 10.1 大型分子模拟平台比较

软件模块	Discovery Studio	Sybyl	Schrodinger
分子视图	DS Visualizer*	Sybyl Base	Maestro*
分子对接	LiandFit	Surflex-dock	Glide
虚拟筛选	LibDOCK	Surflex-dock	Glide
活性位点预测	DetectSite	SiteID	SiteMap
药效团	Catalyst	Disco	Phase
同源模建	Modeller	APM	Prime
分子模拟	CharMm	Biopolymer	MacroModel
蛋白质-蛋白质对接	ZDOCK	—	Piper

软件模块	Discovery Studio	Sybyl	Schrodinger
分子动力学	CharMm	—	Desmond*
结构编辑	DS Visualizer	Edit	Maestro Elements
化合物数据库	Library Design	Unity	Ligprep
定量构效关系	QSAR	CoMFA/CoMSIA/Topomer-CoMFA	Field-Based QSAR
量化计算	—	—	Jaguar
ADME/Tox 性质预测	TOPKAT	ADME/T	QikProp
开发公司	Accelrys	Tripos	Schrodinger
当前版本	3.5	X2	2012

* 学术用户免费

此外，其他一些公司也积极对各自产品进行整合，集成为一个完整的药物设计软件包（表10.2），如 BioSolveIT 公司将 FlexX 等程序进行整合，推出了 LeadIT 软件包。

表10.2 药物设计软件包列表

软件名称	开发公司	网址
Discovery Studio	Accelrys	http://accelrys.com/
Sybyl	Tripos	http://www.tripos.com/
Schrodinger	Schrodinger	http://www.schrodinger.com/
OpenEye	OpenEye	http://www.eyesopen.com/
MOE	Chemical Computing Group	http://www.chemcomp.com/
HyperChem	Hypercube	http://www.hyper.com/
ICM	Molsoft	http://www.molsoft.com/
LeadIT	BioSolveIT	http://www.biosolveit.de/
YASARA	YASARA Biosciences GmbH	http://www.yasara.org/
VLife	VLife	http://www.vlifesciences.com/
MedChem Studio	Simulations Plus	http://www.simulations-plus.com/
IMMD	IMMD. Inc	http://www.immd.co.jp/

当然，相对于动辄几十甚至上百万元的高昂软件成本投入，使用一些免费程序对于药物设计来说就显得非常重要。为了增加本章内容的实用性，将重点介绍广受好评的免费程序，对商业软件只作简单介绍。

10.2 分子视图软件

分子视图虽然不能直接用于运算，不过，只有从三维空间上对靶酶有清楚的认识，才能如臂使指，达到灵活有效地设计活性化合物的目的。因而，分子视图程序在蛋白质立体结构观察、受体-配体作用模式分析方面的应用非常重要，常用的程序有 RasMol、Discovery Studio Visualizer、ICM-Browser、Maestro、Pymol、Chimera、LigPlus、PoseView、Ligand Explorer、DeepView 等。

10.2.1 RasMol

RasMol(http://rasmol.org/)是最简单的分子视图程序,其作者是 Glaxo & Wellcome 公司研发中心的科学家 Roger Sayle,开放源代码发布。RasMol 最大的特点是界面简单,操作简便,运行迅速,对电脑配置要求低,可显示有机分子与生物大分子,且显示模式非常丰富。RasTop(http://www.geneinfinity.org/rastop/)是 RasMol 的升级版本,提供了更好的显示效果。

10.2.2 Discovery Studio Visualizer

Discovery Studio Visualizer 是 Accelrys 公司大型商业软件包 Discovery Studio 的简化版,可以实现 Discovery Studio 的部分功能,用户可以免费下载使用,支持 Linux 和 Windows 平台。可用于观察大分子如蛋白质、核酸等的结构,并对蛋白质或核酸结构进行编辑(如氨基酸或碱基突变,添加或删除氢原子),此外,Discovery Studio Visualizer 还可以制作精美图片。DS Visualizer 是将某一个图形保存为 dsv 格式,之后再次打开保存的 dsv 文件后,显示的状态还是之前保存时的模式,这点功能对于保留最佳演示模式很有帮助。目前其他一些视图程序也逐渐具有了这样的功能,极大地方便了药物设计操作。

10.2.3 ICM-Browser

ICM 程序是 Molsoft 公司推出的分子模拟软件包,根据功能不同,分为专业版、免费版等,ICM 专业版程序包含了序列比对、同源模建、分子对接、药效团模拟等药物设计模块。ICM-Browser(http://www.molsoft.com/)可以实现 ICM 专业版的部分功能,制作精美的图片,可以免费下载使用。支持 Linux 和 Windows 平台。

10.2.4 Maestro

Maestro 是 Schrodinger 软件包的图像界面模块,学术用户可以免费使用,具有 Schrodinger 的部分功能,可用于观察生物大分子结构,并可作为 Schrodinger 软件包中另一个免费分子动力学程序 Desmond 的图形界面。Maestro 显示效果非常优秀,生成的图片可以用于发表。

10.2.5 Pymol

Pymol 最初作为开源程序发布,其作者 Warren L. DeLano 在 2009 年英年早逝后,软件由美国 Schrodinger 收购并维护。目前,Pymol 可以免费下载用于教育用途,以二进制发布(http://pymol.org/educational/)。如需获得源代码与技术支持,需要从 Schrodinger 公司购买。Pymol 的显示效果非常突出,Nature 封面很多图片都是通过 Pymol 制作。由于 Pymol 主要用于分子动力学文件轨迹,因而,软件多用命令行进行操作。

10.2.6 Chimera

Chimera(http://www.cgl.ucsf.edu/chimera/)由加利福尼亚大学旧金山分校(UCSF)开发,是分子对接程序 DOCK 的图形界面,可用于 DOCK 分子对接输入文件的准备后结果分析。此外,Chimera 可以制作精美的图片,并进行渲染(图 10.2)。Chimera 也有命令行,使用命令可以简化操作。

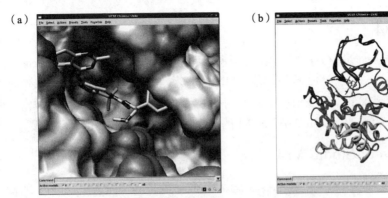

图 10.2 UCSF Chimera 运行界面
(a)蛋白质 Ribbon 显示；(b)蛋白质活性位点表面显示

10.2.7 LigPlus

LigPlus 的前身是 Ligplot，Ligplot 需要输入命令行，对受体-配体复合物进行分析，生成 2D 形式的作用方式，作用方式包含氢键作用、疏水作用等，并在氢键上标出作用原子对的距离。为了简化其使用，推出了 Ligplot 的图形界面，即 LigPlot+（又名 LigPlus）(http://www.ebi.ac.uk/thornton-srv/software/LigPlus/)。LigPlus 可以免费下载用于学术研究，支持 Linux 与 Windows，需要 Java 环境支持。

10.2.8 PoseView

PoseView 是另一可以生成 2D 形式作用方式的分子视图程序，可以对受体-配体复合物进行分析，由 BioSolveIT 公司开发，作为商业软件发布。读者可以通过在线程序(http://poseview.zbh.uni-hamburg.de/)，输入蛋白质-配体复合物，来免费获得化合物结合方式（图 10.3）。目前，RCSB PDB 数据库采用 PoseView 分析受体-配体复合物。

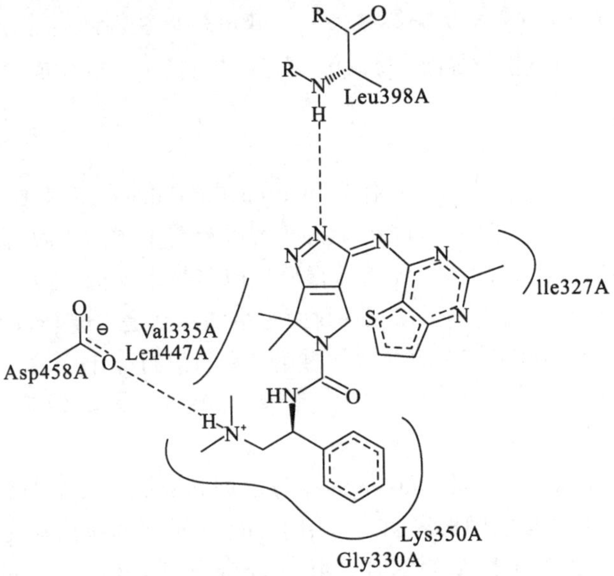

图 10.3 PoseView 分析结果（PDB 编号：2X4Z）

10.2.9 Ligand Explorer

Ligand Explorer 可以对蛋白质-配体复合物进行分析,获得受体-配体的氢键作用、疏水作用,甚至水桥作用等。读者可以免费下载使用(http://www.kukool.com/ligand/help/),需要 Java 支持。

10.2.10 DeepView

DeepView(又称 Swiss-Pdb Viewer)由瑞士 Expasy 机构开发(http://spdbv.vital-it.ch/),界面友好,可以用于观察蛋白质结构,也可以用作基于 web 的服务程序。DeepView 可以将几个蛋白质叠合来分析结构类似性,比较活性位点或其他有关位点。通过菜单操作与直观的图形,可以轻松获得氢键、角度、原子距离、氨基酸突变等数据。

DeepView 可以作为 SWISS-MODEL 同源建模工具的补充,可以从软件直接连接到 Swiss-Model 服务器进行蛋白质结构预测。此外,DeepView 可以调用 POV-Ray 软件进行渲染,生成高质量图像。

10.2.11 实例:PAK4 抑制剂作用模式分析

丝氨酸/苏氨酸激酶 p21 活化激酶 4(p21-activated kinase 4,PAK4)是一类新的肿瘤治疗靶点,在肿瘤细胞的侵袭转移过程中有重要作用,设计 PAK4 抑制剂对抗肿瘤药物研发具有重要意义(Dart and Wells,2013)。本实例基于 PAK4 抑制剂药效团研究,采用 Ligplus,观察 PAK4 及其抑制剂的复合物结构,分析 PAK4 与配体的相互作用,总结 PAK4 活性位点关键氨基酸信息,提取抑制剂的药效团信息,为药物设计提供指导。

登录 RCSB Protein Data Bank(PDB)网站(http://www.rcsb.org/),检索 PAK4 晶体结构(PDB 编号:2CDZ)。研读 2CDZ 的参考文献(图 10.4,步骤 1),了解 PAK4 活性位点信息,下载 PAK4 晶体结构(图 10.4,步骤 2)。

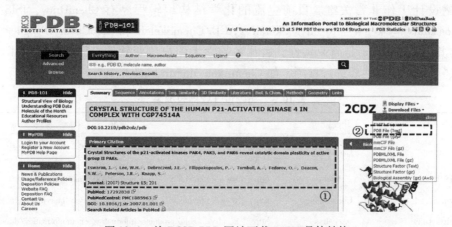

图 10.4 从 RCSB PDB 网站下载 PAK4 晶体结构

根据 RCSB 提供的共结晶配体数据,可以确定共结晶配体编号为 23D,可以用该配体定义 PAK4 活性位点坐标。启动 Ligplus,读入下载的 2CDZ.pdb 文件:File 菜单≫Open≫PDB file,在弹出的对话框中,选择 Browse。

在 Open 对话框中，选择 2CDZ.pdb，点击 Open；在 Ligpus 设置页，选择 23D 所在行作为共结晶配体，点击 Run，获得二维相互作用方式（图 10.5），其中，锯齿状显示为参与疏水作用的氨基酸残基，虚线显示为参与氢键作用的氨基酸残基，虚线上标记的数值为参与作用的原子之间的距离。根据 PAK4 与其共结晶配体的作用方式分析，可以得知共结晶配体中的两个氮原子分别与 Leu398 的氧原子与氮原子形成氢键作用，芳环参与疏水作用，所以，PAK4 抑制剂的药效团包含 1 个氢键供体、1 个氢键受体和 2 个疏水中心。

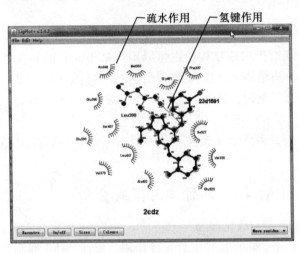

图 10.5　Ligplus 显示的 PAK4 受体-配体相互作用

10.3　化学结构编辑程序

药物设计的目标是获得低毒高效的有机化合物，各种药物设计策略如分子对接、药效团匹配和 3D-QSAR，都需要化学结构作为输入文件，因而，如何有效编辑并操作化学结构则对药物设计工作非常关键。目前主流的化学结构编辑程序有 ChemDraw、ISIS/Draw、ChemAxon Marvin Sketch、Accelrys Sketch、ACD/ChemSketch 和 MedChem Designer 等（表 10.3），其中 ChemDraw 是商业软件，后几种是学术用户免费软件。部分程序除了绘制结构式，还可以对理化性质进行预测，如 ChemAxon Marvin Sketch。

表 10.3　药物设计软件包列表

软件名称	开发公司	网址
ChemDraw	Cambridge	http://www.cambridgesoft.com/Ensemble_for_Chemistry/ChemDraw/
ISIS/Draw	MDL	http://www.neotrident.com/newweb/Downs/draw25.exe
Marvin Sketch	ChemAxon	http://www.chemaxon.com/products/marvin/marvinsketch/
Accelrys Draw	Accelrys	http://accelrys.com/products/informatics/cheminformatics/draw/
ACD/ChemSketch	ACD	http://www.acdlabs.com/resources/freeware/
MedChem Designer	Simulations-Plus	http://www.simulations-plus.com/Products.aspx?grpID=1&cID=20&pID=25

10.3.1 ChemDraw

ChemDraw 软件是美国 CambridgeSoft 公司开发的 ChemOffice 系列软件中的模块,是目前最流行、最受欢迎的化学绘图软件,运行平台为 Windows。由于内嵌了许多国际权威期刊的文件格式,近几年来成为了化学界出版物、稿件、报告、CAI 软件等领域绘制结构图的标准。Chemdraw 软件功能十分强大,可编辑、绘制与化学有关的一切图形。例如,建立和编辑各类分子式、方程式、结构式、立体图形、对称图形、轨道等,并能对图形进行编辑、翻转、旋转、缩放、存储、复制、粘贴等多种操作。用它绘制的图形可以直接复制粘贴到 MS Word 软件中使用。此外还可生成分子模型,建立和管理化学信息库,增加光谱化学工具等功能。

10.3.2 ISIS/Draw

ISIS/Draw 由 MDL Information Systems Inc. 开发的免费程序,运行平台为 Windows。与之配套的商业程序 ISIS/Base 是强大的化学数据库管理软件。ISIS/Draw 的程序界面是标准的 Windows 窗口,画分子图形的各种常用操作均示于工具栏中。如需对分子图形进行组合、翻转及任意角度旋转等操作,直接从工具栏中用鼠标点相应的图标即可完成。ISIS/Draw 还提供了各种类型的化学键、化学分子轨道、电荷,并且自带了包含芳环、多元环、羰基化合物、糖、氨基酸等模板,使用十分方便。

10.3.3 ChemAxon Marvin

ChemAxon 程序包是匈牙利 ChemAxon 公司开发的基于 Java 平台的化学信息学的软件。其中,化学结构式模块 Marvin 可以编辑化学结构、反应及进行检索,并预测各种理化性质如 logP、pKa 等。值得一提的是,ChemAxon 其他模块如 JChem 可以对化学数据库进行操作,Screen 可以进行 3D-QSAR 搜索,JKlustor 可以进行分子相似性分析。ChemAxon 公司的所有软件可以在各种主流操作系统,包括所有 Java 和 NET 集成中运行。例如,Marvin 可作为终端独立运用程序,也可作为基于 Web 的 Java Applet 应用程序。学术用户可以免费申请 2 年 License。

10.3.4 Accelrys Sketch

Accelrys Sketch 程序是 Accelrys 公司发布的化学结构式编辑程序,注册后可以免费下载使用。

10.3.5 MedChem Designer

MedChem Desinger 是一款免费的化学结构式绘制及性质预测软件,整合了业界推崇的 ADMET 性质预测软件 ADMET Predictor 中部分性质预测模型,可对绘制的结构式进行 logP、logD、TPSA、类药性规则评分等性质进行评估。

10.3.6 实例:预测化合物理化性质

药物代谢和药代动力学性质不理想是导致临床失败的首要因素,这种药物研发后期的失败会造成新药研究的巨大风险和损失(Khanna,2012)。在早期发现和优化阶段引入和强化 ADME/T(吸收、分布、代谢、排泄及毒性)研究已成为药物研究的重要策略。本实例以扑热息痛为例,介绍如何通过免费程序 Marvin Sketch 对化合物的药代动力学性质如 pKa 和 logD 进行预测,以降低新药研发成本。

在 Marvin Sketch 中画出对乙酰氨基酚(扑热息痛)结构,点击 Calculations 菜单≫Protonation≫pKa,在弹出的窗口中,不作参数修改,点击 OK,计算得到乙酰氨基酚中,酚羟基的 pKa 为 9.46(图 10.6)。

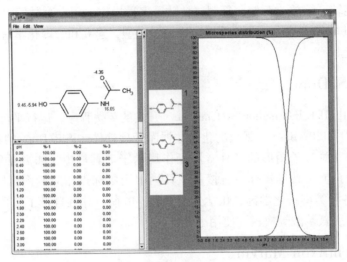

图 10.6　Marvin Sketch 预测化合物 pKa 结果

关闭 pKa 计算结果,回到 Marvin Sketch 界面,点击 Calculations 菜单≫Partitioning≫logD,在弹出的窗口中,不作参数修改,点击 OK,计算得到乙酰氨基酚的 logP,其中 pH 为 7.4 时,对乙酰氨基酚的 logP 为 0.90(图 10.7)。

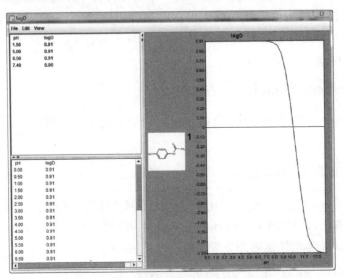

图 10.7　Marvin Sketch 预测化合物 logD 结果

10.4 分子对接与虚拟筛选软件

分子对接是两个或多个分子之间通过几何匹配和能量匹配而相互识别的过程，是药物设计中最常用，也是最实用的方法。通过分子对接确定受体-配体相对位置和取向，研究配体构象在形成复合物过程中的变化，是确定药物作用机制、设计新药的基础。分子对接计算是把配体分子放在受体活性位点，按照几何互补、能量互补及化学环境互补的原则来实时评价配体与受体相互作用强弱，并找到配体分子最佳结合模式。20 世纪 80 年代初，Kuntz 等开发了分子对接方法，并发布了第一个分子对接程序 DOCK。近年来，随着计算机技术的发展、靶酶、活性蛋白晶体结构解析技术的不断突破[例如，2004 年微管蛋白完整晶体结构解析（Ravelli et al.，2004），2007 年 beta2-肾上腺素受体晶体结构解析（Rasmussen et al.，2007；Rosenbaum et al.，2007；Cherezov et al.，2007）]，分子对接方法应用得也愈来愈广，与之对应，分子对接程序也是林林总总，层出不穷。在 DOCK 之后，又有一系列分子对接方法面世，包括 AutoDock、GOLD 和 Glide 等（表 10.4）。

表 10.4 分子对接程序

程序	开发者	网址
DOCK*	Kuntz	http://dock.compbio.ucsf.edu/
AutoDock*	Scripps	http://autodock.scripps.edu/
AutoDockVina*	Scripps	http://vina.scripps.edu/
FlexX	BiosolveIT	http://www.biosolveit.de
GOLD	CCDC	http://www.ccdc.cam.ac.uk/Solutions/GoldSuite
Surlfex	Tripos	http://www.tripos.com/
Glide	Schrodinger	http://www.schrodinger.com/productpage/14/5/
CDOCKER	Accelrys	http://accelrys.com/
LigandFit	Accelrys	http://accelrys.com/
iGEMDOCK*	Dr. Jinn-Moon Yang	http://gemdock.life.nctu.edu.tw/dock/igemdock.php
ICM	MolSoft	http://www.molsoft.com/
MVD	Molegro	http://www.molegro.com/mvd-product.php
FRED	Openeye	http://www.eyesopen.com/

* 免费发布

10.4.1 DOCK

DOCK 程序是由美国 UCSF 大学 Kuntz 教授课题组于 1982 年开发的分子对接程序（Pierce et al.，2011），是目前应用最为广泛的分子对接程序之一，目前最新版本 6.6，以源代码发布。DOCK 早期的版本以刚性对接为主，从 4.0 版开始考虑配体的柔性。DOCK 5.0 在前面版本基础上，采用 C++ 语言重新编程实现，并进一步引入 GB/SA 打分。

10.4.2 AutoDock

AutoDock 是由美国 Scripps 研究所 Olson 科研小组开发的分子对接软件包，采用模拟退火和遗传算法来寻找受体和配体最佳的结合位置，用半经验的自由能计算方法来评价受体和配体之间的匹配情况。目前最新版本是 4.2，以源代码发布。AutoDock 和 DOCK 一样，都是基于格点(grid)的计算，首先在一定范围内用不同类型的原子作为探针进行对活性位点氨基酸扫描，计算格点能量，然后对配体在活性位点内进行构象搜索，对每个构象计算结合自由能，并对结合自由能进行排序。在 1.0 和 2.0 版本的软件中，能量匹配得分采用简单的基于 AMBER 力场的非键相互作用能。非键相互作用来自于三部分的贡献：范德华相互作用、氢键相互作用，以及静电相互作用。从 3.0 版开始，AutoDock 提供了半经验的自由能计算方法来评价配体和受体之间的能量匹配。从 4.0 版本开始，文件格式有较大改变，受体文件格式由之前的 pdbqs 改为 pdbqt，配体文件格式为之前的 pdbq 改为 pdbqt。AutoDock 虽然提供了诸如 ADT(AutoDock Tools)(http：// vina. scripps. edu/manual. html)，BDT(http：// www. quimica. urv. cat/~pujadas/BDT/MakeDocks. html)的图形界面工具，但是仍然被认为是一个字符界面运行的分子对接软。由于运算速度不快，因此在字符界面下对于运算的管理更为方便，可以将长时间的运算放在后台运行。对于输入文件的准备问题，AutoDock 有其自带的一些程序，如 addsol 等，同时 ADT 也提供了一些 python 脚本，可以代替这些程序来进行输入文件的处理。

AutoDock Vina 是最新发布的分子对接与虚拟筛选程序，支持并行计算，精度、速度及使用方便性要优于 AutoDock。Vina 在各个平台均可使用，并有一系列图形界面支持，如 PyRx(http：// pyrx. sourceforge. net/)，PaDEL-ADV(http：// padel. nus. edu. sg/software/padeladv/index. html)等。

10.4.3 GOLD

GOLD(genetic opitimization for ligand docking)是英国 Sheffield 大学，laxoSmithKline 公司及剑桥晶体结构数据中心(CCDC)共同开发的分子对接程序，采用遗传算法进行构象搜索，适合虚拟筛选和并行计算(http：// www. ccdc. cam. ac. uk/Solutions/GoldSuite/Pages/GOLD. aspx)。对接时配体完全柔性，可通过选择氨基酸残基上的羟基与氨基来考虑局部受体柔性。GOLD 能量函数基于 CSD 数据库构象和非键相互作用，采用 GoldScore 和 Chem-Sosre 两种评分方法对分子对接结果进行评估，评分值为适应度(fitness)，用户也可自定义评分函数。GOLD 程序的特色在于可以处理共价键及少数金属离子，将金属离子作为受体中的氢键受体。其缺点在于如果配体与受体没有直接形成氢键，GOLD 很难得到理想的对接结果。GOLD 最新版本 6.0，运行平台为 Linux 和 Windows，可以并行运算，配套图形界面可以进行输入文件的准备和结果分析。

10.4.4 Surflex-Dock

Surflex-Dock 由 UCSF 大学 Ajay N. Jain 课题组开发，目前作为 Sybyl 软件包中的模块发布。Surflex-Dock 根据活性位点生成一个理想化的活性位点配体(称为原型分子)，作为用于生成分子或分子片段假定构象的靶标，采用 Hammerhead 打分函数打分，同时作为构象局部优化的目标函数。Surflex-Dock 的打分函数是一个蛋白质-配体原子表面距离的非线性函数的线性组合。蛋白质-配体相互作用包括立体作用、极性作用、熵和溶剂化作用。

10.4.5 FlexX

FlexX 是德国国家信息技术研究中心生物信息学算法和科学计算研究室的 Matthias Rarey 等发展的分子对接方法(http://www.biosolveit.de/leadit)，在 Sybyl8.0 以前，是 Sybyl 分子模拟软件包中的一个模块，在 Sybyl8.0 以后，以独立版本发布，之后不久整合在 LeadIT 软件包中。FlexX 中结合了多种药物设计的方法进行配体和受体之间的对接，配体和受体之间结合情况的评价采用了类似 Bbhm 提出的基于半经验方程的自由能评价方法。FlexX 是一种快速、精确的柔性对接算法，在对接时考虑了配体分子的许多构象。FlexX 首先在配体分子中选择一个核心部分，并将其对接到受体的活性部位，然后再通过树搜寻方法连接其余片段。FlexX 的评价函数采用改进的结合自由能函数。FlexX 的对接算法建立在逐步构造策略的基础之上，分以下三步：第一步是选择配体的一个连接基团，称为核心基团；第二步将核心基团放置于活性部位，此时不考虑配体的其他部分；第三步称为构造，通过在已放置好的核心基团上逐步增加其他基团，构造出完整的配体分子。FlexX 采用了经验结合自由能函数进行评价，结果可能要优于以相互作用能为评价函数的分子对接方法。

10.4.6 CDOCKER

CDOCKER 是 Accelrys 公司 Discovery Studio 软件包中的分子对接程序，在Discovery Studio 软件包中可以实现输入文件准备和结果分析。CDOCKER 基于 CHARMm 分子动力学算法，采用 soft-core potentials 及 optional grid representation 将配体分子与受体活性位点进行对接。首先采用动力学的方法随机搜索小分子构象，随后采用模拟退火的方法将各个构象在受体活性位点区域进行优化。

10.4.7 iGEMDOCK

iGEMDOCK(http://gemdock.life.nctu.edu.tw/dock/igemdock.php)是中国台湾 Dr. Jinn-Moon Yang 课题组开发的免费分子对接软件，目前最新的版本是 2.1，运行平台为 Windows 和 Linux。iGEMDOCK 采用遗传算法，根据参数精度不同，分为不同等级的对接模式。程序的使用非常简单，只需要选择活性位点，选择配体即可开始对接。iGEMDOCK 程序的默认保存格式是 pdb，默认分子视图程序是 Rasmol。

10.4.8 Glide

Glide(http://www.schrodinger.com/productpage/14/5/)是 Schrodinger 软件包中的分子对接模块，有标准精度(SP)和超级精度(XP)两种模式，可以进行不同精度的对接评分函数考虑亲脂性、氢键、金属配位的贡献，同时考虑可旋转键引起的空间排斥以减少假阳性，提高富集率。Glide 与 Prime 模块联用可以在分子对接过程中实现诱导契合功能。Glide 可以利用 Maestro 程序界面进行输入文件的准备和结果分析。

10.4.9 FRED

FRED 是 Openeye 软件包中的模块（http://www.eyesopen.com/），采用系统搜索算法进行构象采集，可以充分考察化合物在靶酶活性位点所有可能的构象，接着利用形状互补性和药效团特征对各种构象进行过滤，再用一致性评分函数选出最佳构象。FRED 也可以利用相似的配体结构对特定的构象进行评分，以通过分子对接进行先导化合物的优化。分析结果可以利用 Openeye 软件包中的 Vida 程序。FRED 与 Openeye 软件包中的另一模块 SZYBKI 联用，对靶酶结构进行部分优化，或在靶酶活性位点中优化配体。此外，SZYBKI 程序还可以计算配体在不同环境中时的熵。Openeye 软件包可以为学术用户提供 1 年免费 license，运行平台为 Linux 和 Windows。

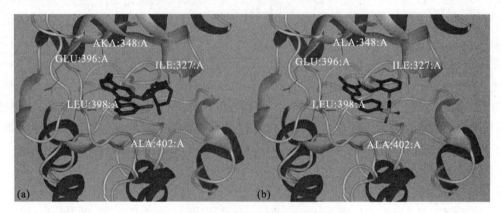

图 10.8 Vida 程序效果图

10.4.10 MVD

MVD（molegro virtual docker）（http://www.molegro.com/mvd-product.php）是由 Molegro 公司开发的分子对接软件，可以很方便地进行蛋白质文件的读入、准备、活性位点定义或预测、分子对接和结果分析，可以指定在分子对接过程中自由移动的氨基酸来实现受体柔性功能，并且可以指定活性构象来过滤分子对接结果。

10.4.11 eHiTS

eHiTS（electronic high throughout screening）是由 SimBioSys 公司开发的用于快速虚拟筛选的分子对接软件（http://www.simbiosys.ca/ehits/index.html），运行平台为 Linux，可以并行化运算。eHiTS 可以直接输入晶体结构，软件会自动分解蛋白质和配体，然后对蛋白质和配体进行对接，可以考虑辅因子（co-factor）、水分子和金属离子的作用。eHiTS 可以在对接过程中考虑受体柔性，通过旋转 Ser、Thr、Tyr 的羟基及 Lys 的氨基，并根据 PDB 文件中的温度因子（temperature factor）信息，预测原子可能位置，来生成经验评分函数。值得一提的是，eHiTS 可以基于活性分子和非活性组成的训练集，通过神经网络算法进行总结，来优化评分函数，使活性化合物的评分比非活性化合物更高，以提高富集率。eHiTS 程序配套的图形软件 Chevi 可以进行受体-配体相互作用分析。

10.4.12 实例：分子对接方法预测 NQ1 抑制剂的活性与结合方式

醌氧化还原酶1(NAD(P)H: quinone oxidoreductase 1，NQO1)是体内一种重要的Ⅱ相反应代谢酶，通过去电子还原反应参与机体内外源物质代谢过程。NQO1 与醌类物质解毒、抗癌药物生物激活，P53 蛋白稳定性调节及 TNF-a 诱导凋亡效应密切相关，从而在细胞的转化、凋亡及保护中发挥重要作用。设计 NQO1 抑制剂，可以开发抗肿瘤药物(Mendoza et al.，2012)。

登录 RCSB Protein Data Bank(PDB)网站(http://www.rcsb.org/)，检索 NQO1 晶体结构(PDB 编号：1KBQ)，研读参考文献(图 10.9，步骤1)，了解 NQO1 活性位点信息，下载 NQO1 晶体结构(图 10.9，步骤2)。根据 RCSB 提供的共结晶配体数据，可以确定共结晶配体编号为936，可以用该配体定义 NQO1 活性位点坐标。

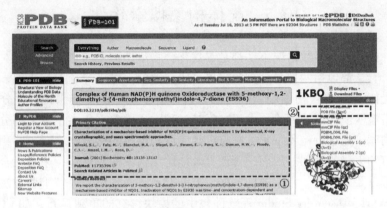

图 10.9　从 RCSB PDB 网站下载 NQ1 晶体结构

iGEMDOCK 程序包括以下几个步骤：准备受体活性位点文件，准备目标化合物文件，设置对接参数并对接，以及分析结果。下面按照该步骤运行 iGEMDOCK 程序。启动 iGEMDOCK 程序，点击 Prepare Binding Site 按钮。

在弹出的准备活性位点窗口中，点击 Browse，读入下载的1KBQ.pdb 文件，选择根据共结晶配体定义活性位点，并制定共结晶配体为936，点击 Display 按钮查看活性位点形状，在弹出的 Rasmol 图形窗口中观察 NQO1 活性位点性质，两个绿色显示的化合物分别为共结晶配体936和内源性辅基 NAP，灰色细线为活性位点氨基酸残基。关闭 Ramsol 图形窗口，返回准备活性位点窗口，点击 OK，返回分子对接主界面，准备活性位点文件完毕。注意，在准备活性位点的过程中，程序会自动提取晶体结构中的小分子配体，并保存在 iGEMDOCK 程序运行目录中的 output/extracted_lig/目录中。因而，对接输入的化合物，也是从该目录读取。

在分子对接主界面，点击 Prepare Compounds 按钮。在弹出的输入化合物窗口中，点击 Ligands，输入之前提取的配体文件1KBQ_936.ent，点击 OK 返回分子对接主界面。如果需要对接多个化合物，可将化合物放在一个文件夹中，点击 Folder，选择该文件夹即可。iGEMDOCK 采用遗传算法进行构象搜索，可以设定不同精度进行对接，如虚拟筛选可以选择快速对接(Quick Docking)，精确对接可以选择 Accurate Docking，此处选择标准对接(Standard Docking)。点击 Start Docking，在弹出的开始对接的确认对话框中，点击 OK，即开始分子对接运算。对接结束后，会有对话框提示。

完成分子对接后，在程序主界面，点击"View Docked Poses and Post-Analyze"按钮，进行结果分析。在分析结果窗口中，可以查看化合物在活性位点的结合能为 -143.42，包含范德华作用能(VDW，-94.84)和氢键能(HBond，-45.58)两部分。点击"Interaction Analysis"按钮，查看参与作用的氨基酸残基。

在"Interaction Table"窗口中，点击 View 按钮，调动 Ramsol 图形界面窗口查看作用方式。在 Rasmol 图形界面中，可以观察到化合物(粉色)与 His161、Phe178、Tyr128 等氨基酸残基相互作用。不过，与晶体结构中的参考分子(绿色)相比，分子对接结果并未完全重现晶体结构中共结晶配体的结合方式，这可能与分子对接的参数设置有关系。可以进一步调整分子对接参数(如设置为精确对接)，来考察能否改善分子对接结果。

10.5 配体构象搜索软件

药物设计研究在大多数情况下，都是寻找化合物活性构象的过程。分子对接与药效团筛选从原理上看，都包括两部分计算：构象采集与评分。对于分子对接来说，评分是通过评分函数对受体-配体复合物作用亲和力的评价；对于药效团筛选来说，评分是对各个构象与药效团模型匹配程度的评价。由于在运算过程中，构象采集占了绝大部分时间，因而如果对化合物库事先进行构象采集，则将已经生成构象集的化合物库对不同靶点进行虚拟筛选时，会节约大量的时间。因而，合理有效地运用构象搜索软件，来对化合物进行构象搜索，是非常重要的方法。常用的构象搜索方法有系统搜索法、蒙特卡罗方法等，这些方法有的是在 Sybyl、Discovery Studio 等软件包中的模块，有的单独运行，如 CORINA(http：//www.molecular-networks.com/online_demos/corina_demo_interactive)、Conflex(http：//www.conflex.us/)、Omega 等。

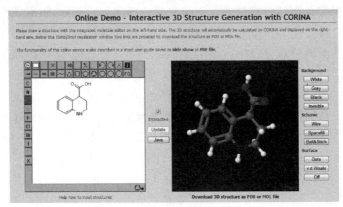

图 10.10　CORINA 在线工具(Mendoza et al.，2012)

10.5.1 CORINA

CORINA 软件是 Molecular Networks 公司推出的三维结构生成软件，可以快速产生小分子和中等大小的有机分子的三维结构，是业界公认的分子三维结构转化工具。CORINA 能够有效和可靠地处理大量的化合物结构，在转化大型的化学数据集及数据库方面得到广泛应用，其计算产生的结构和以其发表的 X 射线衍射结构之间的 RMS 偏差值，在目前已知的所有商业软件中是最好的。

此外，CORINA 在线版本可以很方便地根据结构或者 smiles 格式转化为三维结构。

10.5.2 Conflex

Conflex 是 CONFLEX 公司推出的构象分析程序，可以不依赖于初始构象，用于完整地搜索柔性分子的全局最低能量构象。Conflex 对初始构象进行微绕（结构振动、翻转）来采集构象，并通过 MM3、MMFF94s 和 MMFF/NQEQ 等力场参数对构象集进行分析，保留最低能量构象。除了处理有机分子，Conflex 还能够处理生物大分子（蛋白质、核酸等）和晶体堆积构型。Conflex 最新版本 7，运行平台为 Windows 和 Linux，可以并行计算。配套程序 Barista（http：//www.chemaxon.com/products/marvin/marvinsketch/）可以用于 Conflex 结果的分子结构和分子轨道分析、动力学分析、多重构象分析。

10.5.3 Omega

Omega 是 Openeye 软件包中的程序，可以快速地生成化合物的构象，每个处理器每天处理的通量达到成千上万个化合物（http：//spdbv.vital-it.ch/）。它可以有效地重现生物活性构象，很适用于大型化合物数据库的构象采集。Omega 程序运行的输出结果，可以作为分子对接程序 FRED 和分子叠合程序 ROCS 的输入文件。

10.6 药效团模拟软件

药效团（pharmacophore）是指药物活性分子中对活性起着重要作用的药效特征元素及其空间排列形式。药效团模拟有两种方法：一是在受体结构未知的情况下，对一系列化合物进行结构-活性研究，并结合构象分析、分子叠合等手段，得到一些对化合物活性至关重要的化学特征及其空间关系；二是在受体结构已知的情况下，分析受体活性位点及药物与受体之间的相互作用模式，根据相互作用信息来推知药效团特征。目前，药效团模拟软件主要有 LigandScout（http：//www.inteligand.com/ligandscout/）、Discovery Studio、FieldTmplater、PHASE 等软件。

10.6.1 LigandScout

LigandScout 是 Inte：Ligand 公司开发的基于受体-配体复合物作用模式的药效团模拟工具，可以分析靶酶-配体复合物结构中的氢键、疏水作用等，总结药效团模型，并可将药效团模型作为 FRED 等分子对接程序的药效团限制条件。LigandScout 目前最新版本 3.1，可以免费申请 1 个月试用。

10.6.2 Discovery Studio

Discovery Studio 中的药效团模拟工具包括定量药效团工具 Hypogen（3D QSAR pharmacophore generation），定性药效团工具 Hiphop（common feature pharmacophhore generation）和基于受体结构的药效团工具 SBP（interaction generation）。其中，Hiphop 程序来源于经典的

Catalyst 程序，用于对一组活性化合物进行基于特性结构的比对并自动生成药效团模型，可以用共有特征药效团去搜索化合物库来发现先导化合物，是业界应用最为广泛的药效团模拟工具。训练集中的分子只能选用有活性的化合物，并且具有结构多样性，化合物数量在 6 个左右最佳。

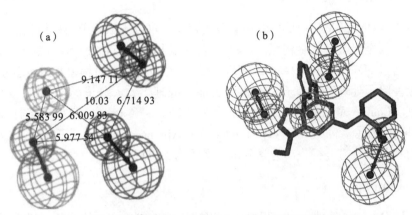

图 10.11　药效团模型示例(a)及化合物与药效团的匹配(b)

10.6.3　FieldTmplater

FieldTemplater(http://www.cresset-group.com/tag/fieldtemplater/)是 Cresset 公司开发的药效团模拟工具，可以根据 5 个以下活性分子组成的训练集，进行构象搜索，寻找活性分子共有结构特征，来构建基于配体的药效团模型。搭配分子叠合程序 FieldAlign，可以对化合物库中的结构进行构象搜索并与药效团叠合，来寻找活性分子。FieldTemplater 运行平台为 Linux 和 Windows，可以免费申请 1 个月试用。

10.6.4　PHASE

PHASE 是 Schrodinger 软件包中的药效团模拟模块，可基于配体设置排斥球，假设某些区域被蛋白质所占据，这样就把空间形状不符合的配体筛掉。可以根据配体-受体复合物结构中配体的晶体结构生成药效团搜索数据库。具有强大的数据管理功能，Phase 允许用户生成和存储多构象的数据库，以便在工作中随时用来筛选。包含的 ConfGen 技术对配体分子进行考察，包括键的旋转和计算各个构象的能量，以保留合理的构象。

10.6.5　实例：构建 GSTP 抑制剂的药效团模型

Ⅱ相代谢酶谷胱甘肽 S-转移酶 P(glutathione S-transferase P，GSTP)能催化谷胱甘肽的巯基与亲电化合物如抗癌药物结合，使其极性提高，易于从胆汁或尿液中排泄，因而 GSTP 的异常表达与肿瘤细胞的耐药性有关(Quesada-Soriano et al.，2011)。抗癌药物的耐药性问题一直是癌症治疗的难点和热点，GSTP 不仅在人的多种肿瘤组织中异常表达，而且在多种具有耐药性肿瘤细胞系中过量表达，从 GSTP 介导的耐药性获取药物设计信息，通过抑制 GSTP 活性来克服肿瘤耐药性，会开发出当前化疗药物的有效辅助剂(Quesada-Soriano et al.，2011)。α，β-不饱和醛酮结构是很常见的 GSTP 抑制剂，本实例根据现有

第 10 章 新药物发现中的生物信息学软件简介

GSTP 抑制剂结构组成训练集，分析训练集共有结构特征，总结药效团模型，以指导 GSTP 抑制剂设计（Wang et al.，2009）。

首先，在 Marvin Sketch 程序中构建 4 个 α，β-不饱和醛酮结构，并进行构象搜索以生成 3D 结构：点击 Calculations 菜单≫Conformations≫Conformers，在弹出的窗口中，点击 OK。对 4 个结构的构象搜索，会弹出 4 个不同的窗口，每个窗口对应 1 个化合物的多个低能构象。在每个弹出窗口中，单击第一个构象选中，单击 File 菜单≫Save Selection…，保存为 sdf 格式。依次保存 4 个构象为 sdf 格式文件。

启动 FieldTemplater 程序，在提示对话框中，选择"Run Wizard"按钮，在弹出的窗口中单击"Next"按钮。读入之前保存的 4 个 sdf 文件，选择由程序自动设置化合物的质子化状态。当前窗口显示已读入 4 个化合物结构，需要进行构象搜索以分析结构共性。点击"Next"按钮进入下一步。当前窗口可以设置结构比较时的限制条件，此处保持默认参数，点击"Next"按钮进入下一步。当前窗口完成设置，点击"Finish"按钮，在弹出的对话框中，选择 Normal 选项，点击"Go"按钮，开始运算。

FieldTemplater 程序基于内嵌的 XED 力场，计算 4 个分子的活性构象，并计算活性构象的分子力场参数。这些参数包括：电负性（electrostatic negative）、电正性（electrostatic positive）、立体效应（steric）及疏水效应（hydrophobic）。以上参数体现了分子构象的结构性质，从而决定其所具有的生物活性。对每个分子活性构象的力场参数进行比较，并根据其相似性进行评分（图 10.12）。

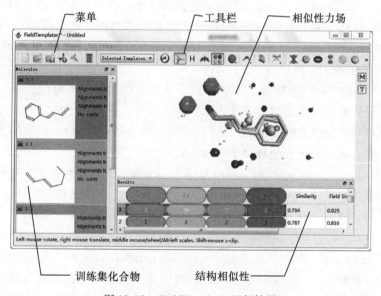

图 10.12　FieldTemplater 运行结果

在 α，β-不饱和醛酮结构的分子力场等势图中，不同颜色代表不同的性质，体积越大表明该性质越突出：蓝色表示电负性，红色表示电正性，黄色表示范德华表面，而橙色则表示疏水性。可以发现，羰基的电负性区域和烯键的疏水区域起到关键作用，同时，肉桂醛的芳香环和反式-2-己烯醛能参与疏水作用（Wang et al.，2009）。

10.7 分子动力学模拟软件

分子动力学(molecular dynamics, MD)模拟方法把原子的运动与特定的轨道联系在一起，通过求解原子的牛顿运动方程得到体系的热力学性质。分子动力学模拟重点在于选择合适的力场参数，即在系统中引入简单数学模型来描述原子间的结合、弯曲和二面角势及原子间的范德华力和静电作用，并预设实验数据或模型参数进行计算。

由于分子动力学模拟是在分子力学基础上描述体系运动随时间的演化过程，可以在原子水平上提供体系运动变化的细节，为蛋白质的结构和功能研究提供重要的信息，因而广泛应用于生物研究领域。分子动力学模拟程序主要有 Amber(http://ambermd.org/)、CHARMM(http://www.charmm.org/)、GROMACS(http://www.gromacs.org/)、LAMMPS(http://lammps.sandia.gov/)、NAMD(http://www.ks.uiuc.edu/Research/namd/)、Desmond(http://www.deshawresearch.com)等。

Amber 是著名的分子动力学软件，由多个大学合作开发，用于蛋白质、核酸等生物大分子的计算模拟，有很好的内置势能模型，可以很方便地自定义新模型和新分子。值得一提的是，Amber 也是一种经验力场的名称，如 Sybyl 软件包中就包含 Amber 力场参数。

CHARMM(chemistry at HARvard macromolecular mechanics)程序最初由哈佛大学 Karplus 教授课题组开发，一经问世便得到了广泛应用，尤其是药物开发公司日益认识到在药物设计过程中对大分子进行计算机模拟的重要性。1985 年，CHARMM 程序开始提供给企业使用，先后有 Polygen、MSI 和 Accelrys 等公司进行商业推广，并开发了 QUANTA 和 INSIGHT 两个图形界面程序作为 CHARMM 程序的前台。商业版本的程序被命名为 CHARMm，以与学术版本的 CHARMM 程序相区别。拥有 Discovery Studio 软件包的用户可以直接调用 CHARMm 进行分子动力学模拟。

GROMACS 是用于研究生物分子体系的分子动力学程序包，可以用分子动力学、随机动力学或者路径积分方法模拟溶液或晶体中的任意分子，进行分子能量的最小化，分析构象等。它的模拟程序包含 GROMACS 力场(蛋白质、核苷酸、糖等)，研究的范围可以包括玻璃和液晶、聚合物、晶体和生物分子溶液。

NAMD(NAnoscale molecular dynamics)是用于在大规模并行计算机上快速模拟大分子体系的并行分子动力学代码。NAMD 用经验力场，如 Amber，CHARMM 和 Dreiding，通过数值求解运动方程计算原子轨迹。NAMD 开源发布，其配套程序 VMD(http://www.ks.uiuc.edu/Research/vmd/)可以用于准备输入文件和分析轨迹文件。

LAMMPS(large-scale atomic/molecular massively parallel simulator)是由美国 Sandia 国家实验室开发的开源程序，可以支持包括气态、液态或者固态相形态下百万级的原子分子体系，并提供支持多种势函数。LAMMPS 整合了牛顿运动方程处理原子、分子和宏观尺度的粒子聚合体模拟研究，既可以考虑短程相互作用也可以考虑长程相互作用，也包括周期边界条件和孤立边界条件。支持的力场包括 Amber、CHARMM、Dreiding、嵌入势和 Class2 力场。LAMMPS 采用空间分割技术(spatial-decomposition techniques)分割模拟体系为更小的 3D 子区域，每个子区域由不同的处理器处理，LAMPPS 具有良好的并行扩展性。

Desmond 是由 D. E. Shaw Research 公司开发的免费分子动力学模拟软件，主要应用于生物体系，如膜蛋白、小分子等。可以使用 CHARMM、AMBER、OPLS 等力场参数。Desmond 对膜蛋白的模拟很方便，配合 Maestro 可以构建膜蛋白模拟体系。

10.8 在线药物设计资源列表

药物设计工作除了可以在本地计算机上开展，还可以提交到在线服务器进行，常见的在线服务包括化学结构式编辑、理化性质预测及分子对接等（表 10.5，表 10.6）。

表 10.5 在线化学结构编辑及理化性质预测资源

在线程序	网址	说明
PASS	http://195.178.207.233/PASS/	PASS（prediction of activity spectra for substances）在线评测站点，需要注册
ADME/Tox	http://www.admet.net/	英国 ADME/Tox 门户网站，资源丰富，需要注册
ACD/Labs Online	http://ilab.acdlabs.com/	开始于 1996 年，在线收费服务，计算化合物的 pKa、logP 及水溶性等参数，免费注册后使用 2 周
Daylight Web Services Demo	http://www.daylight.com/index.html	Daylight 公司在线输入 smiles 格式，计算各种理化性质，需要注册
Daylight TPSA calculation	http://www.daylight.com/meetings/emug00/Ertl/tpsa.html	Daylight 公司在线通过 JME 结构式编辑器输入二维结构，计算拓扑极性表面积
PETRA	http://www2.chemie.uni-erlangen.de/services/petra/smiles.html	Torvs 公司出品，在线输入 smiles 格式或通过 JME 结构式编辑器输入二维结构，计算各种理化性质
Leading-edge predictors	https://en.wikipedia.org/wiki/Leading_edge	在线预测化合物 logP 和 logW（25℃ 条件下非缓冲体系的水溶液中溶解度）
Interactive LogKow (KowWin) Demo	http://www.syrres.com/esc/est_kowdemo.htm	Syracuse 公司在线计算 logP
VCC-Lab Program	http://www.vcclab.org/lab/	包含 ALOGPS、ASNN 等诸多程序，可以在线计算化合物的亲脂性、水溶性及各种描述符
Molinspiration Property Calculator	http://www.molinspiration.com/cgi-bin/properties	在线预测化合物各种理化参数及评价类药性，需要 Java 支持
SPARC	https://en.wikipedia.org/wiki/SPARC	在线计算 pKa、logD 等理化性质
MolInfo	http://www.ks.uiuc.edu/Research/vmd/current/ug/node142.html	输入 smiles 格式，在线计算分子的各种理化性质
Vcharge	http://www.verachem.com/	VeraChem 公司在线计算化合物的点电荷
High speed Molecular properties calculator	http://www.molsoft.com/mprop	Molsoft LLC.公司在线进行化合物类药性预测及各种理化性质计算
PETRA_M	https://en.wikipedia.org/wiki/Petra_M._Sijpesteijn	Mol-net 公司在线计算化合物结构描述符
FAF-Drugs	http://fafdrugs2.mti.univ-paris-diderot.fr/	在线滤除动力学参数不佳或者毒性大的结构
TOXNET	http://toxnet.nlm.nih.gov	NCBI 站点中的化合物毒性相关数据库
PreADMET	https://preadmet.bmdrc.kr/	韩国网站，为学术用户在线提供药物的吸收、分布、代谢、排泄与毒性及成药可能性预测，需要注册

续表

在线程序	网址	说明
OSIRIS Property Explorer	http://www.organic-chemistry.org/prog/peo/	在线logP、溶解度、成药可能性预测
PBT Profiler	http://www.pbtprofiler.net/	化学品的持续性、生物累积性、毒性在线预测
SPARC Online Calculator	http://archemcalc.com/sparc-web/calc	在线计算小分子的pKa，结果详细，包括不同pH时各种电离结构的比例
LHASA	http://q-lead.com/	美国哈佛大学Elias J. Corey教授开发，用于化学反应设计、毒性预测及组合库设计
QuantumLead	http://quantumleads.com/	在线计算logP、pKa及化合物在水中和DMSO中的溶解性
1-Click Scaffold Hop	https://mcule.com/apps/1-click-scaffold-hop/	在线骨架跃迁

表10.6　在线分子对接资源

在线程序	网址	说明
GWIDD	http://gwidd.bioinformatics.ku.edu/home	GWIDD在线程序
Fastcontact	http://structure.pitt.edu/servers/fastcontact/	Fastcontact在线程序
SPIN-PP	http://wiki.c2b2.columbia.edu/honiglab_public/index.php/Main_Page	SPIN在线程序
HADDOCK	http://www.nmr.chem.uu.nl/whiscy/	HADDOCK在线程序
ClusPro	https://cluspro.bu.edu/login.php	学术用户免费，整合了DOT、ZDOCK、GRAMM三个程序，可以输入PDB编号
P.R.I.S.M.	http://gordion.hpc.eng.ku.edu.tr/prism/	PRISM在线程序
Protein-Protein Interaction Server	http://www.biochem.ucl.ac.uk/bsm/PP/server/index.html	需要上传准备好的结构
ZDOCK	http://zdock.umassmed.edu/	对学术用户免费
MolSurfer Map Request	http://projects.villa-bosch.de/dbase/molsurfer/submit.html	考察两个生物大分子相互作用
cKordo	https://myspace.com/ckordo	输入蛋白质体积不能太大
GRAMM-X	http://vakser.bioinformatics.ku.edu/resources/gramm/grammx/	分别上传受体和配体的PDB文件并指定链编号
PatchDock	http://bioinfo3d.cs.tau.ac.il/PatchDock/	PatchDock在线程序
SmoothDock	http://structure.pitt.edu/servers/smoothdock/	SmoothDock在线程序
NOMAD-Ref	http://lorentz.immstr.pasteur.fr/docking/submission.php	对接后进行优化
Pocket-Finder	http://pocketfinder.com/	蛋白质活性位点预测

10.9 小 结

本章对基于结构的药物设计方法(分子对接及虚拟筛选)和基于配体的药物设计方法(药效团模拟、定量构效关系)中所用到的软件进行了详尽的阐述,篇幅大多侧重于免费程序。基于以上内容的介绍,相信读者可以很方便地获得相应药物设计工具,来开展药物研发工作。可以预见的是,各类程序在不断更新,功能也在不断完善,同时新的程序也在推出。希望本章内容可以抛砖引玉,能让药物设计软件的总结更为丰富实用。

参 考 文 献

Accelrys. Accelrys Draw. http://accelrys.com/products/informatics/cheminformatics/draw/.
ACD. ACD/ChemSketch. http://www.acdlabs.com/resources/freeware/.
Amber organization. Amber software package. http://ambermd.org/.
BioSolveIT GmbH. LeadIT. http://www.biosolveit.de/leadit.
BioXGEM Lab. iGEMDOCK. http://gemdock.life.nctu.edu.tw/dock/igemdock.php.
Cambridge. ChemDraw. http://www.cambridgesoft.com/Ensemble_for_Chemistry/ChemDraw/.
CCDC. GOLD Suite. http://www.ccdc.cam.ac.uk/Solutions/GoldSuite/Pages/GOLD.aspx.
ChemAxon. Marvin Sketch. http://www.chemaxon.com/products/marvin/marvinsketch/.
Cherezov V, Rosenbaum D M, Hanson M A, et al. 2007. High-resolution crystal structure of an engineered human beta2-adrenergic G protein-coupled receptor. Science, 318(5854): 1258-1265.
CONFLEX Inc. Conflex. http://www.conflex.us/.
Cresset Inc. FieldTemplater. http://www.cresset-group.com/tag/fieldtemplater/.
D. E. Shaw Research. Desmond. http://www.deshawresearch.com.
Dart A E, Wells C M. 2013. P21-activated kinase 4—not just one of the PAK. European Journal of Cell Biology, 92(4-5): 129-138.
Deller M C, Rupp B. 2015. Models of protein-ligand crystal structures: trust, but verify. J Comput Aided Mol Des, 29: 1-20.
EMBL-EBI. LigPlot +. http://www.ebi.ac.uk/thornton-srv/software/LigPlus/.
Expasy. Swiss-Pdb Viewer. http://spdbv.vital-it.ch/.
Eyesopen. Openeye software package. http://www.eyesopen.com/.
GROMACS project. GROMACS software package. http://www.gromacs.org/.
HARvard. CHARMM. http://www.charmm.org/.
Inte: Ligand Inc. LigandScout. http://www.inteligand.com/ligandscout/.
Khanna I. 2012. Drug discovery in pharmaceutical industry: productivity challenges and trends. Drug Discovery Today, 17(19-20): 1088-1102.
Kuhnert M, Köster H, Bartholomäus R, et al. 2015. Tracing binding modes in hit-to-lead optimization: chameleon-like poses of aspartic protease inhibitors. Angew Chem Int Ed Engl, 54(9): 2849-2853.
Liao C, Sitzmann M, Pugliese A, et al. 2011. Software and resources for computational medicinal chemistry. Future Medicinal Chemistry, 3(8): 1057-1085.
Ma D L, Chan D S, Leung C H. 2013. Drug repositioning by structure-based virtual screening. Chemical Society Reviews, 42(5): 2130-2141.
Matthews T P, Jones A M, Collins I. 2013. Structure-based design, discovery and development of checkpoint kinase inhibitors as potential anticancer therapies. Expert Opinion on Drug Discovery, 8(6): 621-640.
MDL ISIS/Draw. http://www.neotrident.com/newweb/Downs/draw25.exe.
Mendoza M F, Hollabaugh N M, Hettiarachchi S U, et al. 2012. Human NAD(P)H: quinone oxidoreductase type I (hNQO1)

activation of quinone propionic acid trigger groups. Biochemistry, 51(40): 8014-8026.

Molecular Networks. CORINA online. http://www.molecular-networks.com/online_demos/corina_demo_interactive.

Molegro Inc. MVD. http://www.molegro.com/mvd-product.php.

Molsoft L. L. C. ICM. http://www.molsoft.com/.

National University of Singapore. PaDEL-ADV. http://padel.nus.edu.sg/software/padeladv/index.html.

O'Boyle N M, Banck M, James C A, et al. 2011. Open Babel: an open chemical toolbox. J Cheminform, 3: 33-46.

Persch E, Dumele O, Diederich F. 2015. Molecular recognition in chemical and biological systems. Angew Chem Int Ed Engl, 46(18): 3290-3327.

Petrey D, Chen T S, Deng L, et al. 2015. Template-based prediction of protein function. Curr Opin Struct Biol, 32C: 33-38.

Philippe Valadon. RasTop. http://www.geneinfinity.org/rastop/.

Pierce B G, Hourai Y, Weng Z. 2011. Accelerating protein docking in ZDOCK using an advanced 3D convolution library. PLoS One, 6(9): e24657.

Pymol organization. Pymol educational use. http://pymol.org/educational/.

Qing(Cindy)Zhang. Ligand Explorer. http://www.kukool.com/ligand/help/.

Quesada-Soriano I, Parker L J, Primavera A, et al. 2011. Diuretic drug binding to human glutathione transferase P1-1: potential role of Cys-101 revealed in the double mutant C47S/Y108V. Journal of Molecular Recognition, 24(2): 220-234.

Rasmussen S G, Choi H J, Rosenbaum D M, et al. 2007. Crystal structure of the human beta2 adrenergic G-protein-coupled receptor. Nature, 450(7168): 383-387.

Ravelli R B, Gigant B, Curmi P A, et al. 2004. Insight into tubulin regulation from a complex with colchicine and a stathmin-like domain. Nature, 428(6979): 198-202.

RCSB. Protein Data Bank(PDB). http://www.rcsb.org/.

Roger Sayle. RasMol. http://rasmol.org/.

Rosales-Hernández M C, Correa-Basurto J. 2015. The importance of employing computational resources for the automation of drug discovery. Expert Opin Drug Discov, 10(3): 213-210.

Rosenbaum D M, Cherezov V, Hanson M A, et al. 2007. GPCR engineering yields high-resolution structural insights into beta2-adrenergic receptor function. Science, 318(5854): 1266-1273.

Sali A. Modeller. http://salilab.org/modeller/.

Sandia National Labs. Large-scale Atomic/Molecular Massively Parallel Simulator(LAMMPS). http://lammps.sandia.gov/.

Schrodinger. Glide. http://www.schrodinger.com/productpage/14/5/.

SCM. ADF. http://www.scm.com/.

Scripps. AutoDock Tools Maunal. http://vina.scripps.edu/manual.html.

Scripps. AutoDock. http://autodock.scripps.edu/.

Shortridge M D, Varani G. 2015. Structure based approaches for targeting non-coding RNAs with small molecules. Curr Opin Struct Biol, 30C: 79-88.

SimBioSys Inc. CheVi for eHiTS. http://www.simbiosys.ca/ehits/index.html.

Simulations-Plus. MedChem Designer. http://www.simulations-plus.com/Products.aspx?grpID=1&cID=20&pID=25.

Sourceforge. PyRx. http://pyrx.sourceforge.net/.

Tautermann C S, Seeliger D, Kriegl J M. 2014. What can we learn from molecular dynamics simulations for GPCR drug design? Comput Struct Biotechnol J, 13: 111-121.

TCB Group. NAnoscale Molecular Dynamics(NAMD). http://www.ks.uiuc.edu/Research/namd/.

TCB Group. VMD. http://www.ks.uiuc.edu/Research/vmd/.

The MakeDocks tab. BDT. http://www.quimica.urv.cat/~pujadas/BDT/MakeDocks.html.

Tripos LP. Surflex. http://www.tripos.com/index.php?family=modules%2CSimplePage%2C%2C%2C&page=surflex_dock&s=0.

UCSF. Chimera. http://www.cgl.ucsf.edu/chimera/.

UCSF. DOCK. http://dock.compbio.ucsf.edu/.

University of Hamburg. PoseView. http://poseview.zbh.uni-hamburg.de/.

Wang J, Wang S J, Song D D, et al. 2009. Chalcone derivatives inhibit glutathione S-transferase P1-1 activity: insights into the interaction mode of α, β-unsaturated carbonyl compounds. Chemical Biology & Drug Design, 73(5): 511-514.

Wang J, Yan M C, Zhao D M, et al. 2010. Pharmacophore identification of PAK4 inhibitors. Molecular Simulation, 36(1): 53-57.

Xu W, Lucke A J, Fairlie D P. 2015. Comparing sixteen scoring functions for predicting biological activities of ligands for protein targets. J Mol Graph Model, 57C: 76-88.

Ye W, Wang W, Jiang C, et al. 2013. Molecular dynamics simulations of amyloid fibrils: an in silico approach. Acta Biochim Biophys Sin, 45(6): 503-508.

第11章 宏基因组学概述及生物信息学分析

夏 尧 马占山[①]

11.1 宏基因组学技术简介

人类基因组计划(human genome project, HGP)绘制出了人类基因组图谱,这为人类进一步探索自身的奥秘迈出了重要的一步,这是继曼哈顿原子弹计划和阿波罗登月计划后,人类科学史上的又一伟大工程。人类基因组计划的完成,促进了基因组功能性研究计划的开展,使我们从结构基因组学研究时代进入了后基因组研究时代,这标志着生命科学研究将在更深层次上对环境与基因组间的相互作用和对人类健康的影响进行系统而全面的探索。

随着研究的逐步深入,科学家逐渐认识到除自身基因组外,人类还有着第二套"基因组",即共生于人体的全体微生物的基因组,又可称为微生物群系(microbiome)。人体和微生物是一个共生系统,大量细菌共生于人体的皮肤、口腔、肠道系统和生殖器等部位,很多细菌不仅不会危害我们的健康,反而对人体有益,例如,能帮助人体进行消化、生长和防御等,是人体维持自身健康和正常生命活动不可或缺的一部分。此外,自然环境中的微生物与环境自身之间存在着广泛的相互作用,微生物依靠自身的代谢活动发挥或者维持着环境独特的生物学功能。

传统的微生物学研究已经向人们展示了微生物在生命活动和环境中所起的关键作用,然而,随着基因测序技术的进步,基于测序的宏基因组学(metagenomics)逐渐成为环境科学和微生物学领域中最活跃和最具潜力的学科方向。宏基因组学可以最大限度地发掘微生物群落的功能,为揭示微生物在人类健康及变化的环境中所起的重要作用奠定基础。宏基因组学的出现为我们探索微生物世界的奥秘提供了全新的方法,它将为解码生命、了解生命的起源、了解生命生长发育的规律、认识种属与个体间存在差异的起因、认识疾病产生的机制,以及疾病的预防诊治提供科学依据,也将为生态环境建设、生物技术推进提供支撑力量,最终将带来一场对微生物世界认知的革命性突破。

宏基因组技术通过对环境样本中全体微生物的全部DNA进行测序分析,不但能了解微生物群落的多样性及丰度等特征,还能发掘和研究具有特定功能的新基因,鉴别某些运用16S rRNA基因测序难以鉴别的微生物种类。该技术跨越了基于传统分子生物学研究的方法所不能逾越的鸿沟,为比较基因组学、流行病学和微生物演化等研究开启了崭新一页。其优势包括:第一,对目标样本中的全部基因组序列进行比对,可以提供极高分辨率和准确度的系统发育结构。第二,通过大样本的宏基因组测序和比对,可以较全面地发现

[①] 中国科学院昆明动物研究所、遗传资源与进化国家重点实验室(计算生物学与医学生态学实验室)。

自然压力选择下呈规律变异的特殊基因位点，这些位点往往联系着重要的表型。第三，对尽量多样化的微生物基因组进行测序，可以更准确地建立整个微生物界的种群结构，确立各个物种在演化中的地位，并能够充分挖掘微生物功能资源，更好地为人类服务。

鉴于宏基因组技术在微生物研究中发挥的重要作用，各种大型宏基因组研究计划相继启动，例如，"人类微生物宏基因组计划"（human microbiome project，HMP）、"肠道微生物宏基因组计划"（metagenomics of human intestinal tract，MetaHIT）和"地球微生物宏基因组计划"（earth microbiome project，EMP）等。2016 年，美国科学和技术政策局（Office of Science and Technology Policy，OSTP）与多家联邦机构、私营基金管理机构共同宣布启动"国家微生物宏基因组计划"（national microbiome initiative，NMI），旨在研究在人体和整个生态系统中数量巨大的微生物群系，主要关注的方向包括：第一，支持跨学科研究，解决多样化生态系统中微生物群系的基本问题，如什么是健康的微生物群系；第二，开发检测、分析微生物群系的技术平台；第三，培训更多的微生物群系相关工作人员。该计划希望大幅推进人们对微生物世界的认知并提高对微生物数据的解读能力，从而使得宏基因组技术在卫生保健、食品生产和环境恢复等领域更好地发挥作用。NMI 的启动是宏基因组学研究的一个里程碑，也意味着宏基因组技术为挖掘微生物资源带来了前所未有的机遇。

11.2 宏基因组学研究流程

11.2.1 样本采集与处理

样本采集是宏基因组研究的最初步骤，首先要注意的是采样环境的选择。理论上来说，任何环境都可以进行宏基因组研究。实际上，现行的测序技术对样本中 DNA 含量和质量有最低要求。因此，在选择采样环境前，除考虑研究目的外，还要考虑从样本中获取足量 DNA 的可行性，这些通常需要参考前人关于 DNA 提取的研究经验。除此以外，采样环境的选择还需考虑到后期数据分析的难易。样本来源环境的物种多样性（物种丰富度和均匀度）对宏基因组测序后分析有着很大的影响。样本采集后应尽快进行 DNA 提取和测序，以避免 DNA 降解。不同样本的 DNA 提取方案不同，应提前查阅文献资料充分准备。DNA 提取后需保证含量和质量满足测序平台要求方可进入测序分析流程。同时，应尽量排除非研究目标 DNA 的干扰，降低数据复杂性，所以可先对样本进行过滤处理，也可在后期分析中去除非目标物种序列。DNA 提取的方法对研究结果可产生重要的影响，因此，在同一系列的研究中，DNA 提取方法应保持一致。很多宏基因组研究的发现是数据挖掘和发现新问题的过程，这些研究旨在寻找宏基因组数据和背景数据（metadata）之间的统计学关联，它们之间的关联很可能催生有意义的生物学发现。因此，需要记录标准、全面和可计算的背景数据。例如，对海洋环境样本来说，通常记录采样日期、时间、坐标、深度、盐度、光强及 pH 等信息。对临床样本来说，通常记录患者的病理、医疗史、关键的统计指标和临床指标、采样部位及采样条件等。

11.2.2 两种基于 DNA 测序的微生物群落研究策略

宏基因组学研究最初的步骤都是提取群落中的微生物 DNA，DNA 提取后，可采用两种不同的策略对 DNA 进行研究。第一种是选择具有分类学意义的标记基因(marker gene)进行定向 PCR 扩增并测序分析，以获得微生物群落的结构特征。这种标记基因是每个分类单元(taxon)独有的高度保守基因，在分析中可作为该分类单元的代表，因此又被称为"条形码"(barcode)序列。例如，细菌的 16S 基因、哺乳动物的 mt16S 基因、昆虫的 CO1 基因、真菌的 ITS1 基因及植物的 rbcL 基因、trnl 基因和 matK 基因等。这种仅对条形码基因进行测序的技术又被称为宏基因条形码(metabarcoding)技术。宏基因条形码技术免除了对微生物基因组其他部分的测序需求，因此测序和分析成本较低，可对大量样品进行分析。局限性在于微生物物种分类依赖于有限的参考数据库，很多测序序列无法正确分类，而且涉及 PCR 扩增过程可能导致一些偏倚。另外一个局限是条形码序列仅含有分类信息，无法对群落的功能进行分析，目前有工具可将条形码序列与现有的参考数据库中相应物种基因组相联系从而粗略推断群落的功能，PICRUSt(Langille et al., 2013)和 Tax4Fun (Aßhauer et al., 2015)软件可以实现这种功能。

另外一种策略是不经扩增直接对提取的 DNA 进行鸟枪法测序(shotgun sequencing)，获得全部 DNA 序列的碎片化读段后直接进行分析(Reads 也可组装为 Contigs 后进行分析)。这种方法可称为狭义上的"宏基因组"技术(本章宏基因组一词是指狭义上的宏基因组)。宏基因组测序避免了 PCR 扩增导致的偏倚，更能反映样本的真实情况，而且，通过基因预测与注释可获得基因水平的多样性信息，有助于对微生物群落的功能进行准确的判断，还可发现新的基因与基因家族，还能经组装获得新物种的基因组。缺点在于测序成本较高，数据分析难度和成本较高，进行大规模的研究需要大量经费支撑，一种可行的策略是对大量样本进行宏基因条形码测序，然后选择其中少部分样本进行宏基因组测序。现代宏

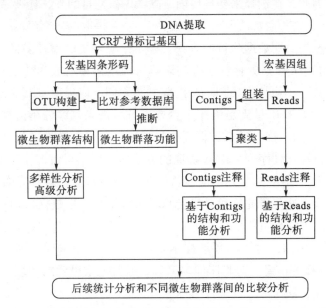

图 11.1 宏基因条形码和宏基因组分析流程图(参考 Scholz et al., 2011)

基因组测序研究通常需要每个样本通过双端测序(paired-end sequence)技术产生2~10Gb的数据量,最常用的高性价比平台是Illumina HiSeq测序平台。相比之下,宏基因条形码测序需要的数据量要小得多,常用Roche 454测序平台、Illumina MiSeq和Illumina HiSeq平台。两种方法的比较见图11.1。

11.3 宏基因测序数据的生物信息学分析

11.3.1 宏基因条形码测序数据分析

本节以细菌16S rRNA基因测序为例(简称16S测序),对宏基因条形码数据分析的重要流程进行阐述。

16S rRNA是原核生物核糖体30S小亚基的组成部分,既含有高度保守的恒定区,也含有在不同分类单元间变化较大的可变区(V1~V9/V10)。编码16S rRNA的基因就称为16S rRNA基因,有时也被称为16S rDNA(统称16S基因),长约1.5kb。参考16S基因的恒定区设计通用引物,即可对样本中所有微生物的16S基因进行扩增,之后通过测序便可得到所有16S基因序列,这些序列可作为每个微生物特有的条码并可进行微生物群落的结构分析。

理想情况下,应该对整个16S基因进行扩增测序,但受限于二代测序技术的读长,无法直接测得全长序列(三代测序技术可获得全长序列,但目前三代技术还不成熟,应用不广),通常的做法是对16S基因的某个片段进行测序。16S基因保守区与恒定区交替排列,因此,依据不同的恒定区设计的引物可以扩增不同的可变区片段。最初,研究者认为使用16S可变区进行测序分析与使用完整16S基因可以产生相同的结果,但现已证明可变区的选择会显著影响分析结果。有研究指出,使用包含多个可变区的稍长序列可获得更接近完整16S基因分析的结果。目的可变区需依据研究目的、研究对象、测序平台读段、前人研究基础等因素进行选择。

11.3.1.1 原始数据预处理

16S测序常采用混合测序策略,因此首先需要进行序列池分解,依据序列上连接的不同样本特异性的条码可将总的序列分解为各样本序列。之后,对低质量序列进行过滤。很多软件可以实现这一功能,例如,AlienTrimmer(Criscuolo and Brisse, 2013)、NextClip(Leggett et al., 2014)等。16S测序的扩增和测序过程中都有可能出现错误,产生很多背景噪声,可能导致对生物多样性的估计过高,因此需要进行去噪处理,Denoiser(QIIME)、AmpliconNoise(Quince et al., 2011)和Acacia(Bragg et al., 2012)可以实现这一步骤。16S测序涉及PCR扩增,扩增过程可能会产生嵌合体(chimera),混杂分析结果。去除嵌合体有多种算法和工具,例如,ChimeraSlayer(Haas et al., 2011)、UCHIME(Edgar et al., 2011)和DECIPHER(Wright et al., 2012)等。各种工具算法和原理不同,可能导致结果出现差异,使用时需加以注意。

11.3.1.2 OTU 分类

原始数据经预处理后进入正式分析流程。为了解样本当中存在哪些微生物,最直接的思路就是将每条序列比对至分类学参考数据库,这样可以获得样本中已知物种的分类信息。然而样本中还存在有大量未知物种,仅比对参考数据库无法全面了解样本的物种构成,进而进行多样性分析。因此,通常做法是将相似的序列聚为一类,称为可操作分类单元(operational taxonomic unit,OTU)。

尽管很多 16S 基因在同一分类单元中非常稳定,但仍有一些部分是可以存在变化的,而且,扩增和测序过程难免出错(错误碱基较少,序列未被过滤),因此,以 100% 相似作为聚类标准很可能将本质上同属一个基因组的序列划分为两个不同的分类单元。实际应用中,常用 95%、97% 或 99% 相似作为阈值(例如,MEGAN 软件推荐种间相似度为 99%,属间相似度为 97%,科间相似度为 95%),将高于相似阈值的序列进行聚类,划分为一个 OTU。因在宏基因条形码研究中无法获得完整基因组信息,不宜直接用物种或其他分类单位的概念,所以用 OTU 取代了"物种"(或其他分类单位)的概念进行系统发育分析和多样性分析。除利用序列相似性进行聚类以外,还可以通过比对参考数据库进行聚类。一种策略是保留与参考数据库匹配的序列,弃掉不匹配序列,另一种策略是保留匹配序列的同时将不匹配序列进行相似性聚类。比对参考数据库的同时便可获得各 OTU 的分类信息。不匹配序列可能源自未纳入数据库的新物种。OTU 构建完成后,首先对每个 OTU 进行计数,建立一个 OTU 表,用于之后的多样性分析,然后,每个 OTU 需要选择一条代表序列来作为这个 OTU 的序列进行分类学分析(OTU 构建前也可直接用测序序列进行分类学分析)。代表序列的选择有多种方法,可以随机选择,选最长的或者丰度最高的序列,或选第一个进入 OTU 的序列。选出代表序列后,通过比对参考数据库和建立系统发生树即可对 OTU 进行分类学注释。分类分析最关键的就是比对算法和含有分类学信息的参考数据库。下面着重介绍几个常用的参考数据库。

11.3.1.3 常用参考数据库

最重要的参考数据库是 GenBank(NCBI)、ENA(European Nucleotide Archive)和 DDBJ(DNA Data Bank of Japan)三大核苷酸数据库,以及整合三大数据库的 INSDC(International Nucleotide Sequence Database Collaboration)。还有一些专用的数据库,如 NCBI Taxonomy 是一个专业性分类数据库,不同于其他仅提供基于系统发育树的分类信息的数据库,NCBI Taxonomy 用户提交的序列将经由专业权威人工进行分类注释,其官方网站为:http://www.ncbi.nlm.nih.gov/taxonomy。

这些大型综合数据库包含了最全面的信息,但是,其中内容混杂,数据质量可能受到错误识别和低质量测序序列数据的影响。再者,比对大型数据库会大量消耗时间和计算资源。因此,有必要针对专门的研究目的建立专门的控制质量的参考数据库,以降低运算量。这些专用的数据库适用于快速准确地对庞大的宏基因条形码测序数据进行分类注释。以 16S 参考数据库为例,常用的有 RDP、Greengenes、SILVA、EzTaxon 和 LTP[①]。

---

① 限于篇幅,更多关于宏基因组分析的附件材料可向生物与医学生态学实验室(CBMEcology@outlook.com)索取。

11.3.1.4 16S rRNA 基因测序数据分析常用流软件包

1. Mothur

Mothur 是一款由密歇根大学微生物与免疫学系的 Patrick Schloss 博士团队基于 C 语言开发的生物信息学软件(Schloss et al., 2009)，在 Windows、Linux 和 Mac OS 操作环境下均可使用，是目前 16S 分析领域引用频次最高的一款软件(依据 Web of Science，截至 2016 年 7 月 30 日，已引用 3941 次)。Mothur 是一款集成了多种工具的流程化分析软件，包括 DOTUR、SONS、TreeClimber、LIBSHUFF、LIBSHUFF 和 UniFrac 等。除此之外，Mothur 还包含如下工具：①超过 25 种针对重要生态学参数，以估计 α 和 β 多样性的计算器；②包括 Venn 图、heatmap、系统树图在内的可视化工具；③数据质控工具；④基于 NAST 算法的比对工具；⑤双序列比对距离的计算工具。使用 Mothur 可以完成从序列预处理到多样性分析等所有基本分析步骤。

2009 年发布第一版后，Mothur 每年进行数次小规模的更新以对现有软件和方法进行扩展补充和 bug 修复，最新版本为更新于 2016 年 4 月的 v1.37。Mothur 获得 GNU 通用公共许可证(GPL, http://www.gnu.org/licenses/gpl.html)，面向所有用户免费开放资源，源程序代码在官方主页(http://www.mothur.org/)中 Download 页面可以找到，其用户可自由对软件进行修改，以添加自己的分析方法。官方网站也有大量的教程和分析实例供研究者学习使用。

2. QIIME (quantitative insights into microbial ecology)

QIIME 由加利福尼亚大学圣迭戈分校的 Rob Knight 实验室和北亚利桑那大学的 Gregory Caporaso 实验室共同开发，是一款基于 Python 语言的开源软件，于 2010 年发布(Caporaso et al., 2010)。

同 Mothur 非常相似，QIIME 也是一款整合了多种软件的工具包(依据 Web of Science，截至 2016 年 7 月 30 日，已引用 3658 次)，可以流程化实现从序列预处理到多样性分析等基本步骤。例如，QIIME 可采用 PyroNoise 进行去噪，ChimSlayer 和 UCHIM 进行嵌合体查找 BLAST、DOTUR 和 cd-hit 进行 OTU 构建，MUSCLE、Clustal、MAFFT 和 DIALIGN 进行比对，RDP Classifer 和 BLAST 进行分类注释，KiNG 进行结果可视化，TopiaryExplorer 和 PyCogent 进行分类树构建。

3. Mothur 和 QIIME 比较

Mothur 和 QIIME 同为微生物生态学研究领域最流行的软件包，用途和功能非常类似，但它们各有特点。研究人员从开发策略、数据共享、数据可视化、OTU 构建、分类、参考数据库等几个方面对这两款软件进行了比较[①]。

---

① 相关资料可向生物与医学生态学实验室(CBME cology @ outlook.com)

11.3.2 宏基因组数据分析

11.3.2.1 原始数据前期处理

1. 质量控制

高通量测序通常产生数以百万计的短读段，这些原始数据首先需要经过预处理才可进入正式的分析流程。预处理包括去噪，过滤低质量的序列，移除条码和引物等。有很多软件可以完成这一步工作，比较著名的有：SolexaQA(Cox et al., 2010)、Trimmomatic(Bolger et al., 2014)和PRINSEQ(Schmieder and Edwards, 2011)等。

2. 序列组装

目前，宏基因组领域运用最广泛的是二代测序平台。这类平台测序所获得的原始数据是大量碎片化的短读段。为获得更长的序列，可把读段逐步组装成更长的序列(Contigs，Scaffolds)。

是否对宏基因组数据进行组装是一个重要的问题。全基因组测序(whole-genome sequencing, WGS)是对单个物种的整个基因组进行测序，其目的通常都是获得该物种的完整基因组序列，因此必须进行组装。宏基因组的研究目的主要是从整体上研究微生物群落的结构与功能，因此，并不一定需要组装。最直接的思路是不经组装，直接对未组装读段进行分析。微生物基因组通常含有很少的基因间序列，因此大部分测序短序列包含一个或多个基因的片段，据此，将读段直接比对至参考基因组数据库或功能基因数据库，然后可用不同的方法进行系统分类和功能注释。某些宏基因组的研究目的也包括获取物种的基因组或全长基因，此时也必须进行组装。序列组装可以获得更长的基因组片段，从而简化数据集，提高聚类和注释等分析的准确性，还可得到全长基因和基因组。

但序列组装本身也是一项非常复杂的分析工作，存在一定负面效应。例如，嵌合体Contigs的产生，尤其容易发生在样本中含有多个近缘物种或多个物种含高度保守序列时。序列组装也歪曲了丰度信息，因为源自高丰度物种的重叠序列会被识别为同一个基因组而组装在一起，导致了对高丰度物种序列的低估。此外，是否组装及需要组装多长的序列还需要考虑分析工具的要求。

虽然序列组装既有有利的一面也有不利的一面，但从复杂的多基因组碎片数据中组装出单基因组序列，不仅是宏基因组研究面临的最大挑战，也是诸多研究者孜孜以求的目标，因此，序列组装也是宏基因组数据分析的一个重要步骤。

基因组装主要有两种策略，一种是基于参考数据库的组装，这种方法非常节约计算资源，通常可在个人电脑上完成，但是依赖于可用的参考数据库。实际上，绝大多数微生物群落包含株和种级的显著变异，这些变异没有被参考数据库覆盖，使得这类组装方法的应用不太适于宏基因组数据。另一种策略是 *de novo* 组装，这种组装策略不需要任何的已知基因组进行参考，主要依靠读段的重叠部分和一些复杂的算法完成，因此需要消耗大量的计算资源。目前，大部分组装工具是用于组装单基因组的，宏基因组产生大量属于多个基因组的短序列，直接使用单基因组组装方法不太合适，可通过聚类分析，把相似的读段聚为一类,再进行单基因组组装。

也有针对宏基因组数据设计的专用组装工具,很多工具建立在传统的 de Brujin graph 方法之上,例如,MetaVelvet(Namiki et al.,2012)和 Meta-IDBA(Peng et al.,2011)。另外一种工具 Genovo(Laserson et al.,2011)针对组装集建立概率模型,输出一列概率似然值最高的 Contigs。因为宏基因组数据太过复杂,其 *de novo* 组装需大量消耗计算资源,有的实验室无法进行。所以,有人也设计了提高计算效率的工具,例如,khmer(Hayashida and Akutsu,2010)通过改善 de Bruijin grah 结点的数据存储结构提高效率;PRICE(Ruby et al.,2013)执行一系列数据缩减程序来降低数据的复杂性;MetAMOS(Treangen et al.,2013)是一个流程化的工具,可执行多种组装算法,同时可对产生的 Contigs 直接进行分类注释和功能注释。

11.3.2.2 微生物群落结构分析

1. 标记基因分析

宏基因组研究中最关键的初步分析工作是揭示样本中微生物群落的结构,根据物种(或其他分类单元)丰度对其进行量化。16S 测序可通过对标记基因的扩增和测序,对标记基因进行分析,可以得知样本中存在哪些物种或 OTU 及它们的丰度信息,从而获得微生物群落的分类学组成和系统发育结构。理论上来说,宏基因组测序可以获得样本中所有基因组的信息,其中自然包括了标记基因的片段。用于多样性分析的参考标记基因应含有分类信息,已存在于可用数据库,因此,可以靠比对序列与参考数据库进行分析。找出同源序列后,使用序列相似度或者系统发育信息便可对同源序列进行分类学注释。

最常用的标记基因有核糖体 RNA(rRNA)基因或普遍存在于微生物基因组中的单拷贝蛋白质编码基因(多拷贝基因易混淆丰度估计),这一方法将宏基因组测序读段与相对较小的标记基因参考数据库进行比对,因此是一种相对快速的宏基因组数据物种多样性的估计方法。这一分析策略既可以对未组装序列(读段),又可对已组装序列(Contigs)进行分析,要注意的是,某些方法仅可分析其中一种数据。受可用参考数据库的限制,参考标记基因同源的序列仅占宏基因组数据的一小部分,因此,仅部分序列可通过标记基因进行分类注释和功能推断。更深入的分析需要用到其他方法,如之后介绍的分类和聚类。

用于标记基因分类注释的主要有两大类方法:①基于序列相似性;②基于系统发育信息。

1)基于序列相似性的方法

这种方法主要依靠测序读段与标记基因的序列相似性进行注释。例如,MetaPhyler(Liu et al.,2011)利用读段与标记基因数据库的双序列比对结果,以及一系列考虑了家系属性(如进化率)和读段属性(如读段)的分类器进行分类注释。MetaPhlAn(Segata et al.,2012)使用一个含系统发育树"树枝"特异性标记基因(即仅在某一单系类群中普遍存在的单拷贝基因家族)的数据库,通过比对进行分类注释。MEGAN(Huson et al.,2007)可通过运用最近公共祖先(lowest common ancestors,LCA)算法分析读段与参考基因组的 BLAST 比对结果进行系统分类。

2）基于系统发生的方法

这种方法将系统发育信息纳入分析，计算时间比前一种方法更长，但准确性更高。例如，PhyloSift（Darling et al.，2014）使用了边缘主成分分析（edge PCA）来识别树中特异的世系。PhylOTU（Sharpton et al.，2011）通过构建进化树把 16S 基因的非重叠同源读段联系起来，随后依据进化距离把这些读段聚类为分类群。

2. 分类和聚类

分类（classification）和聚类（binning）的目的都是将宏基因组序列（读段或 Contigs）依据某些特征分配至某个群组，该群组可能代表一个分类群的基因组或与之近缘的分类群基因组，从而可使我们清楚地了解样本中可能含有的微生物的种类和丰度，还能识别其他方法难以发现的新物种，同时，把每个"类"看作单基因组进行组装和注释等，可降低分析难度。

分类和聚类最主要的区别：分类是基于宏基因组序列与已知分类群序列的相似性把宏基因组序列归入不同分类群，可看作监督学习过程，聚类则是不需要参考序列，依据组成特征把相似序列聚为一类，可看作非监督学习过程。

分类（聚类）的准确性依赖于下述几个因素。首先，序列长度，2kb 或更长的片段序列比短一些的序列分类更为准确，对短于 1kb 的序列进行准确分类比较困难。其次，微生物群落复杂性（组成群落的种系型数目）也是决定分类准确性的因素。另外，用于比对或用于训练聚类器的参考数据也会对结果产生影响。分类的方法主要可分为两大类：①依靠分类学的方法（分类）；②不依靠分类学的方法（聚类）。

1）依靠分类学的方法

大部分聚类方法属于依靠分类学的方法。这类方法主要依靠的是宏基因组序列（读段或 Contigs）与参考数据库或与预先训练的机器学习模型的相似程度进行聚类。没有达到预先定义的相似条件的序列可归为"未分类"序列。依据判断相似的方法不同，又可把这类方法进一划步分为：①基于比对的方法；②基于序列组成的方法。

（1）基于比对的方法。

这类方法常通过直接比对宏基因组序列至已知具有分类学信息的参考数据库进行分类。常用的比对方法有 BLAST（Altschul et al.，1990）、BLAT（Kent，2002）和 BOWTIE（Langmead et al.，2009）等。有大量可用的参考数据库，例如，ENA、NCBI Genbank、NCBI Refseq、DDBJ、Ensembl、Pfam 和 UniProt 等。通过与数据库中不同序列的匹配结果，可将宏基因组序列分配至不同的分类学群组。MG-RAST（Glass et al.，2010）和 CAMERA（Kuhl et al.，2012）采用了这种策略对序列进行分类。该方法准确性较高，还可直接获得精细的分类信息。但是这种方法需要消耗大量的计算资源，因为每一条序列都要与参考数据库中大量的序列进行比对，而且，有很大一部分宏基因组序列来源于未知物种（或者属、科等更高的分类等级），此时如果通过 BLAST 匹配将未知序列分配至同个分类等级的邻近物种（或其他分类单元）是不正确的。针对这些问题，MG-RAST 提供了基于最近公共祖先（LCA）算法，使用 LCA 算法可将未知物种序列分配至其最近公共祖先分类群。LCA 方法最关键的一步是"显著匹配"值的设定，这个值可作为输入文件进行预设。MEGAN 使用单参数（bit-score）判断显著匹配，有研究表明，这种单参数的方法对分类分配的特异性/准确性存在影响。SOrt-ITEMS(Haque et al., 2009)、DiScRIBinATE(Ghosh et al., 2010)、ProViDE(Ghosh et al., 2011)、MetaPhyler(Liu et al. 2011)和 MARTA(Horton et al., 2010)采用了多参数方法来克服这一缺陷。这5种方法使用的参考数据库不同。Sort-ITEMS 和 DiScRIBinATE 采用了 nr 数据库；MetaPhyler 采用了包含31个系统发育标记基因家族序列的自定义数据库；MARTA 采用 nt 数据库或自定义的基因组序列数据库；ProViDE 是用于宏病毒组序列聚类的方法。

CARMA(Kuhl et al., 2011)采用了基于隐马尔可夫模型(HMM)的方法。CARMA 首先使用 BLASTX 对宏基因组序列 Pfam 数据库中的蛋白质序列进行比对，随后，通过比较每条宏基因组序列与蛋白质家族的 HMM 建立系统发育树，通过在发育树上的位置来推断宏基因组序列所属的分类群组。

(2)基于序列结构的聚类。

该方法基于这样一个事实：基因组的核苷酸构成非常保守，具有结构特异性，例如，固定的 GC 含量，特定的 k-mer 丰度分布等，这些结构特征可看作基因组的标签，这种标签能反映在基因组的片段上。因此，可把结构特征相近的序列聚成一类，可认为它们同属一个基因组。这一方法不需要比对参考数据库，因此，速度较快，适用范围较广，而且可以发现未知物种。

虽然不用比对参考数据库，但很多方法需用到参考数据库来构建训练数据集，通过训练数据集对分类器进行训练，而后对序列进行聚类。例如，PhyloPythia(McHardy et al., 2007)运用支持向量机(support vector machine, SVM)方法，NBC(Rosen et al., 2011)使用朴素贝叶斯(naïve-Bayesian)方法分析大量属于已知分类群组的序列进行训练，建立寡核苷酸频率模型，用以决定某序列是否属于某一群组。Phymm(Brady and Salzberg, 2009)使用引入了内插值填补的马尔可夫模型(interpolated Markov model, IMM)，该模型结合了源自多种训练序列寡核苷酸长度的预测可能性，再加上 BLAST 的比对结果(可选择项)，可将读段分至不同的系统发生世系。TACOA(Diaz et al., 2009)首先通过分析碱基组成建立基因组特异性的模型，随后通过 k 临近算法(k-NN)对序列进行分类。ClaMS(Pati et al., 2011)通过 de Bruijn gragh 和马尔可夫链生产训练序列的标志模型，通过比较宏基因组序列和训练序列的标志进行分类。RAIphy(Nalbantoglu et al., 2011)应用了相对丰度指数进行分类。

上述方法基于同一个基因组序列组成模式相同这一假设。但是，现已知有的基因组在不同区域具有异质性，可能导致上述方法出现偏差。INDUS(Mohammed et al., 2011a)算法弃用了这一假设，将每个基因组当成多个向量组成的集合对待。也有工具同时考虑了序列结构和相似性，如 PhymmBL(Brady and Salzberg, 2009)，SPHINX(Mohammed et al., 2011b)。

2)不依靠分类学的方法

属于这一类的方法不需要用到参考数据库，直接依靠序列特征进行聚类，主要有 CompostBin(Chatterji et al., 2008)、MetaCluster(Yang et al., 2010)和 AbundanceBin(Wu and Ye, 2011)等。这类方法不能直接进行分类注释，但可把序列聚类后按类分别进行组装获取完整基因组，可用于识别未知物种。

聚类分析需要考虑输入数据类型，可用的参考数据库、训练数据集、参考基因组等。

通常来说，因为信息量不足，基于序列组成的方法并不适用于短读段。通过训练数据集对分类器进行训练可有效提高这类方法的分类能力。基于序列相似的方法可准确分类，但需依赖可用的参考数据库，因此无法对未知物种序列进行聚类。如因读段较短导致聚类效果不佳时，可考虑组装 Contigs 后再进行聚类，但要注意组装过程中出现错误的可能性。

11.3.2.3 微生物群落功能注释

宏基因组的功能注释最主要的任务就是在大量序列中找出编码蛋白质的序列，并确定对应蛋白质的功能，简单来说就是基因预测(gene prediction)和基因注释(gene annotation)两个步骤，由于这两个步骤紧密相连，也有人直接将它们合称功能注释(gene annotation)，与上述分类注释相对应。后续的代谢通路重建、比较分析都是在功能注释的基础上进行的。

1. 基因预测

基因是基因组中的基本功能单元，更高级的功能单元如操纵子、转录单位和功能网络等均由基因构成。从复杂的宏基因组测序数据中找出基因，是功能分析的基本步骤。同全基因组测序一样，宏基因组数据也可通过基因预测来寻找基因。很多传统的基因预测工具对序列长度有要求，不适用于短序列，而且很多工具采用监督学习的方法进行预测，需要预先使用训练数据集建立物种特异性的基因预测模型。宏基因组由来自多个物种的序列组成，通常包含大量短序列(未组装读段)。因此，部分序列不包含完整的基因，缺乏起始或终止密码子(或二者都缺)。此外，宏基因组常出现移码突变(尤其是低覆盖度时)。因此，传统的基因预测工具并不适用于宏基因组数据。

对已知基因(或其同源基因)的预测最常用的方法是通过与参考数据库(基因、蛋白质或代谢通路等数据库)进行比对。比对结果可以告诉我们宏基因组中存在哪些已知的基因或基因家族。但对于新基因(与参考基因无同源性的基因)来说，无法通过比对参考数据库进行预测，需通过依靠基因特征进行训练的监督学习算法(大部分采用马尔可夫或隐马尔可夫模型)进行识别，这种方法称为从头计算($ab\ initio$)方法，也有人称之为 $de\ novo$ 预测。这类方法可发现与已知基因特征相似但序列不同的新基因，特别适用于含有大量未知基因的宏基因组数据。

现已有很多适用于宏基因组基因预测的工具，例如，MetaGeneMark(Zhu et al., 2010)和 GlimmerMG(Kelley et al., 2012)应用从头计算法，通过"启发式"模型和二阶马尔可夫链进行分析。有时，宏基因组的组装质量并不理想，存在很多短读段。FragGeneScan(Rho et al., 2010)可对短至 60bp 的读段进行分析，有研究指出，该工具对类 Illumina 测序读段的数据分析结果最为准确，而对读段较长(如 454 测序)的数据，或者是组装良好的数据，大部分工具预测结果都较为准确。另外用于宏基因组数据的预测工具还包括 MetaGeneAn-notator(Noguchi et al., 2008)和 Orphelia(Hoff et al., 2009)。FragGeneScan 基因预测错误率可低至 1%～2%，真阳性率(灵敏度)约为 70%(优于其他方法)，意味着仍然有很多基因没能被预测，这些没能被发现的基因可通过 BLAST 等比对方法对参考数据库进行检索来寻找，但宏基因组庞大的数据量对比对这些方法提出了较高的计算资源需求。基因预测工具的效果与序列的特征有很大的关系，例如，序列读段和测序错误率等。无论采取哪种方法，de novo 基因预测的质量通常低于使用参考基因组的方法，联合使用多种工具，对基因间隔区域进行扫描以寻找被忽略的基因，使用移码突变检测工具等策略可以最大限度地克服局限性。

2. 功能注释

微生物群落的功能信息反映于群落内所有微生物的基因及其转录翻译产物，因此，最直接的功能分析策略是将基因预测得到的基因（即可编码蛋白质的序列）比对至蛋白质编码序列参考数据库，例如 NCBI nt 或 MetaHIT unique CDS 等，计算匹配序列数并对功能进行评分。有大量的比对工具可以用于这一分析策略，如 BWA（Li and Durbin, 2009）、BOWITE（Langmead et al., 2009）、FR-HIT（Niu et al., 2011）和 BLAST（Altschul et al., 1990）等。由于处理信息量非常巨大，因此，计算速度是该策略的一个重要考量方面，另一个需要考虑的是由于高度启发式的过程所造成的假阳性结果。FR-HIT 在速度和正确率二者间有着较好的平衡，它的正确率与速度较慢的 BLAST 相仿，高于速度较快的 BWA 和 Bowtie。这种分析策略获得的原始定量信息常常需要对参考编码序列的长度进行标准化。考虑到由于不同微生物之间的功能同源导致的序列保守性，可能会导致比对至基因高度保守区域的序列由于打分相近分配至不同的目标，有一种解决方法是使用蛋白质数据库作为参考数据库，例如 NCBI nr、SMART 和 UniProt/UniRef，并利用专门用于蛋白质的快速检索工具如 RAPsearch（Ye et al., 2011）进行序列检索。还有一种可能的解决方法是使用含有多重序列比对（multiple sequence alignment, MSA）信息的蛋白质家族数据库作为参考数据库，如 Pfam 和 TIGRfram 等。HMMer（Eddy, 2011）可在这类数据库中搜索某蛋白质的同源物，判断蛋白质是否含有某结构域或属于某个家族，可用于宏基因组序列或基因的功能注释。

还有一些可用于比对进行功能注释的参考数据库包括：直系同源蛋白簇数据库（COG 与 eggNOG），代谢通路和亚系统数据库（KEGG 和 SEED），蛋白质相互作用数据库（STRINGS）。同源蛋白簇数据库包含系统发育信息，每个直系同源蛋白簇（COG）的成员被认为来自同一个祖先，保留有相同的功能，因此，通过 COG 数据库比对进行注释可利用已知蛋白质推断未知蛋白质的功能。SEED 数据库将蛋白质进行了亚系统分类，主要依靠权威专家把发挥同一类密切相关功能的蛋白质分为不同亚系统。类似地，KEEG 数据库提供了根据生物学系统的基因和化学信息构建的代谢通路图。通过对 SEED 和 KEGG 数据库进行比对，便可以推断出蛋白质的亚系统和代谢通路信息。

上述功能注释方法都是基于比对序列与参考数据库，因此，有研究者将它们归类为基于同源性的方法。有很多流程化的分析工具整合了多种方法和数据库进行功能注释，例如，MG-RAST（Glass et al., 2010）、IMG/M（Markowitz et al., 2008）、CAMERA（Kuhl et al., 2011）和 MEGAN（Huson et al., 2007）等。这些工具最常用的算法是 BLAST 和改进的 BLAST，如 BLASTX、BLASTP、RPS-BLAST 等。MG-RAST 也使用了敏感度较低但速度更快的 BLAT。此外，敏感性更高的基于谱与模式的比对方法也常被这些工具采用。例如，在蛋白质家族数据库 Pfam 和 TIGRfam 中使用的基于隐马尔可夫模型（HMM）的算法进行检索。最后，通过统计学分析计算最佳匹配即可直接对检索的蛋白质进行注释。这类方法最主要的问题有：由于宏基因组数据量庞大，消耗的计算资源巨大；基于 BLAST 的功能注释存在一定的传递误差(据估计在 13%～15% 左右);还有一个主要的问题是,由于参考数据库的覆盖范围有限,有的序列无法找到蛋白质同源物,因此无法通过比对进行功能注释;宏基因组数据的碎片化特征也会影响预测效果。

现已知宏基因组数据中含有约 50% 功能未知的蛋白质序列(可称为 ORFans),这个比例还会随着物种的丰富度而增加。ORFans 可分为三类:由于基因预测错误产生的假基因;在二级结构和三级结构水平有同源参考蛋白质,但一级结构没有的蛋白质;真正的新基因。为确定 ORFans 是否是真正的新基因,需要对以上可能的分类进行逐一排除。针对基因预测错误导致 ORFans 的情况,可使用 Ka/Ks 比例,既异义替换(Ka)和同义替换(Ks)之间的比例来判断是否有选择压力作用于某个序列,如果该值接近 1 则说明没有选择压力的作用,该序列是一个真正编码蛋白质的序列的可能性很低。针对第二种情况,可使用高级结构 *de novo* 预测工具,如 I-TASSER、QUARK 或 RaptorX 进行结构预测,并用 STRAP 进行结构比较,以排除第二种情况。如果 ORFans 既不属于第一类又不属于第二类,那就很可能是一个新的基因。要最终确定这个新基因和它的功能还需要借助实验室手段。

宏基因组数据常含有较多短序列,往往导致出现一些不完整蛋白质片段。此外,一些功能相同的蛋白在序列水平变异较大,基于同源性的方法往往不能很好地对这些序列进行注释,但这些蛋白通常含有相近的序列或结构模式,或者含有相同的模体(motif)以保持相同的结构与功能。PROSITE 和 PRINTS 数据库提供了这样的模式或模体信息,通过对它们的比对(或者比对一个整合的 InterPro 数据库,IMG/M 包含了 InterPro 数据库)可对上述序列进行注释。这种方法存在的问题是短序列匹配通常表现出较低的统计学意义,而且假阳性率可能较高。但是,鉴于宏基因组含有较多未知序列,建议在进行其他功能注释的同时也进行基于模体的注释,以期发现更多的信息。

11.3.2.4 代谢通路分析

通过以代谢通路数据库(如 KEGG 和 MetaCyc 等)作为参考数据库的功能注释可获得微生物群落的代谢通路及其丰度信息,最简单的方法是以表格的形式计数最佳匹配的频数,这种方法可称为朴素通路计数(naïve pathway counting,NPC)。然而 Simon 和 Daniel(2011)提出,由于通路存在重叠(即一个酶可属于多条通路),NPC 法会高估样本中实际的通路数量。一种基于简约法的工具 MinPath(Ye and Doak,2009)采用蛋白质家族预测进行通路重建,可获得代谢通路的最小子集。

另外一种优于 NPC 的是 HUMAnN(HMP Unified Metabolic Analysis Network)(Abubucker et al.,2012)。该软件首先采用匹配至某蛋白质家族的按比例加权的序列数(考虑了每条序列的多个匹配)决定该蛋白质家族的相对丰度。随后通过 MinPath 把蛋白质家族分配至通路。然后通过分类学限制步骤进一步控制假阳性,并对空缺进行填补。最后,报告每条通路的覆盖度(完成度的似然值)和丰度(通路的平均拷贝数)。

11.3.2.5 功能比较分析

由于细菌和古细菌这类微生物编码基因密度较大,平均基因长度较长,因此,宏基因组数据中大多数序列可包含编码序列。所以可以一定程度上忽略物种的影响,直接将微生物群落看作一个整体进行功能比较分析。将基因或基因片段比对至参考数据库,进行标准化后可以计算该基因的相对丰度。这种方法主要用于比较不同样本间的功能家族或亚系统的相对丰度之间的差异,从而对功能差异进行分析。

相对丰度的计算是功能比较分析的基础,要注意序列组装可能对频率估计造成的影响。因此,这种方法可用未组装的序列来进行,或者是把组装 Contigs 的深度纳入计算。依据参考数据库的不同可以得到不同的丰度谱,例如,比对 COGs、Pfam、KEGG、SEED 等都可以产生不同类别的丰度谱用于比较。直接比较丰度差异后还应作统计学检验以确定这种差异是否具有统计学意义。常用 Heatmap 直观的可视化展示。此外,例如,主成分分析(PCA)和多维度分析(MDS)等统计方法还可用来分析影响因素。Kunin 等(2008)对基因功能比较分析常用的方法和局限性进行了详细的综述。几个可用于比较分析的软件包括 Metastats(Paulson et al.,2011)和 R 软件包 ShotgunFunctionalize R(Kristiansson et al.,2009)。

11.3.2.6 常用参考数据库

宏基因组可用的参考数据库数量非常之多,例如,三大权威核苷酸数据库,即 GenBank、ENA 和 DDBJ;蛋白质数据库,即 Pfam 和 UniProt 等。分类注释常常选择核苷酸数据库作为参考数据库,功能注释则常选择蛋白质(或蛋白质家族)数据库。研究人员对 NCBI Refseq、Uniprot、EggNOGs、Pfam 和 KEGG 等几个具有代表性的数据库进行了简要的介绍[①]。

11.3.2.7 常用宏基因组学分析工具

宏基因组常用的分析工具总结于表 11.1,受篇幅限制,此处仅列出软件名称。各软件下载地址详见第十一附录。

表 11.1 宏基因组数据分析常用工具

功能	用途	软件名
序列组装	用于宏基因组序列组装	MetaVelvet、Meta-IDBA、Genovo
结构分析	标记基因分析/基于序列相似性	MetaPhyler、MetaPhlAn、MetaPhlAn2、MEGAN
	标记基因分析/基于系统发生	PhyloSift、PhylOTU
	依靠分类信息的聚类/基于比对	MEGAN、SOrt-ITEMS、DiScRIBinATE、ProViDE、MetaPhyler、MARTA、CARMA
	依靠分类信息的聚类/基于序列组成	Phylopythia、NBC、Phymm、TACOA、ClaMS、RAIphy、INDUS
	同时考虑比对和序列结构的聚类	PhymmBL、SPHINX
	不依靠分类信息的聚类	CompostBin、AbundanceBin、MetaCluster

---

① 限于篇幅相关资料可向生物与医学生态学实验室(CBME cology @ outlook.com)索取。

续表

功能	用途	软件名
功能分析	基因预测	MetaGeneMark、GlimmerMG、FragGeneScan、MetaGeneAnnotator、Orphelia
	功能注释/比对核酸数据库	BLAST、FR-HIT、Bowite
	功能注释/比对蛋白质数据库	RAPsearch
	功能注释/比对蛋白质家族和结构域数据库	HHMER
	代谢通路分析	MinPath、HUMAnN
	功能比较分析	Metastats、ShotgunFunctionalizeR

参 考 文 献

Abubucker S, Segata N, Goll J, et al. 2012. Metabolic reconstruction for metagenomic data and its application to the human microbiome. PLoS Computational Biology, 8(6): e1002358.

Altschul S F, Gish W, Miller W, et al. 1990. Basic local alignment search tool. Journal of Molecular Biology, 215(3): 403-410.

Aßhauer K P, Wemheue B, Daniel R, et al. 2015. Tax4Fun: predicting functional profiles from metagenomic 16S rRNA data. Bioinformatics, 31(17): 2882-2884.

Bolger A M, Lohse M, Usadel B. 2014. Trimmomatic: a flexible trimmer for Illumina sequence data. Bioinformatics, 30(15): 2114-2120.

Brady A, Salzberg S L. 2009. Phymm and PhymmBL: metagenomic phylogenetic classification with interpolated Markov models. Nature Methods, 6(9): 673-676.

Bragg L, Stone G, Imelfort M, et al. 2012. Fast, accurate error-correction of amplicon pyrosequences using Acacia. Nature Methods, 9(5): 425-426.

Caporaso J G, Kuczynski J, Stombaugh J, et al. 2010. QIIME allows analysis of high-throughput community sequencing data. Nature Methods, 7(5): 335-336.

Chatterji S, Yamazaki I, Bai Z, et al. 2008. CompostBin: A DNA composition-based algorithm for binning environmental shotgun reads. Annual International Conference on Research in Computational Molecular Biology. Berlin Heidelberg: Springer: 17-28.

Cox M P, Peterson D A, Biggs P J. 2010. SolexaQA: At-a-glance quality assessment of Illumina second-generation sequencing data. BMC Bioinformatics, 11(1): 485.

Criscuolo A, Brisse S. 2013. Alientrimmer: a tool to quickly and accurately trim off multiple short contaminant sequences from high-throughput sequencing reads. Genomics, 102(5): 500-506.

Darling A E, Jospin G, Lowe E, et al. 2014. PhyloSift: phylogenetic analysis of genomes and metagenomes. Peer J, 2(12): e243.

Diaz N N, Krause L, Goesmann A, et al. 2009. TACOA-Taxonomic classification of environmental genomic fragments using a kernelized nearest neighbor approach. BMC Bioinformatics, 10(1): 56.

Eddy S R. 2011. Accelerated profile HMM searches. PLoS Computational Biology, 7(10): e1002195.

Edgar R C, Haas B J, Clemente J C, et al. 2011. UCHIME improves sensitivity and speed of chimera detection. Bioinformatics, 27(16): 2194-2200.

Ghosh T S, Haque M, Mande S S. 2010. DiScRIBinATE: a rapid method for accurate taxonomic classification of metagenomic sequences. BMC Bioinformatics, 11(Suppl. 7): 1-11.

Ghosh T S, Mohammed M H, Komanduri D, et al. 2011. ProViDE: A software tool for accurate estimation of viral diversity in metagenomic samples. Bioinformatics, 6(2): 91-94.

Glass E M, Wilkening J, Wilke A, et al. 2010. Using the metagenomics RAST server (MG-RAST) for analyzing shotgun metagenomes. Cold Spring Harbor Protocols, 2010(1): pdb-rot5368.

Haas B J, Gevers D, Earl A M, et al. 2011. Chimeric 16S rRNA sequence formation and detection in Sanger and 454-pyrosequenced PCR amplicons. Genome Research, 21(3): 494-504.

Haque M M, Ghosh T S, Komanduri D, et al. 2009. SOrt-ITEMS: Sequence orthology based approach for improved taxonomic estimation of metagenomic sequences. Bioinformatics, 25(14): 1722-1730.

Hayashida M, Akutsu T. 2010. Comparing biological networks via graph compression. BMC Systems Biology, 4: S13.

Hoff K J, Lingner T, Meinicke P, et al. 2009. Orphelia: predicting genes in metagenomic sequencing reads. Nucleic Acids Research, 37(Suppl. 2): 101-105.

Horton M, Bodenhausen N, Bergelson J. 2010. MARTA: a suite of Java-based tools for assigning taxonomic status to DNA sequences. Bioinformatics, 26(4): 568-569.

Huson D H, Auch A F, Qi J, et al. 2007. MEGAN analysis of metagenomic data. Genome Research, 17(3): 377-386.

Kelley D R, Liu B, Delcher A L, et al. 2012. Gene prediction with Glimmer for metagenomic sequences augmented by classification and clustering. Nucleic Acids Research, 40(1): e9.

Kent W J. 2002. BLAT—the BLAST-like alignment tool. Genome Research, 12(4): 656-664.

Kristiansson E, Hugenholtz P, Dalevi D. 2009. ShotgunFunctionalizeR: an R-package for functional comparison of metagenomes. Bioinformatics, 25(20): 2737-2738.

Kuhl C, Tautenhahn R, Bottcher C, et al. 2012. CAMERA: an integrated strategy for compound spectra extraction and annotation of liquid chromatography/mass spectrometry data sets. Analytical Chemistry, 84(1): 283-289.

Kunin V, Copeland A, Lapidus A, et al. 2008. A bioinformatician's guide to metagenomics. Microbiology and Molecular Biology Reviews, 72(4): 557-578.

Langille M G, Zaneveld J, Caporaso J G, et al. 2013. Predictive functional profiling of microbial communities using 16S rRNA marker gene sequences. Nature Biotechnology, 31(9): 814-821.

Langmead B, Trapnell C, Pop M, et al. 2009. Ultrafast and memory-efficient alignment of short DNA sequences to the human genome. Genome Biology, 10(3): R25.

Laserson J, Jojic V, Koller D. 2011. Genovo: de novo assembly for metagenomes. Journal of Computational Biology, 18(3): 429-443.

Leggett R M, Clavijo B J, Clissold L, et al. 2014. NextClip: an analysis and read preparation tool for Nextera Long Mate Pair libraries. Bioinformatics, 30(4): 566-568.

Li H, Durbin R. 2009. Fast and accurate short read alignment with Burrows-Wheeler transform. Bioinformatics, 25(14): 1754-1760.

Liu B, Gibbons T, Ghodsi M, et al. 2011. Accurate and fast estimation of taxonomic profiles from metagenomic shotgun sequences. Genome Biology, 12(Suppl. 2): S4.

Markowitz V M, Ivanova N N, Szeto E, et al. 2008. IMG/M: a data management and analysis system for metagenomes. Nucleic Acids Research, 36(Database issue): 534-538.

McHardy A C, Martin H G, Tsirigos A, et al. 2007. Accurate phylogenetic classification of variable-length DNA fragments. Nature Methods, 4(1): 63-72.

Mohammed M H, Ghosh T S, Reddy R M, et al. 2011a. INDUS-a composition-based approach for rapid and accurate taxonomic classification of metagenomic sequences. BMC Genomics, 12(Suppl. 3): S4.

Mohammed M H, Ghosh T S, Singh N K, et al. 2011b. SPHINX—an algorithm for taxonomic binning of metagenomic sequences. Bioinformatics, 27(1): 22-30.

Nalbantoglu O U, Way S F, Hinrichs S H, et al. 2011. RAIphy: phylogenetic classification of metagenomics samples using iterative refinement of relative abundance index profiles. BMC Bioinformatics, 12(1): 41.

Namiki T, Hachiya T, Tanaka H, et al. 2012. MetaVelvet: an extension of Velvet assembler to de novo metagenome assembly from short sequence reads. Nucleic Acids Research, 40(20): e155.

Niu B, Zhu Z, Fu L, et al. 2011. FR-HIT, a very fast program to recruit metagenomic reads to homologous reference genomes. Bioinformatics, 27(12): 1704-1705.

Noguchi H, Taniguchi T, Itoh T. 2008. MetaGeneAnnotator: detecting species-specific patterns of ribosomal binding site for precise gene prediction in anonymous prokaryotic and phage genomes. DNA Research, 15(6): 387-396.

Pati A, Heath L S, Kyrpides N C, et al. 2011. ClaMS: a classifier for metagenomic sequences. Standards in Genomic Sciences, 5(2): 248.

Paulson J N, Pop M, Bravo H C. 2011. Metastats: an improved statistical method for analysis of metagenomic data. Genome Biology, 12(1): 1-27.

Peng Y, Leung H C, Yiu S M, et al. 2011. Meta-IDBA: a *de novo* assembler for metagenomic data. Bioinformatics, 27(13): 94-101.

Quince C, Lanzen A, Davenport R J, et al. 2011. Removing Noise From Pyrosequenced Amplicons. BMC Bioinformatics, 12: 38.

Rho M, Tang H, Ye Y. 2010. FragGeneScan: predicting genes in short and error-prone reads. Nucleic Acids Research, 38(20): e191.

Rosen G L, Reichenberger E R, Rosenfeld A M. 2011. NBC: the Naive Bayes Classification tool webserver for taxonomic classification of metagenomic reads. Bioinformatics, 27(1): 127-129.

Ruby J G, Bellare P, DeRisi J L. 2013. PRICE: software for the targeted assembly of components of (Meta) genomic sequence data. G3: Genes| Genomes| Genetics, 3(5): 865-880.

Schloss P D, Westcott S L, Ryabin T, et al. 2009. Introducing mothur: open-source, platform-independent, community-supported software for describing and comparing microbial communities. Applied & Environmental Microbiology, 75(23): 7537-7541.

Schmieder R, Edwards R. 2011. Quality control and preprocessing of metagenomic datasets. Bioinformatics, 27(6): 863-864.

Scholz M B, Lo C C, Chain P S. 2011. Next generation sequencing and bioinformatic bottlenecks: the current state of metagenomic data analysis. Current Opinion in Biotechnology, 23(1): 9-15.

Segata N, Waldron L, Ballarini A, et al. 2012. Metagenomic microbial community profiling using unique clade-specific marker genes. Nature Methods, 9(8): 811-814.

Sharpton T J, Riesenfeld S J, Kembel S W, et al. 2011. PhylOTU: a high-throughput procedure quantifies microbial community diversity and resolves novel taxa from metagenomic data. PLoS Computational Biology, 7(1): e1001061.

Simon C, Daniel R. 2011. Metagenomic analyses: past and future trends. Applied & Environmental Microbiology, 77(77): 1153-1161.

Treangen T J, Koren S, Sommer D D, et al. 2013. MetAMOS: a modular and open source metagenomic assembly and analysis pipeline. Genome Biology, 14(1): R2.

Wright E S, Yilmaz L S, Noguera D R. 2012. DECIPHER, a search-based approach to chimera identification for 16S rRNA sequences. Applied and Environmental Microbiology, 78(3): 717-725.

Wu Y W, Ye Y. 2011. A novel abundance-based algorithm for binning metagenomic sequences using l-tuples. Journal of Computational Biology, 18(3): 523-534.

Yang B, Peng Y, Leung H, et al. 2010. MetaCluster: unsupervised binning of environmental genomic fragments and taxonomic annotation. In Proceedings of the first A C M international conference on bioinformatics and computational biology. New York: ACM: 170-179.

Ye Y, Choi J H, Tang H. 2011. RAPSearch: a fast protein similarity search tool for short reads. BMC Bioinformatics, 12(1): 159.

Ye Y, Doak T G. 2009. A parsimony approach to biological pathway reconstruction/inference for genomes and metagenomes. PLoS Computational Biology, 5(8): e1000465.

Zhu W, Lomsadze A, Borodovsky M. 2010. *Ab initio* gene identification in metagenomic sequences. Nucleic Acids Research, 38(12): e132.

Chapter 12　Bioinformatics for Metabolomics: An Introduction

David S. Wishart[1,2,3]①

Abstract

This chapter provides a brief introduction to metabolomics and metabolomics workflows along with the software tools, databases and bioinformatic processes needed to interpret metabolomic data. It is targeted towards readers who are relatively new to metabolomics. This chapter is organized into eight sections, including: ①a short introduction to metabolomics that describes how and why metabolomics has emerged as an important scientific discipline; ②technologies for metabolomics, which briefly describes the analytical tools (such as NMR, GC-MS and LC-MS) used for collecting metabolomic data; ③data formats for metabolomics, which summarizes the specialized data structures (such as SDF, SMILES and InChI) used to exchange chemical and spectral information; ④databases for metabolomics, which outlines the four main types of metabolomic or chemical databases used in metabolomics; ⑤bioinformatics tools for metabolite identification, which summarizes the technique known as spectral deconvolution and a describes a number of software tools commonly used for chemical identification; ⑥bioinformatics tools for data reduction and data simplification, which outlines various multivariate statistical techniques such as PCA and PLS-DA; ⑦bioinformatics for metabolite interpretation, which reviews various pathway analysis tools and metabolite set enrichment techniques found in MetaboAnalyst and finally, ⑧a short conclusion.

12.1　Introduction to Metabolomics

Metabolomics, which isalso known as metabonomics or metabolic profiling, is an emerging field of "omics" research concerned with comprehensive characterization of the small molecule metabolites in the metabolome (Wishart, 2005). Just as the genome represents the complete collection of genes, and the proteome represents the complete collection of proteins, the metabolome is formally defined as the complete collection of all small molecules (<1500 Daltons) found in a specific cell, organ or organism (Wishart et al., 2007). These small molecules include endoge-

---

①　[1] Department of Computing Science, University of Alberta; [2] Department of Biological Sciences, University of Alberta and [3] National Research Council, National Institute for Nanotechnology (NINT), Edmonton, AB, Canada T6G 2E8

nous metabolites such as small peptides, amino acids, nucleic acids, carbohydrates, organic acids, vitamins and minerals. They also include exogenous chemicals or xenobiotics such as plant phytochemicals, food additives, drugs, pollutants and just about any other chemical that a plant or animal can produce, synthesize, ingest, absorb or to which it can be exposed.

Small molecules are vitally important to life. They act as the bricks and mortar for cells. They serve as the building blocks for all of the cell's macromolecules including proteins, RNA, DNA, carbohydrates, membranes, and all other biopolymers that give cells their structure and integrity. Small molecules also act as the fuel for all cellular processes, the buffers to help tolerate environmental insults, and the messengers for most intracellular and intercellular events. Small molecules are sometimes referred to as the "canaries" of the genome(Figure 12.1). Just as canaries for coalminers served as sensitive indicators of poisonous gases in a coal mine, small molecule metabolites can be exquisitely sensitive indicators of problems in the genome. Indeed, a single base change in a gene in the genome can lead to a 10,000-fold change in the expression of a metabolite in the metabolome. Metabolite levels are not only exquisitely sensitive to the state of the genome, they are also very sensitive to the environment, including the types of foods or beverages we eat, our level physical activity, the time of day or the outside temperature.

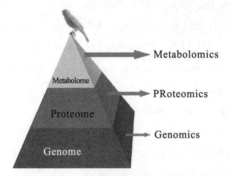

Figure 12.1 "The pyramid of life" illustrating the connection between the genome, the proteome and the metabolome. The yellow bird at the top of the pyramid is a canary. Note that a single base change in the genome can lead to a 10,000X change in metabolite levels.

In other words, metabolites are effectively the end-products of complex interactions occurring inside the cell(the genome)and events, exposures or phenomena occurring outside the cell(the environment). Therefore, the comprehensive measurement of metabolites(i.e. metabolomics) allows one to measure interactions between genes and the environment. This means that metabolomics offers an ideal route for measuring the phenotype(Fiehn, 2002). This metabolic readout of the phenotype is often called the "metabotype" (Holmes et al., 2008). The metabotype is fundamentally different than the genotype. Whereas the genotype(or genome)can tell you what might happen, the metabotype(or metabolome)tells you what is happening.

Recent advances in both analytical chemistry and metabolite data analysis techniques are now making metabolomics far more accessible to a wider range of research disciplines. Indeed, metabolomics is now routinely used in biomedical research(for biomarker discovery and disease mechanism research), in drug discovery, in food and nutritional analysis, in animal health studies and in environmental monitoring(Holmes et al., 2008; Kim et al., 2016; Viant, 2008; Wishart, 2016). As a result, the field of metabolomics has experienced very rapid growth, with just two papers published on the subject in 1999 to more than 3800 in 2015.

A diagram depicting the standard workflow for a metabolomics experiment is shown in Figure 12.2. Typically a biological sample (a tissue, an organ, a plant, a cell culture) is collected, metabolically quenched(with liquid nitrogen) and extracted or homogenized to produce a liquid mixture containing hundred of metabolites. In many cases, it is easier to collect a biofluid, such as blood, urine, tree sap or cell growth media, as this avoids the tissue extraction process. Once the appropriate biofluid has been obtained, it can be run through one or more analytical chemistry platforms. These platforms may be mass spectrometers(MS)equipped with liquid chromatography(LC)or gas chromatography(GC)systems, or they may be nuclear magnetic resonance(NMR) instruments. These kinds instruments are capable of separating, detecting and characterizing hundreds to thousands of chemicals in complex chemical mixtures. In almost all cases, these NMR, GC-MS or LC-MS instruments produce spectra or chromatograms consisting of thousands of peaks. The primary challenge in metabolomics, therefore, is having the appropriate bioinformatic tools to determine which peaks in these spectra match to which chemical compounds. The secondary challenge is having the appropriate bioinformatic software to determine which compounds or spectral peaks have changed significantly and why.

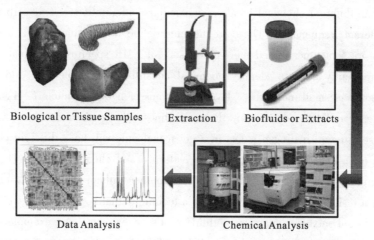

Figure 12.2 A diagram illustrating the standard workflow for a metabolomics experiment. Samples(tissues or organs)are initially taken and then the metabolites are extracted usingsonicators or solvent extraction methods. Alternately, biofluids that bathe the tissues(such as urine or blood)may be obtained. Once the metabolite mixtures (extracts or biofluids are obtained, the samples are analyzed via NMR, HPLC, GC-MS or LC-MS. The resulting spectra are then analyzed and the identified metabolites annotated.

This chapter is focused on describing the bioinformatics tools and databases needed to perform metabolomics. It is organized into eight sections: ①a short introduction to metabolomics; ②technologies for metabolomics; ③data formats for metabolomics; ④databases for metabolomics; ⑤bioinformatics tools for metabolite identification; ⑥bioinformatics tools for data reduction and data simplification; ⑦bioinformatics for metabolite interpretation and ⑧a short conclusion.

12.2 Technologies for Metabolomics

Metabolomics only became possible in the late 1990's as a result of technological breakthroughs in small molecule separation and identification. These include the development of very high-resolution mass spectrometry (MS) instruments for precise mass determination, the widespread deployment of high-resolution, high throughput NMR spectrometers, the invention of ultra-high pressure liquid chromatography (UPLC) and the development of multi-dimensional chromatographic systems for rapid compound separation (Dunn et al., 2005). In this section we will briefly review the technologies used in metabolomics, with a special focus on the three most common analytical platforms: NMR spectroscopy, liquid chromatography mass spectrometry (LC-MS) and gas chromatography mass spectrometry (GC-MS). This discussion is needed so that readers can better appreciate the type of data that a typical metabolomics experiment generates.

12.2.1 NMR Spectroscopy for Metabolomics

Nuclear magnetic resonance (NMR) is a spectroscopic technique that measures the absorption of radio waves by certain sensitiveatomic nuclei under strong magnetic fields. An important feature of NMR, and one that makes it particularly useful for chemistry is the fact that different atomic nuclei involved in different chemical bonds or molecular configurations will absorb radiofrequency radiation at different frequencies. These frequencies define the chemical shift of a given atom. Chemical shifts are sometimes called the "mileposts" of NMR spectroscopy (Neal et al., 2003) and they are frequently used to identify chemical constituents in molecules and determine the structure or identify of small molecules. Hydrogen atoms or hydrogen nuclei (^{1}H) are particularly sensitive reporters for NMR phenomenon. Because almost all organic molecules have hydrogen atoms and because different hydrogen atoms in a given molecule will have different chemical shifts, a molecule can often be identified by its unique pattern of ^{1}H chemical shifts. ^{1}H chemical shifts naturally "separate" atoms and molecules from one another without the need for chromatographic separation. As a result ^{1}H NMR spectroscopy is a technique that is particularly well suited to analyzing complex liquid mixtures such as biofluids or tissue extracts. An example of a ^{1}H NMR spectrum of human urine is shown in Figure 12.3. This particular spectrum contains more than 1000 distinct peaks, which correspond to more than 150 different compounds (Bouatra et al., 2013). The richness of information contained in high-resolution ^{1}H NMR spectra along with the ability to simultaneously identify multiple metabolites in liquid mixtures has made NMR the favorite analytical platform for many metabolomics researchers for many years. Indeed, ^{1}H NMR spectroscopy was the tool used by the first metabolomics researchers and the first metabolomic experiments (even before the term metabolomics was coined) in the mid 1980s (Nicholson et al., 1984; Fossel et al., 1986). Every year there are about 500 papers published using NMR-based metabolomics.

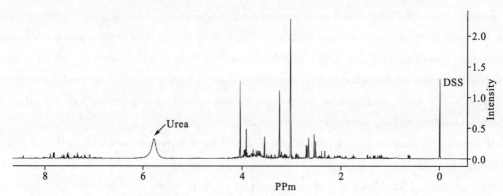

Figure 12.3 A 500MHz NMR spectrum of human urine. The large peak at 6ppm is due to the presence of urea, the peak at 0ppm is from DSS(a referencing reagent).

12.2.2 LC-MS and LC-MS/MS for Metabolomics

Liquid chromatography mass spectrometryor LC-MS is a hybrid analytical technique that couples liquid-based chromatographic separation (using high pressure or ultra high pressure liquid chromatography [HPLC or UPLC]) with compound detection via electrospray ionization mass spectrometry(ESI-MS)(Fang and Gonzalez, 2014). Liquid chromatography is a standard technique for separating individual chemicals from a liquid mixture based on their differential adsorption or physicochemical interactions as the liquid mixture moves through an immobile or stationary matrix. This stationary matrix is usually composed of specially coated microscopic particles placed in a tube or column. The column matrix or the column particles can be polar, non-polar or charged. Depending on the chemical properties of the matrix and the solvents used to dissolve the liquid mixtures, different levels of compound separation can be achieved. HPLC and UPLC are the two most commonly used liquid chromatography techniques. Both use very high pressures and very small particle sizes to accelerate the separation process while at the same time improving the resolution and reproducibility of the separation. If the output from a HPLC/UPLC column is connected to a mass spectrometer(via an electrospray nozzle) it is possible create a LC-MS system.

LC-MS allows analytical chemiststo characterize complex chemical mixtures by first separating the chemicals (via LC) and then detecting and identifying individual compounds according to their molecular weight (via MS). Mass spectrometry does not technically measure molecular weights of molecules, but rather it measures the mass to charge ratio of molecular ions. To perform mass spectrometry, a compound must first be ionized and then accelerated through either a magnetic field or an electric field(under a strong vacuum) where its velocity or rate of curvature can be measured. Depending on the chemical structure of a molecule and its characteristic chemical groups(amines, carboxylates, hydroxyl groups, etc.), different molecules can be given either positive or negative charges. Electrospray ionization(ESI) instruments ionize molecules(positively or negatively) by passing them through a spraying device under a strong electric field.

Many different kinds of mass spectrometer designs exist(Dunn et al., 2005), with each having a specific name based on either the ionization technique or the ion separation technology.

For instance, time-of-flight (TOF) mass spectrometers measure the time it takes for ions to pass through a long drift tube of a defined distance. Triple quadrupole (QqQ) mass spectrometers are tandem mass spectrometers (also called MS/MS) consisting of two quadrupole electrodes for accelerating ions and one central quadrupole for colliding ions to produce smaller molecular fragments. Each mass spectrometer configuration has its specific strengths and weaknesses with regard to robustness, mass resolution, sensitivity and speed.

If a mass spectrometer is very precise oris designed for high-resolution work (such as a TOF or an Orbitrap instrument), it is possible to determine the mass of a molecule with an accuracy of 4 or 5 decimal places. This level of precision/accuracy is often sufficient to determine the exact molecular formula (but not necessarily the structure) of a small molecule. If additional information can be obtained about how the molecular ion fragments (as a result of passing it through a quadrupole collision cell or another MS instrument), it is also possible to determine the molecule's structure. This technique of connecting two mass spectrometers together is called tandem mass spectrometry or MS/MS. LC-MS and LC-MS/MS are particularly well suited to analyzing liquid mixtures such as biofluids or tissue extracts. An example of an LC-MS spectrum of human urine is shown in Figure 12.4.

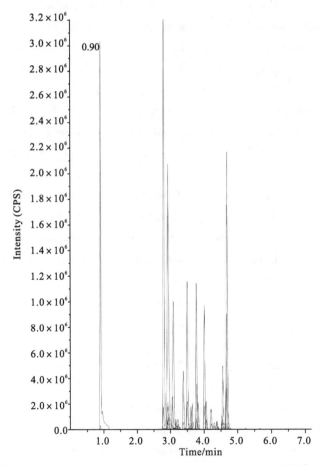

Figure 12.4　An LC-MS spectrum (corresponding to a base peak chromatogram or BPC) collected of human urine.

This figure shows what is called a base peak chromatogram(BPC), a specialized chromatogram displays the most intense MS peak in each MS spectrum over the course of the liquid chromatographic elution period. LC-MS was first used to perform metabolomics experiments in the early 2000's(Buchholz et al., 2002). Due to its remarkable sensitivity and high-throughput capacity, LC-MS is now the most commonly used technique in metabolomics research. Each year more than 1500 papers are published using LC-MS based metabolomics.

12.2.3 GC-MS for Metabolomics

Gas chromatography mass spectrometry(like LC-MS) is a hybrid analytical technique that couples gas-phase chromatographic separation with compound detection via electron impact mass spectrometry(EI-MS)(Naz et al., 2014). Gas chromatography is commonly used technique for separating individual components from a mixture of volatile compounds based on each component's relative boiling point and the relative adsorption of each volatile compound as it moves past an immobile or stationary matrix. This stationary matrix, which is usually made of hydrophobic materials, lines the inside of a very long(10m) thing(2mm) column. A carrier gas(usually helium) is used to push the chemical mixture through the column. Compared to conventional liquid chromatography, gas chromatography(GC) permits shorter run times, produces better separation, and often requires smaller sample sizes. GC is also much more reproducible and far more standardized than LC(Dunn et al., 2005). In other words, nearly every compound that can be run through a GC system has a unique or characteristic elution time that is often the same(to within a few seconds)from run to run or instrument to instrument. This allows the normalized elution time(called the retention index) to be used in compound identification.

Gas chromatography is ideal for separating mixtures of volatile or gaseous molecules. However, by chemicallyderivatizing chemicals with trimethylsilane(TMS) it is possible to convert nonvolatile compounds into volatile compounds for GC-based separation. This makes GC quite useful for analyzing biofluids. Coupling a GC with a mass spectrometer(i. e. a GC-MS)allows analytical chemists to characterize complex chemical mixtures by first separating the chemicals(via GC) and then detecting and identifying individual compounds according to their mass spectral fragmentation patterns(via EI-MS). Unlike electrospray ionization(ESI-MS), which is a soft ionization technique, electron impact ionization(EI-MS)is a hard ionization technique that uses fast moving electrons(70eV)to shatter the parent molecule into smaller charged fragments. Each parent molecule will have a unique fragmentation pattern and by looking for characteristic fragments and matching EI-MS patterns of known molecules to the observed EI-MS patterns, it is often possible to accurately identify compounds.

An example of a GC-MS spectrum of human urine is shown in Figure 12.5. To collect this spectrum, the urine sample had to be chemically extracted and chemicallyderivatized with TMS before running it through the GC-MS system. GC-MS was first used to perform metabolomics experiments in the early 2000's(Hall et al., 2002)and is often used to analyze plant samples, food products and urine. Each year more than 300 papers are published using GC-MS based metabolomics.

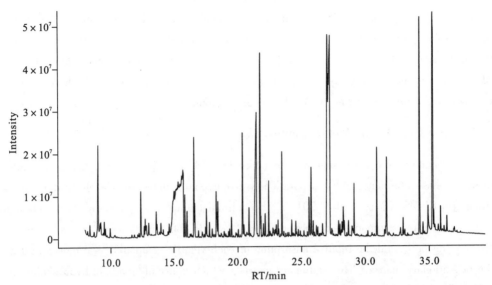

Figure 12.5　A GC-MS spectrum collected of human urine. The sample was derivatized with TMS and the collection conditions optimized to detect organic acids.

　　Table 12.1 provides a brief description of the advantages and disadvantages of the three major technologies(NMR, LC-MS and GC-MS) used in modern metabolomic studies. As a general rule, NMR is typically capable of detecting 50 ~ 75 compounds in a given human biofluid, with a lower sensitivity limit of about 1μmol/L(Wishart, 2008). Most of the compounds detected by NMR are intrinsically polar molecules, such as organic acids, sugars, amino acids and small amines. GC-MS is also capable of detecting between 50 ~ 150 compounds(depending on the biofluid), with a lower sensitivity limit of about 100nmol/L(Dunn et al., 2005; Bouatra et al., 2013). GC-MS provides relatively broad metabolite coverage with amino acids, sugars, organic acids, phosphorylated compounds, fatty acids and even cholesterol being routinely detected. Because of the exquisite sensitivity of today's MS instruments, LC-MS methods can routinely detect 1000's of "features" (Wishart, 2011; Naz et al., 2014). However the number of compounds that can be positively identified by LC-MS is typically much less(~ 200). LC-MS methods are particularly useful in targeted metabolomic studies of lipids, where up to 1000 different kinds of lipids and fatty acids can be detected and quantified(Cajka and Fiehn, 2014). Recent studies have shown that the combination of multiple detection technologies(GC-MS plus NMR plus LC-MS)gives a far more complete picture of the metabolome than just a single detection technology (Bouatra et al., 2013). Readers wishing to learn more about NMR, GC-MS or LC-MS or to acquire more details about how these technologies can be used in metabolomics are encouraged to read the following references(Fang and Gonzalez, 2014; Naz et al., 2014; Wishart, 2008).

Table 12.1 A comparison between metabolomic technology platforms

Technology	Advantages	Disadvantages
NMR	- Nondestructive - Quantitative - Requires no separation - Requires no derivatization - Highly reproducible - Detects all organic classes - Allows novel compound ID - Robust technology - Permits metabolite imaging - Can use living samples	- Poor sensitivity ($5\,\mu mol/L$) - Expensive - Large instrument footprint - Large sample volume ($0.5\,mL$) - Does not detect volatiles
GC-MS	- Robust, mature technology - Relatively inexpensive - Small sample volumes ($50\,\mu L$) - Good sensitivity ($100\,nmol/L$) - Excellent reproducibility - Detects volatile compounds	- Destructive to sample - Requires sample derivatization - Not routinely quantitative - Requires separation - Cannot be used for imaging - Novel compound ID is difficult - Cannot use living samples
LC-MS	- Excellent sensitivity ($1\,nmol/L$) - Minimal sample volume ($5\,\mu L$) - Very flexible technology - Supports metabolite imaging - Can be done without separation - Excellent for lipid analysis - Very broad metabolite coverage	- Destructive to sample - Expensive - Not routinely quantitative - Poorer reproducibility - Less robust instrumentation - Does not detect volatiles - Novel compound ID is difficult - Cannot use living samples

12.3 Data Formats for Metabolomics

Once ametabolomic experiment is completed, its data has to be stored and then sent to someone interested in analyzing it. Metabolomic data is fundamentally different than genomic or proteomic data. As most readers are aware, genomic or proteomic data typically consists of gene or protein sequences in FASTA formats (for sequence files), or FASTQ formats (for sequence reads). On the other hand, metabolomic data typically consists of chemical names, chemical identifiers, chemical structures and MS or NMR spectra (of either mixtures or of pure compounds). As a result, most of the data formats and data rules for metabolomic data tend to fall under the realm of chemistry (rather than biochemistry) and cheminformatics (rather than bioinformatics). These chemical data standards, in turn, are governed by rules and recommendations established by the International Union of Pure and Applied Chemistry (IUPAC).

In genomics or proteomics, if a new gene or protein is identified, it is often named according to its function such as "Lactate dehydrogenase" or if no function is immediately apparent, it is possible to give the gene/protein a completely whimsical name such as "Tinman" or "Reaper". On the other hand, if a new chemical is identified, its official name is formally defined by its structure using strict IUPAC nomenclature rules. These nomenclature rules are now so well defined that chemicals can be automatically named (via computer programs) using their structures and unambiguous chemical structures derived from their names. Indeed several commercial packages (such as ChemAxon and ACD/Labs) as well as open access software tools and web servers are now available[such as Openmolecules. org and the OPSIN web server (http://opsin.ch.cam.ac.uk)] that can perform these name-to-structure and structure-to-name operations. While IUPAC naming conventions have been adopted universally, there is still widespread use of common, brand name, synonymous or trivial names for many compounds, especially in metabolomics. Because of the ambiguity associated with chemical naming, many metabolomics researchers have turned to using chemical structures or standardized chemical identifiers to help eliminate this ambiguity.

To represent chemicals or chemical structures, metabolomics researchers have four different data format options: ①text string representations; ②fingerprint representations; ③two-dimensional structure (or connectivity graph) representations and ④three-dimensional structure representations. The most commonly used text string formats in metabolomics are the SMILES format (Simplified Molecular Input Line Entry System) (Weininger, 1988), InChI strings (International Chemical Identifiers) and InChI keys (Heller et al., 2015). All three formats are also widely used in many metabolomics software packages and databases. In essence all three text string formats use programmable rules to convert chemical structures into simple text strings that describe atom types and bond connectivities. For instance the amino acid "L-alanine" can be represented by the SMILES string "C[C@H](N)C(O) = O", by the InChI string "InChI = 1S/C3H7NO2/c1 - 2(4)3(5)6/h2H, 4H2, 1H3, (H, 5, 6)/t2 - /m0/s1" and by the InChI key "InChIKey = QNAYBMKLOCPYGJ-REOHCLBHSA-N". These text-string representations are the chemistry equivalent to the FASTA sequence format for genes and proteins. However, it is not generally possible to perform chemical similarity searches via SMILES or InChI identifiers.

Instead, similarity searches have to be done using substructure matching and fingerprint representations. In contrast to text string representations of chemical structures, fingerprint representations are able to encode enough chemical substructure information to permit chemical similarity matching. These fingerprints serve as binary fragment descriptors and enable more rapid and precise structure matching (similar to sequence or structure matching in bioinformatics) than text string matching. As a result, most modern chemical databases use fingerprints as the basis to their search routines. The most common fingerprint formats are MDL keys (Durant et al., 2002), Daylight fragment-base representations (Daylight Inc.) and fingerprints available through the Chemistry Development Kit or CDK (Steinbeck et al., 2006).

While ASCII text strings and binary fingerprints are ideal for computers, structure images are far more meaningful for humans. Indeed most chemists and most metabolomics researchers think of chemicals in terms of 2D images. Because of this need to generate and share 2D visual representations of chemical structures, several data exchange formats for chemical structure representation have been developed. All of these formats include information about the chemical's atoms, bonds, connectivity and molecular coordinates. The most commonly used ones are the SDF

(Structure Data Format) and MOL(or Molfile) file formats(Dalby et al., 1992). Another alternative to MOL and SDF files is CML or ChemML(Chemical Markup Language). CML is an open source, open access format that can be used to not only represent molecular structures, but also reactions and spectra(Kuhn et al., 2007).

In addition to having well-defined names, text representations and 2D structures, most small molecules are associated with specific "referential" NMR or MS spectra. These reference spectra provide not only experimental evidence for their existence but also provide a unique and often easily interpreted fingerprint or chemical property signature. The importance of spectral data in the field of metabolomics cannot be underestimated. Indeed, most metabolites, for most metabolomic experiments are identified via spectral matching using reference spectral libraries. Fortunately, there are now a number of common data exchange formats for storing and sharing NMR and MS spectral data in spectral libraries. The "official" format for small molecule NMR and MS spectral data is called JCAMP-DX. This data format was developed through the Joint Committee on Atomic and Molecular Physical Data(McDonald and Wilks, 1988). However, JCAMP-DX is now quite outdated and is being superseded by a variety of more modern XML (eXtensible Markup Language) formats. These include CML (already discussed), mzML (Deutsch, 2008), which is used for mass spectral data and nmrML(www.nmrml.org), which is used for NMR spectral data. These data formats allow the capture of much more metadata (data about the data) and are better able to reflect recent technical developments and technical needs in mass spectrometry and NMR spectroscopy. These new formats are also far more suitable to the needs of metabolomics researchers in that they are designed to capture information and to help annotate both pure compound reference spectra and spectra for complex biofluid mixtures.

12.4 Databases for Metabolomics

Databases are essential to metabolomics. Indeed, without databases there would be almost no foundational knowledge to the field, and consequently no compelling reason to use or write metabolomics software. Over the past decade dozens of high quality metabolomics or chemical compound databases have emerged such as: HMDB(Wishart et al., 2007), PubChem (Wheeler et al., 2006), ChEBI(Hastings et al., 2013), METLIN(Tautenhahn et al., 2012), KEGG(Kanehisa et al., 2014) and T3DB(Wishart et al., 2015). These databases can be divided into four broad categories: ①chemical compound databases; ②spectral databases; ③metabolic pathway databases; and ④metabolomic databases. A more detailed explanation of what these databases are and some specific examples of each is given below.

12.4.1 Chemical Compound Databases

Chemical compound databases are searchable databases of chemical names and structures that are intended to provide the broadest possible coverage of the known chemical "space". Essentially allmodern chemical compound databases support not only name/text searching but also chemical substructure or fingerprint matching for structure similarity searches. Currently the world's largest publicly accessible chemical database is PubChem (Wheeler et al., 2006). Strictly speaking PubChem is an archival database as it contains data deposited by many different organizations, labs and companies (more than 350 at last count). Currently PubChem contains more than 70 million unique compounds, each of which have chemical structure information, names and identifiers, physical properties, vendor information, drug and medication information, use and manufacturing, safety data, toxicity, literature references, pathway data and biomolecular interactions and chemical classifications. PubChem is extensively linked to PubMed and many compounds have descriptions of their biological activity provided through PubMed abstracts. Because of its size, accessibility and high standards, PubChem has become particularly popular among metabolomics researchers. However, it is very important to remember that less than 0.1% of the chemicals found in PubChem are actually biological compounds. This means that searching through PubChem for compound matches in metabolomic experiments will lead to a 99.9% false positive rate.

Of course PubChem is not the only publicly available chemical compound database. Other, more specialized chemical databases exist which are actively curated and regularly updated. They also contain different kinds of data that may not be routinely captured by PubChem. ChemSpider, for example is a well-regarded, open-access chemical database containing more than 30 million compounds that is particularly known for its careful curation of chemical synonyms and its extensive collection of spectral data. Other databases of note include LIPID MAPS (Fahy et al., 2007), a comprehensive database of more than 30,000 biological lipids; ChEBI (Hastings et al., 2013), a database of 40,000 + biologically interesting compounds and KNApSAcK (Nakamura et al., 2013), a database of nearly 30,000 plant phytochemicals. Lipid Maps, ChEBI and KNApSAck are examples of smaller, natural product databases that are generally far more useful to metabolomics researchers than PubChem or ChemSpider.

12.4.2 Spectral Databases

Spectral databases primarily contain experimental NMR, EI-MS (for GC-MS) or MS/MS spectra of pure (referential) chemical compounds. These collections of reference spectra are critical for the identification or confirmation of a compound's identity—which is especially important in metabolomics. While there are a number of excellent and very extensive commercial spectral libraries sold by companies such as Wiley, Aldrich, ACDLabs, and Bio-Rad, there are also a growing number of open-access spectral databases. Many of these freely available on-line resources support sub-spectral peak searching or global spectral matching as well as standard text queries. The importance of these spectral databases lies not only in their utility for compound confirmation but also in their utility for training and testing different kinds of spectral prediction tools.

Open-access, referential ^{1}H and ^{13}C NMR spectra at various NMR field strengths can be found in NMRShiftDB and NMRShiftDB2 (Steinbeck and Kuhn, 2004), BioMagResBank (Markley et al., 2008) and HMDB (Wishart et al., 2007). NMRShiftDB (2) contains nearly 52,000

^{1}H and ^{13}C spectra for more than 40,000 compounds. However, most of these spectra(>90%) are not metabolites and most were not collected in water(which is the standard solvent for most metabolomics experiments). The BioMagResBank and HMDB contain several thousand high-field(400~700MHz) NMR spectra for about 1000 common metabolites. Almost all of these spectra are from well-known metabolites and almost all have been collected in water. An example of a reference ^{1}H NMR spectrum for 1-methyl-histidine(from HMDB) is shown in Figure 12.6. While the number of reference NMR spectra available now is impressive, this number pales in comparison to the number of EI-MS or MS/MS spectra that are now publicly available. Literally, hundreds of thousands of ESI-MS/MS and EI-MS spectra can be accessed, viewed and searched via NIST(the MS database maintained by the US National Institute of Standards), MoNA(http://mona.fiehnlab.ucdavis.edu), MzCloud(www.mzcloud.org), METLIN(Tautenhahn et al., 2012) and the Golm Metabolome Database(Kopka et al., 2005). MoNA is a particularly important resource for metabolomics as it has assembled more than 190,000 measured and predicted spectra from more than 80,000 different metabolites. It also supports user deposition of measured MS and MS/MS spectra.

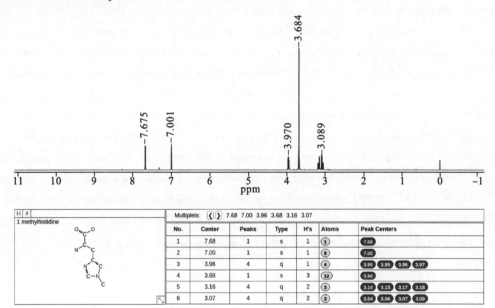

Figure 12.6 An example reference ^{1}H NMR spectrum of 1-methylhistidine collected at 500MHz—as found in the HMDB.

The challenge with using the spectra from these MS databases is that each compound is often represented by dozens of different MS spectra collected on different instruments under different ionization conditions or at different collision energies or with different chemical modifications. So while the number of experimentally collected MS spectra is large, the actual number of unique (parent) compounds represented by this diverse collection is probably less than 30,000. Nevertheless, these MS spectral resources are rapidly growing and improving. They are also playing an increasingly important role in metabolomics research.

12.4.3　Metabolic Pathway Databases

Metabolic pathway databases play a key role in interpreting metabolomic data. The purpose of a metabolic pathway database is to provide a collection of schematic pathways that depict the current state of the knowledge regarding metabolic(catabolic, anabolic or signaling)processes that occur within a cell, tissue or organism. Some of the most popular small molecule pathway databases include web-based resources such as KEGG(Kanehisa et al., 2011), the Reactome database(Croft et al., 2011), the "Cyc" databases(Karp et al., 2000), WikiPathways(Kelder et al., 2012)and the Small Molecule Pathway Database or SMPDB(Jewison et al., 2014). A number of commercial pathway databases also exist such as BioCarta, TransPath(from BioBase Inc.)and Ingenuity Pathway Analysis(Ingenuity Systems Inc.).

Mostmetabolic pathway databases have been designed to facilitate the exploration of metabolism and metabolites across many different species. This kind of broad coverage has played a key role in our understanding of the evolution and conservation of many aspects of metabolism. Metabolic pathway databases with broad species coverage, such as KEGG and Reactome, tend to use pathway diagrams that are very generic and highly schematized, while those that are more organism-specific(i.e. human), such as SMPDB, tend to use pathway diagrams that are much richer in detail, colour and content. Most pathway databases are highly web-enabled and support interactive image mapping with hyperlinked information content that allows users to view chemical information(if a compound is clicked)or brief summaries of genes and/or proteins(if a protein is clicked). Almost all pathway databases support some kind of limited text search and a few, such as Reactome, SMPDB and the "Cyc" databases, support the mapping of gene, protein and/or metabolite expression data onto pathway diagrams. Most pathway databases also provide their pathway data in common, machine-readable data exchange formats such as BioPAX(Strömbäck and Lambrix, 2005), SBML(Systems Biology Markup Language)(Gillespie et al., 2006)or SBGN-ML(Systems Biology Graphical Notation Markup Language)(van Iersel et al., 2012). Others, such as KEGG, have their own unique dialect or data exchange format(called KGML or KEGG Markup Language).

12.4.4　Metabolomic Databases

Modern metabolomic databases must combine all the features found in compound, spectral, and pathway databases into a single resource. In other words, comprehensive metabolomic databases must be a one-stop shop that supports nearly all aspects of a metabolomics investigation—for a specific organism. Historically, most metabolomic researchers were so desperate for spectral or compound databases that they didn't really care what organism the data was derived from. However, it is now clear that without proper consideration of the organism of origin, many metabolomic findings and tentative compound identifications are likely incorrect.

There are currently six widely used "comprehensive" metabolomics databases that are available. Two are archival resources for metabolomic data deposition and four are curated, referential databases designed to cover the metabolome of specific organisms or specific environments. The two archival databases are the Metabolomics WorkBench(Sud et al., 2016), which is maintained at UCSD in San Diego and MetaboLights(Haug et al., 2013), which is maintained at the European Bioinformatics Institute(EBI). Both MetaboLights and the Metabolomics WorkBench accept raw and processed metabolomic data and both support metabolomic data analysis. Both resources also mine the deposited data(and other external resources) to provide referential data, such as compound structures, compound names, compound concentrations(if available) and spectral information about individual metabolites that have been identified in specific organisms or specific biofluids. This "reference layer" is of considerable interest to metabolomics researchers as it provides the necessary data to compare and confirm tentative compound identifications in other metabolomics experiments. It also allows them to develop predictive tools for metabolomics research and to conduct large-scale metabolic comparisons.

The other set of curated, referentialmetabolomic databases include HMDB (the Human Metabolome Database) (Wishart et al., 2007), ECMDB (the *E. coli* Metabolome Database) (Guo et al., 2013), YMDB (the Yeast Metabolome Database) (Jewison et al., 2012) and T3DB(the Toxic Exposome Database)(Wishart et al., 2015). A variety of other metabolomic databases for a range of model organisms including the mouse, cow, *Drosophila* and *Arabidopsis* are under development by various groups. The HMDB is a comprehensive online resource containing referential information about all the known or expected small molecule metabolites found in the human body. Four types of data are contained in the database: ①chemical data; ②spectral data; ③clinical data; ④molecular biology/biochemistry data. A screenshot montage of the HMDB is shown in Figure 12.7. The latest version of the database contains nearly 42,000 compounds, 5,700 protein targets, enzymes or transporters, 13,000 concentration entries, 800 pathway diagrams and 33,000 MS/NMR spectra(both experimental and predicted). The HMDB also has extensive spectral and mass matching tools to facilitate compound identification as well as tools for text, sequence and chemical structure searches. Many of the compounds in the HMDB

Figure 12.7 A screenshot montage of the Human Metabolome Database(HMDB).

are endogenous metabolites but approximately 1/3 of the entries are actually derived from food products (both raw and prepared) that humans consume. Another 5% of the compounds in HMDB are derived from drugs and drug metabolites.

ECMDB and YMDB are similar in structure, design and information content to HMDB. However, both *E. coli* and *S. cerevisiae* are somewhat simpler organisms than humans, with smaller genomes and simpler metabolism, so the quantity of information in these databases is significantly smaller. In particular, the ECMDB only has data on 3700 compounds while the YMDB has data on nearly 11,000 compounds. However, substantially more is known about microbial metabolism than human metabolism. As a result, the ECMDB has nearly 1600 illustrated metabolic pathways covering nearly 90% of its metabolome (versus just 5% of the metabolome for humans).

In contrast to HMDB, YMDB and ECMDB, the T3DB is technically an exposomic database containing comprehensive information on toxic environmental chemicals, such as herbicides, pesticides, pollutants and certain endogenous toxins such as uremic toxins or oncometabolites. As such, the T3DB is not an organism-specific database, but it is an environment-specific database. Most of the chemicals of concern in T3DB can be found in, or affect, not only humans, but also animals, fish, insects and plants. T3DB also contains extensive data on the biological targets, binding constants, mechanisms of toxicity and toxic concentrations. All of these organism-specific metabolomic databases have extensive spectral and mass matching software to facilitate compound identification as well as tools for text, sequence and chemical structure searches.

12.5 General Principles for Metabolomic Data Analysis

The vast majority of metabolomics experiments are conducted as "case-control" studies. In these types of studies, one collects NMR and/or MS-based metabolomic data for a number (10 ~ 1000) of normal or healthy control samples and a nearly equal number of "case" (diseased, treated, perturbed) samples. In some cases there may be two or more "case" cohorts. Comparing the two (or more groups) and looking for important differences or telltale metabolic signatures that distinguish between the groups is usually the main objective of these kinds "case-control" of studies. Regardless of how the study is designed, a typical metabolomics experiment will almost always generate an enormous quantity of MS or NMR spectral data (gigabytes in many cases). These spectral data ultimately need to be analyzed or interpreted. The process of analyzing and interpreting metabolomic data is actually very similar to the process used to analyze or interpret transcriptomic (microarray or RNAseq) data or proteomic data. All three methods require: ①converting the raw data to long lists of "features"; ②using multivariate statistics to convert the long feature lists into shorter lists of significant features; and ③determining how these significant features are involved in various biological pathways or processes. In metabolomics, these "features" are spectral peaks or metabolites, in transcriptomics these "features" are genes or mRNAs and in proteomics these "features" are proteins and tryptic peptide fragments. The next three sections of this chapter will describe how these three analysis steps are conducted, with a special focus on metabolomics. This first section will focus on how NMR and/or MS spectra can be converted to metabolite or feature lists.

12.6 From Spectra to Metabolite Lists: Bioinformatics for Metabolite Identification

There are two very distinct schools-of-thought about how metabolomic data should be processed and interpreted (Figure 12.8). In one version (called untargeted metabolomics) the compounds are not initially identified. Rather the (un-named or unidentified) spectral features/peaks are first extracted and statistically analyzed to identify significant features or peaks. It is only after the significant features/peaks have been identified that an attempt is made to identify the compounds corresponding to these peaks. In the other version (called targeted metabolomics), specific compounds are first identified and quantified by carefully analyzing the peaks and their positions or patterns. The resulting list of compounds and concentrations is then analyzed using multivariate statistics to identify the most significant metabolites. In other words, with targeted metabolomics one identifies metabolites in the first step, while in untargeted metabolomics, one typically identifies metabolites in the last step—if at all (Wishart, 2011).

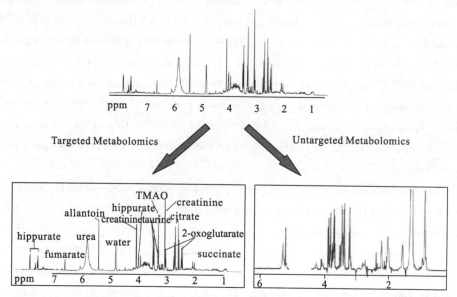

Figure 12.8 An illustration of the difference between targeted and untargeted metabolomics using the example of an NMR spectrum.

Both approaches have their advantages and disadvantages. Untargeted metabolomics is very amenable to automation and generates a non-biased assessment of metabolite data. However, untargeted metabolomics is not very good at providing absolute metabolite quantification, which limits its reproducibility. Furthermore, many "important" features found via untargeted metabolomics cannot be formally identified. This limits the conclusions that can be drawn and the ability to interpret the data in a biologically meaningful way. In contrast to untargeted metabolomics, targeted metabolomics is focused on compound identification and absolute compound quantification. This makes targeted metabolomics far more repeatable and reproducible across different laboratories. On the other hand, targeted metabolomics provides a much more limited or more biased view of the metabolome and it is not as amenable to high throughput automation. However, with recent advances in the field, there is a growing preference for using targeted metabolomics over untargeted metabolomics(Wishart, 2011). For these reasons we will largely focus on describing bioinformatics methods associated with targeted metabolomics.

Regardless of whether one chooses to do targeted or untargeted metabolomics, compound identification is key. According to Sumner et al. (2007) there are 4 levels of metabolite identification in metabolomics: ①positively identified compounds; ②putatively identified compounds; ③compounds putatively identified to be part of a compound class; and ④unknown compounds. For the purposes of this chapter we will focus on metabolite identification methods that aid in positive identification only. Positively identified compounds correspond to those chemicals that have a name, a known structure, a CAS number or an InChI identifier. To fall into this category they must be identified by two independent and orthogonal parameters(at least for MS) using a purified, authentic standard collected under identical or near identical conditions. These orthogonal parameters include: ①retention time/index + mass spectrum; ②accurate mass + MS/MS spectrum or ③accurate mass + isotope abundance pattern. With NMR, an exact match to the ^{1}H NMR spectrum or a match to an authentic, spiked-in standard is sufficient to reach the Level 1 standard. Putatively identified compounds(Level 2) correspond to those where only one analytical (GC, LC, or MS) measurement matches to the authentic compound(retention time only or accurate parent ion mass only) or where the compound has a particularly simple NMR spectrum(one or two peaks). Certainly if the compound is known to exist in the biofluid or extract as indicated by numerous literature reports, these putative compound identifications are much stronger and may be considered "near positive".

The third level of compound identification is typical of many lipids, where the exact structure of the compound cannot be determined but it is known to be a specific class of lipid(a phospholipid or triglyceride) or perhaps an ambiguous chemical structure is known[i. e. PC(38: 3)]. The fourth level of compound identification is the "unknown" category. In metabolomics there are both "known unknowns" and "unknown unknowns". A "known unknown" corresponds to a metabolite that is known or has been previously described(in the literature or in a database) but which hasn't yet been positively or putatively identified in the sample of interest. On the other hand, an "unknown unknown" is a truly novel metabolite that has never been described or formally identified by anyone else(to the best of one's knowledge). Consequently a compound can be labeled as an "unknown" simply because the investigator has not been very thorough in their analyses or because their software/database being used for compound identification is inadequate, incomplete or too small. These unknowns are technically "known unknowns".

The standard method for performing metabolite identification is to use spectral deconvolution. This is illustrated for NMR in Figure 12.9 and for GC-MS and LC-MS in Figure 12.10. The idea behind deconvolution is to take a complex spectrum and to simplify it into its main components. In metabolomics this means taking a spectrum corresponding to a complex chemical mixture (a biofluid such as blood or urine) and reducing it to the spectra of its individual chemical components. This process typically requires that a specially constructed spectral library must be used. Such a spectral library should consist of reference spectra of the pure compound(s) that are known or expected to be in the biological sample of interest. These reference spectra must collected under the exact same conditions (same pH, same solvent, same salt, same temperature) that the biofluid was analyzed.

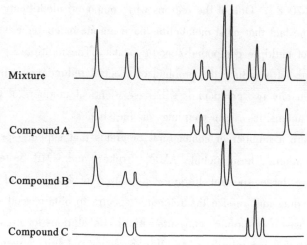

Figure 12.9 An illustration of how spectral deconvolution works in NMR-based metabolomics. The NMR spectra for compounds A, B and C are components of the mixture spectrum shown at the top.

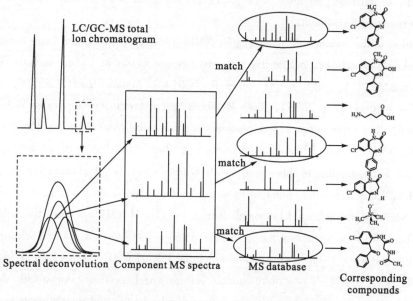

Figure 12.10 An illustration of how spectral deconvolution works for MS-based metabolomics. Peaks are extracted from the chromatogram and the MS, ESI-MS/MS or EI-MS spectra are then compared against a library of known compound spectra to identify the compounds.

12.6.1 NMR Based Compound Identification

A typical one-dimensional (1D) ^{1}H NMR spectrum of a biological mixture will consist of hundreds to thousands of sharp, Lorentzian-shaped peaks. Individual compounds in this mixture will consist of an average of 10~15 different peaks or peak clusters (characterized by different intensities, spin couplings and line shapes) located at different positions throughout the NMR spectrum. By properly matching and fitting a library of reference compound spectra to the observed mixture spectrum, it is possible to simultaneous identify and quantify most compounds in the mixture (Wishart, 2008). One of the reasons why compound identification works particularly well for NMR lies in the fact that most metabolites have unique or characteristic "chemical shift" fingerprints made up of multiple compound-specific peaks. The multiplicity of peaks associated with a single compound helps reduce the problem of spectral redundancy. In other words, with NMR it is unlikely that any two compounds will have identical numbers of peaks with identical chemical shifts, peak intensities, spin couplings or line shapes.

For NMR there are a number of commercial programs that support spectral deconvolution for metabolite identification. These include AMIX (Bruker) and NMR Suite (Chenomx). Both software packages have large spectral libraries consisting of hundreds of metabolites. Users must manually click, drag and re-size the reference spectra to obtain good spectral fits. Newer versions of these packages now support semi-automatic deconvolutions for higher throughput analysis. More recently, Bruker has introduced the WineScreener and JuiceScreener software packages that permit fully automated deconvolution of NMR spectra of wines, juices and even honey. However this software must be purchased with a specially designed NMR spectrometer, which makes this a very expensive investment.

In addition to the commercial packages for NMR spectral deconvolution there are also several freeware packages or web servers that have recently become available. These include Bayesil (Ravanbakhsh et al., 2015), BATMAN (Hao et al., 2014), MetaboMiner (Xia et al., 2008) and COLMAR (Robinette et al., 2008). Both MetaboMiner (a downloadable package) and COLMAR (a web server) allow users to enter peak positions or peak coordinates from two-dimensional (TOCSY or HSQC) NMR spectra of biological mixtures or biofluids and both will automatically identify the compounds corresponding to those peaks with >90% accuracy. Unfortunately, neither COLMAR nor MetaboMiner provides quantitative data about the metabolites that have identified. Because most NMR spectra collected for metabolomics are 1D ^{1}H NMR spectra, the utility of COLMAR and MetaboMiner is somewhat limited. Fortunately, there are several free software packages or web servers that were designed specifically to handle 1D ^{1}H NMR spectra. These include BATMAN and Bayesil. BATMAN is a downloadable software package that automatically deconvolutes 1D ^{1}H NMR spectra using Bayesian statistics. It can both identify and quantify compounds, however it requires that users must manually phase, reference and baseline-correct their NMR spectra prior to the fitting process. Furthermore, the fitting algorithm used by BATMAN is quite slow (hours) and is limited to handling mixtures of just 20 ~ 25 compounds (which excludes most biofluids). On the other hand, Bayesil is very fast (<2 minutes), can handle mixtures of up to 60 compounds and it automatically performs spectral phasing, referencing and baseline correction. The Bayesil web server is specially designed to support automated deconvolution of serum, plasma, saliva, cerebrospinal fluid and fecal water. However, Bayesil is not able to analyze complex biofluids such as urine and it is limited to only certain NMR spectrometer frequencies (500MHz, 600MHz and 700MHz).

12.6.2 GC-MS Based Compound Identification

A typical GC-MS spectrum or total ion chromatogram (TIC) from a metabolite mixture will consist of dozens of sharp peaks (corresponding to ion counts) covering an elution time of about 30~45 minutes. Each peak may consist of one or more EI (electron ionization) mass spectra arising from one or more compounds (Figure 12.10). A variety of commercial GC-MS deconvolution tools such as AMDIS (Automated Mass Spectral Deconvolution and Identification System), DRS (Agilent), ChromaTOF (Leco) and AnalyzerPro (SpectralWorks) can be used to deconvolute GC-MS and EI-MS spectra. Once the EI spectra are extracted, metabolite identification is done in a similar manner to what is done for NMR. Namely, the extracted EI-MS spectra from the mixture are compared, one at a time, to spectral reference libraries containing the EI-MS spectra of thousands of pure, derivatized and authenticated compounds. EI-MS spectra typically consist of multiple m/z peaks of varying intensity or abundance. Unlike NMR spectra, which have characteristic Lorentzian peak shapes and multiplet patterns, MS spectra can be regarded as single lines or thin bars corresponding to a mass and an intensity. Therefore the similarity of a query MS spectrum to a reference MS spectrum can be assessed more simply using a term called a match factor (MF), which is defined as the normalized dot product of the query and the reference spectra (Eq. 12.1).

$$MF = 1000 \times \frac{(\sum wM[I_{qry}I_{ref}]^{1/2})^2}{\sum I_{qry}M \times \sum I_{ref}M} \qquad (12.1)$$

Where I_{ref} corresponds to the intensities of the reference spectra, I_{qry} corresponds the intensities of the query spectra, M corresponds to the masses (m/z) and w is a weighting term to penalize uncertain peaks (Stein, 1999). As a general rule, a tentative match between spectra requires a score of >600 on a scale of 0~1000, with 1000 being a perfect match.

There are three key factors to compound identification by GC-MS: ①the quality of the extracted query spectrum; ②the quality or sophistication of the spectral matching algorithm and ③ the quality and comprehensiveness of the reference spectral database. The quality of the query spectrum is a function of both the instrument (column, sensitivity, separation parameters) and of the spectral deconvolution software. Assuming the instrumental conditions are optimized, a key issue is often how well the deconvolution software performs. Unlike NMR, where "false positive" peaks are extremely rare, GC-MS is frequently plagued with an abundance of false positive peaks.

In some cases up to 50% of features seen in GC-MS spectra are fragments, adducts or derivatives of either the column matrix, the derivatization reagents or of the metabolites themselves. An interesting study (Lu et al., 2008) compared three of the most common deconvolution packages (AMDIS, ChromaTOF and AnalyzerPro) using a defined mixture of 35 compounds with widely varying concentrations. These authors found that both the AMDIS and ChromaTOF packages produced unusually high numbers of false positives or false/impure spectra, while the AnalyzerPro package generally performed best.

Ultimately, the main factor driving the success (or lack of success) in compound identification by GC-MS is the size and quality of the spectral reference database. The most common and widely used resource is the NIST database. The latest release (NIST-14) contains EI-MS spectra for 192,100 compounds and RI values for 21,800 compounds. However, many of these compounds are not metabolites or note compounds that one typically finds in biological materials. Other databases, albeit somewhat smaller in size, are potentially more suitable for metabolite identification. These are the Golm Database (Kopka et al., 2005), the Fiehn Metabolome Database (BinBase) and the HMDB (Wishart et al., 2007). All of these databases provide retention index data and all provide data in a format that is AMDIS compatible. The Golm database is particularly oriented towards plants while BinBase and the HMDB is oriented more towards animals.

12.6.3 LC-MS Based Compound Identification

Just like a GC-MS spectrum, a typical LC-MS spectrum from a metabolite mixture will consist of dozens of sharp peaks (corresponding to ion counts) covering an elution time of about 10 ~ 35 minutes. Each peak may consist of one or more ESI (electro-spray ionization) m/z values arising from one or more compounds. This can often be depicted as a two-dimensional image plotting the m/z values of the parent ions against the HPLC elution or retention time (Figure 12.11). It is also possible to take each parent ion from an LC-MS experiment and to conduct a further fragmentation to produce a MS/MS spectrum for that parent ion (using a QqQ, QTOF or Orbitrap instrument). So, depending on how a LC-MS instrument is configured and how the LC-MS (or LC-MS/MS) data is collected, one can either attempt to identify metabolites using accurate mass measurements of the parent ions or one can attempt to identify metabolites by matching MS/MS fragment patterns to appropriate MS/MS spectral libraries (as is similarly done with GC-MS).

Metabolite identification via accurate m/z measurement requires the use of very high-resolution MS instruments such as QTOFs, Orbitraps or FT-ICR instruments. If a parent ion mass is measured to 4 ~ 5 decimal places (i.e. a mass accuracy of < 5ppm), it is usually possible to determine that ion's molecular formula and its putative identity (Level 3 identification) via chemical formula comparisons against a database. Several commercial MS chemical formula calculators are now available including SigmaFit (Bruker), Formula Predictor (Shimadzu), MassHunter (Agilent) as well as a number of freeware packages including 7-Golden-Rules (Kind and Fiehn, 2007) and SIRIUS (Böcker et al., 2009). By including restrictions on the number of elements (i.e. C, N, O, S, H, P), hydrogen/carbon ratios, heuristic chemical structure and bonding rules,

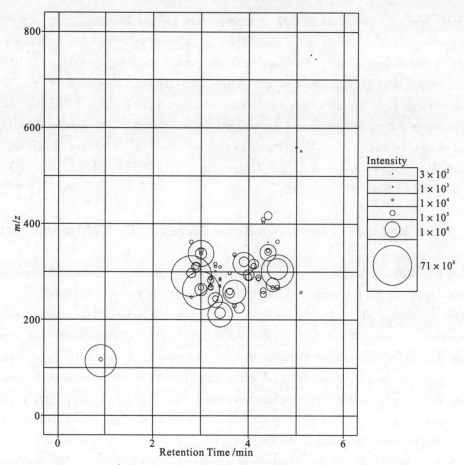

Figure 12.11 A 2D retention time versus m/z (rt-m/z) plot collected for a biofluid sample showing the peaks that can be extracted from a LC-MS spectrum.

isotopic abundances and several other expert-driven rules, one can often reduce the number of possible chemical formulas for a given molecular weight by a factor of 15 or more. Unfortunately, even with these improvements, this method of metabolite identification is still very risky as there are often many masses or molecular formulas that can still match dozens of metabolites (both known and unknown).

The preferred route of metabolite identification for most LC-MS metabolomics labs is to use both parent ion matching and MS/MS spectral matching. The MS/MS spectrum, with its characteristic fragmentation patterns, provides very useful information about the molecule and its chemical structure. As with GC-MS, LC-MS/MS spectral matching is critically dependent on having instrument-specific or condition-specific MS/MS production fragment libraries. There are now a number of commercial software packages and databases that allow users to process LC-MS or LC-MS/MS spectra and to identify compounds via mass matching or MS/MS spectral matching. These include Mass Frontier (Thermo-Fisher), MassHunter (Agilent), XCMS-Plus (ABSciex), ProfileAnalysis (Bruker), Progenesis (Nonlinear Dynamics) and MassLynx (Waters). These commercial packages support chromatographic and MS spectral alignment, peak finding, mass matching and MS/MS spectral matching using their own proprietary spectral libraries. Each of these commercial packages is very instrument specific. There are also a number of freely available software packages for performing LC-MS analysis and MS/MS spectral matching, including XCMS(Smith et al., 2006), MS-DIAL(Tsugawa et al., 2015) and MzMine(Katajamaa et al., 2006). These software packages are not instrument-specific and they typically support all of the workflows and data processing protocols found in commercial software products. Typically these freeware packages depend on public MS/MS databases to perform their MS/MS spectral matching. These public MS/MS databases include METLIN(Tautenhahn et al., 2012), MoNA, the NIST-14 database and HMDB(Wishart et al., 2007).

12.7 From Metabolite Lists to Significant Metabolites: Multivariate Statistics

Targeted metabolomics generates lists of dozens to hundreds of metabolites for each sample. Untargeted metabolomics can generate thousands of "features" or peaks for each sample. Regardless of the approach used, metabolomics experiments generate enormous lists or tables consisting of thousands of metabolite variables or metabolite parameters. In most cases this represents too much data for scientist to intuitively process or understand. As a result, metabolomics researchers must turn to using computers and computer-based statistics. Because each sample has hundreds to thousands of variables or parameters(metabolites, metabolite concentrations or peak values) associated with it, the statistical techniques that must be used are called multivariate(multiple variable) statistics. In multivariate statistics, long lists of parameters or variables are called "dimensions". One of the primary objectives of multivariate statistics is to reduce the number of parameters or dimensions so that the problem can be tackled more simply using traditional univariate statistics(such as Student's t-tests or ANOVA techniques). More specifically, multivariate statistics uses a class of mathematical techniques called dimensional (or parameter) reduction to make multivariate data look and behave more like univariate data. Dimensional reduction allows one to identify the key components in a large multivariate dataset that contain the maximum amount of information or which are responsible for the greatest differences. In this way, dimensional reduction allows one to reduce long lists of metabolites to a shorter list of the most significant metabolites. The most common form of dimensional reduction is known as Principal Component Analysis or PCA.

12.7.1 Principal Component Analysis

PCA is an unsupervised clustering technique. It is also known as singular value decomposition (SVD) or eigenvector analysis. PCA can be easily performed using a variety of free or nearly free software programs such as MatLab or the statistical package R(http://www.r-project.org) using their prcomp or princomp commands. PCA can also be performed using freely available, downloadable software packages such as XCMS(Smith et al., 2006), MS-DIAL(Tsugawa et al., 2015), MAVEN(Melamud et al., 2010) and GALAXY-M(Davidson et al., 2016), which are frequently used for processing LC-MS data. It can also be done using MVAPACK(Worley and Powers, 2014), which is commonly used for processing NMR data. Freely available web servers are also available that support PCA as well as other multivariate statistical techniques. These include the Meta-P server(Kastenmüller et al., 2011), MeltDB(Kessler et al., 2013)and MetaboAnalyst(Xia et al., 2015). These web servers have very easy-to-use graphical interfaces that allow users to simply point and click to perform complex multivariate statistical operations or to generate colourful, interactive plots and tables. MetaboAnalyst is particularly popular in the metabolomics community, with nearly 1/3 of all published metabolomics papers using this freely available web server. In addition to these freeware packages and web servers, several commercial software tools with high quality graphical displays and simplified interfaces are also available, including the Umetrics(Sweden)package called SIMCA.

Formally, PCA is a statistical technique that determines an optimal linear transformation for a collection of data points such that the properties of that sample are most clearly displayed along the coordinate(or principal)axes. For metabolomics researchers, PCA allows them to easily plot, visualize and cluster multiple lists of metabolites and their concentrations based on linear combinations of their shared features. A somewhat simplified visual explanation of PCA is given in Figure 12.12.

Figure 12.12 A simple visual representation of how Principal Components Analysis(PCA)works.

Here we use the analogy of projecting shadows on a wall using a flashlight to find a "maximally informative projection" for a particular object. More precisely we are trying to reduce a three-dimensional object into a series of maximally informative two-dimensional projections that would allow us to reconstruct a proper model of the original object. If the object of interest is a doughnut, then by shining the flashlight directly on the face of the doughnut one would generate the telltale "ring" shadow. On the other hand, if the flashlight was directed at the edge of the doughnut, the resulting shadow would be a less informative "sausage" shape. This sausage shadow, if used alone, would likely lead the observer to the wrong conclusion about what the object was. However, by combining the ring shadow with the sausage shadow(i.e. the two principal components or the two orthogonal projections)it is possible to reconstruct the shape and thickness of the original 3D doughnut. While this example shows how a 3D object can be projected or have its key components reduced to two dimensions, the strength of PCA is that it can do the same with a hyperdimensional object just as easily.

In practice, PCA is most commonly used in metabolomics to identify how one or more samples are different from another, which variables contribute most to this difference, and whether those variables contribute in the same way (i. e. are correlated) or independently (i. e. uncorrelated) from each other. As a data reduction technique PCA is particularly appealing because it allows one to visually or graphically detect sample clusters or groupings. In particular, the results of a PCA are usually discussed in terms of scores and loadings. The scores represent the original data in the new coordinate system and the loadings are the weights applied to the original data during the projection process. Plotting out the data using two sets of scores (one for the X axis and one for the Y axis) will produce a "scores" plot.

An example of a PCA "scores" plot, as generated by MetaboAnalyst is shown in Figure 12. 13. In this case, four clusters have been identified using just two principal components (PC1 and PC2). These two principal components account for >70% of the variation in the samples. The use of additional principal components (thereby creating a 3-D scores plot) can be used to achieve clearer separation Figure 12. 13. Note that the data points have been colored or covered with ellipsoids to highlight the clusters. This is only done to emphasize the existence of these clusters and the labeling information is not used in the PCA analysis. In some cases PCA will not succeed in identifying any clear clusters or obvious groupings no matter how many components are used. If this is the case, it is wise to accept the result and assume that the presumptive classes or groups cannot be distinguished. As a general rule, if a PCA analysis fails to achieve even a modest separation of groups or no reasonably obvious clusters, then it is probably not worthwhile using other statistical techniques to try to separate them.

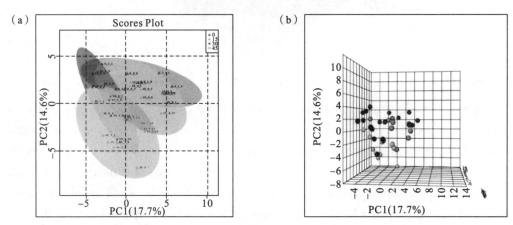

Figure 12. 13 (a) A two dimensional PCA "scores" plot showing the separation achieved from analyzing the ruminal fluid from 4 different groups of cows fed 4 different diets. (b) A three dimensional PCA "scores" plot showing the separation achieved in 3 dimensions. Both images were generated using MetaboAnalyst.

PCA is also a very useful technique for quantifying the amount of useful information or signal that is contained in the data. This is typically done by plotting the "weightings" of the individual components in what is called a PCA "loadings" plot. Figure 12.14 provides an example of a loadings plot generated via MetaboAnalyst using the data for the first two principal components (PC1 and PC2) from the example used in Figure 12.13. Note that the direction of separation in the original scores plot was from the lower left to the upper right (diagonally). By looking for the compounds in the loadings plot located in the upper right and lower left we can identify the most influential compounds that are driving the separation. In this case, the compounds Aspartate, Isobutyrate and 3-Phenylpyruvate located on the top right, and Endotoxin, Glucose and Methylamine located on the bottom left are the key metabolites driving this separation. So by using PCA we can reduce a long, complex list that contained dozens of metabolites of widely varying concentrations and generate a much-shortened list of highly significant metabolites. Note that this kind of loadings plot is only possible if the compounds have been identified and quantified using targeted metabolomic methods. If the compounds are not identified prior to analysis (untargeted metabolomics), then the loading plot can be used to narrow down the list of features or peaks to just a few important ones that need to be identified.

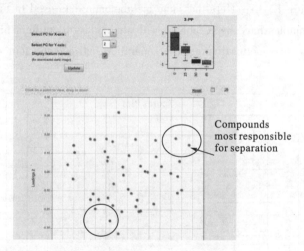

Figure 12.14　A PCA "loadings" plot showing the most informative or statistically significant metabolites that drive the separation seen in the "scores" plots in Figure 11.13. The image was generated usingMetaboAnalyst.

12.7.2　Partial Lease Squares Discriminant Analysis

PCA is not the only multivariate statistical approach that can be applied to identifying important metabolites or spectral features. A second class of multivariate statistical methods that can be used for this purpose is known as supervised classification. Supervised classifiers require that information about the class identities must be provided in advance of running the analysis. In other words, prior knowledge about which samples belong to the "cases" and which samples belong to the "controls" is used to label each of the samples. Examples of supervised classifiers include SIMCA (Soft Independent Modeling of Class Analogy), PLS-DA (Partial Least Squares—Discriminant Analysis) and OPLS-DA (Orthogonal Projection of Latent Structures—Discriminant Analysis).

All of these techniques can be used to help convert extensive NMR, LC-MS/MS and GC-MS metabolite lists (for targeted metabolomics) or their corresponding spectral features (for untargeted metabolomics) into much shorter lists of highly significant metabolites and/or features.

PLS-DA or Partial Least Squares—Discriminant Analysis is often used when PCA techniques aren't quite generating the clusters or groupings that were expected. In particular, PLS-DA can be used to enhance the separation between data points in a PCA "scores" plot by essentially rotating the PCA components such that a maximum separation among classes is obtained. This separation enhancement allows one to better understand which variables are most responsible for separating the observed (or apparent) classes. The basic principles behind PLS-DA are similar to that of PCA. However, in PLS-DA a second piece of information is used, namely, the labeled set of class identities (say "15%" and "45%") to train or optimize the principal components and clustering process. Formally, PLS-DA is a regression or categorical extension of PCA that takes advantage of a priori class information to attempt to maximize the covariance between the "test" variables and the "training" variable(s). An example of a PLS-DA plot, as generated by MetaboAnalyst, is shown in Figure 12.15. Here the same metabolomic data used in Figure 12.13 has been processed, but the samples have been labeled with their class identifiers prior to performing the PLS-DA analysis. As seen in this figure, the separation between the four clusters is now much clearer.

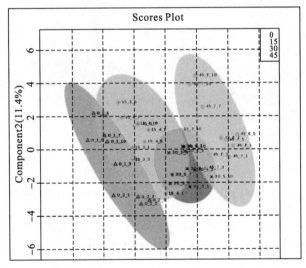

Figure 12.15　A PLS-DA plot showing the separation achieved from analyzing the ruminal fluid from 4 different groups of cows fed 4 different diets. This plot was generated using MetaboAnalyst.

Care must be taken in using PLS-DA methods because these classification techniques can be over-trained. That is, PLS-DA can create convincing clusters or classes that have no statistical meaning (i.e. they over-fit the data). The best way of avoiding these problems is to use N-fold cross-validation methods, or permutation (random re-labeling) approaches to ensure that the data clusters derived by PLS-DA are real and robust. A number of freely available metabolomics software packages and web servers such as MetaboAnalyst and Galaxy-M are able to perform these permutation tests. Another way of quantitatively assessing a PLS-DA model is to report an R^2 and/or a Q^2 value. Both R^2 and Q^2 are typically reported by metabolomics web servers and software packages such as MetaboAnalyst or SIMCA. An example of an R^2/Q^2 plot generated by Metabo-Analyst is shown in Figure 12.16. R^2 is the correlation index and refers to the goodness of fit or the explained variation. On the other hand, Q^2 refers to the predicted variation or quality of prediction. R^2 is a quantitative measure (with a maximum value of 1 and a minimum value of 0) that indicates how well the PLS-DA model is able to mathematically reproduce the data in the data set. A poorly fit model will have an R^2 of 0.2 or 0.3, while a well-fit model will have an R^2 of 0.7 or 0.8. To guard against over-fitting, Q^2 is commonly determined (which also has a maximum value of 1 and a minimum of 0). Q^2 is usually estimated by cross validation or permutation testing to assess the predictive ability of the model relative to the number of components used in the PLS-DA model. Cross validation is a process that involves partitioning a sample of data into subsets such that the analysis is initially performed on a single subset (the training set), while the other subsets (the test sets) are retained to confirm and validate the initial analysis. In practice, Q^2 typically tracks very closely to R^2. However if the PLS-DA model begins to become over-fit, Q^2 reaches a maximum value and then begins to fall. Generally a $Q^2 > 0.5$ if considered good while a Q^2 of 0.9 is outstanding. A good rule of thumb is that the difference between Q^2 and R^2 should not exceed 0.2 or 0.3.

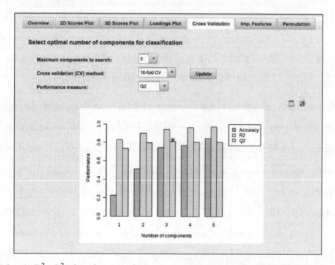

Figure 12.16 A R^2/Q^2 plot showing the scores achieved for the PLS-DA model generated in Figure 12.15. This bar graph was generated using MetaboAnalyst.

From a PLS-DA analysis it is possible to use the resulting data to generate another kind of plot called the Variable Importance in Projection (VIP) plot. An example of a VIP plot generated via MetaboAnalyst is shown in Figure 12.17. The data used to create this VIP plot is the same used in the previously shown PLS-DA example. The significance of each metabolite is plotted numerically along the X axis (the VIP score or regression coefficient) while the metabolite name and its ranking (in importance) is shown on the Y axis. Generally a VIP score greater than 1.0 is significant while a VIP score greater than 2.0 is very significant. From this plot we can see that the same significant metabolites (albeit in slightly different order) identified via the PCA loadings plot are again identified via the VIP plot, with Aspartate, Isobutyrate and 3-Phenylpyruvate, Endotoxin, Glucose and Methylamine being at the top of the VIP plot and therefore being the most important.

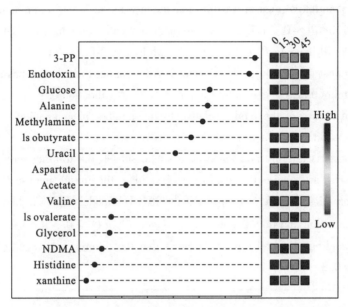

Figure 12.17 A Variable Importance in Projection (VIP) plot showing which metabolites are most important in driving the separation seen in the PLS-DA plot depicted in Figure 12.14. This plot was generated using MetaboAnalyst.

There are a wide variety of other classification methods and metabolite/feature selection procedures that use statistical procedures (such as OPLS-DA) or machine learning protocols (such as support vector machines [SVM], random forest techniques, artificial neural networks [ANN]) to help identify significant metabolites/features from starting lists of metabolites or spectral features. These same techniques can be used in conjunction with logistic or linear regression techniques to identify important metabolite biomarkers (which can also be used to distinguish between "cases" and "controls"). Many of these kinds of advanced analyses are easily accessible through MetaboAnalyst. A more detailed review of MetaboAnalyst and how it can be used to assist with metabolomic data analysis, biomarker detection and data reduction is available in Xia and Wishart (2016).

12.8 From Significant Metabolites to Pathways: Bioinformatics for Metabolite Interpretation

The whole point of identifying significant metabolites (see previous section) is to eliminate the "noise" of inconsequential or irrelevant metabolites in a given metabolomic study. Once a relatively small set of significant metabolites has been identified it is often possible to begin to interpret the metabolomic data. In many cases this involves identifying whether the identified metabolites belong to a single pathway or a smaller set of related pathways. In other cases it may involve reading carefully through various online metabolomic databases (such as HMDB, YMDB or others) or conducting literature reviews to see what is known about each of these metabolites and whether previous information has been compiled that suggests how these metabolites may act to cause the observed phenotypes. The use of online metabolomic databases (described earlier) to learn about metabolites or a discussion on the most effective literature review techniques is obviously beyond the scope of this section. However, a discussion on the use of bioinformatics tools to perform pathway analysis is certainly apropos.

Nearly all of the major pathway databases including KEGG, the Reactome database, the "Cyc" databases, WikiPathways and the Small Molecule Pathway Database (SMPDB) permit users to load metabolite data and to generate coloured or highlighted pathway plots indicating the location of key metabolites in a given pathway. The same is also possible using a number of commercial pathway databases such as BioCarta, TransPath (from BioBase Inc.) and Ingenuity Pathways Analysis (Ingenuity Systems Inc.). The choice of the database is often dictated by the type of organism being studied and the type of pathway that needs to be illustrated. Most metabolite/metabolism databases (such as KEGG, the Cyc databases, WikiPathways, Reactome) only contain anabolic or catabolic pathways associated with endogenous metabolite synthesis or breakdown. As a result, they contain almost no information on metabolite signaling pathways (such as the signaling effects of arachidonic acid), disease pathways (such as the Warburg effect), metabolic diseases (such as Phenylketonuria) or drug action pathways (how aspirin works). As a result, the utility of most on-line pathway databases is quite limited and many metabolomic pathway analyses are reduced to interpreting complex metabolite data in only the simplest of terms (i.e. catabolic or anabolic reactions). An important exception to this is the Small Molecule Pathway Database or SMPDB. This resource contains more than 700 pathways including hundreds of anabolic/catabolic pathways, dozens of signaling pathways as well as hundreds of disease and drug pathways. Currently SMPDB is the only open-access database that covers such a broad diversity of pathways—especially for small molecules. However, SMPD only contains pathways associated with humans (and other higher mammals), so it is not particularly useful for researchers doing metabolomic studies in plants, microbes, parasites, fish or insects.

While the illustration or grouping of metabolites into known metabolic or known pathogenic pathways can provide some important insight into their biological roles, it is also important to consider their context within specific pathways. In this regard a new kind of software tool called MetPA (Xia and Wishart, 2010a) has been developed to facilitate pathway analysis. In particular, MetPA is a freely accessible web server that combines several advanced pathway enrichment analysis procedures along with the analysis of pathway topological characteristics to help identify the most relevant metabolic pathways involved in a given metabolomic study. Like a number of metabolomics web server applications, MetPA uses simple point and click operations to allow users to perform complex statistical analyses. MetPA supports pathway enrichment analysis, pathway topological analysis and pathway impact analysis. Pathway enrichment analysis can be done using either over-representation analysis or via metabolite set enrichment analysis using Fishers' exact test, the hypergeometric test and GlobalAncova (Xia and Wishart, 2010a). MetPA's pathway topological analysis is based on the centrality measures of a metabolite in a given metabolic network. Centrality is a quantitative measure of the position of a metabolite relative to the other metabolites in a pathway, and can be used to estimate a metabolite's relative importance or role in a pathway or network diagram. Since metabolic networks or pathways are directed graphs, MetPA uses relative "betweenness" centrality and "out-degree" centrality measures to calculate the relative importance of a metabolite. In particular, metabolites that are on the periphery of a pathway or are involved in side reactions that have little consequence are not particularly "central" while metabolites that are in pathway bottlenecks are which serve as hubs or precursors for many reactions are more "central". By calculating the topological importance of different metabolites in a given pathway, as well as the enrichment of certain metabolites in a pathway, it is possible to calculate a pathway impact score. Formally, the pathway impact score is the sum of the importance measures of the matched metabolites normalized by the sum of the importance measures of all metabolites in each pathway. By plotting the pathway impact score versus the number of significant metabolites appearing that pathway (as a $\log P$ value using metabolite set enrichment criteria), it is possible to generate the plot shown in Figure 12.18.

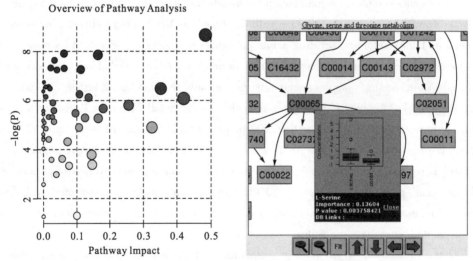

Figure 12.18 A Pathway Impact plot showing the importance of different pathways where significant metabolites were found from the bovine feeding experiments shown in Figs. 13~17. This plot was generated using the pathway analysis module in MetaboAnalyst.

This hyperlinked plot in Figure 12.18 illustrates the most important pathways detected from a set of approximately 30 significantly altered metabolites in a given metabolomic experiment. On the X axis is the pathway impact score, on the Y axis is the significance of the pathway as measured by its level of enrichment by the highly significant metabolites. The size of the circles represents the number of metabolites in the particular pathway and the colour of the circle indicates its overall significance (with red being most significant and pale yellow or white be least significant). By clicking on the circles it is possible to see a zoo mable view of the pathway, which shows the pathway name, the pathway components (with detected metabolites highlighted in red/orange/yellow to indicate their significance) and their topological relationships. Each detected metabolite is also "clickable" so that a box-and-whisker plot can be generated that illustrates the metabolite concentrations and range between the "case" and "control" samples. MetPA has recently been integrated into MetaboAnalyst and it now has a database of nearly 900 different pathways collected from 21 different model organisms.

In addition to pathway analysis there are also a number of other approaches that can be used to interpret, visualize or explore metabolomic data. One particularly useful approach involves using metabolite set enrichment or MSEA (Xia and Wishart, 2010b). MSEA is a form of functional enrichment analysis similar to gene set enrichment analysis (GSEA). For metabolite set enrichment to be effective it is necessary for the software to have either a comprehensive database of metabolic pathways, a database of healthy/diseased metabolite levels or a database with associations between metabolites and SNPs or metabolites and gene expression levels. Ideally, a good MSEA system should have all of these databases and support all of these functional analyses. Another approach to interpreting metabolomic data is to combine it with gene expression or protein expression data (Xia et al., 2013). This kind of approach is called Integrated Metabolomic and Expression Analysis or INMEX. Again, this sort of analysis is usually dependent on having an appropriately annotated pathway database for at least one or more model organisms. These kinds of databases and these sorts of analyses are now available through MetaboAnalyst.

Another bioinformatic technique that can also be used to interpret metabolomic data involves metabolic simulations and metabolic flux balance analysis (Lewis et al., 2012). These techniques typically require a detailed reconstruction of the entire organism's metabolic pathways that take into account mass and charge balance, metabolite compartmentalization and known or estimated metabolite concentrations. They also require detailed knowledge of the genes, proteins and cofactors required for all of the enzymatic and metabolic transport reactions. Metabolic reconstructions and metabolic simulations have been described for a number of organisms including *E. coli*, yeast, *C. elegans*, *Arabidopsis* and even humans (Ruppin et al., 2010; Lewis et al., 2012; Swainston et al., 2016). These metabolic reconstructions have been used to predict the consequences of mutations in metabolic pathways, to rationalize the appearance of certain metabolites in certain physiological or disease-associated conditions and to help predict the presence of previously undetected or unexpected compounds. These remarkable simulations represent the pinnacle of what can be achieved through combining high-level bioinformatics with high-level metabolomics. They also serve as superb examples of how metabolomics can serve as a foundational tool to allow bioinformatics to conduct advanced research into systems biology.

12.9 Conclusion

This chapter has provided a high-level overview of the bioinformatics tools, resources and workflows needed to analyze metabolomic data. In particular, it began by providing a short introduction to metabolomics, covering its origins, its applications and the typical metabolomics workflow. This section was followed by a brief discussion of the different kinds technologies that can be used for metabolomics. The purpose of this section was to provide readers with a modest understanding of how metabolomic data is collected, what the data looks like and the strengths and shortcomings of the data coming from standard metabolomic instruments or experiments. The third section in this chapter provided detailed information on the data formats that are commonly used to store and exchange metabolomic data. Because metabolomic data is really chemical data, it is quite different than the data normally collected for genomic, transcriptomic or proteomic data. The fourth section in this chapter covered the various kinds of databases used in metabolomics, including chemical databases, spectral databases, pathway databases and comprehensive metabolomic databases. The fifth section described the differences between targeted and untargeted metabolomics and the associated bioinformatics tools needed for metabolite identification. It introduced the concept of spectral deconvolution and described platform specific software tools and databases needed for metabolite identification via NMR, GC-MS and LC-MS. The sixth section in this chapter provided a short description of multivariate statistics and its application towards the simplification of metabolite(or feature) lists and the selection of significant metabolites(or features). This section discussed the details of PCA and PLS-DA as well as the application of a commonly used web server called MetaboAnalyst towards metabolomic data reduction and analysis. Finally the last section of this chapter discussed some of the tools that can be used for metabolomic data interpretation, with a special focus on how metabolite data could be interpreted through pathways or functional enrichment. Readers were introduced to a variety of approaches including pathway enrichment analysis (MetPA), metabolite set enrichment analysis (MSEA), integrated metabolomic/proteomic analyses(INMEX), metabolic reconstructions and metabolic simulations.

The field of metabolomics has grown considerably over the past decade and detailed descriptions of the bioinformatics tools and techniques that have been developed for metabolomics could easily fill several books. This chapter is only intended to serve as an easily accessible gateway so that individuals who are interested in pursuing metabolomics and using(or developing) bioinformatics tools for metabolomics could better appreciate what is available, what is possible and what still needs to be done.

References

Bouatra S, Aziat F, Mandal R, et al. 2013. The human urine metabolome. PLoS One, 8(9): e73076.
Böcker S, Letzel M C, Lipták Z, et al. 2009. SIRIUS: decomposing isotope patterns for metabolite identification. Bioinformatics, 25(2): 218-224.

Buchholz A, Hurlebaus J, Wandrey C. 2002. Metabolomics: quantification of intracellular metabolite dynamics. Biomol Eng, 19(1): 5-15.

Cajka T, Fiehn O. 2014. Comprehensive analysis of lipids in biological systems by liquid chromatography-mass spectrometry. Trends Analyt Chem, 61: 192-206.

Croft D, O'Kelly G, Wu G, et al. 2011. Reactome: a database of reactions, pathways and biological processes. Nucleic Acids Res, 39: D691-697.

Dalby A, Nourse J G, Hounshell W D, et al. 1992. Description of several chemical structure file formats used by computer programs developed at Molecular Design Limited. J Chem Inf Comput Sci, 32: 244-255.

Davidson R L, Weber R J, Liu H, et al. 2016. Galaxy-M: a Galaxy workflow for processing and analyzing direct infusion and liquid chromatography mass spectrometry-based metabolomics data. Gigascience, 5: 10.

Deutsch E W. 2008. mzML: A single, unifying data format for mass spectrometer output. Proteomics, 14: 2776-2777.

Dunn W B, Bailey N J, Johnson H E. 2005. Measuring the metabolome: current analytical technologies. Analyst, 130(5): 606-625.

Durant J L, Leland B A, Henry D R. 2002. Reoptimization of MDL keys for use in drug discovery. J Chem Inf Comput Sci, 42: 1273-1280.

Fahy E, Sud M, Cotter D. 2007. LIPID MAPS online tools for lipid research. Nucleic Acids Res, 35(Web Server issue): W606-612.

Fang Z Z, Gonzalez F J. 2014. LC-MS-based metabolomics: an update. Arch Toxicol, 88(8): 1491-1502.

Fiehn O. 2002. Metabolomics-the link between genotypes and phenotypes. Plant Mol Biol, 48(1-2): 155-171.

Fossel E T, Carr J M, McDonagh J. 1986. Detection of malignant tumors. Water-suppressed proton nuclear magnetic resonance spectroscopy of plasma. N Engl J Med, 315(22): 1369-1376.

Gillespie C S, Wilkinson D J, Proctor C J. 2006. Tools for the SBML Community. Bioinformatics, 22: 628-629.

Guo A C, Jewison T, Wilson M, et al. 2013. ECMDB: the *E. coli* Metabolome Database. Nucleic Acids Res, 41(Database issue): D625-630.

Hall R, Beale M, Fiehn O, et al. 2002. Plant metabolomics: the missing link in functional genomics strategies. Plant Cell, 14(7): 1437-1440.

Hao J, Liebeke M, Astle W, et al. 2014. Bayesian deconvolution and quantification of metabolites in complex 1D NMR spectra using BATMAN. Nat Protoc, 9(6): 1416-1427.

Hastings J, de Matos P, Dekker A, et al. 2013. The ChEBI reference database and ontology for biologically relevant chemistry: enhancements for 2013. Nucleic Acids Res, 41(Database issue): D456-463.

Haug K, Salek R M, Conesa P, et al. 2013. MetaboLights-an open-access general-purpose repository for metabolomics studies and associated meta-data. Nucleic Acids Res, 41(Database issue): D781-786.

Heller S R, McNaught A, Pletnev I, et al. 2015. InChI, the IUPAC International Chemical Identifier. J Cheminform, 7: 23.

Holmes E, Wilson I D, Nicholson J K. 2008. Metabolic phenotyping in health and disease. Cell, 134(5): 714-777.

Jewison T, Knox C, Neveu V, et al. 2012. YMDB: the Yeast Metabolome Database. Nucleic Acids Res, 40(Database issue): D815-820.

Jewison T, Su Y, Disfany F M, et al. 2014. SMPDB 2.0: big improvements to the Small Molecule Pathway Database. Nucleic Acids Res, 42(Database issue): D478-484.

Kanehisa M, Goto S, Sato Y, et al. 2014. Data, information, knowledge and principle: back to metabolism in KEGG. Nucleic Acids Res, 42(Database issue): D199-205.

Karp P D, Riley M, Saier M, et al. 2000. The EcoCyc and MetaCyc databases. Nucleic Acids Res, 28: 56-59.

Kastenmüller G, Römisch-Margl W, Wägele B, et al. 2011. metaP-server: a web-based metabolomics data analysis tool. J Biomed Biotechnol, pii: 839862.

Katajamaa M, Miettinen J, Oresic M. 2006. MZmine: toolbox for processing and visualization of mass spectrometry based molecular profile data. Bioinformatics, 22(5): 634-636.

Kelder T, van Iersel M P, Hanspers K, et al. 2012. WikiPathways: building research communities on biological pathways. Nucleic Acids Res, 40(Database issue): D1301-1307.

Kessler N, Neuweger H, Bonte A, et al. 2013. MeltDB 2.0-advances of the metabolomics software system. Bioinformatics, 29 (19): 2452-2459.

Kim S, Kim J, Yun E J, et al. 2016. Food metabolomics: from farm to human, Curr Opin Biotech, 37: 16-23.

Kind T, Fiehn O. 2007. Seven Golden Rules for heuristic filtering of molecular formulas obtained by accurate mass spectrometry. BMC Bioinformatics, 8: 105.

Kopka J, Schauer N, Krueger S, et al. 2005. GMD@CSB.DB: the Golm Metabolome Database. Bioinformatics, 21: 1635-1638.

Kuhn S, Helmus T, Lancashire R J, et al. 2007. Chemical Markup, XML, and the World Wide Web. 7. CMLSpect, an XML Vocabulary for Spectral Data. J Chem Inf Mod, 47: 2015-2034.

Lewis N E, Nagarajan H, Palsson B O. 2012. Constraining the metabolic genotype-phenotype relationship using a phylogeny of in silico methods. Nat Rev Microbiol, 10(4): 291-305.

Lu H, Liang Y, Dunn W B. 2008. Comparative evaluation of software for deconvolution of metabolomics data based on GC-TOF-MS. Trends Analyt Chem, 27: 215-227.

Markley J L, Ulrich E L, Berman H M, et al. 2008. BioMagResBank(BMRB) as a partner in the Worldwide Protein Data Bank (wwPDB): new policies affecting biomolecular NMR depositions. J Biomol NMR, 40: 153-155.

McDonald R S, Wilks P A. 1988. JCAMP-DX: A standard form for exchange of infrared spectra in computer-readable form. App Spectroscopy, 42: 151-162.

Melamud E, Vastag L, Rabinowitz J D. 2010. Metabolomic analysis and visualization engine for LC-MS data. Anal Chem, 82 (23): 9818-9826.

Nakamura K, Shimura N, Otabe Y, et al. 2013. KNApSAcK-3D: a three-dimensional structure database of plant metabolites. Plant Cell Physiol, 54: e4.

Naz S, Moreira dos Santos D C, García A, et al. 2014. Analytical protocols based on LC-MS, GC-MS and CE-MS for nontargeted metabolomics of biological tissues. Bioanalysis, 6(12): 1657-1677.

NealS, Nip A M, Zhang H, et al. 2003. Rapid and accurate calculation of protein ^1H, ^{13}C and ^{15}N chemical shifts. J Biomol NMR, 26(3): 215-240.

Nicholson J K, Sadler P J, Bales J R, et al. 1984. Monitoring metabolic disease by proton NMR of urine. Lancet, 2(8405): 751-752.

Ravanbakhsh S, Liu P, Bjorndahl T C, et al. 2015. Accurate, fully-automated NMR spectral profiling for metabolomics. PLoS One, 10(5): e0124219.

Robinette S L, Zhang F, Lei B, et al. 2008. Web server based complex mixture analysis by NMR. Anal Chem, 80: 3606-3611.

Ruppin E, Papin J A, de Figueiredo L F, et al. 2010. Metabolic reconstruction, constraint-based analysis and game theory to probe genome-scale metabolic networks. Curr Opin Biotechnol, 21(4): 502-510.

Smith C A, Want E J, O'Maille G. 2006. XCMS: processing mass spectrometry data for metabolite profiling using nonlinear peak alignment, matching, and identification. Anal Chem, 78(3): 779-787.

Stein S E. 1999. An integrated method for spectrum extraction and compound identification from gas chromatography/mass spectrometry data. J Am Soc Mass Spect, 10(8): 770-781.

Steinbeck C, Hoppe C, Kuhn S, et al. 2006. Recent Developments of the Chemistry Development Kit(CDK) An open-source java library for chemo-and bioinformatics. Curr Pharm Des, 12: 2111-2120.

Steinbeck C, Kuhn S. 2004. NMRShiftDB—compound identification and structure elucidation support through a free community-built web database. Phytochemistry, 65: 2711-2717.

Strömbäck L, Lambrix P. 2005. Representations of molecular pathways: an evaluation of SBML, PSI MI and BioPAX. Bioinformatics, 21: 4401-4407.

Sud M, Fahy E, Cotter D, et al. 2016. Metabolomics Workbench: An international repository for metabolomics data and metadata, metabolite standards, protocols, tutorials and training, and analysis tools. Nucleic Acids Res, 44(D1): D463-470.

Sumner L W, Amberg A, Barrett D, et al. 2007. Proposed minimum reporting standards for chemical analysis. Metabolomics, 3: 211-221.

Swainston N, Smallbone K, Hefzi H, et al. 2016. Recon 2.2: from reconstruction to model of human metabolism. Metabolomics, 12: 109.

Tautenhahn R, Cho K, Uritboonthai W, et al. 2012. An accelerated workflow for untargeted metabolomics using the METLIN database. Nat Biotechnol, 30: 826-828.

Tsugawa H, Cajka T, Kind T, et al. 2015. MS-DIAL: data-independent MS/MS deconvolution for comprehensive metabolome analysis. Nat Methods, 12(6): 523-526.

van Iersel M P, Villéger A C, Czauderna T, et al. 2012. Software support for SBGN maps: SBGN-ML and LibSBGN. Bioinformatics, 28: 2016-2021.

Viant M R. 2008. Recent developments in environmental metabolomics. Mol Biosyst, 4(10): 980-986.

Weininger D. 1988. SMILES 1. Introduction and Encoding Rules. J Chem Inf Comput Sci, 28: 31-38.

Wheeler D L, Barrett T, Benson D A, et al. 2006. Database resources of the National Center for Biotechnology Information. Nucleic Acids Res, 34(Database issue): D173-180.

Wishart D S. 2005. Metabolomics: the principles and potential applications to transplantation. Am J Transplantation, 5: 2814-2820.

Wishart D S. 2008. Quantitative metabolomics using NMR. Trends Analyt Chem, 27: 228-237.

Wishart D S. 2011. Advances in metabolite identification. Bioanalysis, 3(15): 1769-1782.

Wishart D S. 2016. Emerging applications of metabolomics in drug discovery and precision medicine. Nat Rev Drug Discov, 15(7): 473-484.

Wishart D S, Arndt D, Pon A, et al. 2015. T3DB: the toxic exposome database. Nucleic Acids Res, 43(Database issue): D928-934.

Wishart D S, Tzur D, Knox C, et al. 2007. HMDB: the human metabolome database. Nucleic Acids Res, 35(Database issue): D521-526.

Worley B, Powers R. 2014. MVAPACK: a complete data handling package for NMR metabolomics. ACS Chem Biol, 9(5): 1138-1144.

Xia J, Bjorndahl T C, Tang P. 2008. MetaboMiner—semi-automated identification of metabolites from 2D NMR spectra of complex biofluids. BMC Bioinformatics, 9: 507.

Xia J, Fjell C D, Mayer M L. 2013. INMEX—a web-based tool for integrative meta-analysis of expression data. Nucleic Acids Res, 41(Web Server issue): W63-70.

Xia J, Sinelnikov I V, Han B, et al. 2015. MetaboAnalyst 3.0—making metabolomics more meaningful. Nucleic Acids Res, 43(W1): W251-257.

Xia J, Wishart D S. 2010a. MetPA: a web-based metabolomics tool for pathway analysis and visualization. Bioinformatics, 26(18): 2342-2344.

Xia J, Wishart D S. 2010b. MSEA: a web-based tool to identify biologically meaningful patterns in quantitative metabolomic data. Nucleic Acids Res, 38(Web Server issue): W71-77.

Xia J, Wishart D S. 2016. Using MetaboAnalyst 3.0 for Comprehensive Meabolomics Data Analysis. Curr Protoc Bioinformatics, Unit 14.10.1-14.10.93.